高等职业教育“互联网+”土建系列教材

工程造价专业

建筑施工技术

主　编　李高锋　刘大鹏　焦文俊
副主编　武永峰　王　婧
参　编　郭红军　周慧芳

JIANZHU SHIGONG JISHU

南京大学出版社

图书在版编目(CIP)数据

建筑施工技术 / 李高锋，刘大鹏，焦文俊主编. —
南京 ：南京大学出版社，2020.12(2022.8 重印)
ISBN 978 - 7 - 305 - 23926 - 7

Ⅰ. ①建… Ⅱ. ①李… ②刘… ③焦… Ⅲ. ①建筑施工—施工技术—高等职业教育—教材 Ⅳ. ①TU74

中国版本图书馆 CIP 数据核字(2020)第 215704 号

出版发行 南京大学出版社
社　　址 南京市汉口路 22 号　　　邮　　编 210093
出 版 人 金鑫荣

书　　名 建筑施工技术
主　　编 李高锋　刘大鹏　焦文俊
责任编辑 朱彦霖　　　　编辑热线 025 - 83597482

照　　排 南京开卷文化传媒有限公司
印　　刷 丹阳兴华印务有限公司
开　　本 787×1092　1/16　印张 17.75　字数 489 千
版　　次 2020 年 12 月第 1 版　2022 年 8 月第 2 次印刷
ISBN 978 - 7 - 305 - 23926 - 7
定　　价 49.80 元

网　　址：http://www.njupco.com
官方微博：http://weibo.com/njupco
微信服务号：njutumu
销售咨询热线：(025)83594756

高等职业教育“互联网+”工程造价专业系列教材

编委会

前言

“建筑施工技术”是高等职业院校土建施工类、建设工程管理类专业核心课程之一。主要阐述建筑工程施工项目的主要施工工艺、施工技术和方法。

建筑施工技术课程实践性强、知识面广、综合性强、发展迅速，须综合考虑实际情况，运用有关学科基本理论知识，采用新技术和现代科学成果，解决生产实际问题。本书注重基本理论、基本原理和基本方法的学习和应用。

随着国务院《国家职业教育改革实施方案》的出台，《高等职业学校专业教学标准（土木建筑大类 I）》的发布实施，部分国家规范、行业标准的修订更新，课程思政和劳动教育的大力倡导，对建筑施工技术的教学提出了新要求。为更好地贯彻实施新标准，提高教学质量和水平，为培养社会急需的高素质技术技能型人才，以服务企业、服务行业、服务市场和服务社会为宗旨，我们组织编写了这本《建筑施工技术》教材。本教材的特点如下：

1. 依托学校立体化教材建设和在线课程建设，打造适用于土建施工类、建设工程管理类专业核心课程的立体化教材。立体化教学资源丰富，精心录制的微课视频、专业教学团队多年收集的教学辅助资料等等。

2. 基于学校课程思政引领课程建设成果，通过“工程实例导入”将国家超级工程等有机融入教材，强调工匠精神、创新精神、人文素养的培养，注重创新创业教育、质量意识、规范意识、安全意识、环保意识等内容，提升学习者对行业的认同感，提升学习者自身的收获感、满足感、成就感。

3. 注重新技术、新工艺、新材料的学习，淘汰落后的、过时的施工机械、施工技术和施工方法，将承插盘扣式脚手架、装配式施工、无人机倾斜摄影、BIM 技术等建筑业新技术有机融入教材。

4. 教材编写思路既强调与行业企业对接的技术技能要求，又注重加强学生信息技术应用、终身学习、沟通表达、团队合作等方面能力的培养。

本书可作为高等职业院校土建施工类、建设工程管理类建筑施工技术课程教材，也可作为土建工程技术管理人员学习和参考用书。

项目一、项目八由李高锋编写，项目二由王婧编写，项目三、项目七由焦文俊编写，项目四由武永峰编写，项目五由郭红军编写，项目六由周慧芳编写，全书由李高锋、刘大鹏、焦文俊负责统稿。配套教学视频资源由李高锋、焦文俊、武永峰、刘大鹏、王婧、仝炳炎、贾秀章、鲁辉、徐建元、史超男录制并整理。

本书在编写过程中参考了大量相关教材和标准规范，未在书中一一注明出处，在此对有关文献和资料的作者一并致谢！

由于编者水平有限，本书难免出现疏漏和不妥之处，恳请读者批评指正。

编者

2020 年 11 月

目 录

项目1 土方工程施工

素质目标（依据专业教学标准）

（1）坚定拥护中国共产党领导和我国社会主义制度，践行社会主义核心价值观，具有深厚的爱国情感和中华民族自豪感；

（2）崇尚宪法、遵纪守法、崇德向善、诚实守信、尊重生命、热爱劳动，履行道德准则和行为规范，具有社会责任感和社会参与意识；

（3）具有质量意识、环保意识、安全意识、信息素养、工匠精神、创新思维；

（4）勇于奋斗、乐观向上，具有自我管理能力和职业生涯规划意识，具有较强的集体意识和团队合作精神；

（5）具有健康的体魄、心理和健全的人格，以及良好的行为习惯；

（6）具有一定的审美和人文素养。

知识目标

（1）了解建设工程中土的分类与性质；

（2）掌握土方量的计算方法；

（3）熟悉土方施工机械的性能、适用范围和作业方法；

（4）了解土方边坡和支护的形式，了解基坑排水、降水的基本类型，熟悉边坡塌方和流砂的防治措施；

（5）掌握土方回填土选用要求，填土与压实方法；

（6）掌握基坑验槽的内容和方法；

（7）掌握地基加固处理的方法、适用范围和施工要点。

能力目标

（1）能进行土方开挖方案的编制；

（2）能进行基坑开挖降水方案的编制；

（3）能进行基坑边坡支护方案的编制；

（4）能进行填土压实方案的编制。

案例导入

两河口水电站

（大型土石方、高边坡支护）

两河口水电站，也称雅砻江两河口水电站，位于四川省甘孜州雅江县境内的雅砻江干流上，在雅江县城上游约 25 km，为雅砻江中下游梯级电站的控制性水库电站工程，对整个雅砻江梯级电站的开发影响巨大。电站的开发目的主要为发电，同时具有蓄水蓄能、分担长江中下游防洪任务、改善长江航道枯水期航运条件的功能和作用，其经济效益十分显著。电站坝址位于雅砻江干流庆大河河口以下约 1.8 km 河段上，控制流域面积 65 599 平方千米。

1. 两河口水电站工程特点

(1) 工程规模巨大

两河口水电站采用土心墙堆石坝，最大坝高达 295 m，居世界同类坝型前列，是目前中国已建或在建的第一高土石坝，国家体育场“鸟巢”体积约 680 万立方米，坝体总填筑量 4 160 万立方米，两河口水电站相当于 6 个“鸟巢”的体积。

两河口水电站全景图

(2) 战略地位突出

两河口水电站是雅砻江中下游的“龙头”水库，是雅砻江干流中游规划建设的 7 座梯级电站中装机规模最大的水电站，也是我国藏区开工建设综合规模最大的水电站工程。电站建设将克服高海拔、高土石坝、高泄洪流速等诸多世界级技术难题与挑战，推动我国高土石坝建设跨入国际先进行列。水电站建成后，与雅砻江下游锦屏一级、二级水电站两座大水库联合运行，总调节库容量达 149 亿立方米。由于其调节库容大，加之地理位置特别，其对雅砻江、金沙江下游乃至长江的梯级电站都具显著的补偿作用，它的兴建对“西电东送”及电源优化配置、改善电网电源结构将起到积极作用，是西部水电开发、促进社会经济发展的战略性工程。

(3) 开发条件良好

雅江县城至坝区有简易公路相通，雅江县城至成都公路里程 530 km，工程对外交通方便。

工程的区域构造稳定，库区和坝址区工程地质条件较好，不存在制约性工程地质问题。

两河口水电站工程规模巨大，尤其是初拟的土心墙堆石坝最大坝高达 305 m，位居世界前列，在筑坝技术和泄洪消能方面存在较大的技术难度。

气候：两河口水电站所在地年平均温度 10.9 ℃，极端最高温度 35.9 ℃，极端最低温度－15.9 ℃。

(4) 国内第一高土石坝

枢纽建筑物由砾石土心墙堆石坝、溢洪道、泄洪洞、防空洞、发电厂房、引水及尾水建筑物等组成。两河口大坝采用当地材料建设，坝高 295 米，是目前中国已建或在建的第一高土石坝，比美国胡佛水坝还要高出 50 米。

2. 两河口水电站在施工过程中的重难点

(1) 两河口水电站作为西部最大的在建工程项目之一，动用上万人力，由于进度要求，工人 24 小时轮班作业。

(2) 工人来源多为内地，高原缺氧不仅影响工人身体，也会降低施工机械效率。

(3) 高原高寒，每年适合施工的时间约 200 天。

(4) 作为重力性土石坝，对心墙及保护性外壳的填筑材料要求极高，砾石土心墙由防渗性极强的黏土填筑，作为保护性外壳的堆石区由抗压性极高的砂石填筑，要求石块抗压强度大于 45 MPa，级配良好。

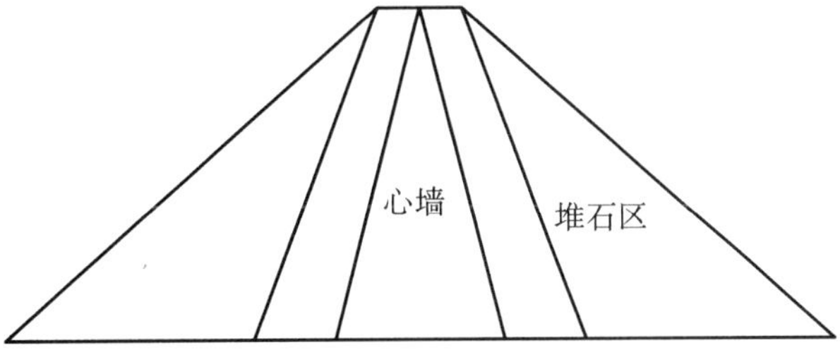

图1-1　土石坝示意图

(5) 石料就近开采，石块粒径不超过80 cm，对爆破要求高。

(6) 采石场位于半山坡，盘山路崎岖不平、格外陡峭，石料运输车辆调配及安全管理压力巨大。

(7) 土石方量极大，按1米乘1米计算，可绕地球一周多，为了压实这些砂土堆，每台碾压机至少要绕地球6圈。通过卫星定位系统实时监测每台碾压机的运行轨迹，通过监测碾压机运行速度、运行轨迹确保碾压质量。

(8) 基座两侧的边坡必须进行加固，左岸是面积最大的边坡群，长2 000米，高606米，高度接近上海中心大厦，边坡支护采用锚索固定，钢筋混凝土浇筑的铁锚连接伸入山体的锚杆，最终将松动的岩石固定住，边坡支护钢材用量5万吨，相当于北京“鸟巢”的重量，而边坡支护区域平均海拔3 000米。要把15 000多根锚索搬运至悬崖峭壁之上，只能采用人工搬运的方式。

两河口水电站带来的是清洁能源，但是对环境也会有一定影响。这就要求这座拦河大坝必须符合生态要求，大坝下游锦屏鱼类增殖放流站在大坝开工前启动，负责冷水性鱼类鲈鲤(裂腹鱼)的增殖与放流，用以维持雅砻江水环境生态平衡。

两河口水电站边坡支护

➢**思考题：**

1. 两河口水电站土石坝所需石料的开采方式是什么；
2. 两河口水电站土石坝心墙和保护墙如何填筑，如何保证压实质量；
3. 两河口水电站土石坝两岸高边坡采用何种方式加固；
4. 填筑土石料和边坡支护材料的运输方式是什么，安全管理如何实施；
5. 为什么进行鱼苗的增殖、培育和放流。

任务1.1　土方工程量计算与土方调配

1.1.1　土方工程施工特点

土方工程是建筑施工的前期工作，也是建筑工程施工的重要环节之一。包括场地平整、土方开挖、土方回填等主要施工过程，也包括施工降水、排水和边坡支护等辅助工作。

(1) 工程量大,劳动强度大

大型场地的平整工程,土方量可达数百万立方米,施工面积达数百万平方千米。大型基坑的开挖,以上海中心大厦为例,基坑开挖深度达30米。施工工期长、任务重、劳动强度高。因此,在组织施工过程中,为了提高生产效率,加快施工进度,降低工程成本,应尽可能地采用机械化施工。

(2) 施工条件复杂

土方工程施工多为露天作业,受气候条件、水文地质条件影响较大,施工中不确定因素较多。因此,施工前必须进行充分的调查研究,做好各项施工准备工作,制定合理的施工方案。

(3) 受场地影响大

任何建筑物基础都有一定埋置深度,基坑(槽)的开挖、土方的留置和存放都受到施工场地的影响。特别是城市内施工,场地狭窄,如果施工方案不妥,将影响周围建筑物与道路的安全。因此,施工前应统筹考虑施工场地情况,了解毗邻建(构)筑物结构形式和地质技术资料,制定切实可行的土方工程施工方案,确保周围建(构)筑物和道路的安全。

1.1.2 土的分类

在土方工程施工中,根据土的坚硬程度和开挖难易程度将土划分为松软土、普通土、坚土、砂砾坚土、软石、次坚石、坚石、特坚石八类。土的工程分类与鉴别方法见表1-1。

表1-1 土的工程分类与鉴别方法

土的分类	土的名称	可松性系数		密度 kg/m³	开挖方法及工具
		K_s	K_s'		
一类土(松软土)	砂土;粉土;腐殖土及疏松的种植土;泥炭(淤泥)	1.08~1.17	1.01~1.03	600~1 500	用锹、锄头挖掘,少许用脚蹬
二类土(普通土)	粉质黏土;潮湿的黄土,夹有碎石、卵石的砂;填筑土及粉土混卵(碎)石	1.14~1.28	1.02~1.05	1 100~1 600	用锹、条锄挖掘,少许用镐翻松
三类土(坚土)	中等密实黏土;重粉质黏土;粗砾石;干黄土及含碎石、卵石的黄土、粉质黏土;压实的填筑土	1.24~1.30	1.04~1.07	1 750~1 900	主要用镐,少许用锹、条锄
四类土(砂砾坚土)	坚硬密实的黏土及含碎石、卵石的黏土;粗卵石;密实的黄土;天然级配砂石;软泥灰岩及蛋白石	1.26~1.32	1.06~1.09	1 900	整个用镐、条锄挖掘,少许用撬棍
五类土(软石)	硬质黏土;中等密实的页岩、泥灰岩、白垩土;胶结不紧的砾岩;软的石灰岩	1.30~1.45	1.10~1.20	1 100~2 700	用镐或撬棍、大锤挖掘,部分用爆破
六类土(次坚石)	泥岩;砾岩;砂岩;坚实的页岩;泥灰岩;密实的石灰岩;风化花岗岩;片麻岩	1.30~1.45	1.10~1.20	2 200~2 900	用爆破方法开挖,部分用风镐

续　表

土的分类	土的名称	可松性系数		密度 kg/m³	开挖方法及工具
		K_s	K_s'		
七类土（坚石）	大理岩；辉绿岩；玢岩；粗、中粒花岗岩；坚实的白云岩、砂岩、砾岩、片麻岩、石灰岩、微风化的安山岩、玄武岩	1.30～1.45	1.10～1.20	2 500～3 100	用爆破方法开挖
八类土（特坚石）	安山岩；玄武岩；花岗片麻岩、坚实的细粒花岗岩、闪长岩、石英岩、辉长岩、辉绿岩、玢岩	1.45～1.50	1.20～1.30	2 700～3 300	用爆破方法开挖

1.1.3　土的工程性质

(1) 土的含水量

土的含水量是指土中水的质量与固体颗粒质量的百分比，用 ω 表示。

$$\omega=\frac{m_1-m_2}{m_2}\times 100\%=\frac{m_w}{m_s}\times 100\% \tag{1-1}$$

式中：m_1——含水状态土的质量(kg)；

m_2——烘干后土的质量(kg)；

m_w——土中水的质量(kg)；

m_s——固体颗粒的质量(kg)。

固体颗粒的质量是指土经温度 105 ℃烘干的质量(kg)。含水量表示土体的干湿程度。含水量在 5%以下称为干土；在 5%～30%称为潮湿土；大于 30%称为湿土。

(2) 土的质量密度

土的质量密度分天然密度和干密度。土的天然密度是指土在天然状态下单位体积的质量，随土颗粒的组成、空隙多少和含水量变化而变化，影响土的承载力、土压力和边坡稳定性。土的干密度是指单位体积土中固体颗粒的质量，在填土压实时，土经过碾压，质量不变，体积变小，干密度增加。通过测定土的干密度，来判断是否达到要求的密实度。

(3) 土的可松性

天然土(原土)经开挖后，其体积因松散而增加，虽经回填夯实，仍不能恢复到原土的体积，这种性质称为土的可松性。土的可松性用可松性系数表示。

$$K_s=\frac{V_2}{V_1} \tag{1-2}$$

$$K_s'=\frac{V_3}{V_1} \tag{1-3}$$

式中：K_s——土的最初可松性系数；

K_s'——土的最终可松性系数；

V_1——土在天然状态下的体积；

V_2——土体在开挖后松散状态下的体积；

V_3——土经回填压实后的体积。

它是挖填土方时，计算土方机械生产率、回填土方量、运输机具数量、进行场地平整规划竖向设计、土方平衡调配的重要参数。

(4) 土的渗透性

土的渗透性系数表示单位时间内水穿透土层的能力，以 m/d 表示。根据土的渗透系数可将土分为透水性土和不透水性土，常见的透水性土如砂土，不透水性土有黏土等。它影响施工降水与排水的速度，土的渗透性系数见表 1-2。

表 1-2　土的渗透性系数参考表

土的名称	渗透系数(m/d)	土的名称	渗透系数(m/d)
黏土	<0.005	均质中砂	35～50
粉质黏土	0.005～0.1	含黏土的中砂	3～15
粉土	0.1～0.5	粗砂	20～50
黄土	0.25～0.5	均质粗砂	60～75
粉砂	0.5～1	圆砾石	50～100
细砂	1～5	卵石	100～500
中砂	5～20	漂石(无砂质填充)	500～1 000

1.1.4　土方工程量计算与调配

一、基坑与沟槽土方量计算

基坑土方量的计算可以近似按照拟柱体体积公式来计算，如图 1-2 所示，即：

$$V=\frac{H}{6}(S_1+4S_0+S_2) \tag{1-4}$$

式中：H——基坑开挖深度；

S_1——基坑上底面积；

S_2——基坑下底面积；

S_0——基坑中截面面积。

沟槽和路堤土方量可沿其长度方向分段后，用相同方法计算，如图 1-3 所示，即：

$$V_n=\frac{L_n}{6}(S_1+4S_0+S_2) \tag{1-5}$$

式中：V_n——第 n 段的体积；

L_n——第 n 段的长度。

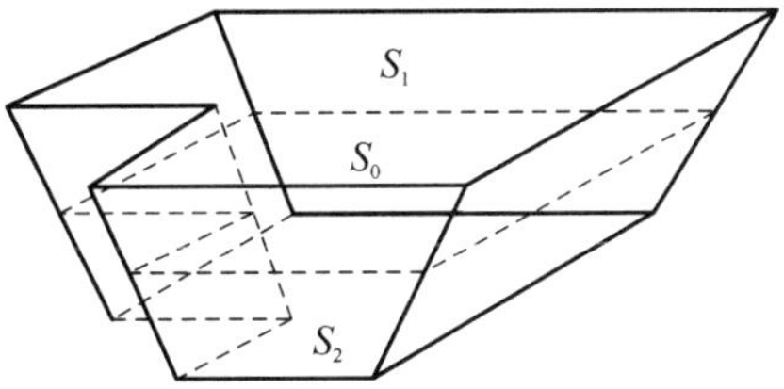

图1-2 基坑土方量计算

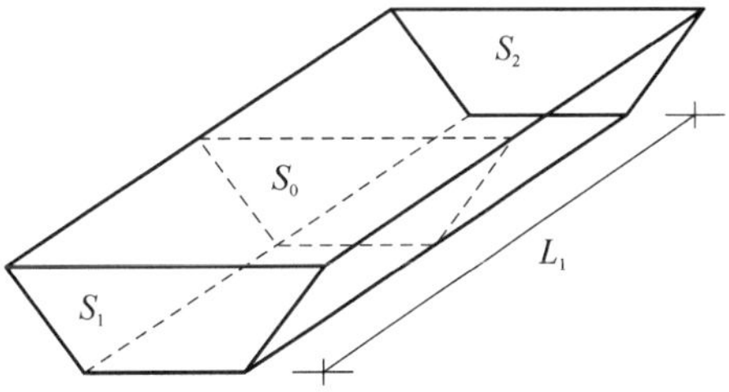

图1-3 沟槽土方量计算

二、场地平整土方量计算

场地平整就是将天然地面平整达到施工要求的设计平面。在 EPC 项目中，三通一平(或七通一平)的工作一般由施工单位实施。平整场地前，首先进行场区竖向规划设计，确定设计标高，计算挖填方工程量，结合工程规模、施工工期、地质勘察报告等，合理选用土方施工机械，制定施工方案。

1. 场地设计标高的确定

场地设计标高是进行场地平整和土方工程量计算的依据，也是总图规划和竖向设计的依据。合理确定场地的设计标高，对减少土方工程量、节约运输费用、缩短工期等都有重要意义。

选择设计标高时应考虑以下因素：

① 满足生产工艺和运输的要求；

② 充分利用地形，使场内挖填平衡，以减少土方开挖及运输费用；

③ 有一定泄水坡度(≥2‰)，满足排水要求；

④ 考虑最高洪水位的影响。

(1) 初步确定场地设计标高

首先将场地的地形图根据要求的精度划分成边长为10～40 m的方格网，如图1-4所示。在各方格左上角逐一标出其角点的编号；然后求出各方格角点的地面标高，标于各方格的左下角；地形平坦时，可根据地形图上相邻两等高线的标高，用插入法求得；地形起伏较大或无地形图时，可在地面用木桩打好方格网，然后用测量仪器直接测出。

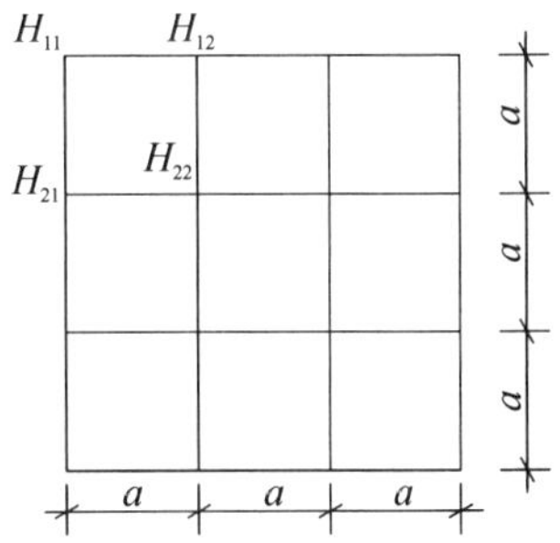

图1-4 方格网示意图

按照挖填平衡原则，场地设计标高可按下式计算：

$$H_0=\frac{\sum H_1+2\sum H_2+3\sum H_3+4\sum H_4}{4n} \quad (1-6)$$

式中：H_1——一个方格独有的角点标高；

H_2——两个方格共有的角点标高；

H_3——三个方格共有的角点标高；

H_4——四个方格共有的角点标高；

n——方格数。

（2）场地设计标高的调整

按照公式(1-6)计算得出的设计标高为理论值，实际施工中应考虑以下因素并予以调整。

① 土的可松性

按照 H_0 施工，填土会有剩余，必要时可适当提高设计标高。

② 场内挖土和填土

由于场地内大型基坑挖出的土方、修筑路堤填高的土方，考虑经济性，将部分挖方就近弃于场外（弃土外运）或将部分填方就近取土（简称借土）等，都会引起挖填土方量的变化，必要时重新调整设计标高。

③ 泄水坡度

按调整后的设计标高进行场地平整时，整个场地处于同一水平面，施工实际中必须考虑泄水坡度。因此，应根据泄水坡度重新计算各方格角点实际施工的设计标高。

2. 场地平整土方量计算

场地平整土方量的计算方法，通常有两种，即方格网法、断面法。场地地形较为平坦、规则时，宜采用方格网法；场地地形高差较大、断面不规则时，宜采用断面法。下面主要介绍方格网法。

方格边长一般取 10 m、20 m、30 m、40 m 等长度。根据每个方格角点的自然地面标高和设计标高，算出相应的角点挖填高度，然后计算出每一个方格的土方量，并算出场地边坡的土方量，这样即可求得整个场地的填、挖土方量。具体步骤如下。

（1）计算场地各方格角点的施工高度。各方格角点的施工高度（挖或填的高度）可按下式计算：

$$h_n = H_n - H$$

式中：h_n——角点的施工高度，以“+”为填，“-”为挖；

H_n——角点的设计标高；

H——角点的自然地面标高。

（2）确定零线。零线即为挖方和填方的分界线。

（3）计算场地各方格挖填土方量。场地方格土方量的计算，一般有下述四种类型，可采用四角棱柱体的体积计算方法。如下表所示。

表 1-3 常用方格网点计算公式

项目	图示	计算公式
一点填方或挖方（三角形）	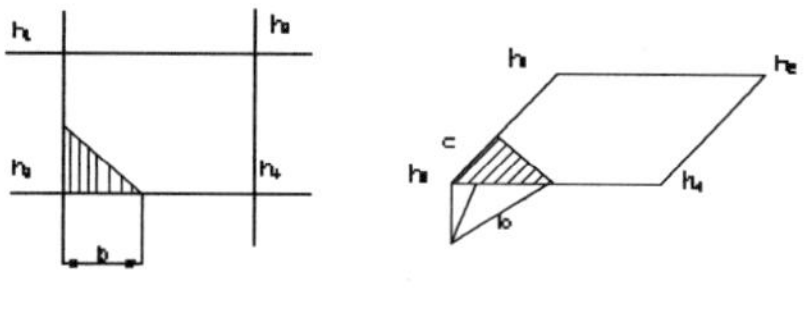	$V = \frac{1}{2}bc\frac{\sum h}{3} = \frac{bch_3}{6}$ 当 $b = c = a$ 时，$V = \frac{a^2 h_3}{6}$

续　表

项　目	图　示	计算公式
二点填方或挖方（梯形）	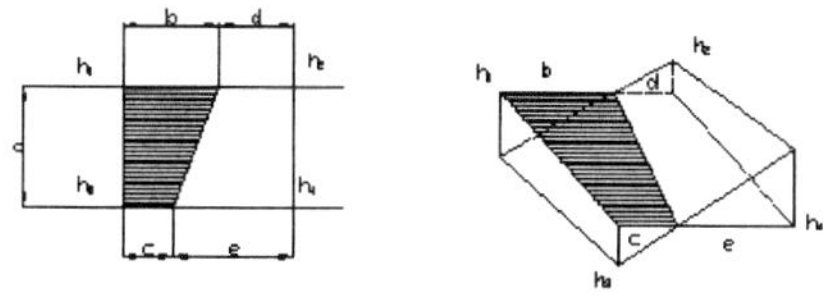	$V_{-}=\frac{b+c}{2}a\frac{\sum h}{4}=\frac{a}{8}(b+c)(h_1+h_3)$ $V_{+}=\frac{d+e}{2}a\frac{\sum h}{4}=\frac{a}{8}(b+c)(h_2+h_4)$
三点填方或挖方（五角形）	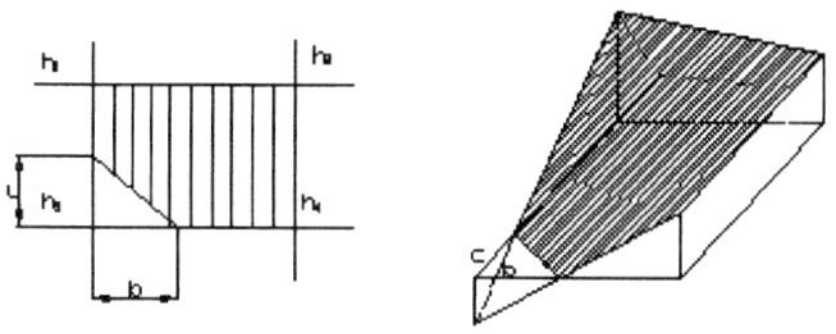	$V=\left(a^2-\frac{bc}{2}\right)\frac{\sum h}{5}$ $=\left(a^2-\frac{bc}{2}\right)\frac{h_1+h_2+h_3}{5}$
四点填方或挖方（正方形）	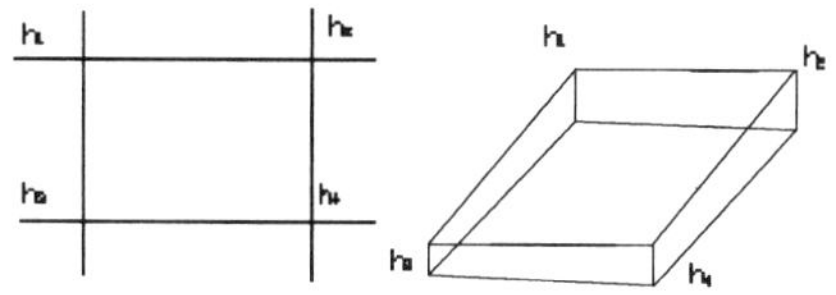	$V=\frac{a^2}{4}\sum h=\frac{a^2}{4}(h_1+h_2+h_3+h_4)$

三、土方调配

1. 土方调配原则

(1) 土方调配应力求做到挖方与填方基本平衡，就近调配、运距最短。

(2) 土方调配应考虑近期施工与后期利用相结合的原则。

(3) 土方调配应考虑分区与全场相结合的原则。

(4) 合理布置挖、填方分区线，选择合理的调配方向、运输线路，尽量提高土方机械和运输车辆的生产效率。

(5) 优质回填土用在对回填质量要求高的地区。

(6) 土方调配应尽可能与大型基坑或深基坑的施工相结合。

2. 土方调配图表的编制

(1) 划分调配区：划出零线，确定挖方区、填方区。

(2) 计算土方量：计算各调配区的挖填方土方量。

(3) 计算调配区之间的平均运距：根据重心位置，确定平均运距。

(4) 进行土方调配。

(5) 根据就近原则，绘制土方调配图。

开挖土方时，边坡土体的下滑力产生剪应力，此剪应力主要由土体的内摩阻力和内聚力平衡，土体一旦失去平衡，边坡就会塌方。为了防止塌方，保证施工安全，在基坑(槽)开挖超过一定深度时，土壁应放坡开挖，或者临时支撑或支护以保证土壁的稳定。

任务 1.2　施工准备与辅助工作

施工准备与辅助工作包括：审核图纸、清理场地、修筑临时设施与道路、土方边坡稳定处理、基坑(槽)支撑、降低地下水位。

1.2.1　施工准备

土方开挖前需要做好下列准备工作。

(1) 学习与审查图纸

施工单位在接到施工图纸后，应组织专业人员对图纸进行学习和综合审查。核对平面尺寸及坑底标高，注意各专业图纸间有无矛盾和差错，熟悉地质水文勘查资料，了解基础形式与工程规模、结构形式、特点、工程量和质量要求，弄清地下管线、构筑物与地基的关系，进行图纸会审，逐一解决发现的问题。

(2) 清理场地

清理场地包括拆除施工区域内的房屋、古墓，拆除或改建通信和电力设备、上下水道及其他建筑物，迁移树木，消除含有大量有机物的草皮、耕植土、河塘淤泥等。

(3) 修筑临时设施和道路

施工现场临时设施主要有生产性临时设施和生活性临时设施。生产性临时设施主要包括混凝土搅拌站、作业棚、材料堆场及仓库等；生活型临时设施主要包括宿舍、食堂、办公室、厕所等。开工前还应做好场内临时道路铺设，同时还应做好现场供水、供电等措施。

1.2.2　土方边坡与稳定

一、土方边坡

土方边坡系数(m)是指土壁边坡坡度的底宽 b 与基坑挖深 h 之比，即

$$m = b/h \tag{1-7}$$

边坡系数为一个数值，如图 1-5 所示。(例：b 为 0.3，h 为 0.6，则边坡系数为 0.5)

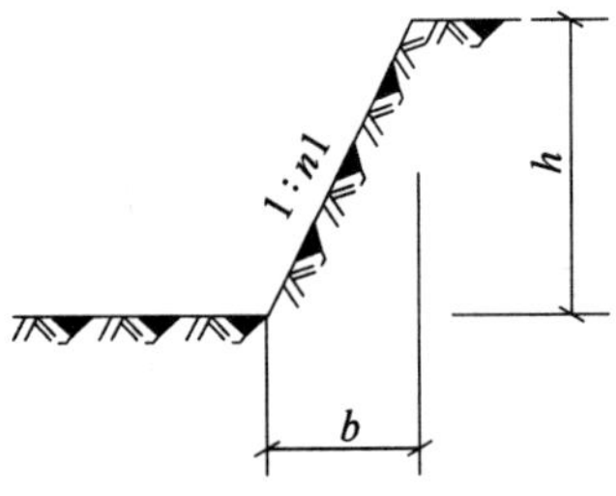

图 1-5　土方边坡系数

边坡坡度指挖深 h 与底宽 b 之比，即

$$h : b = 1 : m \tag{1-8}$$

即是平常所说按 $1:m$ 放坡(例 h 为 0.6，b 为 0.3，则坡度为 $1:0.5$)。

二、边坡的确定

土方边坡的大小，应根据土质条件、开挖深度、施工方法、边坡留置时间、地下水位及排水情况、边坡上部的各种荷载情况、相邻建筑物(构筑物)等情况综合考虑确定。

当地质条件良好，土质均匀且地下水位低于基坑底面标高时，挖方边坡可做成不加支撑直壁。但不应超过表 1－4 的规定。

表 1－4　直壁挖方的允许深度(不加支撑)

土的类别	挖土深度/m
密实、中密的砂土和碎石类土(充填物为砂土)	1.00
硬塑、可塑的粉土及粉质黏土	1.25
硬塑、可塑的黏土及碎石类土(充填物为黏性土)	1.50
坚硬的黏土	2.00

当挖方深度超过上述规定或有其他情况无法保证直壁开挖安全时，应考虑放坡或直壁加支撑。

三、边坡稳定

土壁的稳定主要是由土体内摩擦阻力和粘结力来保持平衡的。一旦土体失去平衡，土体就会塌方，这不仅会造成人身安全事故、影响工期，有时还会危及附近的建筑物(构筑物)。

1. 造成土壁塌方的原因

(1) 边坡过陡；

(2) 雨水、地下水渗入基坑；

(3) 基坑上口边缘堆载过大；

(4) 土方开挖顺序、方法未遵守“从上至下、分层开挖；开槽支撑、先撑后挖”的原则。

2. 防治塌方的措施

(1) 放足边坡

边坡的留设应符合规范的要求；

挖填高度，高度大则坡度系数大，高度小则坡度系数小，甚至不放坡；

土的工程性质，土的类别、含水量，有无地下水等。土的类别低(密度小)、含水量大，则坡度系数大；土的类别高(密度大)、含水量小，则坡度系数小；

考虑施工特点，坡顶是否有荷载、施工期长短、施工季节、人工作业还是机械作业等；

对坡顶有荷载(尤其是有动荷载)、使用时间长、且跨越冬雨季施工的边坡应留有充足的安全系数。

(2) 土壁支护

为缩小施工面，减少土方工程量，或受场地的限制不能放坡时，则可设置土壁支撑。

1) 基槽支护

基(沟)槽开挖一般采用横撑式土壁支撑(图 1－6)。根据挡土板的不同，分为水平挡土板及垂直挡土板两类。前者挡土板的布置又分为间断式和连续式两种。湿度小的黏土挖土深度小于 3 m 时，可用间断式水平挡土板支撑；

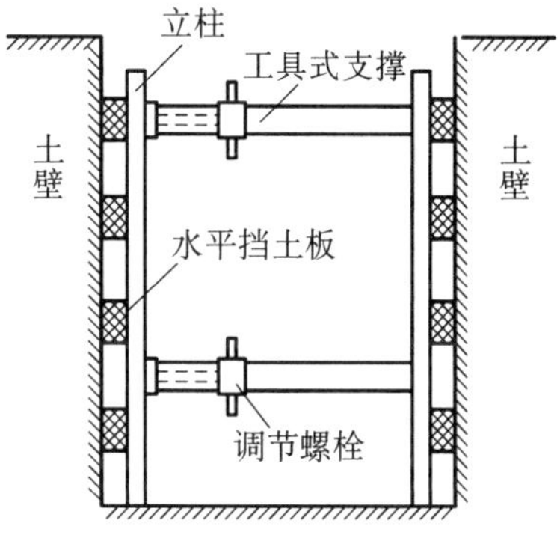

图 1－6　横撑式土壁支撑

对松散、湿度大的土可用连续式水平挡土板支撑，挖土深度可达 5 m。对松散和湿度很高的土可用垂直挡土板式支撑，其挖土深度不限。

2）一般基坑的支护方法

一般基坑的支护方法有：短柱横隔板支撑法（图 1－7）、临时挡土墙支撑法（图 1－8）、斜柱支撑法（图 1－9）、锚拉支撑法（图 1－10）等，施工时按适用条件进行选择。

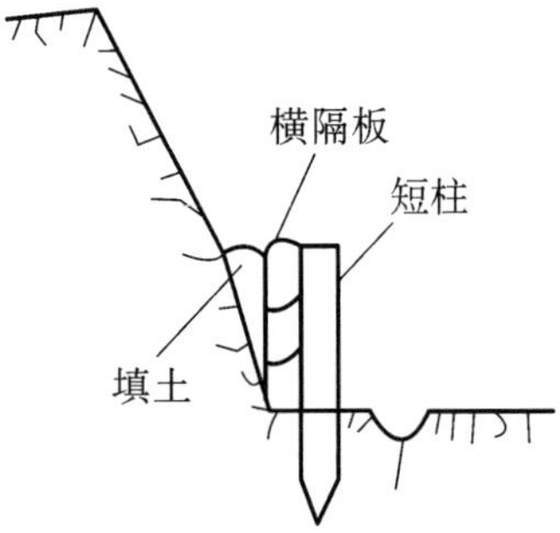

图 1－7　短柱横隔板支撑法

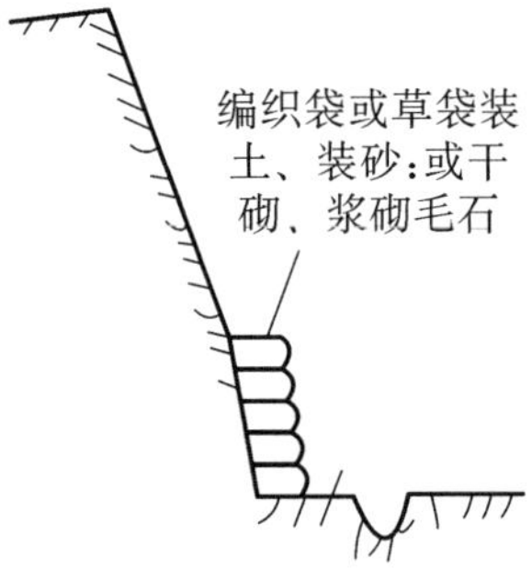

图 1－8　临时挡土墙支撑法

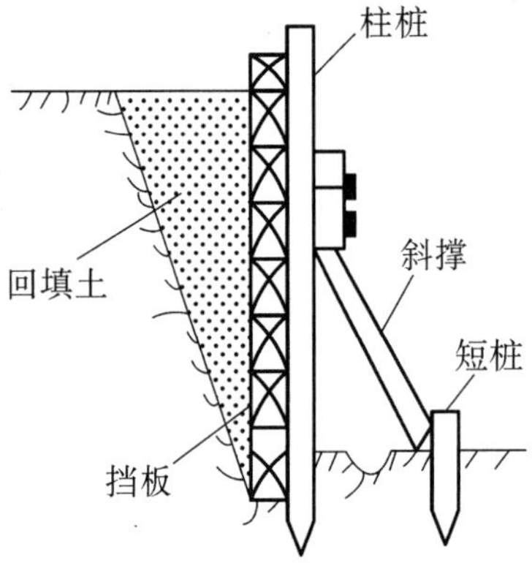

图 1－9　斜柱支撑法

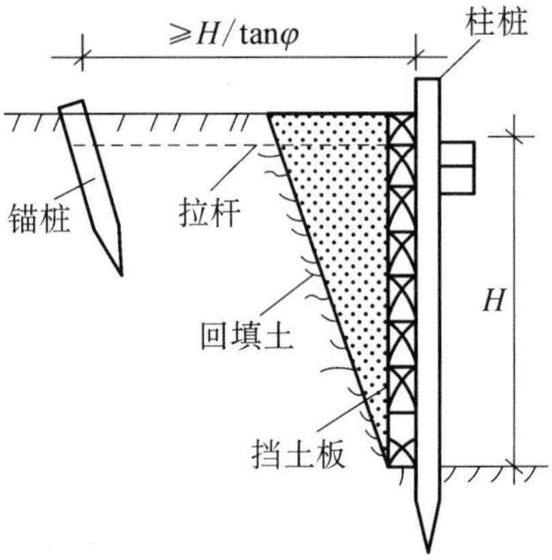

图 1－10　锚拉支撑法

① 简易支护

② 斜柱支撑

先沿基坑边缘打设柱桩，在柱桩内侧支设挡土板并用斜撑支顶，挡土板内侧填土夯实。

③ 锚拉支撑

先沿基坑边缘打设柱桩，在柱桩内侧支设挡土板，柱桩上端用拉杆拉紧，挡土板内侧填土夯实。

（3）基坑（槽）边缘堆置土方、材料，以及有运输工具或施工机械通过时，应与基坑（槽）边缘保持一定距离。一般距基坑（槽）上边缘不少于 2 m，堆置高度不应超过 1.5 m。在垂直的坑壁上，安全距离还应加大，软土地区不宜在基坑边缘临时堆置土方或堆置弃土。

1.2.3　基坑降水、排水

在土方开挖过程中，当基坑底面低于地下水位时，地下水会不断渗入坑内，如不及时采取降水措施，会严重影响施工环境及施工条件。为保持基坑干燥利于施工，防止由于水的浸泡发生边坡塌方和地基承载力下降，必须做好基坑的排水、降水工作。降低地下水位的方法有集水井降水法和井点降水法。

对于雨水、生活污水等地面水，一般采取在基坑四周或流水的上游设排水沟、截水沟或挡水土堤等办法解决；对于地下潜水，则常采用集水井明排降水和井点降水的方法，使地下水位降至所需开挖的深度以下。无论采用何种方法，降水工作都应持续到基础工程施工完毕并回填土完成。

一、集水井降水法

在开挖基坑过程中，当基底挖至地下水位以下时，沿坑底周围开挖一定坡度的排水沟并设置集水井，使地下水经排水沟流入井内，然后用水泵抽出坑外，如图1-11所示。集水井降水法是一种常用的经济、简单的降水方法。

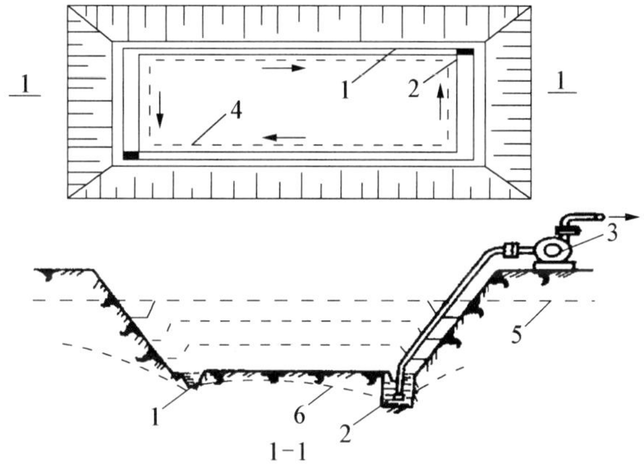

图1-11　集水井降水法平面、剖面示意图

1—排水明沟；2—集水井；3—水泵；4—基础边线；5—降水前水位线；6—降水后水位线

集水井应设置在基础范围以外，地下水流的上游。根据地下水量的大小、基坑平面形状及水系能力，每隔20～40 m设置一个集水井。集水井的直径或宽度一般为0.6～0.8 m，其深度随着挖土深度的加深而加深，要经常保持低于挖土面0.7～1 m。当基坑挖至设计标高后，集水井底应低于基抗底1～2 m，并铺设碎石滤层，以免抽水时将泥土抽走，并防止扰动井底土层。

集水井降水法适用于水流较大的粗粒土层的排水、降水，也可用于渗水量较小的黏性土层降水，但不适宜于细砂土和粉砂土层，因为地下水渗出会带走细粒而发生流砂。

当基坑开挖深度大、地下水位较高而土质为细砂或粉砂时，如果采用集水井法降水开挖，当挖至地下水位以下时，基坑底面的土会形成流动状态，随地下水一起流动涌入基坑，这种现象称为流砂。发生流砂时，土完全丧失承载力，引起基坑边坡塌方，如果附近有建筑物，就会引起地基被掏空而使建筑物下沉、倾斜，甚至倒塌。

引发流砂现象的关键因素是动水压力的大小和方向，因此防治流砂的主要方法有减小或平衡动水压力，或者改变动水压力的方向。具体方法有抢挖法、打钢板桩法、井点降水法、枯水期施工或在基坑四周修筑地下连续墙等。

二、井点降水法

井点降水就是在基坑开挖前，预先在基坑周围埋设一定数量的滤水管(井)，利用抽水设备不断抽出地下水，使地下水位降低到基坑底面以下，直至基础工程施工完毕。

井点降水法可改善工作条件，防止流砂发生。同时，由于地下水位降落过程中动水压力向下作用与土体自重作用，使基底土层密实，可提高地基土的承载能力。

井点降水按其系统的设置、吸水原理和方法的不同，可分为轻型井点、喷射井点、电渗井点和深井井点。不同井点降水方法可根据基础规模，土的渗透性、降水深度、设备条件及经济性适当选用，可参考表 1－5。其中轻型井点属于基本类型，应用最广泛。

表 1－5　井点降水分类及适用条件

井点类型	土层渗透系数(cm/s)	降低水位深度(m)
单级轻型井点	10^{-5}～10^{-2}	3～6
多级轻型井店	10^{-5}～10^{-2}	6～12
喷射井点	10^{-6}～10^{-3}	8～20
电渗井点	$<10^{-6}$	配合其他形式降水使用
深井井点	$\geqslant 10^{-5}$	>10

1. 轻型井点设备

轻型井点是沿基坑四周或一侧以一定间距将井点管(下端为滤管)埋入蓄水层内，井点管上端通过弯联管与总管连接，利用抽水设备将地下水经滤管进入井点管，经总管不断抽出，使原有地下水位降至基坑底面以下，如图 1－12 所示。

轻型井点设备由管路系统和抽水设备组成。管路系统包括滤管、井点管、弯联管及总管等。滤管为进水设备，如图 1－13 所示。长度一般为 1.0～1.5 m，直径为 38 mm 或 51 mm 的无缝钢管，管壁钻有直径为 12～18 mm 的梅花形滤孔。管壁外包两层滤网，内层细滤网采用 30～80 目的金属网或尼龙网，外层粗滤网采用 5～10 目金属网或尼龙网。为使水流通畅，在管壁与滤网间用铁丝或塑料管隔开，滤网外面再绑一层粗铁丝保护网，滤管下面为一铸铁塞头，滤管上端与井点管用螺丝套头连接。井点管为长 5～7 m 的钢管。集水总管直径为 100～127 mm 的钢管，每段长 4 m，其上装有与井点管连接的端接头，间距 0.8 m 或 1.2 m。总管与井点管用 90°弯头连接，或用塑料管连接。抽水设备由真空泵、离心泵和集水箱等组成。

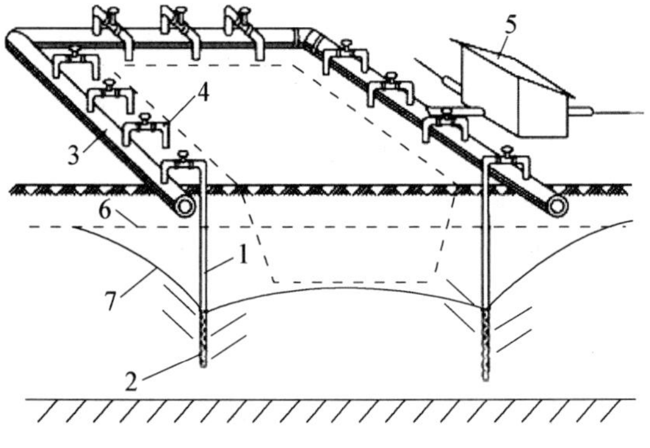

图 1－12　轻型井点降水示意图

1—井点管；2—虑管；3—总管；4—弯连管；5—水泵房；6—降水前潜水位线；7—降水后潜水位线

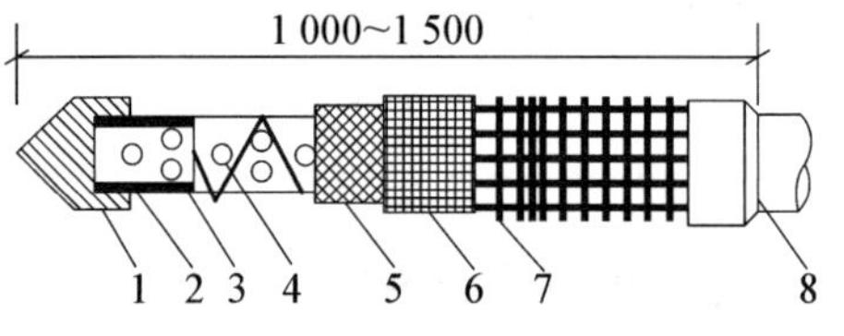

图 1－13　滤管构造

1—铸铁头；2—钢管；3—管壁上小孔；4—熟料管；5—细滤网；6—粗滤网；7—粗铁丝保护网；8—井点管

2. 轻型井点布置

轻型井点系统的布置，主要考虑基坑大小、开挖深度、土质、地下水位高低与流向、降水深度要求等因素。

(1) 平面布置

当基坑或沟槽宽度小于 6 m,水位降低值不大于 5 m 时,可用单排线状井点,布置在地下水流的上游一侧,两端延伸长一般不小于沟槽宽度[图 1-14(a)]。如沟槽宽度大于 6 m,或土质不良,宜用双排线状井点[图 1-14(b)]。面积较大的基坑宜用环状井点[图 1-14(c)],有时也可布置为 U 形[图 1-14(d)],以利挖土机械和运输车辆出入基坑,环状井点四角部分应适当加密,井点管距离基坑一般为 0.7～1.0 m,以防局部发生漏气。井点管间距般为 0.8～1.5 m,或由计算和经验确定。

一套抽水设备能带动的总管长度,一般为 100～120 m。采用多套抽水设备时,井点系统应分段,各段长度应大致相等。

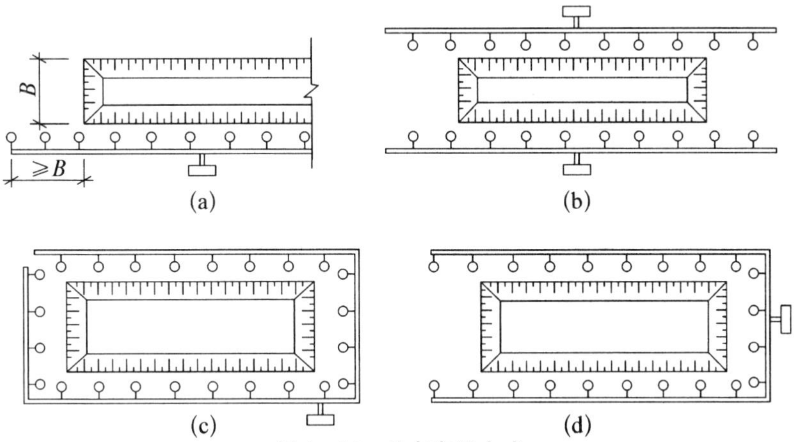

图 1-14 井点布置方式

(a) 单排井点;(b) 双排井点;(c) 环状井点;(d) U 形井点

(2) 高程布置

轻型井点的降水深度理论上可达 10 m 左右,但由于抽水设备水头损失,实际降水深度一般不大于 6 m。井点管的埋设深度 H(不包括滤管)可按下式计算:

$$H \geqslant H_1 + h + iL \tag{1-9}$$

式中:H_1——井点管埋设面到基坑底面的距离(m);

h——基坑底面至降水后的地下水位线的距离,一般取 0.5～2.0 m(人工开挖取下限,机械开挖取上限);

i——地下水降落坡度,环状井点 1/10,单排线状井点 1/4;

L——井点管至基坑中心的水平距离(m)(单排井点中,为井点管至基坑另一侧的距离)。

如 H 值小于降水深度 6 m 时,可选用一级井点;H 值略大于 6 m 时,如经过适当降低井点管的埋设深度即可满足要求,仍可采用一级井点;当采用一级井点达不到降水深度要求时,可采用二级井点或多级井点,施工时先挖去第一级井点疏干的土,然后在其底部埋设第二级井点管。

3. 轻型井点的施工及运行

轻型井点的安装要根据降水方案,先布设总管,再埋设井点管,然后用弯连管连接井点管与总管，最后安装抽水设备。

井点管的埋设一般采用水冲法施工，分为冲孔和埋管两个过程。冲孔时，利用起重设备将冲管吊起，放置于井点管位置上，开动高压水泵冲开土层，冲管边冲边沉。冲管要垂直，直径一般为 300 mm，以保证井管四壁有一定厚度的砂滤层，冲孔深度要比滤管底深 0.5 m 左右，用以减小冲管拔出时土颗粒沉于孔底带来的影响。

冲孔完毕即拔出冲管，插入井点管。井点管与井壁间应立即用粗砂灌实，距地面 1.0～1.5 m 深处，用黏土填堵密实，以防漏气。

轻型井点降水开始后，应保证连续抽水，应备好发电设备，防治因停电导致的抽水中断。如果井点淤塞，一般可通过分辨管内水流声响、手摸管壁有振动、手触摸管壁有冬暖夏凉的感觉等简便方法来检查，及时发现问题、解决问题，保证降水正常，从而保证基坑正常施工。

4. 井点回灌技术

基坑开挖，为保证挖掘部位地基土稳定，常用井点排水等方法降低地下水位。在降水的同时，由于挖掘部位地下水位的降低，导致其周围地区地下水位随之下降，使土层中因失水而产生压密，因而经常会引起邻近建(构)筑物、管线的不均匀沉降或开裂。为了防止这一情况的发生，通常采用设置井点回灌的方法。

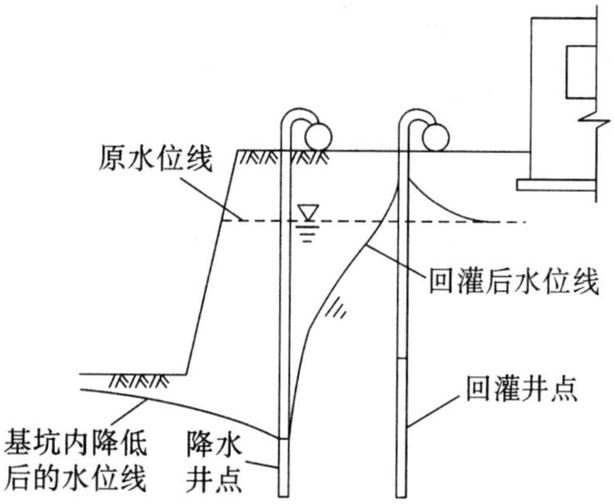

图 1－15　井点回灌示意图

井点回灌是在井点降水的同时，将抽出的地下水(或工业水)，通过回灌井点持续地再灌入地基土层内，使井点降水的影响半径不超过回灌井点的范围。这样，回灌井点就以一道隔水帷幕，阻止回灌井点外侧的建筑物下的地下水流失，使地下水位基本保持不变，土层压力仍处于原始平衡状态，从而可有效地防止降水井点对周围建(构)筑物、地下管线等的影响。井点回灌技术如图 1－15 所示。

任务 1.3　土方机械化施工

土方开挖是施工过程中的关键工序，是将土和岩石进行松动、破碎、挖掘并运出的过程。按岩土性质，土石方开挖分土方开挖和石方开挖两种。

1.3.1　土方开挖方式

在施工前，需根据工程规模、地形、地质、水文、气象等自然条件，施工导流方式和工程进度要求，施工条件以及可能采用的施工方法等，研究选定开挖方式，一般有明挖和暗挖两类。

明挖有全面开挖、分部位开挖、分层开挖和分段开挖等。全面开挖适用于开挖深度浅、范围小的工程项目。开挖范围较大时，需采用分部位开挖。如开挖深度较大，则采用分层开挖，对于石方开挖常结合深孔梯段爆破，按梯段分层。分段开挖则适用于长度较大的渠道、溢洪道等工程。对于暗挖，则有全断面掘进(一般为盾构机掘进)、分部开挖和导洞法等开挖方式。

1.3.2　土方施工方法

土方开挖施工，包括松动、破碎、挖装、运输出渣等工序。石方开挖，除松软岩石可用松土器以凿裂法开挖外，一般采取爆破进行松动、破碎。人工和半机械化开挖，使用锹镐、风镐、风钻等简单工具，配合挑抬或者简易小型的运输工具进行作业，适用于小型水利工程。有些灌溉排水沟渠的施工直接使用开沟机，可以一次成形。大中型水利工程的土石方开挖，建筑工程基坑(槽)的开挖，一般采用机械化施工。

1. 明挖

除使用各类凿岩、钻孔机械钻孔，进行爆破作业外，主要使用：挖掘机械，如各种反铲挖掘机或正铲挖掘机；铲运机械，推土机、装载机；有轨运输机械，如机车牵引矿车；无轨运输机械，如自卸汽车等。铲运机是一种能够独立完成铲土、运土、卸土、填筑和整平等全部土方施工工序的机械。

根据不同条件，采用各种配合方式，进行挖、装、运、卸等各项作业。根据工程规模、施工条件，合理选用施工机械、施工方法，注意机械设备的协调配合，避免存在薄弱环节。特定条件下，可采用水下开挖、爆破开挖的方法。

各类挖掘、铲运、运输机械

2. 暗挖

一般采用钻孔爆破法掘进，用机械进行挖装、运卸作业；也可采用全断面隧洞掘进机开挖隧洞；在土质或松软岩层中可用盾构法施工。

3. 水下开挖

可以采用索铲、抓斗等陆上开挖机械，但通常多使用各式挖泥船，配合拖轮、驳船等水上运输设备进行联合作业。

1.3.3　土方开挖施工方案的编制

在满足设计要求、工程质量、施工安全和工期要求等条件下，通过技术经济比较，进行施工方案的优化选择。编制施工方案时，一般应考虑：

(1) 开挖方式和施工方法能满足开挖进度要求，与施工导流和混凝土浇筑等前后工序相衔接，并满足防洪和渡汛要求。

(2) 根据水文、季节和施工条件，合理安排施工顺序，快速施工，均衡生产。

(3) 根据土方工程规模、土石特性、工作条件、施工方法，选择适用的施工机械设备，挖、装、运、卸各项设备要合理搭配。

(4) 因地制宜，安排好交通运输路线和施工总平面布置，以及风、水、电等系统。

(5) 做好土石方平衡调配，注意安排挖采结合、弃填结合，避免重复运输。弃渣、弃土场地尽量少占农田，并尽可能造地还田。弃渣要避免侵占河道，避免阻碍行洪或抬高电站尾水位影响发电效益。

(6) 做好施工排水措施，将妨碍施工作业和工程质量的雨水、地表水、地下水和施工废水排至场地以外，为工程创造良好的施工条件。

(7) 按设计和施工技术规范的要求，保证施工质量。对施工中可能遇到的问题，如流砂现象、边坡稳定、隧洞塌方等，要进行技术分析，提出应急预案。

(8) 注意施工安全文明，按照安全、防火、卫生等方面规程的规定，制定施工安全技术措施。根据环保相关要求，做好场区喷淋系统以及挖土区域雾炮机扬尘控制措施。

1.3.4 土方开挖安全措施

(1) 在施工组织设计中，要有土方工程专项施工方案，对施工准备、开挖方法、放坡、降水排水、边坡支护等工作根据有关规范要求进行设计，边坡支护要有设计计算书。

(2) 人工挖基坑时，操作人员之间要保持安全距离，一般大于 2.5 m；多台机械开挖，挖土机间距离应大于 10 m，挖土要自上而下，逐层进行，严禁先挖坡脚的危险作业。

(3) 挖土前应对周围环境进行检查，严禁在危险岩石或建筑物下面进行作业。

(4) 基坑开挖应严格按要求放坡，开挖过程中随时监测边坡稳定情况，发现问题及时处理。

(5) 机械挖土，多台阶同时开挖土方时，应验算边坡的稳定。根据规定和验算确定挖土机在高边坡的安全距离。

(6) 深基坑四周设防护栏杆，人员上下要有专用爬梯。

(7) 运土道路的坡度、转弯半径要符合有关安全规定。

(8) 爆破土方要遵守爆破作业安全有关规定。

1.3.5 土方开挖注意事项

(1) 计算工程量时，地槽交接处放坡产生的重复工程量不予扣除。

(2) 因土质不好，基础处理采用挖土、换土时，其放坡点应从实际挖深开始。

(3) 在挖土方、沟槽、基坑时，如遇不同土壤类别，应根据地质勘测资料分别计算。

(4) 边坡放坡系数可根据各土壤类别及深度加权取定。

(5) 单一土质时，普通土(一、二类)开挖深度大于 1.2 米开始放坡($K=0.50$)，坚土(三、四类)开挖深度大于 1.7 米开始放坡($K=0.30$)。

(6) 混合土质时，开挖深度大于 1.5 米开始放坡，然后按照不同土质加权计算放坡系数 K(表 1-6)。

表 1-6 对放坡系数的规定放坡高度、比例确定表

土壤类别	放坡深度规定(m)	高与宽之比		
		人工挖土	机械挖土	
			坑内作业	坑上作业
一、二类土	超过 1.20	1∶0.5	1∶0.33	1∶0.75
三类土	超过 1.50	1∶0.33	1∶0.25	1∶0.67
四类土	超过 2.00	1∶0.25	1∶0.10	1∶0.33

注：1. 沟槽、基坑中土壤类别不同时，分别按其土壤类别、放坡比例以不同土壤厚度分别计算；

2. 计算放坡工程量时交接处的重复工程量不扣除，符合放坡深度规定时才能放坡，放坡高度应自垫层下表面至设计室外地坪标高计算。

1.3.6 土方开挖技术

1. 人工开挖

(1) 挖土前根据安全技术交底了解地下管线、人防及其他构筑物情况和具体位置。地下构筑物外露时，必须进行加固保护。作业工程中应避开管线和构筑物。在现场电力、通信电缆 2 m 范围内和现场燃气、热力、给排水等管道 1 m 范围内挖土时，必须在主管单位人员监护下采取人工开挖。

(2) 开挖沟槽、基坑深度超过 1.5 m，必须根据土质和深度情况，按安全技术交底放坡或采取可靠支撑。遇边坡不稳、有坍塌危险时，施工人员必须立即撤离并及时报告施工负责人，采取安全可靠排险措施后方可继续挖土。

(3) 沟槽、基坑必须设置人员上下坡道或安全爬梯。严禁攀登土壁支撑结构上下、坑壁上挖洞攀登爬上或跳下。并不得在沟槽、基坑坡角下停留或休息。

(4) 挖土过程中遇有古墓、地下管道、电缆或其他不能辨认的异物和液体、气体时应立即停止作业并报告负责人，待查明处理后，再继续挖土。

(5) 沟槽、基坑边 1 m 以内不得堆土、堆料、停放机具。堆土高度不得超过 1.5 m。沟槽、基坑与建筑物、构筑物的距离不得小于 1.5 m。开挖深度超过 2 m 时，必须在周边设两道牢固防护栏杆，并张挂密目安全网。

(6) 人工挖土时前后操作人员横向间距离不应小于 2 m，纵向间距不得小于 3 m。严禁掏洞挖土，抠底挖槽。

(7) 每日或雨后必须检查土壁及支撑稳定情况，在确保安全的情况下继续工作，并且不得将土和其他工器具堆在支撑上，不得在支撑上行走或站立。

2. 机械开挖

(1) 施工机械进场前必须经过验收，合格后方能使用。

(2) 机械挖土，应严格控制开挖面坡度和分层厚度，防止边坡和挖土机下的土体滑动。挖土作业半径内不得站人，司机必须持证上岗。

(3) 机械挖土，启动前应检查离合器、液压系统及各铰接等部分，经空车试车运转正常后开始作业。机械操作中进铲不应过深，提升不应过猛，作业中不得碰撞支撑。

(4) 机械不得在输电线路和线路一侧工作，不论在任何情况下，机械的任何部位与架空输电线路的最近距离应符合安全操作规程要求(根据现场输电线路的电压等级定)。

(5) 机械应停在坚实的地基上，如地基土体承载力较低，应采取走道板等加固措施，不得将挖土机履带与挖空的基坑平行 2 m 内停、驶。运土汽车不宜靠近基坑平行行驶，防止塌方翻车。

(6) 配合挖机的清坡、清底工人，不得在机械回转半径内工作。

(7) 挖掘机向自卸汽车卸土应在自卸汽车停稳后进行，禁止挖掘机铲斗从汽车驾驶室上空越过。

(8) 场内道路应及时整修，确保车辆安全通畅，各种车辆应有专人负责指挥引导。

(9) 车辆进出门口的人行道下，如有地下管线(道)必须铺设厚钢板，或浇筑混凝土加固。车辆驶出大门前应将轮胎冲洗干净，防止污染道路。

1.3.7 施工方案

土方开挖施工方案应综合考虑进度、质量、成本因素，土方开挖施工方案一般包括：土方开挖施工准备、测量放样、开挖要求以及土方外运。

一、准备工作

(1) 勘查现场，清除地面及地上障碍物。

(2) 保护测量基准桩，以保证土方开挖标高位置与尺寸准确无误。

(3) 开挖机械、人员、施工用电、用水、道路及其他设施的准备。

二、清理表面

凡工程范围内的表层杂草、块石、杂物、腐殖土、树根等均应清除干净，平整压实，清理厚度不得小于 0.3 m，清除出来的废渣不得随地弃置，采用自卸汽车外运至弃料场。

三、土方开挖

这里所指土方开挖主要为招标人指定范围内的土方开挖，开挖的土方外运至招标人指定地点，堆土高度不得超过 1.5 m。

1. 施工准备

(1) 施工资料准备

土方开挖受天气、地质条件、原有建筑物的影响，开挖前应做好以下工作：

① 施工图纸的审阅、分析，及施工方案的拟定。

② 当地的水文、气象条件。

③ 施工场地的地质条件。

④ 施工范围内的建筑物及地下管线情况。

⑤ 绘制土方开挖的平面图和横断面图。

(2) 现场准备

① 塔吊必须安装完毕，并经过安全验收。

② 开挖边线必须放线完毕，并验收合格。

③ 有关人员、设备、材料必须进场。

2. 测量放样

根据布设的临时控制点，放样定出开挖边线和开挖深度等。在开挖边线放样时，应在设计边线外增加 300～500 mm 作上明显的标记。基坑底部开挖尺寸，除建筑物轮廓要求外，还应考虑排水设施和安装模板等要求。

3. 土方开挖要求

(1) 施工准备

① 土方开挖前，应根据施工方案的要求，将施工区域内的地下、地上障碍物清除和处理完毕。

② 建筑物或构筑物的位置或场地的定位控制线(桩)、标准水平桩及开槽的灰线尺寸，检验合格，并办完预检手续。

③ 夜间施工时，应有足够的照明设施；在危险地段应设置明显标志，并要合理安排开挖顺序，防止错挖或超挖。

④ 开挖有地下水位的基坑槽、管沟时，应根据当地工程地质资料，采取措施降低地下水位。一般要降至开挖面以下 0.5 m，然后开挖。

⑤ 施工机械进入现场所经过的道路、桥梁和卸车设施等，应事先经过检查，必要时要进行加固或加宽等。

⑥ 选择土方机械，应根据施工区域的地形与作业条件、土的类别与厚度、总工程量和工期综合考虑，应能发挥施工机械的效率来确定，编好施工方案。

⑦ 施工区域运行路线的布置，应根据作业区域工程的大小、机械性能、运距和地形起伏等情况加以确定。

⑧ 在机械施工无法作业的部位和修整边坡坡度、清理槽底等，均应配备人工进行。

⑨ 机具：挖土机械设备有挖土机、推土机、铁锹（尖、平头两种）、手推车、小白线或 20 号铅丝和钢卷尺以及坡度尺等。

⑩ 熟悉图纸，做好技术交底。

(2) 操作工艺

① 工艺流程

确定开挖的顺序和坡度→分段分层平均下挖→修边和清底。

② 坡度的确定

土方工程开挖坡度按设计要求，如在施工中不能确保边坡稳定，应与设计方联系，调整或更改开挖方案。

③ 机械开挖

开挖应合理确定开挖顺序、路线及开挖深度。一般采用挖掘机配合推土机进行开挖，土方开挖宜从上到下、分层分段依次进行。随时作成一定坡势，以利泄水。在开挖过程中，应随时检查边坡的状态。开挖基坑，不得挖至设计标高以下，如不能准确地挖至设计基底标高时，可在设计标高以上暂留一定厚度土层，以便在抄平后，由人工挖出。

④ 人工修挖

在机械施工挖不到的土方，应配合人工随时进行挖掘，并用手推车把土运到机械挖到的地方，以便及时用机械挖走。修帮和清底时在距槽底设计标高 500 mm 处，抄出水平线，钉上小木桩，然后用人工将暂留土层挖走，水泥搅拌桩头要沿桩开挖，不得破坏，开挖到基底高度，根据截桩高程要求对水泥搅拌桩进行截桩，桩顶修平。同时由轴线（中心线）引桩拉通线（用小线或铅丝），检查距槽边尺寸，确定槽宽标准，以此修整槽边。最后清除槽底浮土。

(3) 冬、雨期施工

土方开挖不宜在雨季进行，否则工作面不宜过大，应逐段、逐片分期完成。

(4) 质量、安全控制措施

① 按设计图纸放样，土方开挖后的坡度应符合设计要求规定，避免因边坡过陡而造成塌方，为保证边坡质量，反铲要紧靠坡线开挖，以确保边坡平整度，并尽量避免欠挖及超挖的出现。

② 开挖并完成清理后，应及时恢复桩号、坐标、高程等，并做出明显标志。

③ 雨天应在开挖边坡顶设置截水沟，开挖区内设置排水沟和集水井，及时做好排水工作，以防基坑积水浸泡。

④ 开挖过程中，应始终保持设计边坡线逐层开挖，避免开挖工程中因临时边坡过陡造成塌方，同时加强边坡稳定性观察。

⑤ 基坑(槽)边缘上部严禁堆置重物，避免塌方。

4. 土方外运

土方工程一般采用自卸汽车运输，城市道路运输须做好覆盖，按照建设单位要求运至指定地点。对弃土场地严格管理，严禁本工程以外的土方运至本工程弃土场。土石方运输污染的道路，按照路政部门的要求及时清理。

任务 1.4　土方填筑及压实

在建筑工程中，场地的平整，基坑(槽)、管沟、室内外地坪的回填，枯井、古墓、暗塘的处理以及基础回填等都需要进行填土，而这些填土一般也要进行压实。压实的目的在于保证填土的强度和稳定性。

1.4.1　填筑土料要求

填方土料应符合设计要求，如设计无要求时，应符合下列规定：

(1) 碎石类土、砂土和爆破石渣，可用做表层以下的填料，含水量符合压实要求的黏性土，可用做各层填料；

(2) 碎块草皮和有机质含量大于 8%的土，仅用于无压实要求的填方；

(3) 淤泥质土，一般不能用做填方土料，但在软土或沼泽地区，经过处理，含水量符合压实要求后，可用于填方中的次要部位；

(4) 对碎石类土或爆破石渣用作填料时，其最大粒径不得超过每层铺填厚度的 2/3，铺填时大块料不应集中，且不得填在分段接头处。填筑土料含水量大小直接影响到压实质量，应先试验，以得到符合密实度要求的最佳含水量和最小压实遍数。现场检验土料最佳含水量一般以“手握成团，落地开花”为宜。

1.4.2　填筑要求

土方填筑前，应根据工程特点、填料种类、设计压实系数、施工条件等因素合理选择压实机具，并确定填料含水量控制范围、铺土厚度和压实遍数等参数。

冬期、雨期进行填土施工时，应采取防冻、防雨措施，防止填料(粉质黏土、粉土)受雨水淋湿或冻结，并防止出现“橡皮土”。

填土应分层进行，并尽量采用同类土填筑，当选用不同类别的土料时，上层宜填筑透水性较小的填料，下层宜填筑透水性较大的土料，不能将其混用，以免形成水囊。压实填土的施工缝应错开搭接，在施工缝的搭接处应适当增加压实遍数。当填方位于倾斜的山坡上时，应先将斜坡挖成阶梯状，然后分层回填，以防填土侧向移动。

1.4.3　填土压实方法

填土压实的方法主要有:碾压法、夯实法和振动压实法。常用压实机械有内燃夯土机、蛙式打夯机、光面压路机、羊足碾压路机、轮胎压路机等。

建筑工程土方压实机械一般选用内燃式夯实机或蛙式打夯机,道路、机场等大面积或大体积土石方一般选用压路机进行土方压实。

常用压实机械

1.4.4　影响填土压实的因素

影响填土压实的因素很多,主要有:填土的种类、压实功、土的含水量、每层铺土厚度与压实遍数(见表1-7)。

表1-7　填土施工分层厚度及压实遍数

压实机具	每层铺土厚度(mm)	每层压实遍数(遍)
平碾	250～300	6～8
振动压实机	250～350	3～4
柴油打夯机	200～250	3～4
人工打夯	<200	3～4

1.4.5　填土压实的质量控制与检验

1. 填土压实的质量控制

填土经压实后必须达到设计要求的密实度。填土密实度以设计规定的控制干密度 ρ_d 作为检验标准,土的控制干密度 ρ_d 与最大干密度 $\rho_d$max 之比称为压实系数 λ_c。利用填土作为地基时,规范规定了不同结构类型、不同填土部位的压实系数值见表1-8。

表1-8　填土压实的质量控制

结构类型	填土部位	压实系数	控制含水量/%
砌体承重结构和框架结构	在地基主要受力层范嗣以内	≥0.97	$W_{op}\pm2$
	在地基主要受力层范围以下	≥0.95	
排架结构	在地基主要受力层范围以内	≥0.96	$W_{op}\pm2$
	在地基主要受力层范围以下	≥0.94	
地坪垫层以下及基础底面标高以上的压实填土		≥0.94	$W_{op}\pm2$

压实填土的最大干密度一般在试验室由击实试验确定,再根据规范规定的压实系数,即可计算出填土控制干密度 ρ_d 值。在填土施工时,土的实际干密度不小于控制干密度 ρ_d 时,则符合质量要求。

2. 填土压实的质量检验

(1) 填土施工过程中应检查排水措施,每层填筑厚度、含水量控制和压实程序。

(2) 填土经夯实或压实后,要对每层回填土的干密度进行检验,其压实系数应满足设计要求。一般采用环刀法(或灌砂法)取样测定土的干密度。

(3) 按填土对象不同,规范规定了不同的抽取标准。

任务 1.5 地基验槽与地基处理

1.5.1 地基验槽

基槽(坑)挖至设计标高并清理后,施工单位必须会同勘察、设计、建设(或监理)等单位共同进行验槽,检查地基是否与勘察资料相符合并满足设计要求,合格后方能进行基础工程施工。建(构)筑物基坑均应进行施工验槽。

1. 验槽具备的资料和条件

(1) 勘察、设计、建设(或监理)、施工等单位有关负责及技术人员到场;

(2) 基础施工图和结构总说明;

(3) 详勘阶段的岩土工程勘察报告;

(4) 开挖完毕、槽底无浮土、松土(若分段开挖,则每段条件相同),条件良好的基槽。

2. 验槽准备工作

(1) 查看结构说明和地质勘察报告,对比结构设计所用的地基承载力、持力层与报告所提供的是否相同;

(2) 询问、察看建筑位置是否与勘察范围相符;

(3) 察看场地内是否有软弱下卧层;

(4) 场地是否为特别的不均匀场地、是否存在勘察方要求进行特别处理的情况,而设计方没有进行处理;

(5) 要求建设方提供场地内是否有地下管线和相应的地下设施。

3. 验槽内容

(1) 根据设计图纸检查基槽的开挖平面位置、尺寸、槽底深度;检查是否与设计图纸相符,开挖深度是否符合设计要求;

(2) 仔细观察槽壁、槽底土质类型、均匀程度和有关异常土质是否存在,核对基坑土质、地下水情况是否与勘察报告相符;

(3) 检验基槽中有无旧建筑物基础、古井、洞穴、古墓、地下掩埋物及地下人防工程;

(4) 检查基槽边坡外缘与附近建筑物的距离,基坑开挖对附近建筑物稳定性有无影响;

(5) 检查、核实、分析钎探资料,对存在的异常点位进行复核检查。

4. 验槽方法

验槽方法有观察法、钎探法、轻型动力触探。在进行直接观察时,可用袖珍式贯入仪作为辅助手段。钎探法有人工钎探、机械钎探、轻型动力触探。

1.5.2 地基处理

当地基不满足设计要求时,应按照设计地基处理方案进行地基处理。

常用的地基处理方法有：换填垫层法、强夯法、振冲砂石桩法、水泥土搅拌法、旋喷桩法、夯实水泥土桩法、水泥粉煤灰碎石桩法、石灰桩法、灰土挤密桩法和土挤密桩法、预压法、单液硅化法和碱液法等。

（1）换填垫层法适用于浅层软弱地基及不均匀地基的处理。其主要作用是提高地基承载力，减少沉降量，加速软弱土层的排水固结，防止冻胀和消除膨胀土的胀缩。

（2）强夯法适用于处理碎石土、砂土、低饱和度的粉土与黏性土、湿陷性黄土、杂填土和素填土等地基。强夯置换法适用于高饱和度的粉土，软——流塑的黏性土等地基上对变形控制不严的工程，在设计前必须通过现场试验确定其适用性和处理效果。强夯法和强夯置换法主要用来提高土的强度，降低压缩性，改善土体抵抗振动液化能力和消除土的湿陷性。对饱和黏性土宜结合堆载预压法和垂直排水法使用。

强夯法
工程案例

（3）振冲碎石桩和沉管砂石桩复合地基适用于挤密松散砂土、粉土、黏性土、素填土、杂填土等地基，提高地基的承载力和降低压缩性，也可用于处理可液化地基。对饱和黏土地基上变形控制不严的工程也可采用砂石桩置换处理，使砂石桩与软黏土构成复合地基，加速软土的排水固结，提高地基承载力。振冲碎石桩复合地基处理示意图如下：

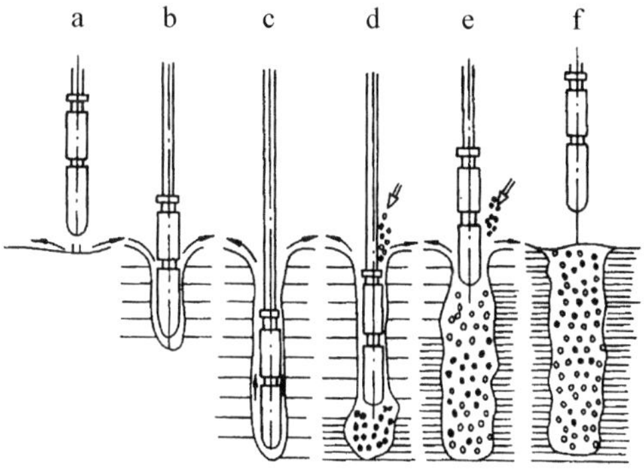

图1-16　砂石桩地基处理流程示意图

（4）水泥土搅拌桩复合地基分为浆液深层搅拌法（简称湿法）和粉体搅拌法（简称干法）。水泥土搅拌桩复合地基适用于处理正常固结的淤泥与淤泥质土、黏性土、粉土、饱和黄土、素填土以及无流动地下水的饱和松散砂土等地基，不宜用于处理泥炭土、塑性指数大于25的黏土、地下水具有腐蚀性以及有机质含量较高的地基。若需采用时必须通过试验确定其适用性。

当地基的天然含水量小于30%（黄土含水量小于25%）、大于70%或地下水的pH值小于4时不宜采用此法。连续搭接的水泥搅拌桩可作为基坑的止水帷幕，受其搅拌能力的限制，该法在地基承载力大于140 kPa的黏性土和粉土地基中的应用有一定难度。

（5）旋喷桩复合地基适用于处理淤泥、淤泥质土、黏性土、粉土、砂土、人工填土和碎石土地基。当地基中含有较多的大粒径块石、大量植物根茎或含有较高的有机质时，应根据现场试验结果确定其适用性。对地下水流速度过大、喷射浆液无法在注浆套管周围凝固等情况不宜采用。

旋喷注浆宜采用强度等级为42.5的普通硅酸盐水泥，根据需要可加入适量的外加剂及掺合料。高压旋喷桩施工根据工程需要和图纸条件，可选用单管法、双管法和三管法。高压旋喷桩的处理深度较大，除地基加固外，也可作为深基坑或大坝的止水帷幕，目前最大处理深度已超过30 m。

（6）夯实水泥土桩复合地基适用于处理地下水位以上的粉土、素填土、杂填土、黏性土等地基。该法宜选用机械成孔，处理地基深度不大于15 m，施工周期短、造价低、施工文明、造价容易控制，目前在北京、河北等地的旧城区危改小区工程中应用得比较成功。

(7) 水泥粉煤灰碎石桩(CFG 桩)复合地基适用于处理黏性土、粉土、砂土和以自重固结的素填土等地基。对淤泥质土应根据地区经验或现场试验确定其适用性。基础和桩顶之间需设置一定厚度的褥垫层,保证桩、土共同承担荷载形成复合地基。

该法适用于条基、独立基础、箱基、筏基,可用来提高地基承载力和减少变形。对可液化地基,可采用碎石桩和水泥粉煤灰碎石桩多桩型复合地基,采用该法达到消除地基土液化和提高承载力的目的。

(8) 灰土挤密桩复合地基适用于处理地下水位以上的湿陷性黄土、素填土和杂填土等地基,可处理的深度为 3～15 m。用来提高地基土的承载力或增强其水稳定性时,当地基土的含水量大于 24%、饱和度大于 65%时,不宜采用这种方法。

(9) 预压法适用于处理淤泥、淤泥质土、冲填土等饱和黏性土地基。其可分为堆载预压法及真空预压法。堆载预压分塑料排水带或砂井地基堆载预压和天然地基堆载预压。当软土层厚度小于 4 m 时,可采用天然地基堆载预压法处理,当软土层厚度超过 4 m 时,应采用塑料排水带、砂井等竖向排水预压法处理。对真空预压工程,必须在地基内设置排水竖井。预压法主要用来解决地基的沉降及稳定问题。

(10) 单液硅化法和碱液法适用于处理地下水位以上渗透系数为 0.1～0.2 m/d 的湿陷性黄土等地基。在自重湿陷性黄土场地,对Ⅱ级湿陷性地基,应通过试验确定碱液法的适用性。

在确定地基处理方案时,宜选取多种方法进行比较选择。对复合地基而言,方案选择是针对不同土性、不同设计要求的承载力提高幅度,选取适宜的成桩工艺和增强材料。

知识拓展

建筑业十项新技术

- 真空预压法阻合加固软基技术
- 装配式支护结构施工技术
- 型钢水泥土复合搅拌桩支护结构技术
- 基坑施工封闭降水技术
- 施工现场水收集综合利用技术

知识拓展 1

思考与习题

1. 简述土的可松性对土方施工的影响。

2. 简述基坑与基槽土方量的计算方法。

3. 土方调配应遵循什么原则。

4. 简述边坡系数的概念与表示方法,影响边坡稳定的因素有哪些,预防边坡塌方的措施有哪些。

5. 简述人工降低地下水位的方法及适用范围。

6. 简述防治流砂的途径和方法。

7. 简述单斗挖土机的类型、工作特点及适用范围。

8. 简述填土压实的方法及影响填土压实的因素。

9. 简述土的最佳含水量的概念，土的含水量和控制干密度对填土压实有何影响。

10. 简述地基验槽的内容与方法。

11. 简述地基加固处理的方法。

12. 某基坑底长85米，宽60米，开挖深度8米，工作面宽度0.5米，四边放坡，边坡坡度1∶0.5，试计算土方开挖工程量。

项目 2　桩基础施工

素质目标（依据专业教学标准）

（1）坚定拥护中国共产党领导和我国社会主义制度，践行社会主义核心价值观，具有深厚的爱国情感和中华民族自豪感；

（2）崇尚宪法、遵纪守法、崇德向善、诚实守信、尊重生命、热爱劳动，履行道德准则和行为规范，具有社会责任感和社会参与意识；

（3）具有质量意识、环保意识、安全意识、信息素养、工匠精神、创新思维；

（4）勇于奋斗、乐观向上，具有自我管理能力、职业生涯规划的意识，有较强的集体意识和团队合作精神；

（5）具有健康的体魄、心理和健全的人格，以及良好的行为习惯；

（6）具有一定的审美和人文素养。

知识目标

（1）桩基分类及适用范围；

（2）地基加固施工验收；

（3）桩基施工验收。

能力目标

（1）会根据工程地质条件，选择桩基类型；

（2）会进行施工验收。

案例导入

上海中心大厦

上海中心大厦（Shanghai Tower），是上海市的一座巨型高层地标式摩天大楼。上海中心大厦项目面积 433 954 平方米，建筑主体为 119 层，总高为 632 米，结构高度为 580 米，机动车停车位布置在地下，可停放 2 000 辆。

上海中心大厦

2008 年 11 月 29 日上海中心大厦进行主楼桩基开工。2016 年 3 月 12 日，上海中心大厦建筑总体正式全部完工。2016 年 4 月 27 日，“上海中心”举行建设者荣誉墙揭幕仪式并宣布分步试运营。2017 年 4 月 26 日，位于大楼第 118 层的“上海之巅”观光厅起正式向公众开放。

（1）整体

与绝大多数现代超高层摩天楼一样。上海中心大厦不只是一座办公楼。上海中心大厦的9个区每一个都有自己的空中大厅和中庭，夹在内外玻璃墙之间。1号区将是零售区，2号区到6号区将为办公区，酒店和观景台坐落于7号区到9号区。空中大厅的每一层都将建有自己的零售店和餐馆，成为一个垂直商业区。

上海中心大厦有两个玻璃正面，一内一外，主体形状为内圆外三角。形象地说，就是一个管子外面套着另一个管子。玻璃正面之间的空间在3英尺到33英尺之间（约合90厘米到10米），为空中大厅提供空间，同时充当一个类似热水瓶的隔热层，降低整座大楼的供暖和冷气需求。降低摩天楼的能耗不仅有利于保护环境，同时也让这种大型建筑项目更具有经济可行性。

上海中心大厦的巨型高层地标式摩天楼建筑，螺旋式上升的造型延缓了风流，使得建筑能够经得起台风的考验，为上海增添了新的天际线。

（2）地基

上海浦东处在一个冲积层，上海中心的建造地点位于一个河流三角洲，土质松软，含有大量黏土。在竖起钢梁前，工程师打了980个基桩，深度达到86米，而后浇筑60 881立方米混凝土进行加固，形成一个6米厚的基础底板。

（3）顶部

从顶部看，上海中心大厦的外形好似一个吉他拨片，随着高度的升高，每层扭曲近1度。这种设计能够延缓风流。风环绕建筑时会形成涡旋脱落效应，导致摩天楼剧烈摇晃。对按比例缩小的模型进行风洞测试后发现，这种外形设计能够将侧力减少24%，这对于经常经受台风考验的上海建筑来说至关重要。

（4）建设历程

2010年3月29日底板浇筑。

上海中心大厦主楼61 000立方米大底板混凝土浇筑工作于2010年3月29日凌晨完成，如此大体积的底板浇筑工程在世界民用建筑领域内开了先河。上海中心大厦基础大底板浇筑施工的难点在于，主楼深基坑是全球少见的超深、超大、无横梁支撑的单体建筑基坑，其大底板是一块直径121米，厚6米的圆形钢筋混凝土平台，11 200 m^2 的面积相当于1.6个标准足球场大小，厚度则达到两层楼高，是世界民用建筑底板体积之最。其施工难度之大，对混凝土的供应和浇筑工艺都是极大的挑战。作为632米高的摩天大楼的底板，它将和其下方的955根主楼桩基一起承载上海中心121层主楼的负载，被施工人员形象地称为“定海神座”。

2013年8月3日上午主体封顶。

2013年8月3日上午主体结构最后一根钢梁吊装就位，上海中心大厦实现主体结构封顶，按计划达到125层、580米的高度。

2014年8月3日塔冠封顶。

2014年8月3日，上海中心大厦于全面结构封顶，顺利到达632米最高点，刷新申城天际线新高度。

2014年底土建基本竣工。

上海中心大厦于2014年底基本完成土建竣工，2015年年中投入运营。预计日均办公、观光、购物、酒店住客人群达3～4万人次。地下二层是观光入口，正式对外开放后，将有电梯以每秒18米的速度，将游客们直接送至118层。整幢大楼共有24个空中花园，其中118层和119层是主要的观光层。

➢ **思考题：**

1. 上海中心大厦的总高多高，结构高度多高？
2. 上海中心大厦建造地点，地质条件如何？
3. 上海中心大厦采用什么基础类型？
4. 试结合上海中心大厦的结构高度、地质条件、建造地的地质条件，分析为什么采用桩基础？

桩基础就是桩和桩顶承台构成的深基础。

桩根据受力情况分为摩擦桩和端承桩，摩擦桩是利用桩壁与周围的泥沙的摩擦来承受上部建筑结构的重量；端承桩是将桩打到地下坚实的地层，并把上部建筑结构的荷载通过桩身传到坚实地层。

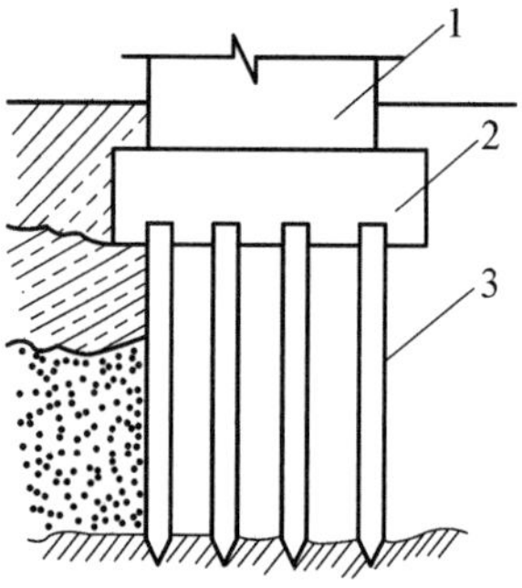

图2－1　桩基础组成图

1—上部结构；2—承台；3—桩

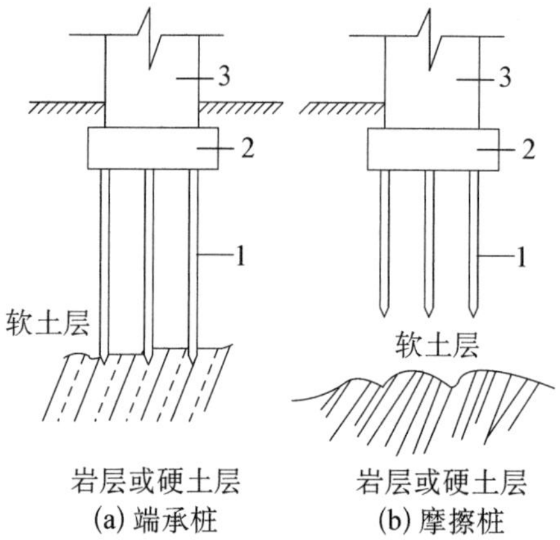

图2－2　桩基础组成图

按施工方法中可以分为预制桩和灌注桩两大类。预制桩是在工厂或施工现场制成的各种形式的桩，然后用锤机、静压、振动或水冲等方法沉桩入土。灌注桩则就地成孔，而后在钻孔中放置钢筋笼，灌注混凝土成桩。工程中一般根据地质情况、周边环境状况及上部荷载，等综合因素确定桩型与施工方法。

任务2.1　预制桩

预制桩施工流程如下：

预制→起吊→运输→堆放→沉桩

2.1.1　桩的预制、起吊、运输与堆放

1. 桩的预制

预制钢筋混凝土桩分实心桩和空腹桩，有钢筋混凝土桩和预应力钢筋混凝土桩。实心桩截面有三角形、圆形、矩形、六边形、八边形。为了便于预制一般做成正方形断面。断面一般为200 mm×200 mm～550 mm×550 mm。单根桩的最大长度，一般根据打桩架的高度而定，目前单根桩通常在30 m以内，工厂预制时单根桩长一般在12 m以内。如需打设30 m以上的桩，则将桩预制成几段，在打桩过程中逐段接桩。空腹桩有空心正方形、空心三角形和伞心圆形(即管桩)。管桩在工厂内采用离心法制成，外径一般有400 mm、500 mm等数种。

钢桩通常有钢管桩、工字型钢桩、H型钢桩等。以预应力混凝土管桩为例，介绍其制作过程。

预应力混凝土管桩应采用强度等级不低于42.5的硅酸盐水泥、普通硅酸盐水泥、矿渣硅酸盐水泥、粉煤灰硅酸盐水泥，细骨料宜采用洁净的天然硬质中粗砂，细度模数为2.3～3.4，粗骨料应采用碎石，其最大粒径应不大于25 mm，且应不超过钢筋净距的3/4。预应力钢筋应采用预应力混凝土用钢棒、预应力混凝土用钢丝，其保护层厚度不得小于25 mm。管桩接头宜采用端板焊接，端板的宽度不得小于管桩的壁厚，接头的端面必须与桩身的轴线垂直。

骨架成型后，预应力钢筋间距偏差不得超过±20 mm；螺旋筋的螺距偏差不得超过±10 mm；架立圈(加强环箍筋)间距偏差不得超过±20 mm，垂直度偏差不得超过架立圈直径的1/40。放张预应力筋时，预应力混凝土管桩的混凝土抗压强度不得低于35 MPa，预应力高强混凝土管桩的混凝土抗压强度不得低于40 MPa。

钢管桩直径一般为250～1 200 mm，壁厚8～20 mm，分段长度一般不大于15 m，可采用无缝钢管(直径为250～300 mm)或直缝焊接钢管(直径>300 mm)。

制作钢管桩的材料规格及强度应符合设计要求，并有出厂合格证和试验报告。桩材表面不得有裂缝、起鳞、夹层及严重锈蚀等缺陷。焊缝的电焊质量除常规检查外，还应做10%的焊缝探伤检查。

用于地下水有侵蚀性的地区或腐蚀性土层的钢管桩，应按设计要求作防腐处理。

2. 桩的起吊、运输

当桩的混凝土达到设计强度等级的70%方可起吊，达到100%方可运输和打桩。如提前起吊，必须作强度和抗裂度验算。桩在起吊和搬运时，必须平稳，不得损坏。吊点应符合设计要求，满足吊桩弯矩最小的原则。如图2-3所示为吊点合理位置。

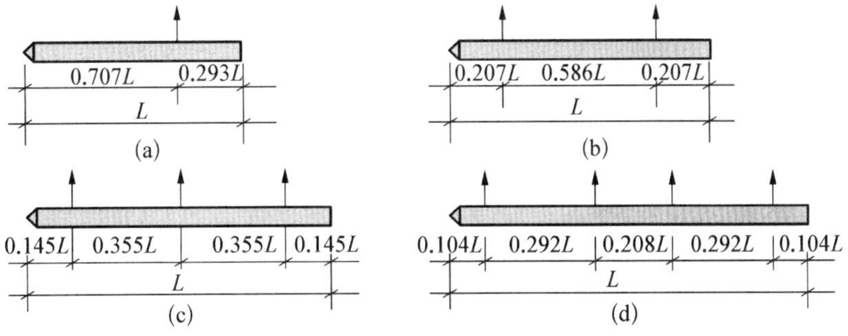

图2-3　吊点的合理位置

(a) 1个吊点；(b) 2个吊点；(c) 3个吊点；(d) 4个吊点

打桩前桩应运到现场或桩架处，宜随打随运，以避免二次搬运。桩的运输方式。在运距不大时，可用起重机吊运或在桩下垫以滚筒，用卷扬机拖拉；当运距较大时，可采用轻便轨道小平台车运输。

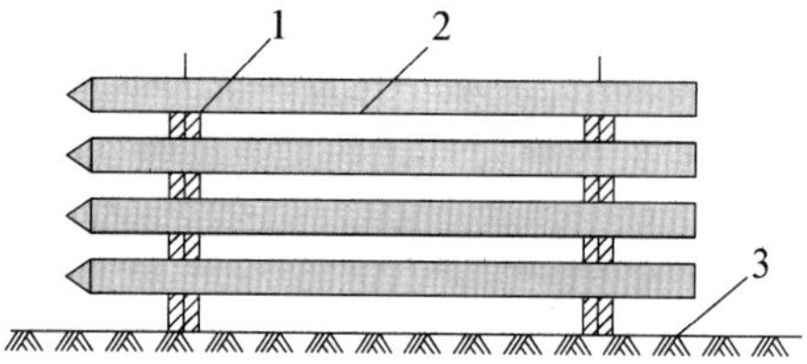

图 2-4　预制桩堆放图

1—垫木；2—预制桩；3—地坪

3. 桩的堆放

桩运到工地现场后，应按不同规格将桩分别堆放，以免沉桩时错用；堆放桩的场地应靠近沉桩地点，地面必须平整坚实，设有排水坡度；多层堆放时，各层桩间应置放垫木，垫木的间距可根据吊点位置确定，并应上下对齐，位于同一垂直线上，如图 2-4 所示。混凝土管桩堆放层数：对于外径 300～400 mm 的管桩，最高可堆放 5 层，外径 500～600 mm 的管桩不宜超过 4 层。钢管桩的堆放，直径 900 mm 可放置 3 层，直径 600 mm 放置 4 层；直径 400 mm 放置 5 层，对 H 型钢桩最多 6 层。

运桩和堆放的桩尖方向应符合吊升的要求，以免临时再需将桩调头。

2.1.2　沉桩

钢筋混凝土预制桩根据打(沉)桩方法的不同，钢筋混凝土预制桩施工方法分为锤击沉桩法和静力压桩法。

1. 锤击沉桩法

锤击沉桩又称打桩。它是利用扫一桩设备的冲击动能将桩打入土中的一种方法。其施工程序：确定桩位和沉桩顺序→桩机就位一吊桩喂桩→校正垂击沉桩→接桩→再锤击沉桩→送桩→收锤→切割桩头。

(1) 打桩设备及选用

打桩设备主要包括桩锤、桩架和动力装置等部分。桩锤是对桩施加冲击，把桩打入土中的主要机具。桩架的作用是将桩提升就位。并在打桩过程中引导桩的方向，以保证桩锤能沿着所要求的方向冲击。动力装置包括驱动桩锤及卷扬机用的动力设备(发电机、蒸汽锅炉、空气压缩机等)、管道、滑轮组和卷扬机等。

桩锤的种类繁多一般有落锤、单动汽锤、双动汽锤、柴油打桩锤、振动打桩锤、液压大桩锤。

① 落锤。落锤用钢铸成，一般锤重 0.5～2 t。其工作原理是利用人力或卷扬机，将锤提升一至一定高度，然后使锤自由下落到桩头 L 而产生冲击力.将桩逐渐击入土中，如图 2-5 所示。落锤适用于黏土和含砂、砾石较多的土层中打桩。但因冲击能量有限.打桩速度慢(6～20 次/min)，对桩顶的损伤较大，故只有当使用其他型式的桩锤不经济或小型下程中才被使用。

② 蒸汽锤。蒸汽锤是利用蒸汽的动力进行锤击，其效率与土质软、硬的关系不大。常用在较软弱的土层中打桩。按其工作原理分为单动汽锤(图 2-6)和双动汽锤(图 2-7)两种，都须配一套锅炉设备。

单动汽锤锤重 1.5 t～15 t，具有落距小，冲击力大的优点，其打桩速度较自由落锤快(锤击次数为 40～70 次/ruin)，适用于沉设各种桩。但存在蒸汽得不到充分利用，软管磨损较快，软管与汽阀连接处易脱开等缺点。的锤重为 0.6～6 t，具有活塞冲程短，冲击力大，打桩

速度快(锤击次数为 100～300 次/min)

双动汽锤工作效率高等优点。适用于打各种桩,并可以用于拔桩和水下打桩。

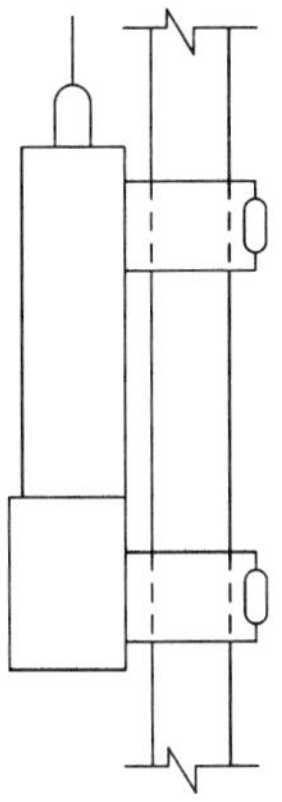

图 2-5　落锤

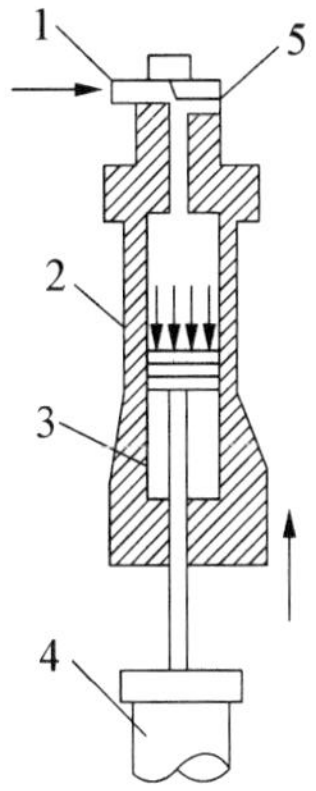

图 2-6　单动气锤

1—进汽孔;2—活塞;3—汽缸;
4—桩;5—出汽孔

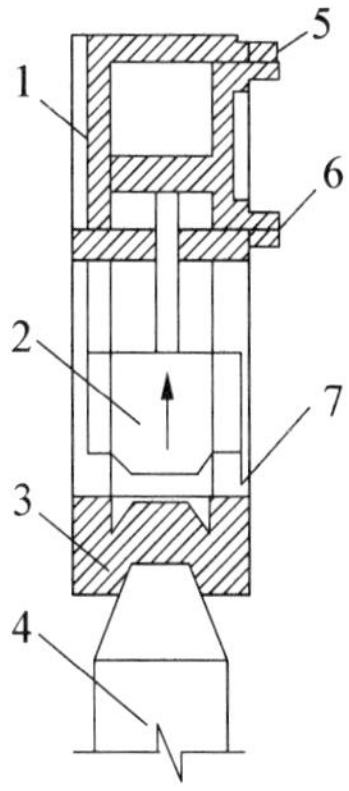

图 2-7　双动气锤

1—活塞;2—汽锤;3—锤砧;4—桩;
5—出汽孔;6—进汽口;7—壳体

③ 柴油锤。柴油锤是以柴油为燃料,利用柴油点燃爆炸时膨胀产生的压力,将桩锤抬起,然后自由落下冲击桩顶。如此反复循环运动,把桩打入土中。根据冲击部分的不同,柴油锤可分为导杆式和筒式两种(图 2-8)。导杆式柴油锤的冲击部分是沿导杆上下运动的汽缸,筒式柴油锤的冲击部分则是往复运动的活塞。

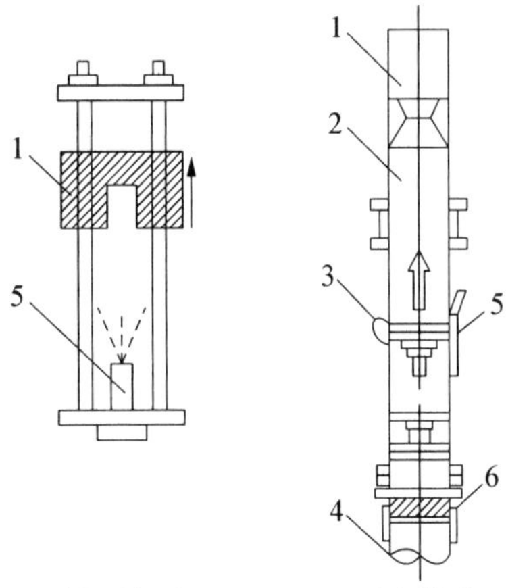

(a) 导杆式　　(b) 筒式

图 2-8　柴油锤

1—汽缸;2—活塞;3—排气孔;4—桩;
5—燃油泵;6—桩帽

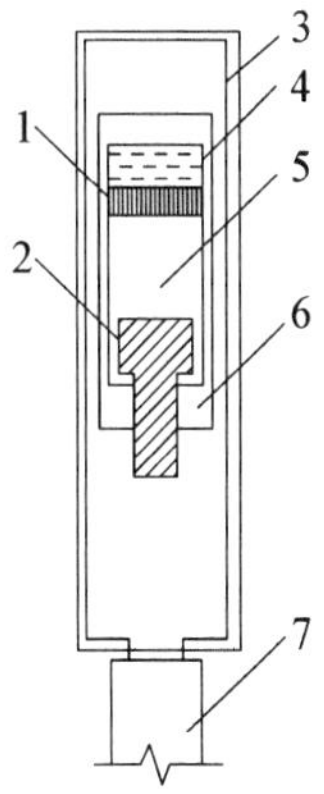

图 2-9　液压锤

1—活塞;2—冲击头;3—外壳;4—油;
5—氮气;6—降落重块锤;7—桩

柴油锤冲击部分的重力为 1.3～8 t,锤击次数大多为 40～60 次/min。它具有工效高.构造简单,移动灵活,使用方便,不需沉重的辅助设备,也不必从外部供给能源等优点,但有施工噪声大、油滴飞散、排出的废气污染环境等缺点,不适于在过硬或过软的土层中打桩。

④ 液压锤。液压锤构造如图 2-9 所示,它是由一外壳封闭的冲击体所组成,利用液压

油来提升和降落冲击缸体。冲击缸体为内装有活塞和冲击头的中空圆柱体，在活塞和冲击头之间，用高压氮气形成缓冲垫。当冲击缸体下落时，先是冲击头对桩施加压力，然后是通过可压缩的氮气对桩施加压力，如此可以延长施加压力的过程，使每一锤击能使桩得到更大的贯入度。同时，形成缓冲垫的氮气，还可使桩头受到缓冲和连续打击，从而防止了在高冲击力下的损坏。液压锤噪声小(距打桩点 30 m 处 75 dB，比柴油锤小 20 dB)，无污染，最适于城市环保要求高的地区打各类预制桩。

桩架是支持桩身和桩锤，在打桩的过程中引导桩的方向使桩不至于偏移。桩架的形式很多，常用的有多功能桩架及履带式桩架两种。

多功能桩架由立柱、斜撑、回转工作台、底盘及传动机构组成，见图 2 - 10。这种桩架机动性和适应性很大，在水平方向可作 360°回转，立柱可前后倾斜，可适应各种预制桩及灌注桩施工。缺点是机构庞大，组装拆迁较麻烦。

履带式桩架以履带式起重机为底盘，增加立柱与斜撑用以打桩，见图 2 - 11。此种桩架性能灵活。移动方便，适应各种预制桩及灌注桩施工。

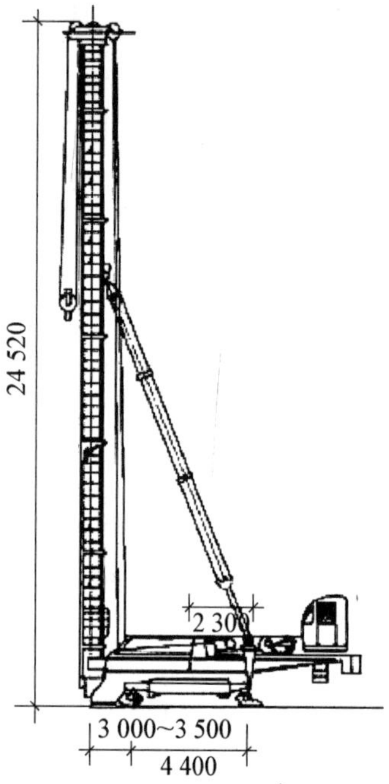

图 2 - 10 多功能桩架

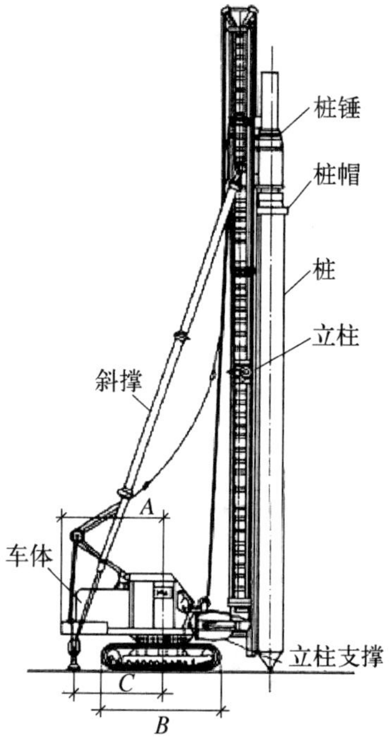

图 2 - 11 履带式打桩架

(2) 打桩施工

打桩前应做好各项准备工作：清除妨碍施工的地上和地下的障碍物；平整施工场地；定位放线；设置供电、供水系统；安设打桩机等。

桩基轴线的定位点，应设置在不受打桩影响的地点，打桩地区附近需设置不少于 2 个水准点。在施工过程中可据此检查桩位的偏差以及桩的入土深度。

打桩时应注意下列一些问题：

① 打桩顺序

打桩顺序一般分为：由一侧向单一方向打、自中间向两个方向对称打、自中间向四周打

(图 2－12)。打桩顺序直接影响打桩速度和桩基质量。因此,应结合地基土壤的挤压情况,桩距的大小,桩机的性能。工程特点及工期要求,经综合考虑予以确定,以确保桩基质量,减少桩机的移动和转向,加快打桩速度。沉桩顺序应按先深后浅、先大后小、先长后短、先密后疏的次序进行。对于密集桩群应控制沉桩速率,宜从中间向四周或两边对称施打;当一侧毗邻建筑物时,由毗邻建筑物处向另一方向施打。

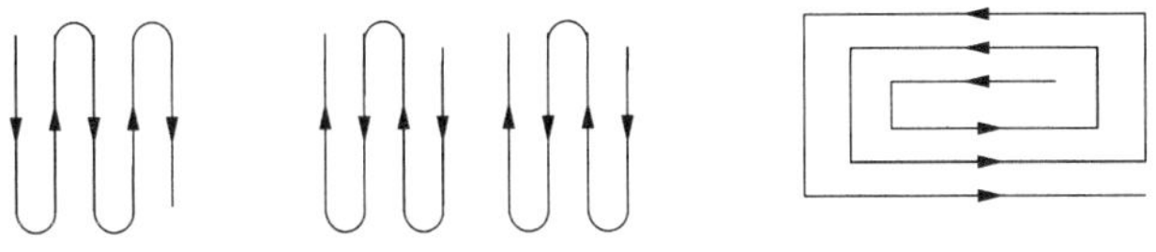

(a) 由一侧向单一方向进行　(b) 自中间向两个方向对称进行　(c) 自中间向4周进行

图 2－12　打桩顺序

由一侧向单一方向打,桩机系单向移动,桩的就位与起吊均很方便,故打桩效率高,但它会使土壤向一个方向挤压。导致土壤挤压不均匀,易引起建筑物的不均匀沉降。但若桩距大于或等于 4 倍桩的直径或边长时,试验证明土壤的挤压与打桩顺序关系不大,这时,采取此种打法仍可保证桩基质量。对于大面积的桩群,则宜采用自中间向两个方向对称打或自中间向四周边缘打,这样均有利于避免土壤的挤压使桩产生倾斜或浮桩现象。

② 送桩

在打桩时,由于打桩架底盘离地面有一定距离,不能将桩打入地面以下设计位置,而需要用打桩机和送桩机将预制桩共同送入土中,这一过程称为送桩。

送桩

在设计桩顶低于目前地面,且场地限制无法大面积开挖后再打桩时打桩机械及交通无法开展的情况下,在现地面处打桩,用送桩器将桩顶打至地面以下。也有桩送桩的做法,但在一些地方是限制的。

③ 接桩

由于一根桩的长度打不到设计规定的深度,所以需要将预制桩一根一根的连接起来继续向下打,直至打入设计的深度为止。将已打入的前一根桩顶端与后一根桩的下端相连接在一块的过程。接桩的方式常用的有浆锚接桩、焊接接桩、法兰接桩。

浆锚接桩是指接桩时,首先将上节桩对准下节桩,使四根锚筋插入筋孔,下落压梁并套住桩顶的方法。

焊接接桩,电焊焊接施工时焊前须清理接口处砂浆、铁锈和油污等杂质,坡口表面要呈金属光泽,加上定位板。接头处如有孔隙,应用锲形铁片全部填实焊牢。焊接坡口槽应分 3～4 层焊接,每层焊渣应彻底清除,焊接采用人工对称堆焊,预防气泡和夹渣等焊接缺陷。焊缝应连续饱满,焊好接头自然冷却 15 分钟后方可施压,禁止用水冷却或焊好即压。

焊接接桩

法兰螺栓连接法就是把两根桩,先各自固定在一个法兰盘上,两个法兰盘之间,加上法兰垫,用螺栓紧固在一起,完成了连接。

采用法兰接桩应符合下列规定:第一,法兰结合处,可加垫沥青纸等材料,如法兰有不密贴处,应用薄钢片塞紧;第二,法兰螺栓应逐个拧紧,并加设弹簧垫圈或加焊,防止锤击时螺栓松动;第三,桩的连接应按设计要求或有关规定进行。

④ 锤击桩终止沉桩标准有

a) 终止沉桩应以桩端控制为主,贯入度控制为辅,当桩终端达到坚硬,硬塑黏性土,中密以上粉土、碎石土及风化岩时,可以贯入度控制为主,桩端标高控制为辅;

b) 贯入度达到设计要求而桩端标高未达到时,应继续锤击 3 阵,按每阵 10 击的贯入度不大于设计规定的数值予以确认。

2. 静力压桩法

静力压桩是在软土地基上,利用桩机本身产生的静压力将预制桩分节压入土中的一种沉桩方法。具有施工时无噪声、无振动,施工迅速简便,沉桩速度快(压桩速度可达 2 m/min)等优点.而且在压桩过程中,还可预估单桩承载力。静力压桩适用于软弱土层,当存在厚度大于 2 m 的中密以上砂夹层时,不宜采用静力压桩。

施工程序:测量定位→压桩机就位→吊桩、插桩→桩身对中调直→静压沉桩→接桩→再静压沉桩→送桩→终止压桩→检查验收→转移桩机。

(1) 压桩设备

静力压桩是利用无振动、无噪音的静压力将桩压入土中,用于软弱土层和严防振动的情况下。静力压桩如图 2-13 所示,是利用桩架的自重和压重,通过滑轮组或液压将桩压入土中。近年来多用液压的静力压桩机,压力可达 400 t。压桩一般是分节压入,逐段接长,为此桩需分节预制。当第一节桩压入土中,其上端距地面 2 m 左右时将第二节桩接上,继续压人。压同一根桩应连续施工,以防停压后再压则阻力增大而压不下去。

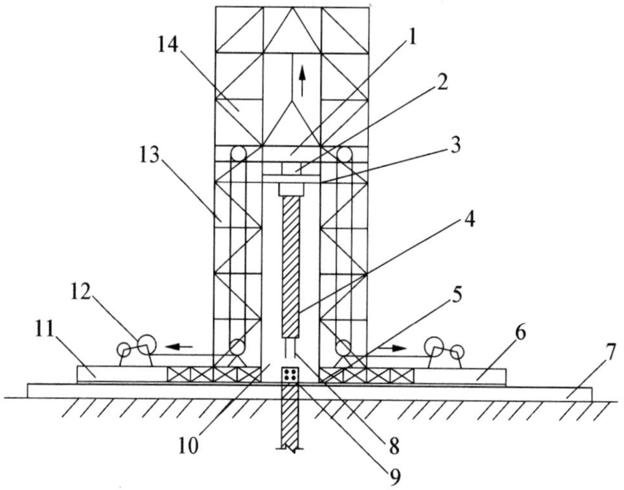

图 2-13 静力压桩

1—活动压梁;2—油压表;3—桩帽;4—上段桩;5—加重物;6—底盘;7—轨道;8—上段桩锚筋

(2) 施工要求

① 施工前进行试压桩,数量不少于 3 根。

② 压桩设备应根据最大压桩阻力、桩的截面尺寸、单桩竖向极限承载力、桩端持力层土层情况、穿越土层情况等条件选择。压桩机提供的最大压桩力应大于考虑群桩挤密效应的最大压桩阻力,并应小于机架重量和配重之和的 0.9 倍。

③ 采用静压桩的基坑，不应边挖桩边开挖基坑。

④ 送桩深度不宜大于 10～12 m。送桩深度大于 8 m，送桩器应专门设计。

⑤ 沉桩施工应按“先深后浅、先长后短、先大后小、避免密集”的原则进行。施工场地开阔时，从中间向四周进行；场地狭长时，从中间向两端对称进行；沿建筑物长度线方向进行。

⑥ 同一承台桩数大于 5 根时，不宜连续压桩。密集群桩区的静压桩不宜 24 h 连续作业，日停歇时间不宜少于 8 h。

⑦ 静压桩终止沉桩标准有：

a) 静压桩应以标高为主，压力为辅。摩擦桩应按桩顶标高控制；端承摩擦桩，应以桩顶标高控制为主，终压力控制为辅；端承桩应以终压力控制为主，桩顶标高控制为辅；

b) 终压连续复压时，对于入土深度大于或等于 8 m 的械～复压次数可为 2～3 次，入土深度小于 8 m 的桩，复压次数可为 3～5 次；

c) 稳压压桩力不应小于终压力，稳压时间宜为 50～10 s。

任务 2.2　钢筋混凝土灌注桩

钢筋混凝土灌注桩按其施工方法不同，可为泥浆护壁灌注桩、沉管灌注桩、长螺旋钻孔灌注桩和干作业（机械、人工）成孔灌注桩等。

2.2.1　泥浆护壁钻孔灌注桩

泥浆护壁灌注桩按照成孔工艺不同；分为正（反）循环钻机、冲击钻机、旋挖钻机、多支盘灌注桩机、扩底机械钻悬等桩机设备。

1. 泥浆护壁钻孔灌注桩工艺流程

场地平整→桩位放线、冲挖浆池、浆沟→护筒埋设→钻机就位、孔位校正→成孔、泥浆循环、清除废浆、清孔换浆→终孔验收→下钢筋笼和钢导管→二次清孔→浇筑水下混凝土→成桩

2. 成孔设备

泥浆护壁成孔灌注桩所用的成孔机械有冲击钻机、回转钻机及潜水钻机等。

（1）潜水钻机（图 2－14）

潜水钻机全称为潜水式电动回转工程钻机，由防水电机、减速机构和电钻头等组成。电机和减速机构装设在具有绝缘和密封装置的电钻外壳内，且与钻头紧密连接在一起。因而能共同潜入水下作业。国产的潜水钻机钻孔汽径在 450～3 000 mm，最大钻孔深度可达 80 m。潜水钻机适用于赫土、粉土、淤泥、淤泥质土、砂土、强风化岩、软质岩层，尤适用于地下水位较高的土层中成孔。不宜用于碎石土、卵石地基。

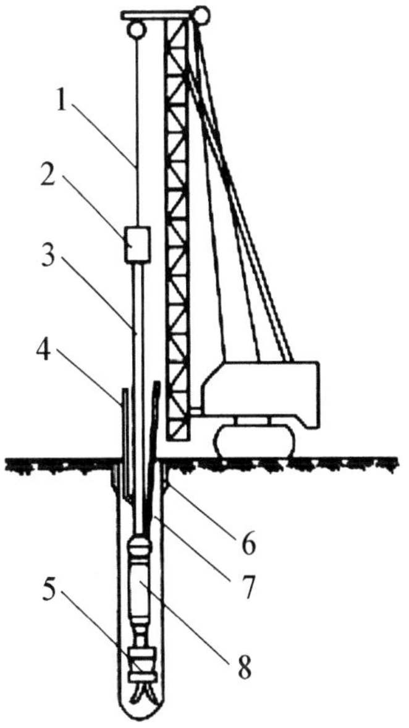

图 2－14　潜水钻机示意图

1—钢丝绳；2—滚轮（支点）；3—钻杆；4—软水管；5—钻头；6—护筒；7—电线；8—潜水电钻

(2) 回转钻机(图 2－15)

回转钻机过去多用于工程地质钻探、石油钻探等工程，由于钻进力大，钻进深，工作较稳定，也被应用到土木工程的基础施工。近些年来，用回转钻机作为钻孔灌注桩的施工机具较为普遍。回转钻机多用于高层建筑和桥梁桩基施工，适用于地下水位较高的碎石类土、砂土、黏性土、粉土、强风化岩、软质与硬质岩层等多种地质条件。

(3) 冲抓钻机(图 2－16)

冲抓钻机采用冲抓锥张开抓锥冲入土石中，然后收紧锥瓣绳。抓瓣便将土抓入锥中，提升冲抓锥出井孔，开瓣卸土。冲抓钻机适用于淤泥、腐狱土、密实黏性土、砂类土、砂砾石和卵石。

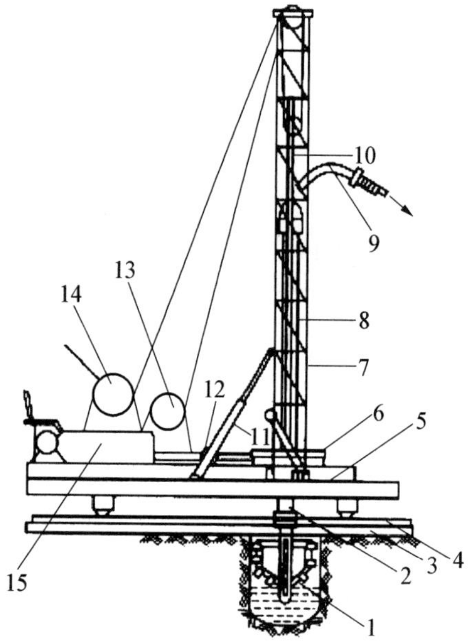

图 2－15　回转钻机示意图

1—钻头；2—钻管；3—轨枕钢板；4—轮轨；5—液压移动平台；6—回转盘；7—机架；8—活动钻管；9—吸泥浆弯管；10—钻管钻进导槽；11—液压支杆；12—传力杆方向节；13—副卷扬机；14—主卷扬机；15—变速箱

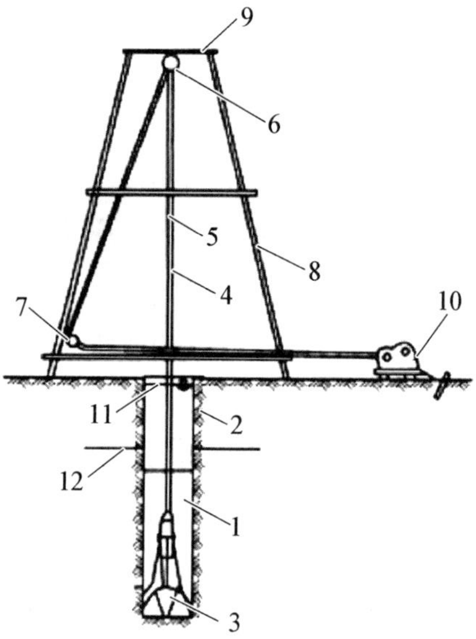

图 2－16　冲抓钻机工作示意图

1—钻孔；2—护筒；3—冲抓锥；4—开合钢丝绳；5—吊起钢丝绳；6—天浴轮；7—转向滑轮；8—钻架；9—横梁；10—双筒卷扬机；11—水头高度；12—地下水位

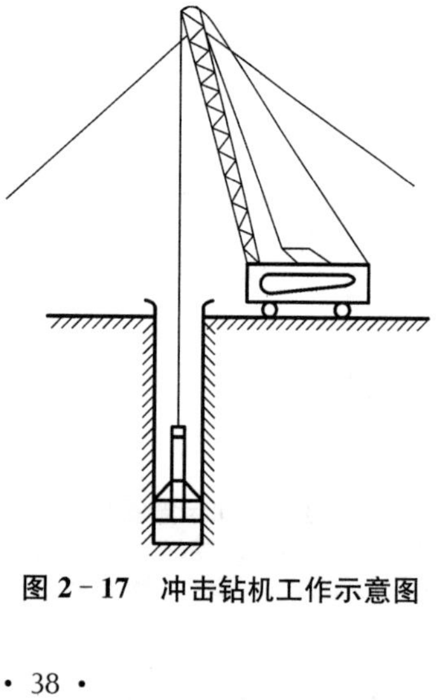

图 2－17　冲击钻机工作示意图

(4) 冲击钻机(图 2－17)

用冲击式装置或卷扬机提升钻锥，上下往复冲击，将土石劈裂、劈碎。部分挤人壁内，由于泥浆的悬浮作用。钻锥每次都能冲击到孔底土层，冲击一定时间后，掏渣清孔，然后继续钻进，当采用空心钻锥时，可利用钻锥收集钻渣，不需掏渣筒清渣。冲击钻机适用于所有土层，采用实心锥钻进时，在漂石、卵石和基岩中显得比其他钻进方法优越。

(5) 施工要求

① 应进行工艺性试成孔，数量不少于 2 根。

② 护壁泥浆可采用原土造浆，不适用的土层应制备泥浆。施工时，钻孔内泥浆液面高出地下水位 0.5 m。

③ 正、反循环成孔机具应根据桩型、地质条件及成孔工艺选择，砂土层成孔宜选用反循环钻机。

④ 冲击钻成孔遇岩石表面不平或遇弧石时，应向孔内投入黏土、块石，将孔底表面填平后低锤快击，形成挤密平台，再进行正常冲击。

⑤ 多支盘灌注桩成孔可采用泥浆护壁成孔、干作业成孔、水泥注浆护壁成孔、重锤捣扩成孔等方法。

⑥ 清孔可采用正循环清孔、泵吸反循环清孔、气举反循环清孔等方法。清孔后孔底沉渣厚度要求：端承型桩应不大于 50 mm，摩擦型桩应不大于 100 mm，抗拔、抗水平荷载桩应不大于 200 mm。

⑦ 钢筋笼宜分段制作，接头宜采用焊接或机械连接，接头应相互错开。

⑧ 水下混凝土强度应按比设计强度提高等级配置，坍落度宜为 180～220 mm；水下混凝土灌注应采用导管法连续灌注；水下混凝土超灌高度应高于设计桩顶标高 1 m 以上，充盈系数不应小于 1。

2.2.2　沉管灌注桩

沉管灌注桩（套管成孔灌注桩）是指用锤击或振动的方法，将带有预制混凝土桩尖或钢活瓣桩尖（图 2－18）的钢套管沉入土中，待沉到规定的深度后，立即在管内浇筑混凝土或管内放人钢筋笼后再浇筑混凝土，随后拔出钢套管，并利用拔管时的冲击或振动使混凝土捣实而形成桩。

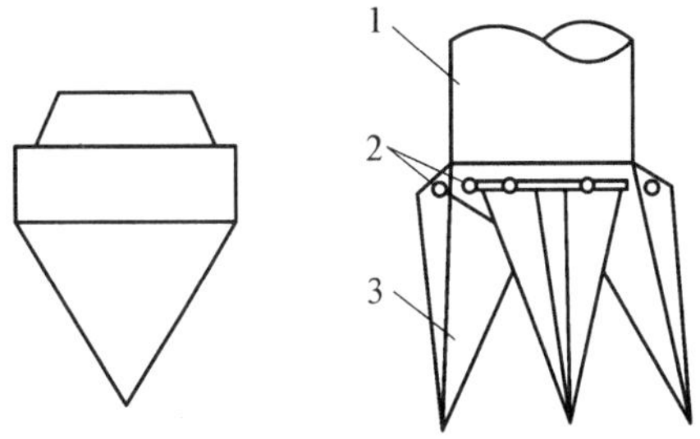

(a) 预制混凝土桩尖　　(b) 钢活瓣桩尖

图 2－18　桩尖

1—钢套管；2—销轴；3—活瓣

沉管灌注桩施工可选用单打法、复打法或反插法。单打法适用于含水量较小土层，复打法或反插法适用于饱和土层。

（1）沉管灌注桩成桩过程

桩机就位→锤击（振动）沉管→上料→边锤击（振动）边拔管，并继续浇筑混凝土→下钢筋笼，继续浇筑混凝土及拔管→成桩。

（2）施工要求

① 桩管沉到设计标高并停止振动后应立即浇筑混凝土。管满混凝土后应先振动，再拔管。拔管过程中，应分段添加混凝土，保持管内混凝土不低于地表面或高于地下水位 1～1.5 m。

② 桩身配钢筋笼时，第一次混凝土应先浇至笼底标高，然后放置钢筋笼，再浇混凝土到桩顶标高。

③ 沉管灌注桩全长复打桩施工时，第一次灌花凝土应达到自然地面，复打施工应在第一次浇筑的混凝土初凝之前完成。初打与复打的桩中心线应重合。

2.2.3　长螺旋钻孔灌注

长螺旋钻孔

灌注桩

长螺旋钻孔是干作业成孔。长螺旋钻孔灌注桩适用于地下水位以上的黏性土、粉土、填土、中等密实以上的砂土、风化岩层等。目前常用螺旋钻机成孔，亦有采用人工挖孔的，如果采用人工挖孔方法，在地下水位较高，特别是有承压水的砂土、滞水层、厚度较大的高压缩性淤泥层和流塑淤泥质土层中施工，必须有可靠的技术措施和安全措施。

螺旋钻机是干作业成孔的常用机械，它是利用动力旋转钻杆，使钻头的螺旋叶片旋转削土，土块沿螺旋叶片上升排出孔外(图 2-19)。螺旋钻孔机的钻头是钻进取土的关键装置，它有多种类型，分别适用于不同土质，常用的有锥式钻头、平底钻头及式钻头(图 2-20)。

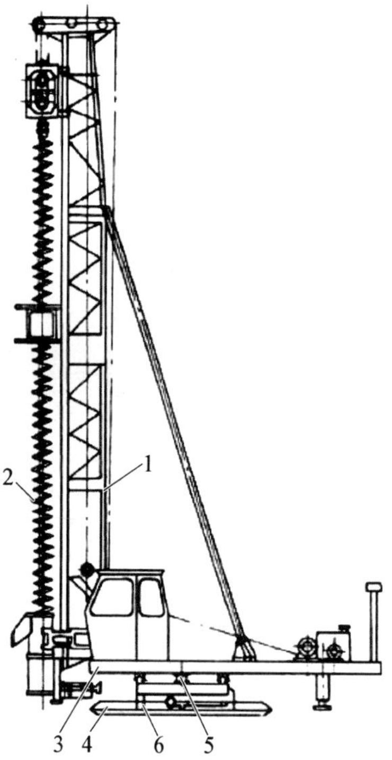

图 2-19　步履式螺旋钻机

1—立柱；2—螺旋钻；3—上底盘；4—下底盘；5—回转滚轮；6—行车滚轮

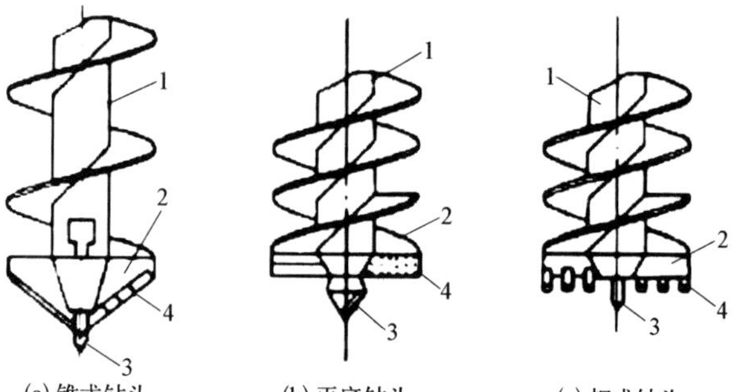

图 2-20　螺旋钻头

1—螺旋钻杆；2—切削片；3—导向尖；4—合金刀

锥式钻头适用于黏性土；平底钻头适用于松散土层；耙式钻头适用于杂填土，其钻头边镶有硬质合金刀头，能将碎砖等硬块切削成小颗粒。全叶片螺旋钻机成孔直径一般为 300～600 mm，钻孔深度 8～20 m。

操作时要求钻杆垂直稳固位置正确，防止发生钻杆晃动引起孔径扩大。钻孔过程中如发现钻杆摇晃或难钻进时，可能是遇到石块等异物，应立即停机检查。

在钻孔时应随时清理孔口积土，遇到塌孔、缩孔等异常情况，应及时研究解决。

2.2.4　人工挖孔灌注桩

人工挖孔灌注桩

人工挖孔灌注桩(简称人工挖孔桩)是指桩孔采用人工挖掘方法进行成孔，然后安放钢筋笼，浇筑混凝土而成的桩。特点是单桩承载力高，受力性能好，既能承受垂直荷载，又能承受水平荷载，设备简单；无噪声、无振动，对施工现场周围原有建筑物的危害影响小；施工速度快，必要时可各桩同时施工；土层情况明确，可直接观察到地质变化的情况；桩底沉渣能清理干净；施工质量可靠，造价较低。但其缺点是人工耗量大，开挖效率低，安全操作条件差等。

1. 人工挖孔灌注桩施工流程

当做现浇混凝土护壁时，人工挖孔桩的施工工艺流程如下：

(1) 放线定桩位。根据设计图纸测量放线，定出桩位及桩径。

(2) 开挖桩孔土方。桩孔土方采取往下分段开挖，每段挖深高度取决于土壁保持直立状态而不塌方的深度，一般取 0.9～1.2 m 为一段。开挖面积的范围为设计桩径加护壁的厚度(图 2 - 21)。土壁必须修正修直，偏差控制在 20 mm 以内，每段土方底面必须挖平，以便支模板。

(3) 支设护壁模板。模板高度取决于开挖土方施工段的高度，一般每步高为 0.9 m～1.2 m，由 4 块或 8 块活动弧形钢模板组合而成，支成有锥度的内模(有 75～100 mm 放坡)。每步支模均以十字线吊中，以保证桩位和截面尺寸准确。

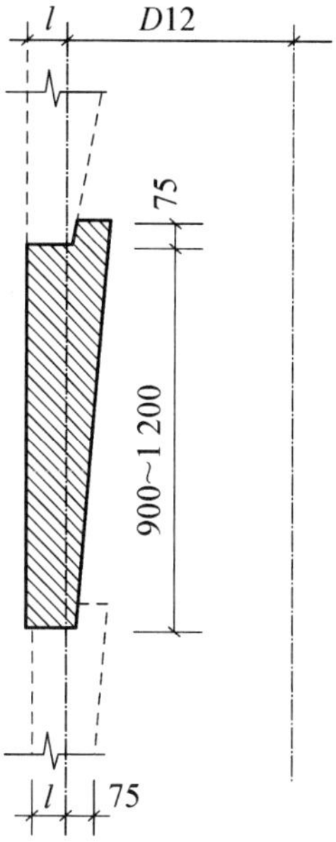

图 2 - 21　混凝土护壁

(4) 放置操作平台。内模支设后，吊放用角钢和钢板制成的两半圆形合成的操作平台入桩孔内，置于内模顶部，以放置料具和浇筑混凝土。

(5) 浇筑护壁混凝土。环形混凝土护壁厚 150～300 mm(第一段护壁应高出地面 150～200 mm)，因它具有护壁与防水的双重作用，故护壁混凝土浇筑时要注意捣实。上下段护壁间要错位搭接 50～75 mm(咬口连接)，以便连接上下段。

(6) 拆除模板继续下段施工。当护壁混凝土强度达到 1 N/mm^2(常温下约经 24 h)后，拆除模板，开挖下段的土方，再支模浇筑混凝土，如此重复循环直至挖到设计要求的深度。

(7) 排出孔底积水。当桩孔挖到设计深度，检查孔底土质是否已达到设计要求，再在孔底挖成扩大头。待桩孔全部成型后，用潜水泵抽出孔底的积水。

(8) 浇筑桩身混凝土。待孔底积水排除后，立即浇筑混凝土。当混凝土浇筑至钢筋笼的底面设计标高时，再吊入钢筋笼就位，并继续浇筑桩身混凝土而形成桩基。

2. 人工挖孔灌注桩施工要点

人工挖孔灌注桩护壁方法可以采用现浇混凝土护壁、喷射混凝土护壁、砖砌体护壁、沉井护壁、钢套管护壁、型钢或木梗工具式护壁等多种，应用较广的是现浇混凝土分段护壁。桩净距小于 2.5 m 时，应采用间隔开挖和间隔浇筑，且相邻排桩最小施工间距不应小于 5 m。孔内挖土次序宜先间后周边，扩底部分应先挖桩身圆柱体，再按扩底尺寸从上而下进行。

任务 2.3　桩质量验收

2.3.1　桩质量验收项目

桩基施工后，为验收提供依据的工程桩检测，主要进行单桩承载力和桩身完整性检测。

2.3.2 桩基检测的方法和目的

（1）单桩竖向抗压静载试验。目的是确定单桩竖向抗压极限承载力；判定竖向抗压承载力是否满足设计要求；通过桩身应变、位移测试，测定桩侧、桩端阻力，验证高应变法的单桩竖向抗压承载力检测结果。

（2）单桩竖向抗拔静载试验。目的是确定单桩竖向抗拔极限承载力；判断竖向抗拔承载力是否满足设计要求；通过桩身应变、位移测试，测定桩的抗拔侧阻力。

（3）单桩水平静载试验。目的是确定单桩水平临界荷载和极限承载力，推定土抗力参数；判定水平承载力或水平位移是否满足设计要求；通过桩身应变、位移测试，测定桩身弯矩。

（4）钻芯法。目的是测检灌注桩桩长、桩身混凝土强度、桩底沉渣厚度，判定或鉴别桩端持力层岩土性状，判定桩身完整性类别。

（5）低应变法。目的是检测桩身缺陷及其位置，判定桩身完整性类别。

（6）高应变法。目的是判定单桩竖向抗压承载力是否满足设计要求；检测桩身缺陷及其位置，判定桩身完整性类别；分析桩侧和桩端土阻力；进行打桩过程监控。

（7）声波透射法。目的是检测灌注桩桩身缺陷及其位置，判定桩身完整性类别。

2.3.3 桩基检测开始时间应满足条件

（1）采用应变法和声波透射法检测，受检桩混凝土强度不应低于设计强度 70%且不应低于 15 MPa。

（2）采用钻芯法检测，受检桩混凝土龄期应达到 28 d，或者同条件养护试块强度达到设计强度要求。

（3）一般承载力检测前的休止时间：砂土地基不少于 7 d，粉土地基不少于 10 d，非饱和黏性土不少于 15 d，饱和黏性土不少于 25 d。泥浆护壁灌注宜延长休止时间。

2.3.4 验收检测的受检桩选择条件

（1）施工质量有疑问的桩；

（2）局部地基条件出现异常的桩；

（3）承载力验收时选择部分Ⅲ类桩；

（4）设计方认为重要的桩；

（5）施工工艺不同的桩；

（6）宜按规定均匀和随机选择。

2.3.5 桩检测的顺序

（1）验收检测时，宜先进行桩身完整性检测，后进行承载力检测。桩身完整性检测应在基坑开挖后进行。

（2）桩身完整性分类为Ⅰ类桩、Ⅱ类桩、Ⅲ类桩、Ⅴ类桩共 4 类。Ⅰ类桩桩身完整；Ⅱ类桩桩身有轻微缺陷，不影响桩身结构承载力的正常发挥；Ⅲ类桩桩身有明显缺陷，对桩身结构承载力有影响Ⅴ类桩桩身存在严重缺陷。

(3) 单桩竖向承载力特征值应按单桩竖向抗压极限承载力的 50%取值；单桩竖向抗拔承载力特应按单桩竖向抗拔极限承载力 50%取值；单桩水平承载力特征值的确定：一是桩允许开裂或灌注桩桩身配筋率小于 0.65%时，取水平临界荷载的 0.75 倍。二是对钢筋混凝土预制桩、钢桩和桩身配筋率不小于 0.65%的灌注桩，取设计桩顶标高处水平位移所对应荷载 0.75 倍(水平位移取值：对水平位移敏感的建筑物取 6 mm，不敏感的建筑物 10 mm，满足桩身抗裂要求)。

(4) 选用钻芯法时，每根受检桩的钻孔数量及位置要求：桩径小于 1.2 m 的桩可为 1～2 个孔；桩径为 1.2～1.6 m 的桩宜为 2 个孔；桩径大于 1.6 m 的桩宜为 3 个孔；钻孔位置宜在距桩中心(0.15～0.25)D 范围内均匀对称布置。

知识拓展

建筑业十项新技术

- 灌注桩后注浆技术
- 长螺旋钻孔压灌桩技术

知识拓展 2

思考与习题

1. 试述钢筋混凝土预制桩的制作、起吊、运输、堆放等环节的主要工艺要求。
2. 试分析打桩顺序、土壤挤压与桩距的关系。
3. 端承桩和摩擦桩的质量控制以什么为主？
4. 试述泥浆护壁成孔灌注桩主要工艺要求。
5. 试述泥浆护壁成孔灌注桩中“泥浆”的作用。
6. 试述人工挖孔桩主要工艺要求。

项目3　砌体工程施工

素质目标（依据专业教学标准）

(1) 坚定拥护中国共产党领导和我国社会主义制度，践行社会主义核心价值观，具有深厚的爱国情感和中华民族自豪感；

(2) 崇尚宪法、遵纪守法、崇德向善、诚实守信、尊重生命、热爱劳动，履行道德准则和行为规范，具有社会责任感和社会参与意识；

(3) 具有质量意识、环保意识、安全意识、信息素养、工匠精神、创新思维；

(4) 勇于奋斗、乐观向上，具有自我管理能力、职业生涯规划的意识，有较强的集体意识和团队合作精神；

(5) 具有健康的体魄、心理和健全的人格，以及良好的行为习惯；

(6) 具有一定的审美和人文素养。

知识目标

(1) 了解砖、砌块等砌体工程的材料；

(2) 了解砌体工程的组砌方式及应用；

(3) 了解脚手架的基本知识；

(4) 了解塔式起重机基本质量要求与安全技术要求；

(5) 了解砌体工程的分类，熟悉砌筑工程施工的基本内容和程序；

(6) 掌握单、双排扣件式钢管外脚手架、盘扣式脚手架、悬挑式脚手架以及常见里脚手架的构造要求；

(7) 掌握脚手架的装拆顺序及要求；

(8) 掌握脚手架基本质量要求与安全技术要求；

(9) 掌握塔式起重机的分类、构造要求；

(10) 掌握常见砌体的施工，工艺流程，熟悉施工方法；

(11) 掌握砌体质量检查验收的标准与方法。

能力目标

(1) 具备选择脚手架类型并进行脚手架质量检测、安全检查的能力；

(2) 能进行脚手架的安装与拆除操作；

(3) 会进行起重机械与垂直运输设施施工方案的编写；

(4) 会进行起重机械与垂直运输设施的选择；

(5) 会进行起重机械与垂直运输设施质量检查验收；

(6) 能编制各类砌筑工程的施工方案及技术交底,能对各类砌体工程的质量按规范要求进行验收。

案例导入

广厦东方明珠项目

一、工程概况

广厦·东方明珠项目位于汉中市望江路东面,留侯路北面,汉丰路西面,电视塔以南,项目由6栋28层的高层,一栋6层的花园洋房,一栋三层幼儿园,沿街商铺群楼和一个整体地下车库组成。本工程主要为剪力墙结构。

二、施工材料、技术准备

(1) 主要材料及机具:

烧结页岩多孔砖:规格为170 mm×240 mm×120 mm,强度等级MU10;

蒸压加气混凝土砌块:规格为600 mm×240 mm×200 mm,强度等级不低于A3.5,产品龄期应超过28天;各项指标均须符合设计要求,并应规格一致;有出厂证明、试验单,材料进场时规格尺寸超差明显,应予更换材料;

水泥:选用32.5级矿渣硅酸盐水泥,不使用过期或受潮结块水泥。水泥进场使用前,应分批对其强度、安定性进行复验,检验批应以同一生产厂家,同一编号为一批。当在使用中对水泥质量有怀疑或水泥出厂超过三个月时,应复查试验,并按其结果使用。不同品种的水泥,不得混合使用;

砂:中砂,应过5 mm孔径的筛,配制M5及其以上的砂浆,砂的含泥量不超过5%,并不得含有草根等杂物;

砂浆王:代替石灰膏,掺量按该产品的使用说明书使用,机械搅拌时间不少于3分钟;

其他材料:混凝土预制块、预埋件等;

主要机具:搅拌机、小推车、线坠、钢卷尺、灰槽、水桶、砖夹子、小线、扫帚、铁抹子、铁锹等。

(2) 技术准备:

① 合理提出劳动及材料、机具的使用计划。

② 砌筑前应先将楼地面清扫干净、洒水湿润,并在基层上弹好墙线和其他尺寸线,应立好皮数杆,同时办理验线签字手续。

③ 砌筑施工前应结合砌体和砌块的特点、设计图纸要求及现场具体条件,准备好施工机具,做好施工平面布置并配备专业工长负责砌体工程的施工任务、人员的安排、现场安全文明管理、工序交叉衔接施工,按设计要求和质量安全标准编制专项书面技术交底。

④ 砌块排列时,必须根据设计图纸和砌块尺寸、垂直灰缝的宽度、水平灰缝的厚度等计算砌块的皮数以保证墙体的尺寸,开始砌筑时先要进行摆砖排出灰缝宽度,摆砖时应注意门窗位置,同时要考虑窗间墙的组砌方法,以及七分头、半砖砌块等砌在何处为好,使各皮砖的竖缝相互错开。

⑤ 专职质量检查人员应在施工过程中进行质量旁站监督检查,进行质量验收,对满足质量要求的部位进行标识,每施工完一道工序均需向监理部门报验,经验合格后方能进行下

道工序。

⑥ 班组砌筑工人要求中，高级工不少于20%，中级工不少于50%和30%的一般技工组成砌体作业队伍。

三、工艺流程及施工技术要点

(1) 工艺流程

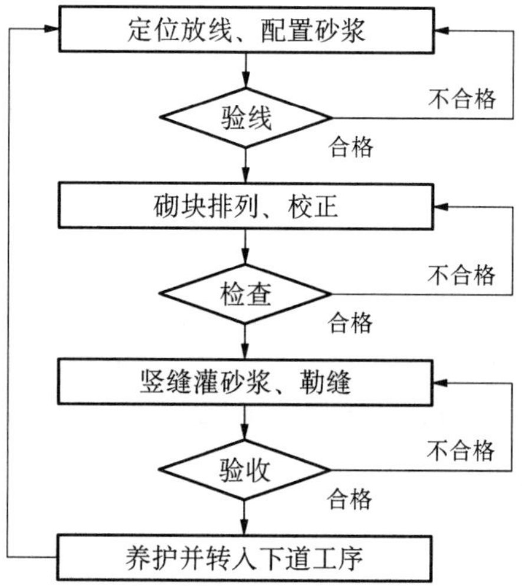

(2) 施工前应先砌筑样板墙，待监理验收合格后，方可大量砌筑；

(3) 严格执行施工工艺的操作程序和施工技术质量标准；砌筑时，应先砌筑转角砌块，然后再砌中间砌块，要砌一皮、校一皮，皮皮应拉线控制砌体标高和墙面平整度，砌块排列尽量不镶砖或少镶砖，必须镶砖时，应用整砖平砌，且尽量分散，镶砌砖的强度不应小于砌块强度等级；

(4) 加气砼砌块试验检测的各项指标必须符合砌体规定的技术性能标准，砌筑前按墙段实量尺寸和砌块规格尺寸进排列摆块，不足整块的可锯截成需要尺寸，但不得小于砌块长度的1/3，加气砼砌块垂直灰缝不得大于20 mm，水平灰缝不得大于15 mm，烧结页岩多孔转的水平及竖直灰缝均应控制在8 mm～12 mm，灰缝应横平竖直，砂浆饱满；

(5) 加气砼砌块砌筑墙体时，在墙底部应先砌蒸压粉煤灰砖，高度不小于200 mm，规格200 mm×95 mm×53 mm，灰缝应控制在8～12 mm：厕浴间和有防水要求的房间，在墙底部四周除门洞外，应做C20素砼上翻梁，其高度为150 mm，宽同墙厚；

(6) 加气砼砌块砌筑时应逐皮均匀砌筑，把平整的一面朝向正面，砌块底面水平下落，放在铺好的砂浆上，对准位置以准线校正砌块平整度，用靠尺检查垂直度，小量的偏差可用瓦刀或小撬棍校正；

(7) 烧结页岩多孔砖在砌筑过程中，由于砖中有孔洞，为防止砂浆过多的坠入孔洞中，应适当加大砂浆的稠度；

(8) 加气砼砌块筑到梁或板底时，要留一定的空隙，停止7d施工，使墙体砂浆达到一定强度，沉降稳定后再施工斜砌砖，斜砌砖的上下部位应切割或敲打成45度～60度的斜角，补砌砂浆要挤压饱满，防止墙体产生裂缝；

(9) 墙体砌筑至有构造柱位置时，马牙槎按规定留设，马牙槎留设时应将马牙槎上部切割或敲打成45度～60度的斜角，便于浇筑砼时使砼达到密实，构造柱平面布置应以设计批准的各楼层构造柱平面布置图为准；

(10) 过梁采取预制，部分现浇(门窗洞口侧面有砼构件时为现浇)；构造柱采取墙体砌筑后现浇，构造柱施工时有以下几点要求：

① 墙体砌筑前，先将构造柱位置及梁底部砼表面凿毛后，再进行构造柱钢筋绑扎；

② 墙体砌筑后，要及时将构造柱马牙槎内残余的砂浆清理彻底，将下部用压力水冲刷干净；

③ 构造柱模板与砌体的接触面要钉设海绵胶条；

④ 构造柱砼浇筑前，宜先浇筑5 cm厚同标号水泥砂浆；砼装填料应用铁锹灌入模内分层浇筑，每层厚度不超过40 cm；用插入式振捣器可先将振动棒插入柱底部，使其振动后再缓缓灌入砼，边下料边振捣，连续作业直到顶部；

⑤ 构造柱模板支设如下：

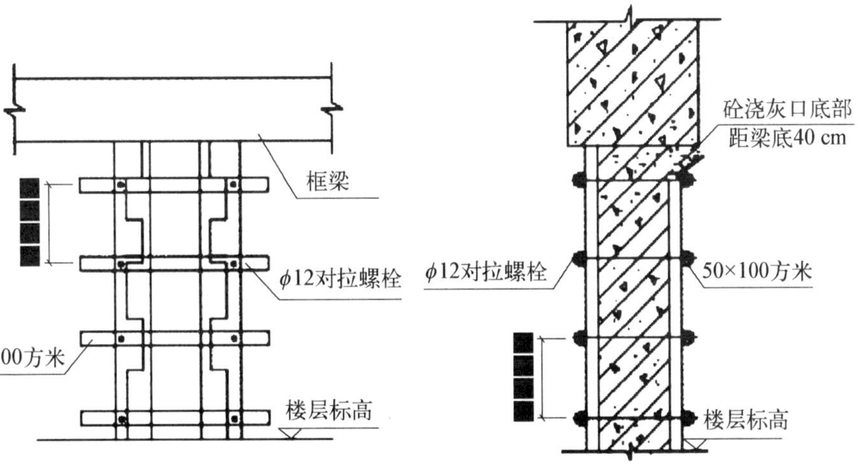

构造柱模板图

(11) 窗压项的对拉螺栓仅设置一排，间距为60～70 cm，窗压项尺寸及配筋参照建筑施工图窗压项详图施工；

(12) 墙体(包括楼梯间)高度大于4 m时增加圈梁，圈梁标高应避开门、窗洞口高度，圈梁配筋及截面尺寸详见结构施工图总说明；

(13) 门、窗洞口过梁位置应密切配合建筑图纸门窗洞口位置设置，过梁尺寸及配筋选用国标图集03C322－1；

(14) 圈梁、过梁和窗压顶，人工持铁锹装填砼，浇筑过梁砼用插入式振动棒振捣，木抹子压实抹平。窗压顶砼浇筑可用手提平板振动器振捣，也可用铁锹拍实，再用木抹子压实抹平，砼浇筑完12小时内，应对砼表面洒水养护，常温每日浇水二次，养护时间不少于7天；

(15) GZ、过梁及窗压顶等砼在搅拌时应先加石子，再加水泥后倒砂，最后加水，砼搅拌时间自投料完算起，不应少于3分钟，以砂、石、水泥完全拌合均匀，颜色一致为止，砼坍落度一般控制在5 cm～7 cm；砼搅拌完后，应及时用手推车运至浇筑地点，运输应防止砼离析或水泥浆流失。如有离析现象，应在浇筑前进行二次搅拌。砼从搅拌机中卸出到浇筑完毕的延续时间不得大于 90 分钟；

(16) 砼试块留制：普通砼同一强度级别，同一配合比，同一种原材料砼每拌制 100 m^3 或一个工班台班取样二组(六块)一组标养，一组同条件养护；

(17) 砂浆试块留置：每层砌体应留置 2 组砂浆试块；

(18) 砌筑过程中余下的砌块渣及落地灰，应及时清扫，集中装车或装袋运输，禁止从楼上抛扔，造成环境污染；

(19) 在墙上留置临时施工洞口，其侧边离交接处墙面不应小于 500 mm，洞口宽度不超过 1 m，临时施工洞口要做好补砌；

(20) 墙体拉结筋按监理审批过的施工组织设计采用植筋施工工艺设于框架柱上，在构造柱中的拉结筋按设计要求确保可靠的锚固长度，不应将拉结筋弯曲使用。

植筋时技术参数值

钢筋直径(mm)	6	10	12
钻孔直径(mm)	8	12	14
钻孔深度(mm)	90	150	180

植筋注意事项：

① 根据建筑 50 cm 线结合砖墙及加气砼砌块模板，量出植筋位置；

② 根据植筋直径采用相应的钻头直径打孔，钻孔深度详见上表；

③ 采用手刷与吹风机清孔；

④ 取出植筋胶，按比例混合搅拌均匀；

⑤ 将搅拌均匀的胶迅速装入钻孔内，然后立即插入钢筋；

⑥ 插入后不准碰动已植入的钢筋，待完全固化后，即可进行下道工序的施工；

⑦ 根据植筋批量，按规范要求，进行拉拔试验，达到设计要求后方可使用。

四、质量关键要求

(1) 墙体纵横交叉转角处。均需留槎且沿墙高每隔 500 m 放两根 $\phi6$ 钢筋，间距 100 mm，其埋设长度以留槎处算起，每边不小于 1 000 mm，末端弯钩 90°；

(2) 加气砼砌块砌筑时，砌块之间最小搭砌长度不得小于 150 mm，不允许墙体之间有通逢现象；

(3) 现场搅拌砂浆及 GZ、过梁等砼时，要严格控制水泥、沙、石子等的配比，砂浆配合比应由有资质的试验室经试配后确定，搅拌时严格按计量配制，保证配合比正确，在搅拌棚明显处悬挂各砂浆及砼配比单，现场水泥、沙均要过称进行搅拌；

(4) 砌块砌筑时应向砌筑面适量浇水以及墙体砌筑完毕后应向墙面进行为期 3～5 天的浇水养护，以求砂浆达到设计强度；

(5) 严格控制门窗洞口的位置，每层施工前均需由项目部质检人员对施工放线进行监督检查，检查合格后报予监理部门进行复检，验线通过后方可进行砌体施工；

(6) 对于过梁的安装要根据已砌筑好的墙体上抄出的 50 线，直接量出洞顶标高位置，严格控制过梁标高；安装时要求坐浆 1.5～2 cm 厚，超过 2 cm 厚的要用 C20 细石砼找平，保证两边支承点的长度一致；

(7) 墙体施工完一定面积时要随时对墙体进行勾缝处理；

(8) 要严格控制墙体植筋孔深、孔径等各项指标，每层电钻打眼结束后需经过监理部门验收合格方能进行植筋施工；

(9) 砌体施工过程中严格控制墙体偏差，墙体一般项目允许偏差见下表：

填充墙砌体一般尺寸允许偏差

项次	项目		允许偏差(mm)	检验方法
1	垂直度	小于或等于 3M	5	用 2M 托线板检查或吊线、尺量检查
		大于 3M	10	
2	平面平整度		8	用 2M 靠尺、塞尺检查
3	门窗洞口高、宽		±5	尺量检查
4	外墙上、下窗口偏移		20	用经纬仪或吊斜尺量

(10) 结页岩多孔砖由于存在孔洞，在浇筑 GZ、圈梁等砼时，为了避免水泥浆及石子落入孔中形成蜂窝及振捣不密实等情况，采取在浇筑前对砼与墙体接触面处抹 10 mm 砌筑砂浆。

五、环境保护及安全、文明施工要求

(1) 粉尘排放控制：对砂、石等材料进行遮盖，水泥、外加剂等库内存放、场地硬化并经常清扫、洒水，防止扬尘。

(2) 施工垃圾排放控制：砌块残渣等施工垃圾应集中堆放，倒弃在指定地点。

(3) 施工过程中应采取有效的防止噪音和粉尘飞扬措施，必须严格控制噪声和粉尘污染。

(4) 教育到位：① 新进场工人必须接受入场教育，三级教育，签订个人安全生产责任合同。② 工长(施工员)在下达任务的同时对施工作业场所的安全防护设施及针对性的安全操作规程，注意事项进行全面的安全技术交底，交底双方履行签字手续。③ 班组长搞好班前活动，落实好个人安全生产责任制。

(5) 责任到位：生产协调会上，施工员在汇报工作的同时，必须汇报所负责段面的安全生产情况；安全员必须汇报每日的现场巡查情况，对提出的隐患落实“三宝”整改。

(6) 砌体施工时，楼面和屋面堆载不得超过楼板的允许荷载值。

(7) 进入现场高空作业必须戴安全带，严禁穿拖鞋进入现场。

(8) 现场临时用电、动力、照明一律采用橡皮电缆软线，并由维修电工接线，其他人员严禁乱拉电线，用电配箱一律采用安全配电箱统一管理。使用电动机具一定要有漏电保护装置和良好的接地。

(9) 施工现场临时采用强光照明时，必须固定在 3 m 以上的木架或墙架上，如必须拖到地面上，要经常移动的强光灯，必须底脚稳定，铁壳四周及手提把柄要有良好的绝缘装置，玻璃灯泡表面要装铅丝防护罩壳，并有良好接地装置。

(10) 使用“A”字扶梯，扶梯脚必须用橡皮包好，中间加铁链或绳子拉牢，使用时要摆稳，上下扶梯时防止断挡及滑下跌伤，仰角不得小于 60 度。

(11) 下班前必须拉掉电源开关,使各种机械处在无电源状态,凡是在当天动火的地区,班后要检查余火,无问题时方可离开现场。

(12) 施工场地保持清洁,建筑垃圾及废料及时清理到指定地点堆放,工完场清,保证施工场地的清洁和施工道路的畅通。

(13) 抓好文明施工的宣传和落实工作,教育职工自觉遵守文明施工守则,开展群众性的建文明工地活动。

(14) 严禁使用"三炉"(火炉、电炉、煤油炉)。

六、安全保证施工措施

(1) 室内砌筑临时架搭设完毕,须经安全员检查验收后方可使用,垂直运输机具要严格限制起吊重量。吊笼,滑车,刹车,绳索等用前要仔细检查。垂直运输机械的上到下降要有统一、明确、可靠联络信号,在起吊时,吊件转动范围内的下方不得站人。

(2) 操作层的脚手架必须满铺跳板,严禁搭设有探头板。

(3) 砌体中的落地及碎砌块应及时清理成堆,装车或装袋运输,严禁从楼上或架子上抛下。

(4) 加气砼砌块运输、装卸过程中,严禁抛掷和倾倒,进场后按规格、品种分别堆放整齐,堆放高度不得超过 2 m,加气砼砌块开始砌筑时,其产品龄期应超过 28 d。

(5) 雨期施工时,砌体砌块应有防雨措施,砌块严禁被雨淋,加气砼砌块砌体顶面应防止被雨水直接冲刷。

(6) 墙身砌体高度超过 1.2 m 以上时,应搭设脚手架,脚手架上堆料量不得超过规定荷载,堆砖高度不得超过 3 皮侧砖,同块脚手板上的操作人员不应超过 2 人。

七、成品保护及相应措施

(1) 砌体砌块运输,装卸过程中,严禁抛掷和倾倒,防止损坏棱角边,砌体材料运输,装卸过程长中严禁抛掷和。进场后,要按品种、规格分别堆放整齐,做好标识,堆放高度不能超过 2 m。

(2) 烧结页岩多孔砖因带有孔洞,表面形成很多薄壁位置,这些都极易损坏的薄弱环节,为此在运输装卸过程中应加以注意,特别禁止随意抛掷和翻斗车倾卸等情况。

(3) 加气砼砌块的堆放场地应比其他地面高一些,防止泡水,雨天应覆盖防止雨淋。

(4) 墙体的预留孔槽应留准,因漏埋或未留时,重新剔凿时应采取相应措施,不能因剔凿而损坏墙体的完整性。

(5) 拆除施工架子时,应注意保护墙体及门窗洞口边角处。

(6) 墙体砌筑后砂浆达到一定强度,方能支设构造柱、过梁模板,支设构造柱模板时宜在构造柱两侧,随着构造柱的边沿用双面胶带粘贴,以防浇筑砼时漏浆,浇筑砼时不能撬动或碰撞墙体,防止墙体砌块松动。

(7) 确保砌体水平灰缝及丁头缝砂浆饱满,无透明缝,墙面横平竖直,切锯砌块应采用专用工具,不得用斧子或瓦刀砍劈,洞口两侧应选用规格整齐的砌块砌筑。

(8) 为确保工期,施工现场管理人员全部住在工地现场,随时解决可能出现的问题,所有管理人员,除正常工作时间外,建立值班制度。

(9) 建立生产例会制度,定期召开生产调度会,检查上次例会以来的计划执行情况,布置下一次例会前的计划安排,对于拖延进度计划的工作内容找出原因并及时采取有效措施保证计划完成。

(10) 在施工中按进度计划进行控制，抓主导工作，找关键矛盾，安排合理的施工程序，组织交叉流水作业，做好劳动组织调动和协调工作，通过各控制点工期目标的实现来确保总工期控制进度计划的实现。

(11) 隐蔽验收制度：凡隐蔽验收工程应由工长先行检查，认为合格后，方可通知质检员、监理进行检查，隐蔽工程应真实、可靠，数据清楚地反映隐蔽工程，隐蔽工程内容应由工长认真填写后交现场监理签认，方可进行隐蔽作业，隐蔽工程应及时办理。

(12) 技术复核制度：技术复核工作应由工长组织，质检员、班组长参加，结合分项工程质量评定工作进行。

(13) 砂浆试块要按照规范要求制作，确实保证试块所反映数据具有现场代表性。

(14) 技术交底制度：施工前要组织进行各级技术交底，包括项目工程师对工长的技术交底，工长对班组长的技术交底，班组长对作业班组的技术交底，各级交底以口头进行，并有文字记录。因技术措施不当或交底不清而造成质量事故的要追究。

(15) 严格执行"三检制"，上道工序验收合格，下道工序方能施工。

(16) 认真把好材料关，做好原材料进场检验以及成品保护工作。各种材料进场必须有质量证明书，并按规定要求及时复检，复检合格后方准正式应用于工程施工中。

八、职业健康安全关键要求

(1) 施工应严格遵守现场安全规章制度，贯彻执行国家有关安全法律法规、牢固树立"以人为本，安全第一"的施工安全意识。

(2) 在操作之前必须检查操作环境是否符合安全要求，道路是否畅通，机具是否完好无损，安全设施和防护用品是否齐全，经检查符合要求后方可施工。

(3) 施工人员不得酒后作业，以防安全事故的发生。施工期间，必须按要求佩带劳动保护用品，同时戴好安全帽。

(4) 砌块切割作业时，应设置防护措施，防止砌块粉尘到处飞扬，同时作业人员应佩戴口罩，以防粉尘进入人体。

(5) 工地食堂必须符合当地检疫部门的有关规定，保持室内洁净、无污染、用具消毒，米、菜洗干净以防食物中毒。

九、质量记录

(1) 砂浆配合比设计检验报告单。

(2) 砂浆立方体试件抗压强度检验报告单。

(3) 水泥检验报告单及出厂合格证。

(4) 砌体砌块检验报告单及出厂合格证。

(5) 砂检验报告单。

(6) 施工隐蔽记录及分项工程质量检验记录。

(7) 砌块砌体工程检验批质量验收记录。

GB 55023—2022

施工脚手架通用规范

任务 3.1　脚手架工程

脚手架是土木工程施工必备的重要设施，它是为保证高处作业安全、顺利进行施工而搭设的工作平台或作业通道。

过去我国的脚手架主要利用竹、木材料。以后发展出现了钢管扣件式脚手架以及各种钢制工具式脚手架。20 世纪 80 年代以后，随着土木工程的发展，又开发出一系列新型脚手架，如升降式脚手架等。

脚手架的种类很多，按其搭设位置分为外脚手架和里脚手架两大类；按其所用材料分为竹脚手架与金属脚手架，按其构造形式分为多立杆式、门式、悬挑(挂)式、升降式等。目前脚手架的发展趋势是采用高强度金属材料制作、具有多种功用的组合式脚手架，可以适用不同情况作业的要求。

对脚手架的基本要求是：工作面满足工人操作、材料堆置和运输的需要；结构有足够的承载能力和稳定性，变形满足要求；装拆简便，便于周转使用。外脚手架按搭设安装的方式有四种基本形式，即落地式脚手架、悬挑式脚手架、悬挂式脚手架及升降式脚手架(图 3－1)。搭设高度不大的里脚手架一般用小型工具式的脚手架，如搭设高度较大时可用移动式里脚手架或满堂搭设的脚手架。

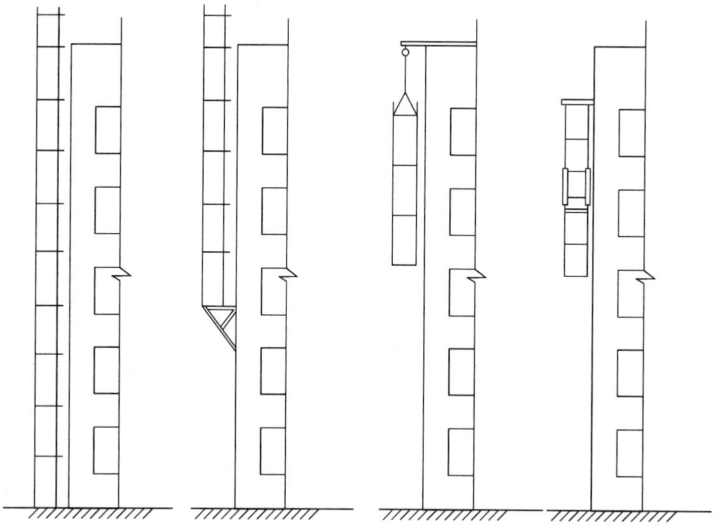

图 3－1　外脚手架的几种形式

外脚手架的几种形式

3.1.1　扣件式钢管脚手架

扣件式钢管脚手架

扣件式钢管脚手架由立杆、纵向水平杆、横向水平杆、剪刀撑、脚手板等组成。它可用于外脚手架(图 3－2)，也可作内部的满堂脚手架和模板支架，是目前常用的一种脚手架。

扣件式钢管脚手架的特点是:通用性强;搭设高度大;装卸方便;坚固耐用。

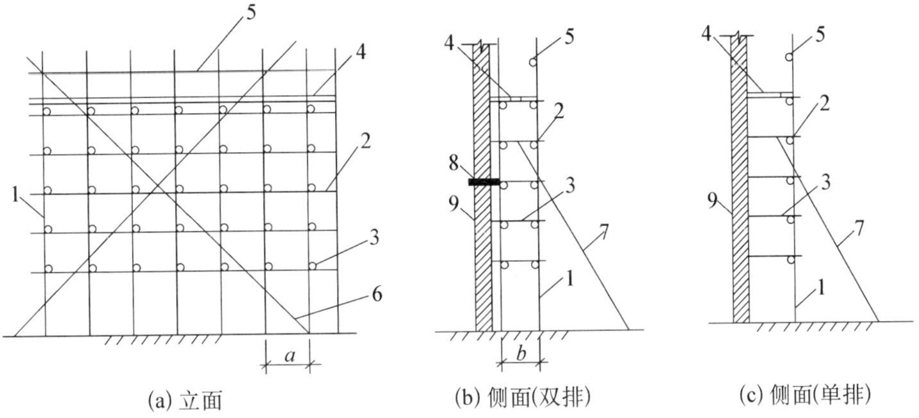

图 3－2　扣件式钢管外脚手架

1—立杆;2—纵向水平杆;3—横向水平杆;4—脚手板;5—栏杆;6—剪刀撑;7—抛撑;8—连墙件;9—墙体

1. 基本构造

扣件式脚手架是由标准钢管杆件(立杆、横杆、斜杆)和特制扣件组成的脚手架框架与脚手板、防护构件、连墙件等组成的。

(1) 钢管杆件

钢管杆件一般采用外径 48 mm、壁厚 3.5 mm 的焊接钢管或无缝钢管。用于立杆、纵向水平杆、剪刀杆的钢管最大长度不宜超过 6.5 m,最大重量不宜超过 250 N,以便适合人工搬运。用于横向水平杆的钢管长度应适应脚手板的宽度

(2) 扣件

扣件用可锻铸铁铸造或用钢板压制,其基本形式有三种(图 3－3):供两根成垂直相交钢管连接用固定的直角扣件、供两根成任意角度相交钢管连接用的回转扣件和供两根对接钢管连接用的对接扣件。

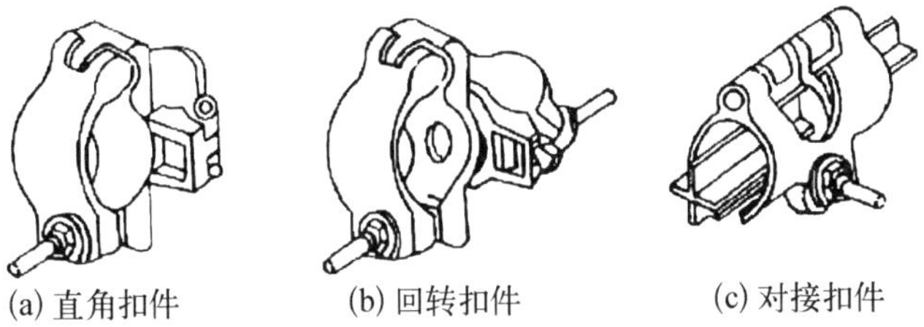

扣件形式

图 3－3　扣件形式

在使用中,虽然回转扣件可连接任意角度的相交钢管,但对直角相交的钢管应用直角扣件连接,而不应用回转扣件连接。

(3) 脚手板

脚手板有两种形式,一种是钢、木制成的长形脚手板,如冲压钢脚手板(一般用厚 2 mm 的钢板冲压而成,长度 2～4 m.宽度 250 mm,表面设有防滑措施)。又如厚度不小于 50 mm

的杉木板或松木板，长度 3～5 m，宽度 250～300 mm。另一种是竹脚手板，它采用毛竹或楠竹制作成竹串片板或竹笆板。

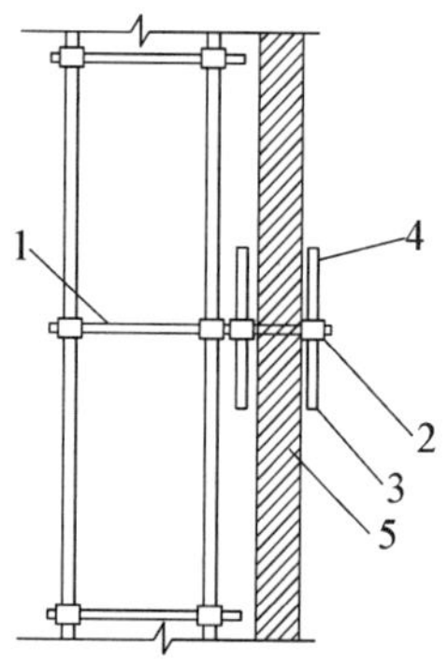

图 3-4　连墙件
1—连墙杆；2—扣件；3—刚性钢管；4—木楔；5—预埋件

（4）连墙件

当扣件式钢管脚手架用于外脚手架时，必须设置连墙件。连墙件将立杆与主体结构连接在一起，可有效防止脚手架的失稳与倾覆。连墙件应采用能承受压力和拉力的刚性构件，并应与工程结构和架体连接牢固。

刚性连接一般通过连墙杆、扣件和墙体上的预埋件连接（图 3-4）。这种连接方式具有较大的刚度，其既能受拉，又能受压，在荷载作用下变形较小。

（5）底座

底座一般采用厚 8 mm，边长 150～200 mm 的钢板作底板，上焊 150 mm 高的钢管。底座形式有内插式和外套式两种（图 3-5），内插式的外径 D、比立杆内径小 2 mm。外套式的内径 D2 比立杆外径大 2 mm。

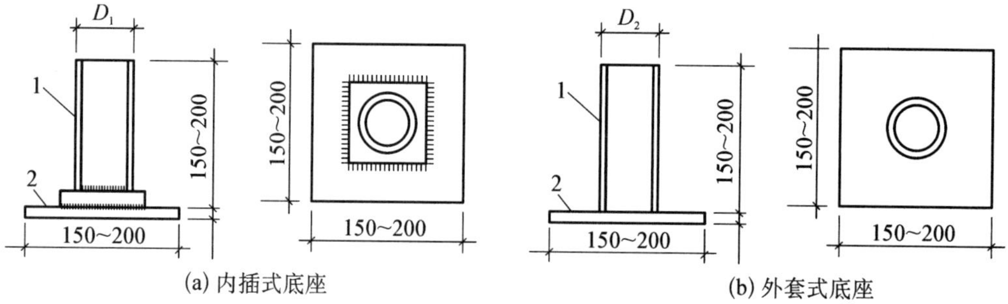

图 3-5　扣件钢管架底座
1—承插钢管；2—钢板底座

2. 搭设要求

求钢管扣件脚手架搭设中应注意地基平整坚实，底部设置底座和垫板，并有可靠的排水措施，以防止积水浸泡地基。

双排脚手架立杆横距 1.05～1.55 m，纵距 1.2～2.0 m；单排脚手架的横距 1.2～1.4 m，纵距 1.2～2.0 m，脚手架的步距 1.5～1.8 m。脚手架立杆的纵、横距及步距根据荷载大小确定。单排脚手架横向水平杆伸入墙内的长度不应小于 180 mm。

单排脚手架的搭设高度不大于 24 m：双排脚手架的搭设高度不大于 50 m。高度大于 50 m的双排脚手架应采用分段搭设的措施。纵向水平杆应设置于立杆的内侧，其接长可采用对接扣件或搭接连接。主节点处必须设置一根横向水平杆，用直角扣件扣接并严禁拆除。立杆的接长除顶层顶步外，必须采用对接扣件连接。

作业脚手架的纵向外侧立面上应设置竖向剪刀撑。每道剪刀撑的宽度应为 4 跨～6 跨，且不应小于 6 m，也不应大于 9 m。剪刀撑斜杆和水平面的倾角应在 45°～60°之间。当搭设高度在 24 m 以下时，应在架体两端、转角及中间每隔不超过 15 m 各设置一道剪刀撑，并应由底至顶连续设置，当搭设高度在 24 m 及以上时，应在全外侧立面上由底至顶连续设置。悬挑脚手架、附着式升降脚手架应在全外侧立面上由底至顶连续设置。

连墙件布置的最大间距表 3－1

表 3－1 连墙件布置的最大间距

脚手架高度(m)		竖向间距	水平间距	每个连墙件覆盖面积
双排	≤50	$3h$	$3l_a$	≤40
	>50	$2h$	$3l_a$	≤27
单排	≤24	$3h$	$3l_a$	≤40

说明：h 脚手架的步距(m)；l_a 脚手架的纵距(m)。

开口形脚手架的两端必须设置连墙件，其垂直间距不应大于建筑物的层高，并不应大于 4 m。

3.1.2 碗扣式钢管脚手架

碗扣式钢管脚手架

碗扣式钢管脚手架是一种多功能脚手架，可用于里、外脚手架。其杆件节点处采用碗扣承插连接。由于碗扣是固定在钢管上的，构件全部轴向连接，力学性能好，其连接可靠。组成的脚手架整体性好，不存在扣件丢失问题。在我国近年来发展较快，现已广泛用于房屋、桥梁、涵洞、隧道、烟囱、水塔、大坝、大跨度棚架等多种工程施工中。

1. 基本构造

碗扣式钢管脚手架由钢管立杆、横杆、碗扣接头等组成。其基本构造和搭设要求与扣件式钢管脚手架类似，不同之处主要在于碗扣接头。

碗扣接头(图 3－6)是由上碗扣、下碗扣、横杆接头和上碗扣的限位销等组成。在立杆上焊有下碗扣和上碗扣的限位销，将上碗扣套入立杆内。在横杆和斜杆上焊有插头，组装时，将横杆和斜杆插入下碗扣内。压紧和旋转上碗扣，利用限位销固定上碗扣。碗扣间距 600 mm，碗扣处可同时连接 9 根横杆，可以互相垂直或偏转一定角度。可组成直线形、曲线形、直角交叉等多种形式。

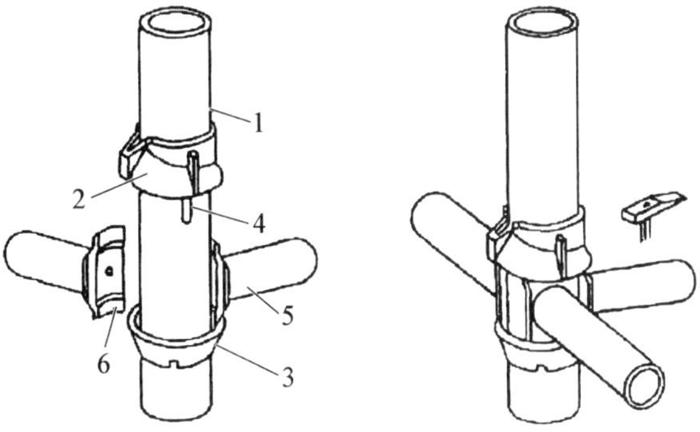

(a) 连接前 (b) 连接后

图 3－6 碗扣接头

1—立杆；2—上碗扣；3—下碗扣；4—限位销；5—横杆；6—横杆插头

2. 搭设要求

碗扣式钢管脚手架立柱横距为 0.9～1.2 m，纵距根据脚手架荷载可为 1.2 m～1.5 m，步架高为 1.6 m～2.0 m。脚手架垂直度对搭设高度在 30 m 以下应控制在 1/500 以内，高度在 30 m 以上的应控制在 1/1 000 以内；总高垂直度偏差应不大于 100 mm。

碗扣式脚手架的连墙件应均匀布置。对高度在30 m以下的脚手架，脚手架每 40 m^2 竖向面积应设置 1 个；对高层或荷载较大的脚手架每 20～25 m^2 竖向面积应设置 1 个。连墙件应尽可能设置在碗扣接头内(图3－7)。

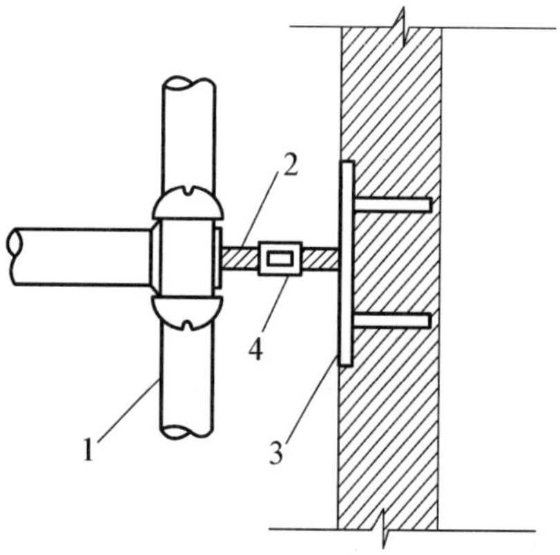

图 3－7　碗扣式脚手架的连墙件

1—脚手架；2—连墙杆；3—预埋件；4—调节螺栓

3.1.3　门式脚手架

门式脚手架

门式脚手架是一种工厂生产，现场组拼的脚手架。是当今国际上应用最普遍的脚手架之一。它不仅可作为外脚手架。也可作为移动式里脚手架或满堂脚手架。门式脚手架因其几何尺寸标准化。结构合理、受力性能好，施工中装拆容易。安全可靠、经济实用等特点，广泛应用于建筑、桥梁、隧道、地铁等工程施工，若在门架下部安放轮子，也可以作为机电安装、油漆粉刷。设备维修、广告制作的活动工作平台。

门式脚手架的搭设高度应满足设计计算条件.并且，对落地、密目式安全网全封闭不应超过 40～55 m；对悬挑、密目式安全立网全封闭不应超过 18～24 m。

1. 基本构造

门式脚手架基本单元是由门架、交叉撑、水平加固杆和连接棒组合而成(图 3－8)。若干基本单元通过连接器在竖向叠加。组成一个多层框架。在水平方向，用加固杆和水平梁架使相邻单元连成整体。加上斜梯、栏杆柱和横杆组成上下步相通的外脚手架。

2. 搭设要求

门式脚手架的搭设顺序为：铺放垫木→安放底座→设立门架→安装交叉支撑安装扫地杆→安装梯子→安装水平加固杆→安装连墙杆→……逐层向……→安装剪刀撑。

在门式脚手架的顶层、连墙件设置层必须设置纵向水平加周杆。在搭设高度范围内，当搭设高度小于或等于 40 m 时，至少每 2 步门架应设置 1 道水平加固杆；当搭设高度大

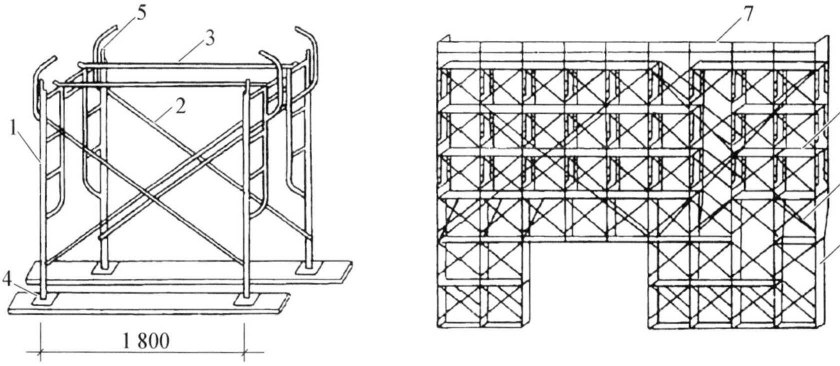

(a) 基本单元　　(b) 门式外脚手架

图 3-8　门式脚手架

1—门架;2—交叉支撑;3—水平加固杆;4—调节螺栓;
5—连接棒;6—梯子;7—栏杆;8—脚手板;9—剪刀撑

于 40 m 时,每步门架应设置 1 道。水平加固杆在层面上应连续设置。此外,在脚手架的转角处,开口型脚手架端部以及悬挑脚手架每步门架应设置 1 道。

门式脚手架剪刀撑的设置必须符合下列规定:

当门式脚手架搭设高度在 24 m 及以下时。在脚手架的转角处、两端及中间间隔不超过 15 m 的外侧立而必须各设置一道剪刀撑。并应由底至顶连续设置;当脚手架搭设高度超过 24 m 时。在脚手架全外侧立面上必须设置连续剪刀撑。对于悬挑脚手架。在脚手架全外侧立面上必须设置连续剪刀撑。

连墙件的设置应满足计算要求,根据搭设高度。紧向间距控制在 2 h～3 h(h 为步距),水平间距为 21～31(1 为跨距)。在转角处或开口型脚手架端部,必须增设连墙件。连墙件的垂直间距不应大于建筑物的层高。且不应大于 4.0 m。

3.1.4　升降式脚手架

升降式脚手架是沿结构外表而搭设的脚手架,它通过脚手架构件之间或脚手架与墙体之间互为支承、相互提升,可随结构施工逐渐提升,用于结构施工;在结构完成后,又可逐渐下降。作为装饰施工脚手架。近年来在高层建筑及简仓、竖井、桥墩等施工中发展了多种形式的升降式脚手架,其中常用的有自升降式,互升降式,整体升降式三种类型。

升降式脚手架主要优点有:① 脚手架不需沿建(构)筑物全高搭设(一股搭设 3～4 层高);② 脚手架不落地,不占施工场地;③ 可用于结构与装饰施工。但这种脚手架一次性投资较大,因此设计时应使其具有通用性,以便在不同的结构施工中周转使用。

1. 自升降式脚手架

自升降式脚手架由一个脚手架全高的固定架与一个 2 m 左右高度的活动架组成,它们均可独立附墙。而两者之间又可相互上下运动。固定架及活动架的升降是通过手动或电动倒链来实现的。在结构或装饰施工时,活动架和固定架用附墙螺栓与墙体锚固;当脚手架需要升降时,活动架与固定架中的一个架子仍然锚固在墙体上。另一个架子则放松附墙螺栓,以固定在墙上的架子为支展，用倒链对另一个架子进行升降。通过活动架和固定架交替附墙，互相升降，脚手架即可沿着墙体上逐层升降(图 3-9)。

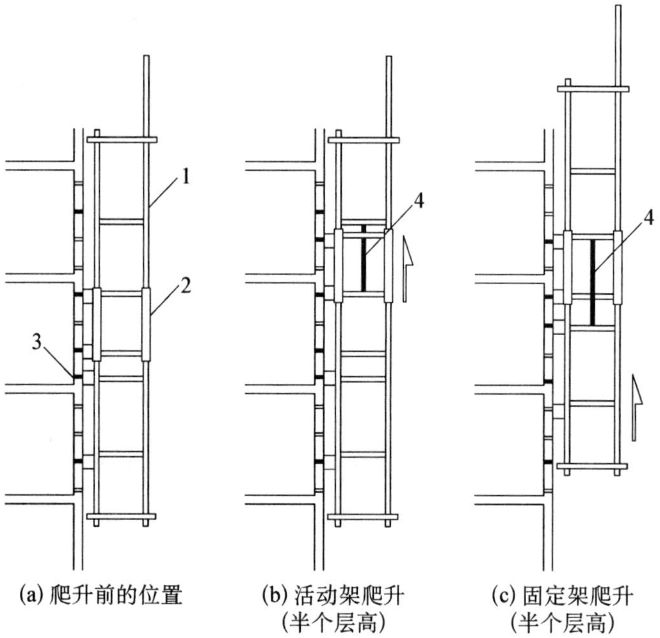

图 3-9　自升降式脚手架爬升过程

1—固定架；2—活动架；3—附墙螺栓；4—倒链

自升降脚手架的优点是脚手架可单片独立升降。可用于局部结构的施工。但其刚度较小，提升活动架时固定架上端悬臂高度较大。稳定性较差；此外。在升降过程中操作人员位于被升降的架体上，安全性较差。

2. *互升降式脚手架*

互升降式脚手架分为甲、乙两种单元，通过倒链交替对甲、乙两单元进行升降，有时也可用塔式起重机提升。在结构或装饰施工时，甲单元与乙单元均用附墙螺栓与墙体锚固，两架之间无相对运动；当脚手架需要升降时，甲(或乙)单元锚固在墙体上，将相邻的乙(或甲)单元与墙体分离，使用倒链对其升降。通过甲、乙两单元交替附墙，相互升降，脚手架即可沿着墙体逐层升降(图 3-10)。与自升降式脚手架相比，互升降式脚手架优点是：结构简单、刚度大；提升时操作人员位于固定在墙体上的单元上，易于操作、安全性好。但其使用必须沿结构四周全部布置，对局部的结构部位无法使用。

3. *整体升降式脚手架*

在超高的建筑或构筑物的结构施工中，整体升降式脚手架有明显的优越性，它结构整体好、升降快捷方便、机械化程度高、经济效益显著，是一种很有推广价值的外脚手架。

整体升降式外脚手架(图 3-11)一般以电动升降机为提升动力，使整个外脚手架沿建筑物外墙或柱整体向上爬升。搭设高度依结构施工层的层高而定，一般取 4 个层高加上安全栏的高度为架体的总高度。脚手架宽以 0.8～1 m 为宜。

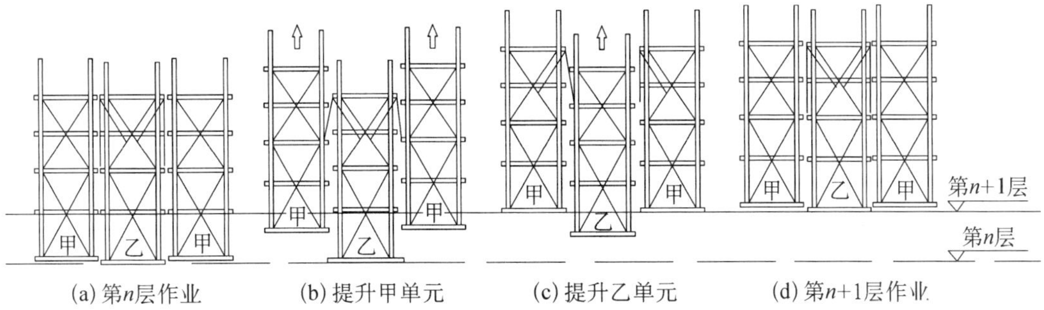

图 3－10　互升降式脚手架爬升过程

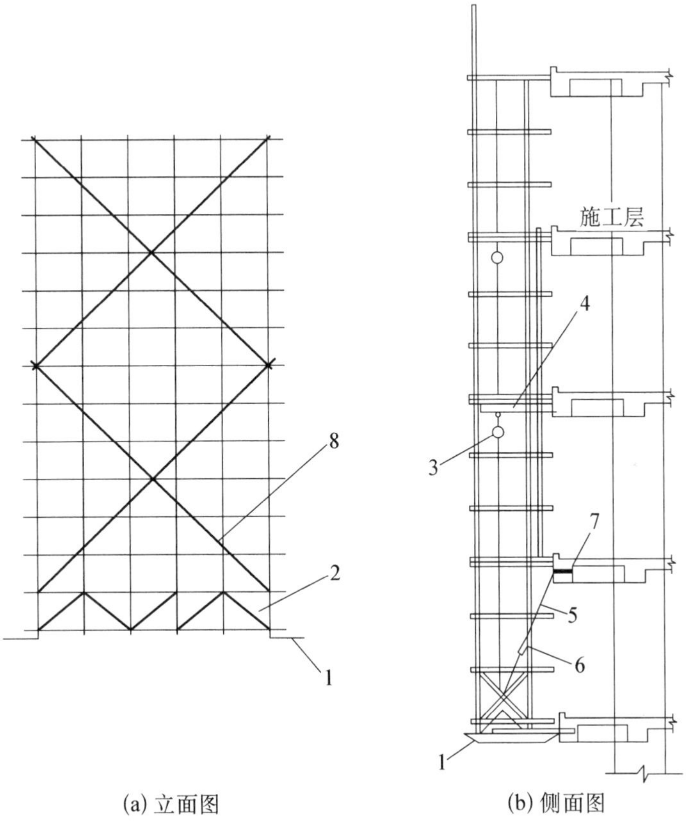

图 3－11　整体升降式外脚手架

1—承力架；2—加固桁架；3—电动提升机；4—挑梁；5—斜拉杆；6—调节螺栓；7—附墙螺栓；8—剪刀撑

设计时可将架子沿建筑物外围分成若干单元，每个单元的宽度根据建筑物的开间而定，一般在 4～6 m。

施工前应做好有关准备工作：

加工制作承力架等构件，准备电动升降机、钢丝绳等材料；按结构平面图先确定承力架的位置，并在结构混凝土墙或梁内预埋螺栓或预留螺栓孔。

如结构的最下几层的层高或平面形状与上部不同（这在建筑中常见），应对下面几层搭设一般的外脚手架。

承力架通过 M25～M30 的螺栓与混凝土结构固定，承力架外侧用斜拉杆与上层结构拉结固定。在承力架上面搭设下层脚手架，再逐步向上搭整个架体，随搭随设置拉结点，并设剪刀撑。

安装工字钢挑梁，将电动升降机挂在挑梁下，开动电动升降机便可开始爬升。爬升到位后，先将承力架与结构固定。检查符合安全要求后，脚手架可开始使用。与爬升操作顺序相反，利用电动升降机可使脚手架逐层下降，此时，应注意把留在结构中的上预留孔修补完毕。

另有一种液压提升整体式的脚手架模板组合体系（图 3 - 12），亦称整体提升钢平台体系。它通过设在建（构）筑内部的支承立柱及立柱顶部的平台桁架，利用液压设备进行脚手架的升降，同时也可升降结构的混凝土的模板。这种体系在超高层建筑中普遍使用。

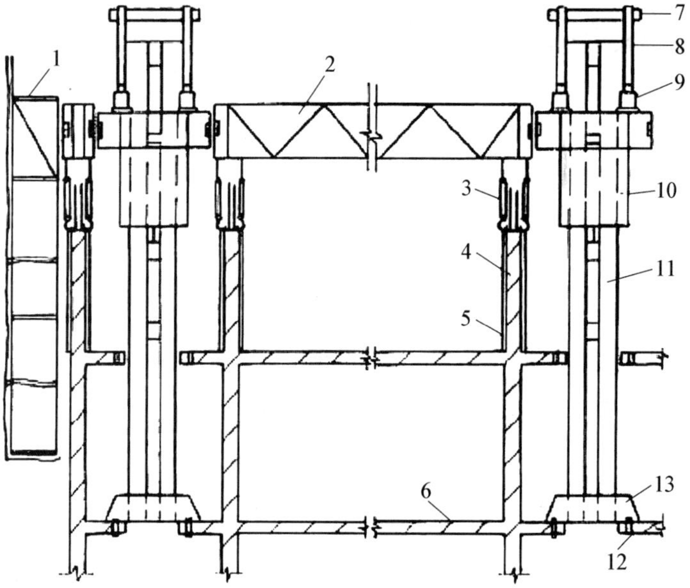

图 3 - 12　液压整体提升大模板

1—吊脚手；2—平台桁架；3—模板提升倒链；4—墙板；5—大模板；6—楼板；7—支承挑架；8—提升支承杆；9—千斤顶；10—提升导向架；11—支承立柱；12—固定螺栓；13—底座

整体提升式脚手架安全性尤为重要，施工中应执行以下安全管理规定：

安装与拆卸整体提升式脚手架必须由具有相应资质的单位承担，应当编制拆装方案、制定安全施工措施，并由专业技术人员现场监督。安装完毕后，安全单位应当进行自检，出具自检合格证明，并向施工单位进行安全使用说明，办理验收手续并签字。

整体提升式脚手架在使用前应当组织有关单位进行验收，也可以委托具有相应资质的检验检测机构进行验收，验收合格的方可使用。

3.1.5 里脚手架

里脚手架搭设于建(构)筑物内部,其使用过程中装拆较频繁,故要求轻便灵活,装拆方便。通常将其做成工具式的,结构形式有折叠式、支柱式和门架式。

图 3-13 所示为角钢折叠式里脚手架,其架设间距,砌墙时不超过 2 m,粉刷时不超过 2.5 m。根据施工层高,沿高度可以搭设两步脚手,第一步高约 1 m。第二步高约 1.65 m。

图 3-14 所示为套管式支柱,它是支柱式里脚手架的一种,将插管插入立管中,以销孔间距调节高度,在插管顶端的凹形支托内搁置方木横杆。横杆上铺设脚手架。架设高度为 1.5～2.1 m。

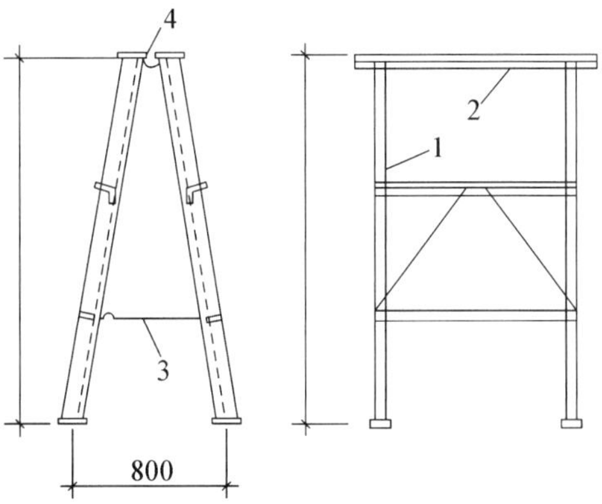

图 3-13 折叠式里脚手架

1—立柱;2—横楞;3—挂钩;4—铰链

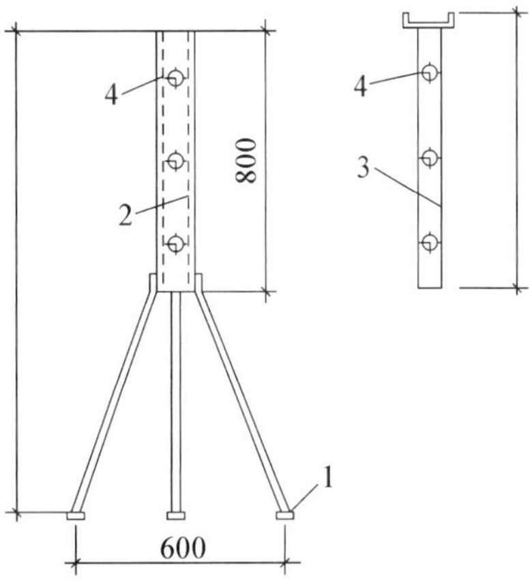

图 3-14 套管式支柱

1—支脚;2—立管;3—插管;4—销孔

门架式里脚手架由两片 A 形支架与门架组成(图 3-15)。其架设高度为 1.5～2.4 m,两片 A 形支架间距 2.2～2.5 m。

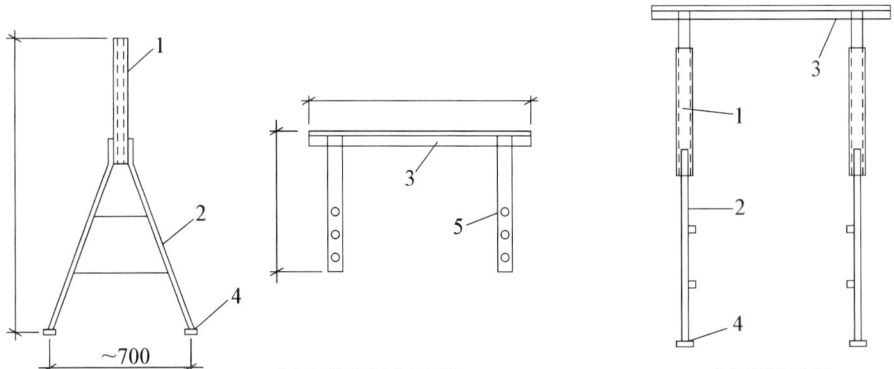

(a) A形支架与门架　　(b) 安装示意

图 3-15 门架式里脚手架

1—立管;2—支脚;3—门架;4—垫板;5—销孔

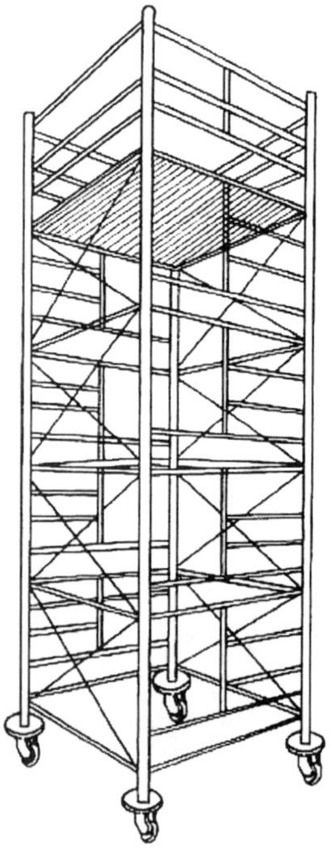

图 3－16　移动式里脚手架

对高度较高的结构内部施工，如建筑的顶棚等可利用移动式里脚手架（图 3－16），如作业面大、工程量大，则常常在施工区内搭设满堂脚手架，材料可用扣件式钢管、碗扣式钢管或用毛竹等。

任务 3.2　垂直运输设施

3.2.1　垂直运输设施

垂直运输设施在建筑施工中担负垂直运（输）送材料设备和人员上下的机械设备和设施，它是施工技术措施中不可缺的重要环节。随着高层、超高层建筑、高耸工程以及超深地下工程的飞速发展，对垂直运输设施的要求也相应提高，垂直运输技术已成为建筑施工中的重要的技术领域之一。垂直运输设施的种类很多，大致可分为塔式起重机、施工电梯、物料提升架、混凝土泵、采用葫芦式起重机或其他小型起重机具的物料提升设施五大类。

1. 塔式起重机

(1) 塔式起重机具有提升、回转、水平输送（通过滑轮车移动和臂杆仰俯）等功能，其分类见表 3－2。

塔式起重机

表 3－2　塔式起重机的分类

分类方式	类别
按固定方式分	固定式；轨道式；附墙式；内爬式
按架设方式分	自升；分段架设；整体架设；快速拆装
按塔身构造分	非伸缩式；伸缩式
按臂构造分	整体式；伸缩式；折叠式
按回转方式分	上回转式；下回转式
按变幅方式分	小车移动；臂杆仰俯；臂杆伸缩
按空速方式分	分级变速；无级变速
按操作控制方式分	手动操作；电脑自动监控
按起重能力分	轻型（小于等于 80 t・m）；中型（大于等于 80 t・m，小于等于 250 t・m）；重型（大于等于 250 t・m，小于等于 1 000 t・m）；超重型（大于等于 1 000 t・m）

(2) 高层施工塔式起重机的选择：在高层建筑施工选择塔式起重机时应主要考虑以下几个方面：

1) 塔式起重机的主要参数应满足施工需要。主要参数包括工作幅度、起重高度、起重量和起重力矩。

① 工作幅度：为塔式起重机回转中心线至吊钩中心线的水平距离。最大工作幅度 R，

为最远吊点至回转中心的距离，可按图 4－8 确定。其中，附着式外墙塔式起重机的 B_2 点可定在建筑物的外墙线上或其内、外一定距离。

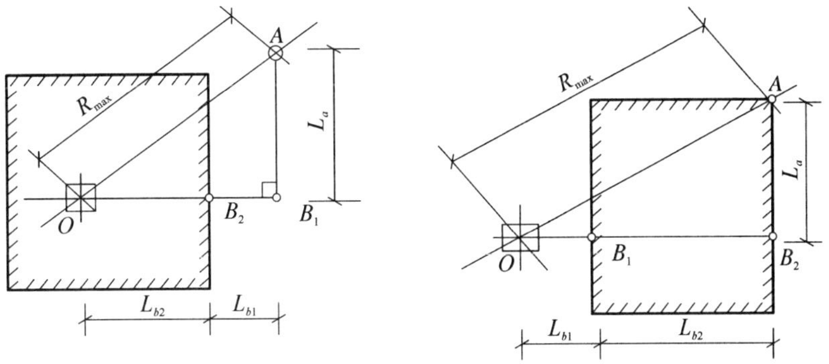

(a) 内爬式塔式起重机　　(b) 附着式外塔式起重机

图 3－17　塔式起重机所需最大工作幅度

② 起重高度：应不小于建筑物总高度加上构件（或吊斗、料笼）、吊索（吊物顶面至吊钩）和安全操作高度（一般为 2～3 m）。当塔式起重机需要越过超过建筑物顶面的脚手架、井架或其他障碍物时（其超越高度应不小于 1 m），尚应满足此最大超越高度的需要。

③ 起重量：包括吊物、吊具（铁扁担、吊架）和索具等作用于塔式起重机起重吊钩上的全部重量。起重力矩为起重量其工作幅度的乘积，工作幅度大则起重量小。因此塔式起重机的技术参数中一般都给出最小工作幅度时的最大起重量和最大工作幅度时的（最小）起重量。塔式起重机的工作状态一般宜控制在其额定起重力矩的 75%之下。一方面确保了吊装和垂直运输作业的安全；另一方面也确保了塔式起重机本身的安全和延长其使用寿命。

2）塔式起重机的生产率应满足施工需要。塔式起重机的台班生产率 P（单位：t/h）等于 8 h 乘以额定起重量 Q（t）、吊次 n（次/h）、额定起重量利用系数 Kq 和工作时间利用系数 K，即：

$$P = 8QnKqKt \tag{3-1}$$

但实际确定时，由于施工需要和安排的不同，常需按不同情况来考虑：

① 塔式起重机以满足结构安装施工为主，服务垂直运输为辅。

② 塔式起重机以满足垂直运输为主，以零星结构安装为辅。例如采用现浇混凝土结构的工程，塔式起重机以承担钢筋、模板、混凝土和砂浆等材料的垂直运输为主。

3）综合考虑、择优选用：当塔式起重机主要参数和生产率指标均可满足施工要求时，还应综合考虑、择优选用性能好、工效高和费用低的塔式起重机。

在一般情况下，13 层以下建筑工程可选用轨道式上回转或下回转式塔式起重机，如 TQ60/80 或 QTG60，且以采用快速安装的下回转式塔式起重机为最佳；13 层以上建筑工程可选用轨道式或附着式上回转塔式起重机，如 QTZ120、QT80、QT80A、280；而 30 层以上的高层建筑应优先采用内爬式塔式起重机，如 QTP60 等。

外墙附着式自升塔式起重机的适应性强、装拆方便，且不影响内部施工。但塔身接高和附墙装置随高度增加、台班费用较高；而内爬式塔式起重机适合于小施工现场、装设成本低、台班费用亦低，但装拆麻烦、爬升洞的结构需适当加固。因此，应综合比较其利弊后择优选用。

2. 施工电梯

施工电梯

(1) 施工电梯的概念:施工电梯又称施工升降机,是高层建筑施工中主要的垂直运输设备。它附着在外墙或其他结构部位上,随建筑物升高,架设高度可达 200 m 以上(国外施工升降机的最高提升高度已达 645 m)。多数施工电梯为人货两用,少数为仅供货用。

(2) 施工电梯分类:电梯按其驱动方式可分为齿条驱动、绳轮驱动和混合式三种。齿条驱动电梯又有单吊箱(笼)式和双吊箱(笼)式两种,并装有可靠的限速装置,适于 20 层以上建筑工程使用;绳轮驱动电梯为单吊箱(笼),无限速装置,轻巧便宜,适于 20 层以下建筑工程使用。

施工电梯的一般特点详见表 3 - 3。

表 3 - 3 三类电梯的一般特点比较

项 目	SC 系列	SS 系列	SH 系列
传动形式	齿轮齿条式	钢丝绳牵引式	混合式
驱动方式	双电动机驱动或三电动机驱动	卷扬驱动	梯笼电动机驱动 货笼卷扬驱动动
安全装置	锥鼓限速器,过载、短路、断绳保护,限位和急停开关等	主安全装置(杠杆增力摩擦制动式安全钳)和辅助安全装置(电磁卡块、手动卡块)	梯笼安全装置与 Sc 系列相同;货笼设断绳保护和安全门等
提升速度	一般 40 m/min 内,最高可达 90 m/min	一般 40 m/min 以内	
架设高度	一般 200 m 内,先进者可达 300 m 以上	一般 100 m 内	

施工电梯的型号由类、组、型、特性、主要参数和变型代号组成,见图 3 - 18。

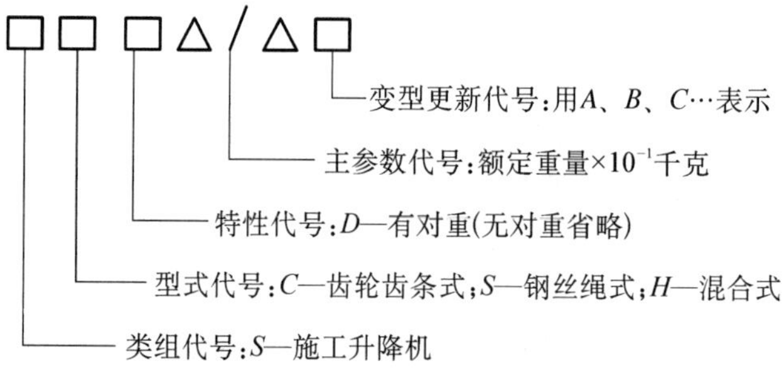

图 3 - 18 施工电梯型号标记

(3) 施工电梯的安全装置

1) 限速制动装置:有重锤离心式摩擦捕捉器和双向离心摩擦锥鼓限速装置两种。前者在起作用时产生的动荷载较大,对电梯结构和机构可能产生不利的影响。

双向离心摩擦锥鼓式限速装置(图 3 - 19)的优点在于减少了中间传力路线,在齿条上实现柔性直接制动,安全可靠性大,冲击性小,且其制动行程也可以预调。可有效地防止上升时“冒顶”和下降时出现“自由落体”坠落现象。

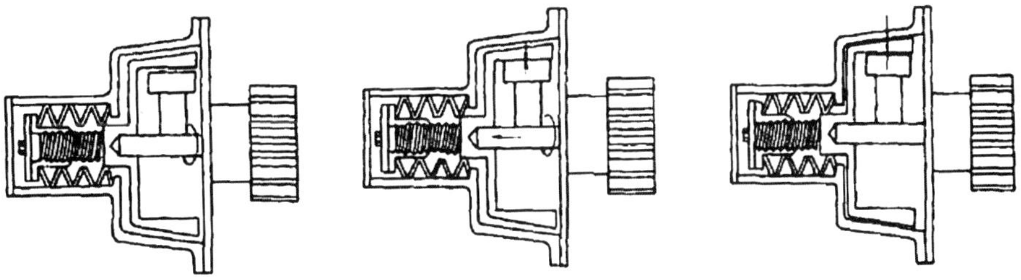
(a) 不介入　　(b) 介入降速　　(c) 介入制动

图 3-19　离心摩擦锥鼓式限速器

2）制动装置

① 限位装置：由限位碰铁和限位开关构成。设在梯架顶部的为最高限位装置可防止冒顶；设在楼层的为分层停车限位装置可实现准确停层。

② 电机制动器：有内抱制动器和外抱电磁制动器等。

③ 紧急制动器：有手动楔块制动器和脚踏液压紧急刹车等，在限速和传动机构都发生故障时，可紧急实现安全制动。

3）断绳保护开关：梯笼在运行过程中因某种原因使钢丝绳断开或放松时，该开关可立即控制梯笼停止运行。

4）塔形缓冲弹簧：装在基座下面，使梯笼降落时免受冲击，不致使乘员受震。

（4）施工电梯的使用注意事项

1）电梯司机必须身体健康（无心脏病和高血压病），并经训练合格，严禁非司机开车。

2）司机必须熟悉电梯的结构、原理、性能、运行特点和操作规程。

3）严禁超载，防止偏重。

4）班前、满载和架设时均应作电动机制动效果的检查（点动 1 m 高度，停 2 min，里笼无下滑现象）。

5）坚持执行定期进行技术检查和润滑的制度。

6）对于斗梯笼，严禁混凝土和人混装（即乘人时不载混凝土；载混凝土时不乘人）。

7）司机开车时应思想集中，随时注意信号，遇事故和危险时立即停车。

8）在下述情况下严禁使用：

① 电动机制动系统不灵活可靠。

② 控制元件失灵和控制系统不全。

③ 导轨架和管架的连接松动。

④ 视野很差（大雾及雷雨天气）、滑杆结冰以及其他恶劣作业条件。

⑤ 齿轮与齿条的啮合不正常。

⑥ 站台和安全栏杆不合格。

⑦ 钢丝绳卡得不牢或有锈蚀断裂现象。

⑧ 限速或手动刹车器不灵。

⑨ 润滑不良。

⑩ 司机身体不正常。

⑪ 风速超过 12 m/s(六级风)。

⑫ 导轨架垂直度不合要求。

⑬ 减速器声音不正常。

⑭ 齿条与齿轮齿厚磨损量大于 1.0 mm。

⑮ 刹车楔块齿尖变钝,其平台宽大于 0.2 mm。

⑯ 限速器未按时检查与重新标定。

⑰ 导轨架管壁厚度磨损过大(100 m 梯超过 1.0 mm;75 m 梯超过 1.2 mm;50 m 梯超过 1.4 mm)。

9) 记好当班记录,发现问题及时报告并查明解决。

10) 按规定及时进行维修和保养,一般定为:一级保养 160 h;二级保养 480 h;中修 1 440 h;大修 5 760 h。

3. 物料提升架

物料提升架包括井式提升架(简称“井架”)、龙门式提升架(简称“龙门架”)、塔式提升架(简称“塔架”)和独杆升降台等,它们的共同特点为:

① 提升采用卷扬机,卷扬机设于架体外。

② 安全设备般只有防冒顶,防坐冲和停层保险装置,因而只允许用于物料提升,不得载运人员。

③ 用于 10 层以下时,多采用缆风固定;用于超过 10 层的高层建筑施工时,必须采取附墙方式固定,成为无缆风高层物料提升架,并可在顶部设液压顶升构造,实现井架或塔架标准节的自升接高。

塔架是一种采用类似塔式起重机的塔身和附墙构造、两侧悬挂吊笼或混凝土斗的、可自升的物料提升架。

用于烟囱等高耸构筑物施工的、随作业平台升高的井架式物料提升机,同时供人员上下使用,在安全设施方面需相应加强,例如增加限速装置和断绳保护等,以确保人员上下的安全。

4. 混凝土泵

混凝土泵是水平和垂直输送混凝土的专用设备,用于超高层建筑工程时则更显示出它的优越性。它能一次性连续完成混凝土的水平和垂直运输,配以布料杆和布料机还可以进行布料和浇筑。

混凝土泵

混凝土泵按工作方式分为固定式和移动式两种;按泵的工作原理则分为挤压式和柱塞式两种。目前我国已使用混凝土泵施工高度超过 300 m 的电视塔。

5. 采用葫芦式起重机或其他小型起重机具的物料提升设施

这类物料提升设施由小型(一般起重量在 1.0 t 以内)起重机具如电动葫芦、手扳葫芦、倒链、滑轮、小型卷扬机等与相应的提升架、悬挂架等构成,形成墙头吊、悬臂吊、摇头把杆吊、台灵架等。常用于多层建筑施工或作为辅助垂直运输设施。

6. 垂直运输设施的选择

(1) 垂直运输设施的总体情况见表 3 - 4。

表 3－4　垂直运输设施的总体情况

<table>
<tr><th rowspan="2">序次</th><th rowspan="2">设备(施)名称</th><th rowspan="2">形式</th><th rowspan="2">安装方式</th><th rowspan="2">工作方式</th><th colspan="2">设备能力</th></tr>
<tr><th>起重能力</th><th>提升高度</th></tr>
<tr><td rowspan="5">1</td><td rowspan="5">塔式起重机</td><td rowspan="2">整装式</td><td>行走</td><td rowspan="5">在不同的回转半径内形成作业覆盖区</td><td rowspan="4">60～10 000 KN·m</td><td rowspan="2">80 m 内</td></tr>
<tr><td>固定</td></tr>
<tr><td rowspan="2">自升式</td><td>固定</td><td rowspan="2">250 m 内</td></tr>
<tr><td>附着</td></tr>
<tr><td>内爬式</td><td>装于天井道内，附着爬升</td><td>3 500 KN·m 内</td><td>一般在 300 m 内</td></tr>
<tr><td>2</td><td>施工升降机(施工电梯)</td><td>单笼、双笼笼带斗</td><td>附着</td><td>吊笼升降</td><td>一般 2 t 以内，高者达 2.8 t</td><td>一般 100 m 内，最高已达 645 m</td></tr>
<tr><td rowspan="3">3</td><td rowspan="3">井字提升架</td><td>定型钢管搭设</td><td>缆风固定</td><td rowspan="3">吊笼（盘斗）升降</td><td rowspan="3">3 t 以内</td><td>60 m 内</td></tr>
<tr><td>定型钢管搭设</td><td rowspan="2">附着</td><td>可达 200 m 以上</td></tr>
<tr><td>钢管搭设</td><td>100 m 以内</td></tr>
<tr><td rowspan="2">4</td><td rowspan="2">龙门提升架(门式提升机)</td><td rowspan="2"></td><td>缆风固定</td><td rowspan="2">吊笼（盘斗）升降</td><td rowspan="2">2 t 以内</td><td>50 m 内</td></tr>
<tr><td>附着</td><td>100 m 内</td></tr>
<tr><td>5</td><td>塔架</td><td>自升</td><td>附着</td><td>吊笼（盘斗）升降</td><td>2 t 以内</td><td>100 m 内</td></tr>
<tr><td>6</td><td>独杆提升机</td><td>定型产品</td><td>缆风固定</td><td>吊笼（盘斗）升降</td><td>1 t 以内</td><td>一般在 25 m 内</td></tr>
<tr><td>7</td><td>墙头起重机</td><td>定型产品</td><td>固定在结构上</td><td>回转起吊</td><td>0.5 t 以内</td><td rowspan="2">高度视配绳和吊物稳定而定</td></tr>
<tr><td>8</td><td>屋顶起重机</td><td>定型产品</td><td>固定式移动式</td><td>葫芦沿轨道移动</td><td>0.5 t 以内</td></tr>
<tr><td>9</td><td>自立式起重机</td><td>定型产品</td><td>移动式</td><td>同独杆提升机</td><td>1 t 以内</td><td>40 m 内</td></tr>
<tr><td>10</td><td>混凝土输送泵</td><td>固定时拖式</td><td>固定并设置输送管道</td><td>压力输送</td><td>输送能力为 30～50 m^3/h</td><td>垂直输送高度一般为 100 m，可达 300 m 以上</td></tr>
<tr><td rowspan="2">11</td><td rowspan="2">可倾斜塔式起重机</td><td>履带式</td><td rowspan="2">移动式</td><td rowspan="2">为履带式起重机和塔式起重机结合的产品，塔身可倾斜</td><td rowspan="2"></td><td rowspan="2">50 m 内</td></tr>
<tr><td>汽车式</td></tr>
<tr><td>12</td><td>小型起重设备</td><td></td><td></td><td>配合垂直提升架使用</td><td>0.5～1.5 t</td><td>高度视配绳和吊物稳定而定</td></tr>
</table>

（2）垂直运输设施的选择和设置要求

1）覆盖面和供应面：塔式起重机的覆盖面是指以塔式起重机的起重幅度为半径的圆形吊运覆盖面积；垂直运输设施的供应面是指借助于水平运输手段（手推车等）所能达到的供应范围。其水平运输距离一般不宜超过 80 m。建筑工程的全部的作业面应处于垂直运输设施的覆盖面和供应面的范围之内。

2）供应能力：塔式起重机的供应能力等于吊次乘以吊量（每次吊运材料的体积、重量或件数）；其他垂直运输设施的供应能力等于运次乘以运量，运次应取垂直运输设施和与其配合的水平运输机具中的低值。另外，还需乘以一个数值为 0.5～0.75 的折减因数，以考虑由于难以避免的因素对供应能力的影响（如机械设备故障和人为的耽搁等）。垂直运输设备的供应能力应能满足高峰工作量的需要。

3）提升高度：设备的提升高度能力应比实际需要的升运高度高出不少于 3 m，以确保安全。

4）水平运输手段：在考虑垂直运输设施时，必须同时考虑与其配合的水平运输手段。当使用塔式起重机作垂直和水平运输时，要解决好料笼和料斗等材料容器的问题。由于外脚手架（包括桥式脚手架和吊篮）承受集中荷载的能力有限，因此一般不使用塔式起重机直接向外脚手架供料；当必须用其供料时，则需视具体条件分别采取以下措施：

① 在脚手架外增设受料台，受料台则悬挂在结构上（准备 2～3 层用量，用塔式起重机安装）。

② 使用组联小容器，整体起吊，分别卸至各作业地点。

③ 在脚手架上设置小受料斗（需加设适当的拉撑），将砂浆分别卸注于小料斗中。

④ 当使用其他垂直运输设施时，一般使用手推车（单轮车、双轮车和各种专用手推车）作水平运输。其运载量取决于可同时装入几部车子以及单位时间内的提升次数。

5）装设条件：垂直运输设施装设的位置应具有与之相适应的装设条件，如具有可靠的基础、与结构拉结和水平运输通道条件等。

6）设备效能的发挥：必须同时考虑满足施工需要和充分发挥设备效能的问题。当各施工阶段的垂直运输量相差悬殊时，应分阶段设置和调整垂直运输设备，及时拆除已不需要的设备。

7）设备的充分利用问题：充分利用现有设备，必要时添置或加工新的设备。在添置或加工新的设备时应考虑今后利用的前景。一次使用的设备应考虑在用毕以后可拆改他用。

8）安全保障：安全保障是使用垂直运输设施中的首要问题，必须按以下要求严格施行。

① 首次试制加工的垂直运输设备，需经过严格的荷载和安全装置性能试验，确保达到设计要求（包括安全要求）后才能投入使用。

② 设备应装设在可靠的基础和轨道上。基础应具有足够的承载力和稳定性，并有良好的排水措施。

③ 设备在使用以前必须进行全面的检查和维修保养，确保设备完好。未经检修保养的设备不能使用。

④ 严格遵照设备的安装程序和规定进行设备的安装（搭设）和接高工作。初次使用的设备，工程条件不能完全符合安装要求的，以及在较为复杂和困难的条件下，应制定详细的安装措施，并按措施的规定进行安装。

⑤ 确保架设过程中的安全，注意事项为：高空作业人员必须佩戴安全带；按规定及时设置临时支撑、缆绳或附墙拉结装置；在统一指挥下作业；在安装区域内停止进行有碍确保架设安全的其他作业。

⑥ 设备安装完毕后，应全面检查安装（搭设）的质量是否符合要求，并及时解决存在的问题。随后进行空载和负载试运行，判断试运行情况是否正常，吊索、吊具、吊盘、安全保险以及刹车装置等是否可靠。都无问题时才能交付使用。

⑦ 进出料口之间的安全设施：垂直运输设施的出料口与建筑结构的进料口之间，根据其距离的大小设置铺板或栈桥通道，通道两侧设护栏。建筑物入料口设栏杆门。小车通过之后应及时关上。

⑧ 设备应由专门的人员操纵和管理。严禁违章作业和超载使用。设备出现故障或运转不正常时应立即停止使用，并及时予以解决。

⑨ 位于机外的卷扬机应设置安全作业棚。操作人员的视线不得受到遮挡。当作业层较高，观测和对话困难时，应采取可靠的解决方法，如增加卷扬定位装置、对讲设备或多级联络办法等。

⑩ 作业区域内的高压线一般应予拆除或改线，不能拆除时，应与其保持安全作业距离。

⑪使用完毕，按规定程序和要求进行拆除工作。

（3）高层建筑垂直运输设施的合理配套

① 一般情况下，建筑高度超高 15 层或 40 m 时，应设施工电梯以解决施工人员的上下问题，同时，施工电梯又可承担相当数量的施工材料的垂直运输任务。而大宗的、集中使用性强的材料，如钢筋、模板、混凝土等，特别是混凝土的用量最大和使用最集中，能否保证及时地输送上去，直接影响到工程的进度和质量要求。因此，必须解决好垂直运输设施的合理配套设置问题。

② 高层建筑垂直运输设施常用配套方案及其优缺点和应用范围如表 3－5 所示。

表 3－5　高层建筑垂直运输设施配套方案、优缺点和应用范围

序　次	配套方案	功能配合	优缺点	适用情况
1	施工电梯＋塔式起重机、料斗	塔式起塔式起重机承担吊装和运送模板、钢筋、混凝土、电梯运送人员和零散材料	优点：直供范围大，综合服务能力强，易调节安排 缺点：集中运送混凝土的效率混凝土量适应塔式起不高，受大风影响限制	吊装量较大、现浇混凝土量适应塔式起重机能力
2	施工电梯＋塔式起重机＋混凝土泵、布料杆	泵和布料杆输送混凝土，塔式起重机承担吊装和大件材料运输，电梯运送人员和零散材料	优点：直供范围大、综合服务能力强、供应能力大，易调节安排 缺点：投资大、费用高	工期紧，工程量大的超高层工程的结构施工阶段
3	施工电梯＋带臂杆高层井架	电梯运送人员零散材料，井架可带吊笼和吊斗，臂杆吊运钢筋模板	优点：垂直输送能力较强，费用低 缺点：直供范围小，无吊装能力，增加水平运输设施	无大件吊装的、以现浇为主，工程量不太大和集中的工程

续 表

序 次	配套方案	功能配合	优缺点	适用情况
4	施工电梯+高层井架+塔式起重机、料斗	电梯运送人员、零散材料、井架运送大宗材料、塔式起重机吊装和运送大件材料	优点:直供范围大、综合服务能力强、供应能力大,易调节安排,结构完成后可拆除塔式起重机 缺点:可能出现设备能力利用不足情况	吊装和现浇量较大的工程
5	施工电梯+塔式起重机、料斗+塔式起重架	以塔架取代井架,功能配合同 4	同 4,但塔架为可带混凝土斗的物料专用电梯,性能优于高层井架,费用也较高	吊装和现浇量较大的工程
6	塔式起重机、料斗+普通井架	人员上下使用室内楼梯,其他同 4	优点:吊装和乐直运输要求均可适应,费用低 缺点:供应能力不够强,人员上下不方便	适用于 50 m 以下建筑工程

任务 3.3 砌体材料

3.3.1 砌筑用砖

1. 烧结普通砖

烧结普通砖是指以黏土、页岩、煤矸石、粉煤灰等为主要材料,经焙烧而成的普通砖,包括黏土砖、页岩砖、煤矸石砖和粉煤灰砖。其标准尺寸为 240 mm×115 mm×53 mm。其中黏土砖在建筑工程中应用最为广泛。当砌体灰缝厚度为 10 mm 时,其组砌成的墙体符合 4 块砖长等于 8 块砖宽,还等于 16 块砖厚,还等于 1 m 的模数规律。

烧结普通黏土砖按抗压强度可分为 MU30,MU25,MU20,MU15,MU10 等 5 个强度等级。

烧结煤矸石砖按抗压强度可分为 MU20,MU10,MU7.5 等 3 个强度等级。

烧结普通砖的质量等级除强度指标外,还包括耐久性指标和外观指标。

耐久性指标包括抗冻性能、泛霜程度、石灰爆裂情况、吸水情况等;外观指标包括尺寸偏差、两个条面的厚度偏差、弯曲、杂质凸出高度、缺棱掉角、裂纹长度、颜色、完整面数量、混等率等。

图 3-20 烧结多孔砖

根据烧结普通砖的耐久性指标和外观指标,其质量等级分为特等、一等和合格 3 个等级。

2. 烧结多孔砖

烧结多孔砖见图 3-20 所示,是以黏土、页岩、煤矸石为主要材料经焙烧而成的,是带有圆形或非圆形孔洞,主要用于承重部位砌筑的砖。其孔洞率不小于 15%,按外形尺寸分为 P 型砖和 M 型砖。

P 型砖尺寸：240 mm×115 mm×90 mm。

M 型砖尺寸：190 mm×190 mm×90 mm。

烧结多孔砖的强度等级及质量等级分类与烧结普通砖基本相同。

3. 蒸压灰砂砖

蒸压灰砂砖是以石灰和砂为原料，经过坯料制备、压制成型、蒸压养护而成的实心砖，尺寸同烧结普通砖。蒸压灰砂砖不得用于长期受热 200 ℃以上，受急冷、急热和有酸性介质侵蚀的工程部位。

4. 蒸压粉煤灰砖

蒸压粉煤灰砖是以粉煤灰、石灰为主要原料。掺加适量石膏和骨料经坯料制备、压制成型、高压蒸汽养护而成的实心砖。可用于建筑物墙体和基础，但用于基础及建筑物易受冻融和干湿交替部位时必须使用优等砖和一等砖；不得用于长期受热 200 ℃以上，受急冷、急热和有酸性介质侵蚀的工程部位。

蒸压灰砂砖、蒸压粉煤灰砖的强度等级分为 MU25，MU20，MU15，MU10 共 4 个等级。

5. 烧结空心砖

烧结空心砖是以黏土、页岩、煤矸石等为主要原料，经焙烧而成的空心砖。其形状如图 3－21 所示。

烧结空心砖外形的常用规格有两种：290 mm×190(140) mm×90 mm 和 240 mm×180(175) mm×115 mm。根据密度(kg/m)分为 800，900，1 100 这 3 个密度级别；每个密度级根据孔洞及其排数、尺寸偏差、外观质量、强度等级和物理性能分为优等品、一等品和合格品 3 个等级。

图 3－21　烧结空心砖

各种砖的使用部位如表 3－6 所示。

表 3－6　砌筑用砖选用表

材料名称	适用范围
烧结普通砖	MU15 及其以上主要用于承重墙体；MU10 及其以下可用于非承重墙及平房
烧结多孔砖	主要用于承重部位(6 层以下建筑的承重墙)
烧结空心砖	主要用于非承重墙或填充墙
灰砂砖	可用于基础及建筑防潮层以上部位
炉渣砖	可代替烧结普通砖使用
粉煤灰砖	用于墙体和基础(一等和优等)，不得用于长期受急冷、急热及酸性介质侵蚀部位

3.3.2　砌筑用砌块

砌块是指砌筑用人造块材，外形大多为直角六面体，也有各种异形。砌块的长度、宽度或高度中有一项或多项分别大于 365 mm，240 mm，115 mm，但高度不大于长度或宽度的 6 倍，长度不超过高度的 3 倍。砌块系列中主规格高度大于 115 mm，而又小于 380 mm 的砌块称为小型砌块,简称小砌块。

小型砌块按其所使用材料的不同,可分为蒸压加气混凝土砌块、普通混凝土小型空心砌块、轻骨料混凝土小型空心砌块、粉煤灰砌块、粉煤灰小型空心砌块.石膏砌块等。

1. 蒸压加气混凝土砌块

蒸压加气混凝土砌块是以水泥、矿渣、砂、石灰、粉煤灰等为原料,加入发气剂,经搅拌、成型、高压蒸汽养护而成的。按照所用的具体材料,此类砌块可分为蒸压水泥—石灰—砂加气混凝土砌块、蒸压水泥—石灰—粉煤灰加气混凝土砌块、蒸压水泥—粉煤灰—砂加气混凝土砌块以及蒸压水泥—矿渣—砂加气混凝土砌块等。

蒸压加气混凝土砌块适用于各类建筑物的非承重内、外墙体,尤其是有轻质、节能要求的填充墙体和围护结构,也可作为保温隔热材料使用。但此类砌块不得用于防潮层以下的墙体、地下室外墙和长期处于潮湿、浸水、干湿交替、化学侵蚀环境下,以及表面温度长期处于 80 ℃以上的部位。

加气混凝土砌块的一般规格为:

长度:600 mm;

高度:200 mm,240 mm,250 mm,300 mm;

宽度:100 mm,120 mm,125 mm,150 mm,180 mm,200 mm,240 mm,250 mm,300 mm。

加气混凝土砌块按抗压强度分为 7 个级别:A1.0,A2.0,A2.5.A3.5,A5.0,A7.5,A10。其中,A 后面的数值代表砌块的立方体抗压强度(MPa)。

加气混凝土砌块按密度分为 6 个级别:B03,B04,B05,B06,B07,B08。其中,B 后面的数值,如 04 表示其密度在优等品时为 400 kg/m³,合格品时为 425 kg/m³。

加气混凝土砌块按尺寸偏差及外观,分为优等、一等、合格 3 个等级。

2. 普通混凝土小型空心砌块

普通混凝土小型空心砌块是以水泥、砂、碎石或卵石、水等为原料按一定的配合比经搅拌浇筑预制而成的。它可用于非抗震区及抗震设防烈度为 6～8 度地区的承重墙体施工。

普通混凝土小型空心砌块的主规格尺寸为 390 mm×190 mm×190 mm,其他规格尺寸可由供需双方协商。最小外壁厚应不小于 30 mm,最小肋厚应不小于 25 mm,空心率应不小于 25%(见图 3-22)。

图 3-22 普通混凝土小型空心砌块

普通混凝土小型空心砌块按照其抗压强度,分为 MU5,MU7.5,MU10.MU15,MU20 共 5 个级别。

普通混凝土小型空心砌块按尺寸偏差及外观,分为优等品、一等品、合格品 3 个等级。

3. 轻集料混凝土小型空心砌块

轻集料混凝土小型空心砌块(见图 3-23)是以水泥、轻骨料、砂、水等材料经搅拌、浇筑等预制而成的。

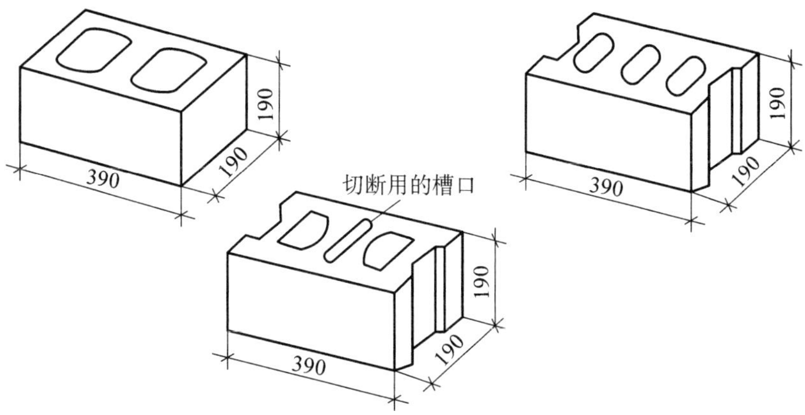

图 3-23 轻集料混凝土小型空心砌块

轻集料混凝土小型空心砌块的主规格尺寸为 390 mm×190 mm×190 mm，按其孔的排数分为实心单排孔、双排孔、三排孔和四排孔等五类，如图 3-4 所示。

轻集料混凝土小型空心砌块按其密度等级分为 500，600，700，800，900，1 000，1 200，1 400共 8 个等级，数值表示该密度等级的最大干密度(kg/m＊)。按其强度等级分为 1.5，2. 5，3.5，5.0，7.5，10.0 共 6 个等级，数值表示其抗压强度(MPa)。按尺寸容许偏差及外观质量分为优等品(A)，一等品(B)和合格品(C)3 个等级。

4. 粉煤灰砌块

粉煤灰砌块是以粉煤灰、石灰、石膏和轻集料为原料，加水搅拌、振动成型、蒸汽养护而成的密实砌块。其主规格外形尺寸为 880 mm×380 mm×240 mm 和 880 mm×430 mm×240 mm，砌块端面应加灌浆槽，坐浆面宜设抗剪槽，如图3-24 所示。

图 3-24 粉煤灰砌块

粉煤灰砌块按其立方体试件的抗压强度分为 MU10 和 MU13 共 2 个强度等级。按其尺寸容许偏差、外观质量和干缩性能分为一等品和合格品。

5. 粉煤灰小型空心砌块

粉煤灰小型空心砌块是以粉煤灰、水泥及各种轻、重骨料加水搅拌制成的空心砌块。其中，粉煤灰用量不低于原材料总量的 10%。这种砌块具有轻质高强.保温隔热的特点，可用于框架填充墙等结构部位。

该空心砌块主规格尺寸为 390 mm×190 mm×190 mm，按其孔的排数分为单排孔、双排孔、三排孔、和四排孔等 4 类。

粉煤灰小型空心砌块按其抗压强度分为 MU2.5，MU3.5，MU5.0，MU7.5，MU10.0，MU15 共 6 个强度等级；按照尺寸容许偏差、外观质量、碳化系数及强度等级等，分为优等品、一等品、合格品 3 个等级。

3.3.3 砌筑用砂浆

砂浆是由胶结料(如水泥)、细骨料(如砂子)、掺加料(为改善砂浆和易性而加入的，如石灰膏、电石膏、粉煤灰、黏土膏等)和水配制而成的建筑材料，用以填充砖之间的空隙，并将其黏结成整体，起衬垫和传递应力的作用。砌筑工程中使用的砂浆主要有水泥砂浆、石灰砂浆以及水泥混合砂浆。砌筑砂浆的强度等级有 M20，M15，M10，M7.5，M5.0，M2.5 等 6 个等级。

1. 原材料要求

水泥。水泥的品种和标号应根据设计要求和砌体所处的环境来选择。水泥砂浆采用的水泥，其标号一般为砂浆强度等级的 4～5 倍，对水泥砂浆不宜大于 32.5 级，对水泥混合砂浆不宜大于 42.5 级。水泥应保持干燥，如水泥标号不明或出厂时间超过 3 个月，应经试验鉴定后方可使用。不同品种的水泥不得混合使用。

砂。砌筑砖砌体所用砂浆的砂子宜用中砂。砂的含泥量对水泥砂浆和强度等级不小于 M5 的水泥混合砂浆不应超过 5%；强度等级小于 M5 的水泥混合砂浆，不应超过 10%。掺加料。当掺入的生石灰熟化成石灰膏时，应用孔径不大于 3 mm×3 mm 的网过滤，熟化时间不得少于 7 d；磨细生石灰粉的熟化时间不得小于 2 d。沉淀池中贮存的石灰膏，应采取防止干燥、冻结和污染的措施。当配制水泥石灰砂浆时，严禁使用脱水硬化的石灰膏配制砂浆。采用电石膏时，制作电石膏的电石渣应用孔径不大于 3 mm×3 mm 的网过滤，应加热至 70 ℃并保持 20 min，待没有乙炔气味后，方可使用。在砂浆中掺入其他掺加剂，如有机塑化剂、早强剂、缓凝剂、防冻剂等，应经检验和试配符合要求后，方可使用。有机塑化剂应有砌体强度的型式检验报告。

2. 制备与使用

砂浆的配合比应事先委托有资质的检测试验室通过试配确定。砂浆搅拌时，水泥及各种外加剂配料的准确度应控制在± 2.0%以内；砂、水及电石膏、石灰膏等的配料精度应控制在±5.0%以内。砂应计入含水量对配料的影响。

为提高砂浆的保水性，可掺入无机或有机塑化剂，不应采用增加水泥用量的方法；但水泥黏土砂浆不得掺加有机塑化剂。

水泥砂浆中水泥用量不应小于 200 kg/m^3；水泥混合砂浆中水泥和掺加料总量宜为 300～350 kg/m^3。砌筑砂浆的分层度不得大于 30 mm。砌筑砂浆的稠度应满足表 3－7 的要求。

表 3－7　砌筑砂浆的稠度

砌体种类	砂浆稠度/mm	砌体种类	砂浆种类
烧结普通砖砌体	70～90	普通混凝土小型空心砌块	50～70
轻骨料混凝土小型空心砌块	60～90	砌体加气混凝土砌块砌体	50～70
砌体烧结多孔砖、空心砖砌块	60～80	石砌体	30～50

当拌制水泥砂浆时，应先将砂与水泥干拌均匀，再加水拌和均匀；当拌制水泥混合砂浆时，应先将砂与水泥干拌均匀，再加掺加料（石灰膏、黏土膏）和水拌和均匀。拌制水泥粉煤灰砂浆，应先将水泥、粉煤灰、砂干拌均匀，再加水拌和均匀。掺用外加剂时，应先将外加剂按规定浓度溶于水中，在拌和水投入时投入外加剂溶液，外加剂不得直接投入拌制的砂浆中。

砂浆应采用搅拌机进行拌制。自投料完算起，搅拌时间应满足水泥和混合砂浆不得小于 2 min。掺用外加剂的砂浆不得少于 3 min、掺用有机塑化剂的砂浆应为 3～5 min 的条件。

砂浆应随拌随用，常温下，水泥砂浆和混合砂浆应分别在 3 h 和 4 h 内使用完毕；当施工期间温度高于 30 ℃时，须分别在拌成后 2 h 和 3 h 内使用完毕。

砂浆拌成后和使用时均应盛入储灰器中，如砂浆出现泌水现象，应在砌筑前再次拌和。

任务 3.4　砌体施工

砖砌体结构类型较多，现仅以砖墙砌体为例阐述有关施工问题。

3.4.1　一般规定

(1) 砖的品种、强度等级必须符合设计要求，并应规格一致。用于清水砌体表面的砖尚应边角整齐，色彩均匀。不同品种的砖不得在同一楼层混砌。

(2) 砌筑烧结普通砖、多孔砖、蒸压灰砂砖、粉煤灰砖砌体时，砖应提前 1～2 d 适度湿润，严禁采用干砖或处于湿水饱和状态的砖砌筑。烧结类块体相对含水率为 60%～70%，其他非烧结类块体相对含水率为 40%～50%。

(3) 砂浆品种、强度等级及稠度应符合设计和规范的要求。

(4) 灰砂砖、粉煤灰砖早期收缩值大，要求出窑后停放时间不应小于 28 d，以预防砌体早期开裂。

(5) 多孔砖的孔洞应垂直于受压面，有利于砂浆结合层进入上下砖块的孔洞中，以提高砌体的抗剪强度和整体性。

(6) 不得在下列墙体或部位设置脚手眼：① 12 cm 厚墙、料石清水墙和独立柱；② 过梁上与过梁成 60°角的三角形范围及过梁净跨度 1/2 的高度范围内；③ 宽度小于 1 m 的窗间墙；④ 砌体门窗洞口两侧 20 cm(石砌体为 30 cm)和转角处 45 cm(石砌体为 30 cm)和转角处 45 cm(石砌体为 60 cm)范围内；⑤ 梁或梁垫下及其左右 50 cm 范围内。

3.4.2　施工工艺

砌筑砖墙通常有抄平、放线、摆砖样、立皮数杆、立头角和勾缝等工序。

(1) 抄平

砌砖前，在基础防潮层或楼面上定出各层标高，并用水泥砂浆或 C10 细石混凝土抄平。

(2) 放线

在抄平的墙基上，按龙门板上轴线定位钉为准拉麻线，弹出墙身中心轴线，并定出门窗洞口位置。

(3) 摆砖样

在弹好线的基面上，由经验丰富的瓦工，根据墙身长度(按门、窗洞口分段)和组砌方式进行摆砖样，使每层砖的砖块排列和灰缝宽度均匀。

（4）立皮数杆

皮数杆是一根控制每皮砖砌筑的竖向尺寸，并使铺灰、砌砖的厚度均匀，保证砖皮水平的一根长约 2 m 的木板条。上面标有砖的皮数、门窗洞、过梁、楼板的位置，用来控制墙体各部分构件的标高。皮数杆一般立于墙的转角处，用水准仪校正标高，如墙很长，可每隔 10～12 m 再立一根。

（5）立头角

头角即墙角，是确定墙身两面横平竖直的主要依据。盘角时，主要大角盘角不要超过 5 皮砖，应随砌随盘，然后将麻线挂在墙身上（称为挂准线）；盘角时还要与皮数杆对照。检查无误后才能挂线，再砌中间墙。

（6）勾缝

勾缝使清水墙面美观、牢固。勾缝宜用 1：1.5 的水泥砂浆，砂应用细砂，也可用原浆勾缝。

3.4.3 质量要求

砌筑质量应符合《砌体工程施工质量验收规范》（GB 50203—2011）的要求。做到“横平竖直、砂浆饱满、组砌得当、接槎可靠”。

（1）横平竖直

砖砌体主要承受垂直力，为使砖砌筑时横平竖直。均匀受压，要求砌体的水平灰缝应平直、竖向灰缝应垂直对齐，不得游丁走缝。

（2）砂浆饱满

砂浆层的厚度和饱满度对砖砌体的抗压强度影响很大，这就要求水平灰缝和垂直灰缝的厚度控制在 8～12 mm 以内，且水平灰缝的砂浆饱满度不得小于 80%（可用百格网检查）。这样可保证砖均匀受压，避免受弯、受剪和局部受压状态的出现。

（3）组砌得当

为提高砌体的整体性、稳定性和承载力，砖块排列应遵守上下错缝的原则.避免重直通缝出现，错缝或搭砌长度一般不小于 60 mm。为满足错缝要求，实心墙体组砌时，一般采用一顺一丁（见图 3－25）、三顺一丁（见图 3－26）和梅花丁（同一皮中丁砖与顺砖相间排列）的砌筑形式。砌筑方法一般采用“三一”砌法。即用大铲一铲灰、一块砖、一挤揉的砌筑方法。

图 3－25　一顺一丁

图 3－26　三顺一丁

图 3－27　梅花丁

(4) 接槎可靠

接槎是指墙体临时间断处的接合方式，一般有斜槎和直槎两种方式。

规范规定：砖砌体的转角处和交接处应同时砌筑，严禁无可靠措施的内外墙分砌施工。对不能同时砌筑而又必须留置的临时间断处，应砌成斜槎，且实心砖砌体的斜槎水平投影长度不应小于高度的 2/3(见图 3－28)；如临时间断处留斜槎有困难时，除转角处外，也可留直槎，但必须做成凸槎，并加设拉结筋；拉结筋的数量为每 12 cm 墙厚放置一根 $\phi6$ 的钢筋(墙厚为 12 cm 时为 $2\phi6$)，间距沿墙高不得超过 50 cm，埋入长度从墙的留槎处算起，每边不应小于 50 cm，对于抗震设防烈度 6 度、7 度的地区，不应小于 100 cm，末端应有 90°弯钩(见图 3－29)。墙砌体接槎时，必须将接槎处的表面清理干净，浇水湿润，并应填实砂浆，保持灰缝平直。

另外，在砌筑过程中，砌体的位置、垂直度及一般尺寸的允许偏差，应符合表 3－8 和表 3－9 的规定。

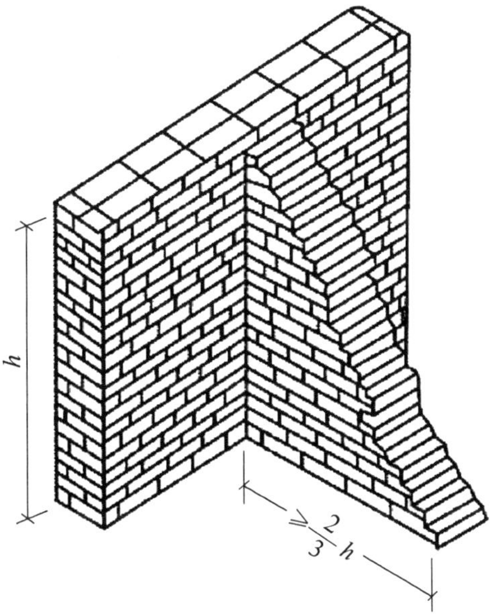

图 3－28　斜槎

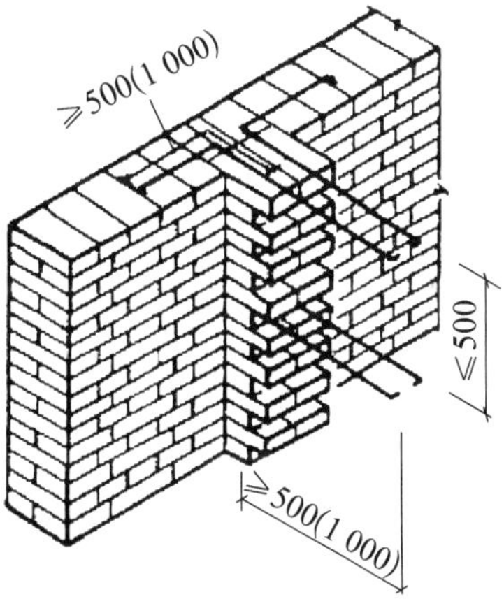

图 3－29　直槎

表 3－8　砖砌体的位置及垂直度允许偏差

项　次	项　目			允许偏差(mm)	检验方法
1	轴线位置偏移			10	用经纬仪和尺检查或用其他测量仪器检查
2	垂直度	每层		5	用 2 m 托线板检查
		全高	≤10 m	10	用经纬仪、吊线和尺检查，或用其他测量仪器检查
			>10 m	20	

表 3-9 砖砌体一般尺寸允许偏差

项次	项目		允许偏差(mm)	检验方法	抽检数量
1	基础顶名和楼面标高		±15	用水平仪和尺检查	不应少于 5 处
2	表面平整度	清水墙、柱	5	用 2 m 靠尺和楔形塞尺检查	有代表性自然间的 10%,但不少于 3 间,每间不应少于 2 处
		混水墙、柱	8		
3	门窗洞口高、宽(后塞口)		±5	用尺检查	检验批洞口的 10%,且不应少于 5 处
4	外墙上下窗口偏移		20	以底层窗口为准,用经纬仪或吊线检查	检验批的 10%,且不应少于 5 处
5	水平灰缝平直度	清水墙	7	拉 10 m 线和尺检查	有代表性自然间的 10%,但不应少于 3 间,每间不应少于 2 处
		混水墙	10		
6	清水墙游丁走缝		20	吊线和尺检查,以每层第一皮砖为准	有代表性自然间的 10%,但不应少于 3 间,每间不应少于 2 处

3.4.4 砖砌体冬期施工

当室外日平均气温连续 5 d 稳定低于 5 ℃时,砌体工程应采取冬期施工措施。

冬期施工时,砖在砌筑前应清除冰霜,在正温条件下应浇水,在负温条件下,如浇水困难,则应增大砂浆的稠度。砌筑时,不得使用无水泥配制的砂浆,所用水泥宜采用普通硅酸盐水泥;石灰膏、黏土膏等不应受冻,如遭冻结,应经融化后使用;拌制砂浆用砂,不得有大于 1 cm 的冻结块;砌体用砖或其他块材不得遭水浸冻。为使砂浆有一定的正温度,拌和前,水和砂可预先加热,但水温不得超过 80 ℃,砂的温度不得超过 40 ℃。每日砌筑后,应在砌体表面覆盖保温材料。

砖石工程冬期施工常用方法有掺盐砂浆法和冻结法。

1. 掺盐砂浆法

是在砂浆中掺入一定数量的氯化钠(单盐)或氯化钠加氯化钙(双盐),以降低冰点,使砂浆中的水分在一定的负温下不冻结。

这种方法施工简便、经济、可靠,是砖石工程冬期施工广泛采用的方法。掺盐砂浆的掺盐量应符合表 3-10 的规定。

表 3-10 掺盐砂浆的掺盐量(占用水 t 的%)

项 次	日最低气温			等于或高于−10 ℃	−11~−15 ℃	−16~−20 ℃	低于−20 ℃
1	单盐	氯化钠	砌砖	3	5	7	—
			砌石	4	7	10	—
2	双盐	氯化钠	砌砖	—	—	5	7
		氯化钙		—	—	2	3

另外,为便于施工,砂浆在使用时的温度不应低于5 ℃,且当日最低气温等于或小于－15 ℃时,对砌筑承重墙体的砂浆标号应按常温施工提高1级。

2. 冻结法

冻结法是采用不掺外加剂的水泥砂浆或水泥混合砂浆砌筑砌体,允许砂浆遭受冻结。砂浆解冻时,当气温回升至0 ℃以上后,砂浆继续硬化,但此时的砂浆经过冻结、融化、再硬化以后,其强度及与砖石的粘结力都有不同程度的下降,且砌体在解冻时变形大,对于空斗墙、毛石墙、承受侧压力的砌体、在解冻期间可能受到振动或动力荷载的砌体.在解冻期间不允许发生沉降的砌体(如筒拱支座),不得采用冻结法。

冻结法施工时,砂浆使用的温度不应低于10 ℃;当日最低气温≥－25 ℃时,砌筑承重砌体的砂浆标号应按常温施工提高1级;当日最低气温低于－25 ℃时,则应提高2级。

为保证砌体在解冻时正常沉降,尚应符合下列规定:每日砌筑高度及临时间断的高度差,均不得大于1.2 m;门窗框的上部应留出不小于5 mm的缝隙;砌体水平灰缝厚度不宜大于10 mm;留置在砌体中的洞口和沟槽等,宜在解冻前填砌完毕;解冻前应清除结构的临时荷载。

在解冻期间,应经常对砌体进行观测和检查,如发现裂缝,不均匀下沉等情况,应及时分析原因并采取加固措施。

3.4.5 石砌体施工

一、毛石砌体

1. 毛石砌体砌筑要点

毛石砌体应采用铺浆法砌筑。砂浆必须饱满,叠砌面的粘灰面积(即砂浆饱满度)应大于80%。毛石砌体宜分皮卧砌,各皮石块间应利用毛石自然形状经敲打修整使能与先砌毛石基本吻合、搭砌紧密;毛石应上下错缝,内外搭砌,不得采用外面侧立毛石中间填心的砌筑方法;中间不得有铲口石(尖石倾斜向外的石块)、斧刃石(尖石向下的石块)和过桥石(仅在两端搭砌的石块),见图3－30。

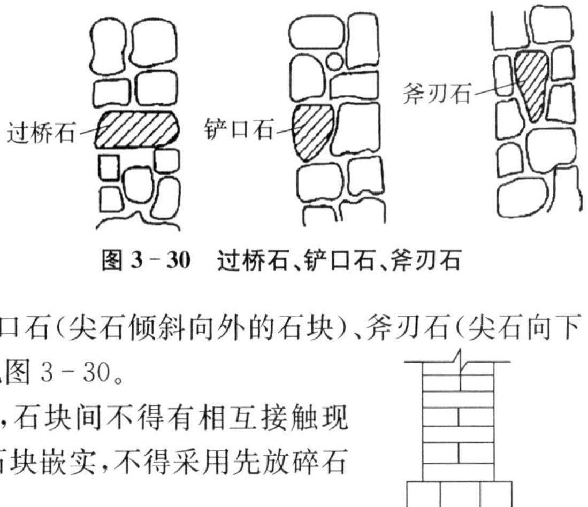

图3－30 过桥石、铲口石、斧刃石

毛石砌体的灰缝厚度宜为20～30 mm,石块间不得有相互接触现象。石块间较大的空隙应填塞砂浆后用碎石块嵌实,不得采用先放碎石后塞砂浆或干填碎石块的方法。

2. 毛石基础

砌筑毛石基础的第一皮石块坐浆,并将石块的大面向下。毛石基础的转角处、交接处应用较大的平毛石砌筑。

毛石基础的扩大部分,如做成阶梯形,上级阶梯的石块应至少压砌下级阶梯石块的1/2。相邻阶梯的毛石应相互错缝搭砌(图3－31)。

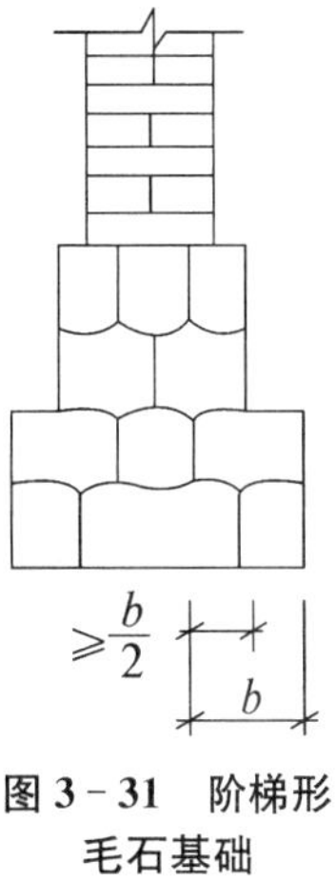

图3－31 阶梯形毛石基础

毛石基础必须设置拉结石,拉结石应均匀分布,毛石基础同皮内每隔2 m左右设置一块。拉结石长度:如基础宽度等于或小于400 mm,应与基础宽度相等；如基础宽度大于 400 mm，可用两块拉结石内外搭接，搭接长度不应小于 150 mm，且其中一块拉结石长度不应小于基础宽度的 2/3。

3. *毛石墙*

毛石墙的第一皮及转角处、交接处和洞口处，应用较大的平毛石砌筑。

每个楼层墙体的最上一皮，宜用较大的毛石砌筑。

毛石墙必须设置拉结石，拉结石应均匀分布，相互错开。毛石墙一般每 0.7 m 墙面至少设置一块，且同皮内拉结石的中距不应大于 2 m。拉结石的长度：如墙厚等于或小于 400 mm，应与墙厚相等；如墙厚大于 400 mm，可用两块拉结石内外搭接，搭接长度不应小于 150 mm，且其中一块拉结石长度不应小于墙厚的 2/3。

二、料石砌体

1. *料石砌体砌筑要点*

料石砌体应采用铺浆法砌筑，料石应放置平稳，砂浆必须饱满。砂浆铺设厚度应略高于规定灰缝厚度，其高出厚度：细料石宜为 3～5 mm；粗料石、毛料石宜为 6～8 mm。

料石砌体的灰缝厚度：细料石砌体不宜大于 5 mm；粗料石和毛料石砌体不宜大于 20 mm。

料石砌体的水平灰缝和竖向灰缝的砂浆饱满度均应大于 80%，料石砌体上下皮料石的竖向灰缝应相互错开，错开长度应不小于料石宽度的 1/2。

2. *料石基础*

料石基础的第一皮料石应坐浆丁砌，以上各层料石可按一顺一丁进行砌筑。阶梯形料石基础，上级阶梯的料石至少压砌下级阶梯料石的 1/3(图 3－32)。

3. *料石墙*

料石墙厚度等于一块料石宽度时，可采用全顺砌筑形式。

料石墙厚度等于两块料石宽度时，可采用两顺一丁或丁顺组砌的砌筑形式(图 3－33)。

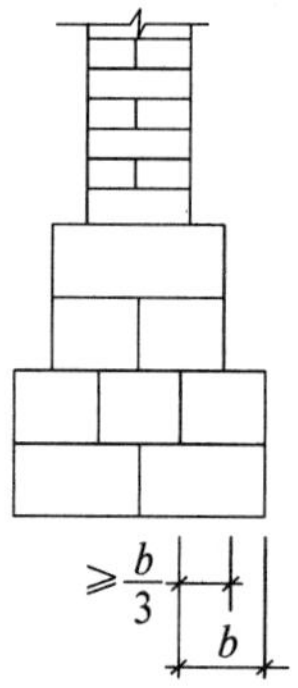

图 3－32　阶梯形料石基础

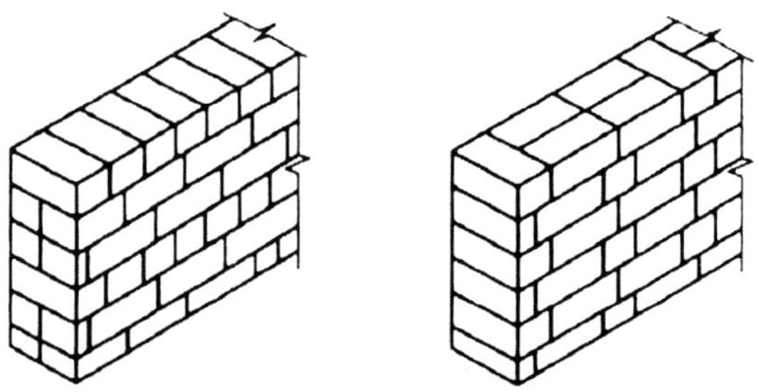

(a) 两顺一丁　　(b) 丁顺组砌

图 3－33　料石墙砌筑形式

两顺一丁是两皮顺石与一皮丁石相间。

丁顺组砌是同皮内顺石与丁石相间，可一块顺石与丁石相间或两块顺石与一块丁石相间。

4. 料石平拱

用料石作平拱，应按设计要求加工。如设计无规定，则料石应加工成楔形，斜度应预先设计，拱两端部的石块，在拱脚处坡度以 60°为宜。平拱石块数应为单数，厚度与墙厚相等，高度为二皮料石高。拱脚处斜面应修整加工，使拱石相吻合（图 3－34）。

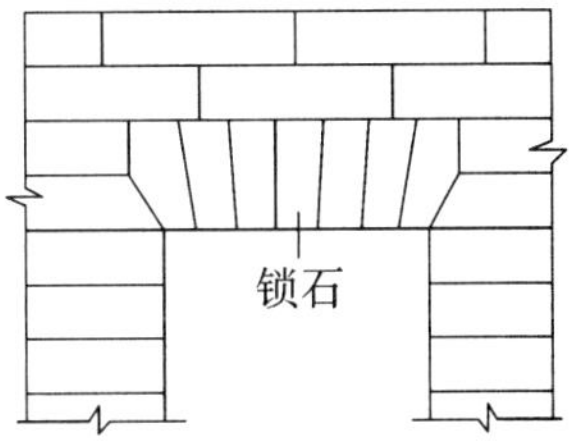

图 3－34　料石平拱示例

砌筑时，应先支设模板，并以两边对称地向中间砌，正中一块锁石要挤紧。所用砂浆强度等级不应低于 M10，灰缝厚度宜为 5 mm。

三、石挡土墙

石挡土墙可采用毛石或料石砌筑。

砌筑毛石挡土墙应符合下列规定：

（1）每砌 3～4 皮毛石为一个分层高度，每个分层高度应找平一次。

（2）外露面的灰缝厚度不得大于 40 mm，两个分层高度间分层处的错缝不得小于 80 mm。料石挡土墙宜采用丁顺组砌的砌筑形式。当中间部分用毛石填砌时，丁砌料石伸入毛石部分的长度不应小于 200 mm。

石挡土墙的泄水孔当设计无规定时，施工应符合下列规定：

（1）泄水孔应均匀设置，在每米高度上间隔 2 m 左右设置一个泄水孔；

（2）泄水孔与土体间铺设长宽各为 300 mm、厚 200 mm 的卵石或碎石作疏水层。

挡土墙内侧回填土必须分层夯填，分层松土厚度应为 300 mm。墙顶土面应有适当的坡度使流水流向挡土墙外侧面。

四、石砌体质量

石砌体的轴线位置、垂直度及一般尺寸的允许偏差应符合表 3－11 和表 3－12 的要求。

表 3－11　石砌体的轴线位置及垂直度允许偏差

项次	项目		允许偏差(mm)							检验方法
			毛石砌体		料石砌体					
					毛料石		粗料石		细料石	
			基础	墙	基础	墙	基础	墙	墙、柱	
1	轴线位置		20	15	20	15	15	10	10	用经纬仪和尺检查，或用其他测量仪器检查
2	墙面垂直度	每层		20		20		10	7	用经纬仪、吊线和尺检查或用其他测量仪器检查
		全高		30		30		25	20	

表 3-12　石砌体的一般尺寸允许偏差

项次	项　目		允许偏差(mm)							检验方法
			毛石砌体		料石砌体					
			基础	墙	基础	墙	基础	墙	墙、柱	
1	基础和墙砌体顶面标高		±25	±15	±25	±15	±15	±15	±10	用水准仪和尺检查
2	砌体厚度		+30	+20 -10	+30	+20 -10	+15	+10 -5	+10 -5	用尺检查
3	表面平整度	清水墙、柱	—	20	—	20	—	10		
		混水墙、柱	—	20	—	20	—	15	—	细料石用 2 m 靠尺和楔形塞尺检查,其他用两直尺垂直于灰缝拉 2 m线和尺检查
4	清水墙水平灰缝平直度		—	—	—	—	—	10	5	拉 10 m 线和尺检查

3.4.6　中小型砌块砌体施工

一、普通混凝土小型空心砌块砌体

普通混凝土小型空心砌块主要规格尺寸为 390 mm×190 mm×190 mm,有两个方形孔,强度等级为 MU5、MU7.5、MU10、MU15、MU20。

小砌块要使龄期大于 28 d 后方能进行砌筑,砌筑时不宜浇水,应立皮数杆拉准线控制。从转角或定位.处开始,内外墙同时砌筑,纵横墙交错搭接。外墙转角处应使小砌块隔皮露端面:T 字交接处应使横墙小砌块隔皮露端面,纵墙在交接处改砌两块辅助规格小砌块(尺寸为 290 mm×190 mm×190 mm,一头开口),所有露端面用水泥砂浆找平(图 3-35)。

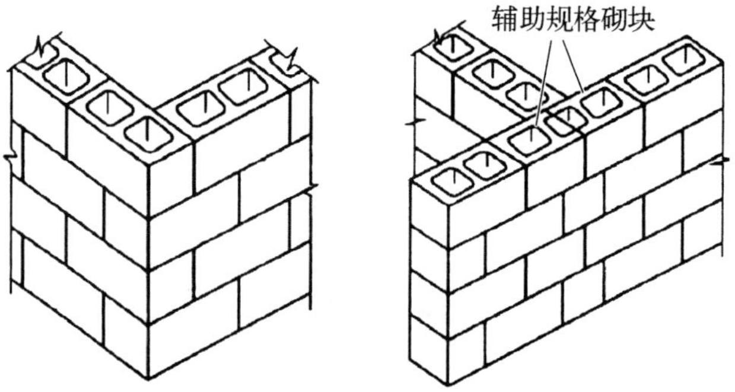

(a) 转角处　　(b) 交接处

图 3-35　小砌块墙转角处及 T 字交接处砌法

小砌块应对孔错缝搭砌,上下皮小砌块竖向灰缝相互错开 190 mm。个别情况当无法对孔砌筑时,错缝长度不应小于 90 mm,当不能保证此规定时,应在水平灰缝中设置 2ϕ4 拉结钢筋或钢筋网片,钢筋网片每端均应超过该垂直灰缝,其长度不得小于 300 mm。

小砌块砌体的灰缝应横平竖直，全部灰缝均应铺填砂浆，水平灰缝的砂浆饱满度不得低于 90%，竖向灰缝的砂浆饱满度不得低于 80%，砌筑中不得出现瞎缝、透明缝。水平灰缝厚度和竖向灰缝宽度应控制在 8～12 mm。当缺少辅助规格小砌块时，砌体通缝不应超过两皮砌块。

小砌块砌体临时间断处应砌成斜槎，斜槎水平投影长度不应小于斜槎高度的 2/3（一般按一步脚手架高度控制）；如留斜槎有困难，除外墙转角处及抗震设防地区，砌体临时间断处不应留直槎外，可从砌体面伸出 200 mm 砌成阴阳槎，并沿砌体高每三皮砌块（600 mm），设拉结筋或钢筋网片，接槎部位宜延至门窗洞口（图 3－36）。

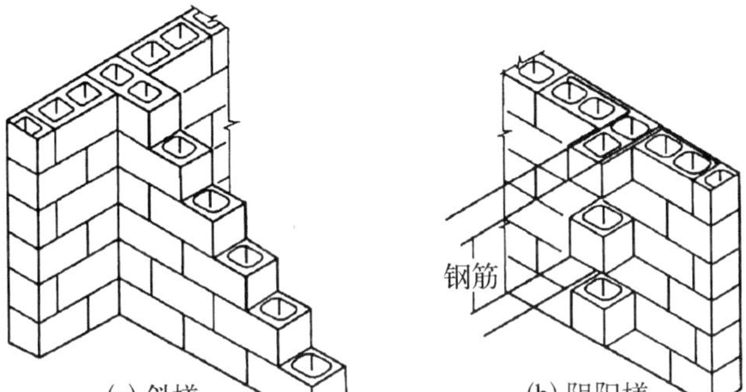

(a) 斜槎　　(b) 阴阳槎

图 3－36　小砌块砌体斜槎和直槎

承重砌体严禁使用断裂小砌块或壁肋中有竖向凹形裂缝的小砌块砌筑，也不得采用小砌块与烧结普通砖等其他块体材料混合砌筑。

常温条件下，普通混凝土小砌块的日砌筑高度应控制在 1.8 m 内。对砌体表面的平整度和垂直度，灰缝的厚度和砂浆饱满度应随时检查，校正偏差。在砌完每一楼层后，应校核砌体的轴线尺寸和标高，允许范围内的轴线及标高的偏差，可在楼板面上予以校正。

砌体的轴线、垂直度及一般尺寸的允许偏差应符合表 3－13 和表 3－14 的要求。

表 3－13　混凝土小砌块砌体的轴线及垂直度允许偏差

项　次	项　目			允许偏差(mm)	检验方法
1	轴线位置偏移			10	用经纬仪和尺检查或用其他测量一起检查
2	垂直度	每层		5	用 2 m 托线板检查
		全高	≤10 m	10	用经纬仪、吊线和尺检查，或用其他测量仪器检查
			>10 m	20	

表 3－14　小砌块砌体一般尺寸允许偏差

项　次	项　目		允许偏差(mm)	检验方法	抽检数量
1	基础顶面和楼面标高		±15	用水平仪和尺检查	不应少于 5 处
2	表面平整度	清水墙、柱	5	用 2 m 靠尺和楔形塞尺检查	有代表性自然间的 10%，但不应少于 3 间，每间不应少于 2 处
		混水墙、柱	8		
3	门窗洞口高、宽（后塞口）		±5	用尺检查	检验批洞口的 10%，且不应少于 5 处

续 表

项次	项目		允许偏差(mm)	检验方法	抽检数量
4	外墙上下窗口偏移		20	以底层窗口为准，用经纬仪或吊线检查	检验批的 10%，且不应少于 5 处
5	水平灰缝平直度	清水墙	7	拉 10 m 线和尺检查	有代表性自然间的 10%，但不应少于 3 间，每间不应少于 2 处
		混水墙	10		

确保小砌块砌体的砌筑质量，可简单归纳为六个字：对孔、错缝、反砌。所谓对孔，即上皮小砌块的孔洞对准下皮小砌块的孔洞，上、下皮小砌块的壁、肋可较好传递竖向荷载，保证砌体的整体性及强度。所谓错缝，即上、下皮小砌块错开砌筑（搭砌），以增强砌体的整体性，这属于砌筑工艺的基本要求。所谓反砌，即小砌块生产时的底面朝上砌筑于墙体上，这样易于铺放砂浆和保证水平灰缝砂浆的饱满度，这也是确定砌体强度指标的试件的基本砌法。

二、加气混凝土砌块砌体

1. 加气混凝土砌块砌体构造

加气混凝土砌块可砌成单层墙或双层墙。单层墙是将加气混凝土砌块立砌，墙厚为砌块的宽度。双层墙是将加气混凝土砌块立砌两层中间夹以空气层，两层砌块间，每隔 600 mm 墙高在水平灰缝中放置 $\phi4 \sim \phi6$ 的钢筋扒钉，扒钉间距为 600 mm，空气层厚度 70～80 mm(图 3－37)。

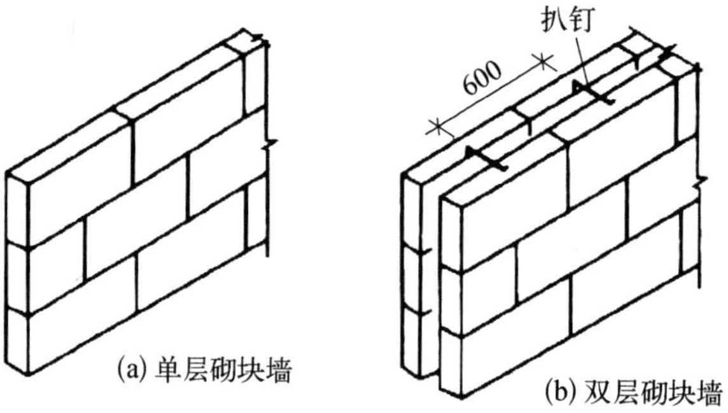

(a) 单层砌块墙　(b) 双层砌块墙

图 3－37　加气混凝土砌块墙

承重加气混凝土砌块墙的外墙转角处、墙体交接处，均应沿墙高 1 m 左右，在水平灰缝中放置拉结钢筋，拉结钢筋为 $3\phi6$，钢筋伸入墙内不少于 1 000 mm(图 3－38)。

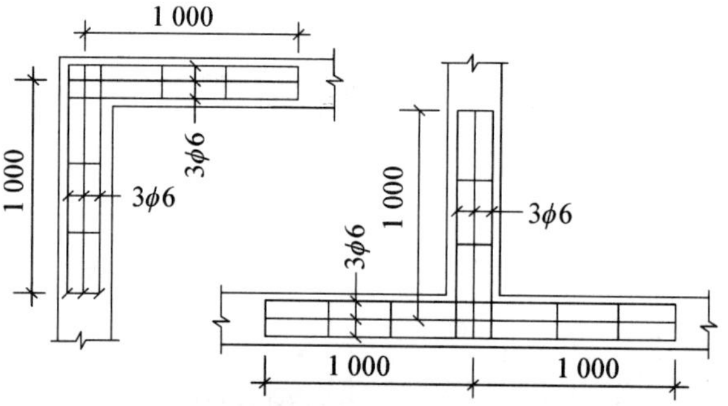

图 3－38　承重砌块墙的拉结钢筋

非承重加气混凝土砌块墙的转角处、与承重墙交接处，均应沿墙高 1 m 左右，在水平灰缝中放置拉结钢筋，拉结钢筋为 2ϕ6，钢筋伸入墙内不少于 700 mm。

加气混凝土砌块外墙的窗口下一皮砌块下的水平灰缝中应设置拉结钢筋，拉结钢筋为 3ϕ6，钢筋伸过窗口侧边应不小于 500 mm。

2. 加气混凝土砌块砌体施工

承重加气混凝土砌块砌体所用砌块强度等级应不低于 A7.5，砂浆强度不低于 M5。

加气混凝土砌块砌筑前，应根据建筑物的平面、立面图绘制砌块排列图。在墙体转角处设置皮数杆，皮数杆.上画出砌块皮数及砌块高度，并在相对砌块上边线间拉准线，依准线砌筑。

加气混凝土块出厂后要经充分干燥才能上墙，砌筑时要适量洒水，每一楼层内的墙体应连续砌完，不留接槎，不得留设脚手眼。

砌块墙的上下皮砌块的竖向灰缝应相互错开，相互错开长度宜为 300 mm，并不小于 150 mm。如不能满足时，应在水平灰缝设置 2ϕ6 的拉结钢筋或 ϕ4 钢筋网片，拉结钢筋或钢筋网片的长度应不小于 700 mm。

加气混凝土砌块墙的灰缝应横平竖直，砂浆饱满。水平灰缝砂浆饱满度不应小于 90%，竖向灰缝砂浆饱满度不应小于 80%。水平灰缝厚度宜为 15 mm，竖向灰缝宽度宜为 20 mm。

在墙的转角处，应使纵横墙的砌块相互搭砌，隔皮砌块露端面，在墙的 T 字交接处，应使横墙砌块隔皮露端面，并坐中于纵墙砌块(图 3 - 39)。

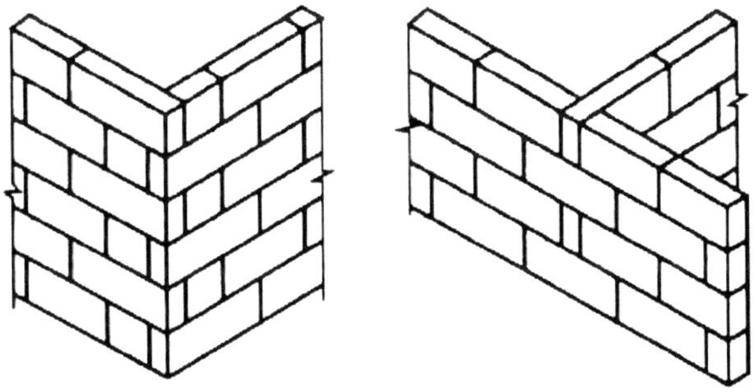

(a) 转角处　　(b) 交接处

图 3 - 39　加气混凝土砌块墙的转角处、交接处砌法

加气混凝土砌块不应与其他块材混砌，砌体一般尺寸的允许偏差应符合表 3 - 15 的要求。

表 3 - 15　加气混凝土砌块砌体一般尺寸允许偏差

<table>
<tr><th>项　次</th><th colspan="2">项　目</th><th>允许偏差(mm)</th><th>检验方法</th></tr>
<tr><td rowspan="3">1</td><td colspan="2">轴线位移</td><td>10</td><td>用尺检查</td></tr>
<tr><td rowspan="2">垂直度</td><td>小于或等于 3 m</td><td>5</td><td rowspan="2">用 2 m 托线板或吊线、尺检查</td></tr>
<tr><td>大于 3 m</td><td>10</td></tr>
<tr><td>2</td><td colspan="2">表面平整度</td><td>8</td><td>用 2 m 靠尺和楔形塞尺检查</td></tr>
</table>

续 表

项 次	项 目	允许偏差(mm)	检验方法
3	门窗洞口高、宽(后塞口)	±5	用尺检查
4	外墙上、下窗口偏移	2	用经纬仪或吊线检查

三、粉煤灰砌块砌体

粉煤灰砌块是以粉煤灰、石灰、石膏和轻集料为原料,加水搅拌,振动成型、蒸汽养护而成的密实砌块。其主要规格尺寸为 880 mm×380 mm×240 mm,180 mm×430 mm×240 mm;其强度等级为 MU10 和 MU13 两个等级。

粉煤灰砌块适用于砌筑墙体,墙厚为 240 mm,所用砌筑砂浆强度等级应不低于 M2.5。

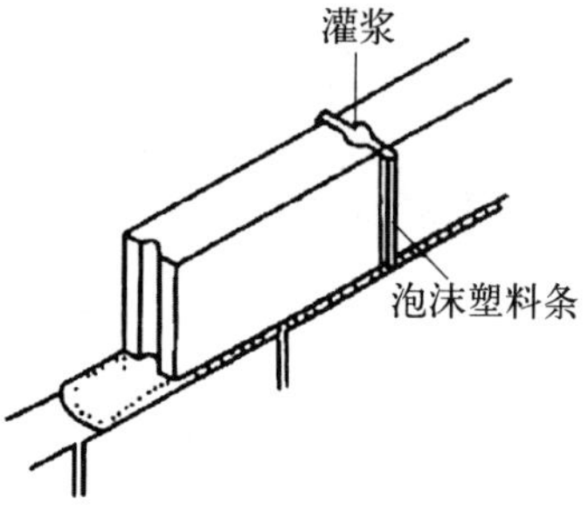

图 3-40 粉煤灰砌块砌筑

粉煤灰砌块墙砌筑前,应按设计图绘制砌块排列图,并在墙体转角处设置皮数杆。粉煤灰砌块的砌筑面适量浇水,砌筑方法可采用“铺灰灌浆法”。先在墙顶上摊铺砂浆,然后将砌块按砌筑位置摆放到砂浆层上,并与前一块砌块靠拢,留出不大于 20 mm 的空隙。待砌完一皮砌块后,在空隙两旁装上夹板或塞.上泡沫塑料条,在砌块的灌浆槽内灌砂浆,直至灌满。等到砂浆开始硬化不流淌时,即可卸掉夹板或取出泡沫塑料条(图 3-40)。

粉煤灰砌块上下皮的垂直灰缝应相互错开,错开长度应不小于砌块长度的 1/3。灰缝应横平竖直,砂浆饱满。水平灰缝的砂浆饱满度不应小于 90%,竖向灰缝的砂浆饱满度不应小于 80%。水平灰缝厚度不得大于 15 mm,竖向灰缝宽度不得大于 20 mm。

粉煤灰砌块墙的转角处,应使纵横墙砌块相互搭砌,隔皮砌块露端面,露端面应锯平灌浆槽。粉煤灰砌块墙的 T 字交接处,应使横墙砌块隔皮露端面,并坐中于纵墙砌块,露端面应锯平灌浆槽(图 3-41)。

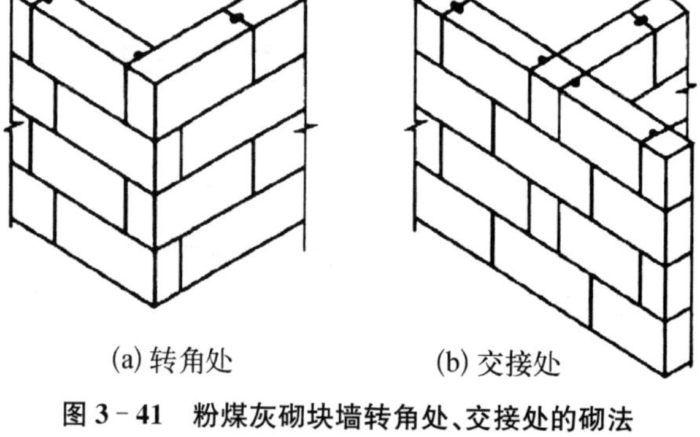

(a) 转角处　(b) 交接处

图 3-41 粉煤灰砌块墙转角处、交接处的砌法

粉煤灰砌块墙砌到接近上层楼板底时,因最上一皮不能灌浆,可改用烧结普通砖或煤渣砖斜砌挤紧。

砌筑粉煤灰砌块外墙时，不得留脚手眼。每一楼层内的砌块墙应连续砌完，尽量不留接槎。如必须留槎时应留成斜槎，或在门窗洞口侧边间断。

粉煤灰砌块砌体允许偏差应符合表 3－16 的规定。

表 3－16　粉煤灰砌块砌体允许偏差

项　次	项　目			允许偏差(mm)	检验方法
1	轴线位置			10	用经纬仪、水平仪复查或检查施工记录
2	基础或楼面标高			±15	用经纬仪、水平仪复查或检查施工记录
3	垂直度	每楼层		5	用吊线法检查 用经纬仪或吊线尺检查 用经纬仪或吊线尺检查
		全高	≤10 m	10	
			>10 m	20	
4	表面平整度			10	用 2 m 长直尺和塞尺检查
5	水平灰缝平直度		清水墙	7	灰缝上口处用 10 m 长的线拉直并用尺检查
			混水墙	10	
6	水平灰缝厚度			+10、−5	与线杆比较，用尺检查
7	竖向灰缝宽度			+10、−5 >30 用细石混凝土	用尺检查
8	门窗洞口宽度(后塞框)			+10、−5	用尺检查
9	清水墙面游丁走缝			2.0	用吊线和尺检查

3.4.7　拱桥砌体施工

1. 桥梁墩台的砌筑

桥梁墩台在砌筑前应对基础进行检查，在基础顶面用经纬仪定出纵、横方向和中心位置，然后据以划出圬工轮廓线；挂线时，用线锤确定垂直方向以确定砌体外表面的斜率。

用块石、料石或混凝土预制块砌筑墩台时，应分层放样加工。块石、料石或预制块应分层分块编号，砌筑时对号入座。在砌筑中应经常检查平面外形尺寸及侧面坡度是否符合设计要求。检查平面尺寸时应先用经纬仪恢复墩台中心线位置，再按中心线量出外轮廓尺寸，至少每 2 m 高度应复测一次。

桥墩破冰体镶面的砌筑应符合下列要求：

(1) 破冰棱与垂直线的夹角大于 20°时，破冰体镶面横缝应垂直于破冰棱；夹角小于 20°时，镶面横缝可成水平。

(2) 破冰体槽面的砌筑层次应与墩身一致。墩台身砌体实测项目的允许偏差如表3－17。

表 3－17　墩台身砌体实测项目允许偏差

项　次	检查项目		规定值或允许偏差	检查方法和频率
1	砂浆强度(MPa)		在合格标准内	按照规范规定检查
2	墩台长度(mm)	片石	＋40，－10	用尺量 3 个断面
		块石镶面	＋30，－10	
		粗料石、混凝土块镶面	＋20，－10	
3	竖直度或坡度	片石	0.5%	用垂线或经纬仪测量纵、横各 2 点
		块石、粗料石、混凝土块镶面	0.3%	
4	墩台顶面高层(mm)		±10	用水准仪测量 3 点
5	轴线偏位(mm)		10	用经纬仪测量纵、横各 2 点
6	大面积平整度(mm)	片石	50	用 2 m 直尺检查
		块石镶面	20	
		粗料石、混凝土块镶面	10	

2. 拱桥主拱圈砌筑

(1) 拱圈放样

石拱桥的拱石要按照拱圈的设计尺寸进行加工，为保证其加工尺寸正确，就需要制作拱石样板。

小跨径圆弧等截面拱圈，因截面简单，可按计算确定拱石尺寸后，用木板制作样板，一般不需要实地放出主拱圈大样。但大中跨径悬链线拱圈则需要在样台上将拱圈按 1∶1 的比例放出大样，以确定拱块形状尺寸和拱圈分段位置。

样台可选择桥位附近较为平坦和宽敞的场所。拱圈和拱架两半孔对称时，只放出半孔即可，两半孔不对称时，则需放出全孔。

拱石的划分与编号如图 3－42。

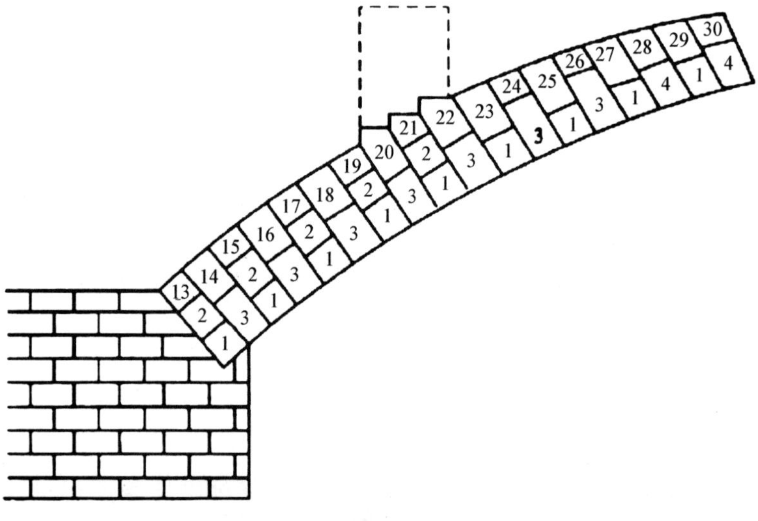

图 3－42　样板或拱石编号

（2）砌筑主拱圈的顺序和方法

砌筑拱圈时，应根据拱圈的跨径、矢高、厚度以及拱架情况，设计拱圈砌筑顺序。拱圈砌筑顺序有以下几种：

当跨径≤10 m的拱圈，采用满布式拱架砌筑，可从两端拱脚按顺序对称砌筑，最后砌拱顶石。

当跨径≤10 m且采用拱式拱架砌筑拱圈和跨径为13～20 m的拱圈，可采用分段对称砌筑；每半跨均应分为三段，从两端拱脚对称砌筑，最后拱顶石合拢。

当跨径≥25 m的拱圈，可按图3－43所示分环砌筑，或分阶段砌筑、预加应力砌筑。多孔连续拱桥拱圈的砌筑，应考虑连拱的影响，制订相应的砌筑程序。

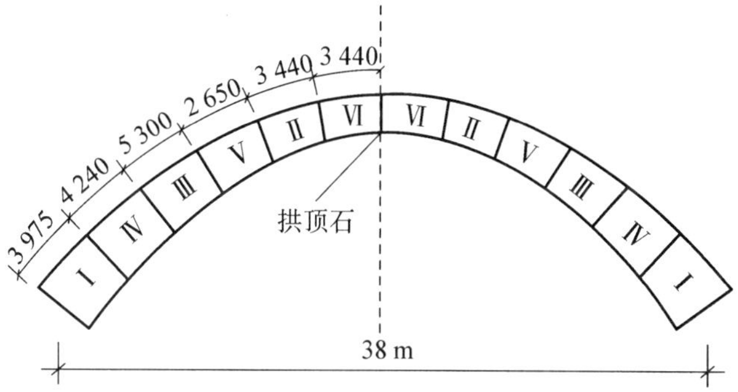

图3－43　大跨径主拱圈分12段砌筑

（3）拱圈合拢

随着跨径和设计要求的不同，拱圈合拢方法分为安砌拱顶石合拢、刹尖封顶合拢和预施压力封顶合拢三种。

3. 拱上结构的砌筑

（1）砌筑时间

拱上结构在拱架卸架前砌筑时，应待拱圈合拢砂浆强度达到设计强度等级30%以上后进行。当松架后砌拱_上结构时，应待拱圈合拢砂浆强度达到设计强度等级70%以上后进行。采用分环砌筑的拱圈，应待封拱砂浆强度达到设计强度等级70%以上后进行。

（2）砌筑方法

拱上结构的砌筑应按照对称、均衡的原则进行。

实腹式拱上结构应由拱脚向拱顶对称地按图3－44编号的顺序作台阶式砌筑。拱腹填料可随侧墙砌筑顺序及进度进行填筑。填料数量较大时，也可在侧墙砌完后分部进行填筑。实腹式拱应在侧墙与桥台间设伸缩缝使二者分开。

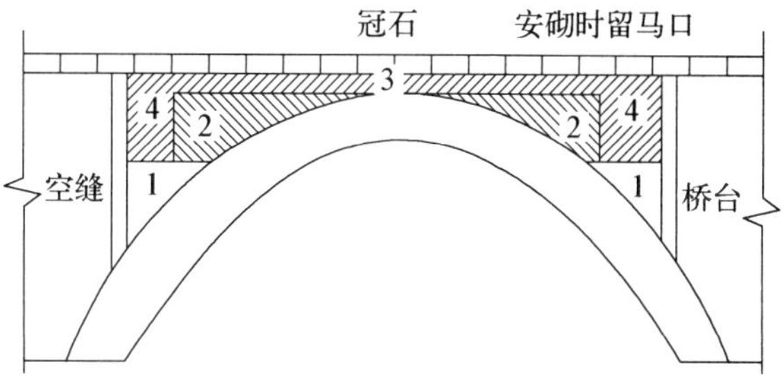

图3－44　实腹式拱上结构砌筑顺序

任务 3.5　砌体工程质量验收与安全要求

GB 50203—2011

砌体结构工程施工质量验收规范

砌体工程安全要求

知识拓展

建筑业十项新技术

- 销键型脚手架及支撑架
- 集成附着式升降脚手架技术

知识拓展 3

思考与习题

1. 扣件式钢管脚手架的构造如何？其搭设有何要求？
2. 扣件式脚手架、门式脚手架的构造有哪些特点？搭设中应注意哪些问题？
3. 升降式脚手架有哪些类型？其构造有何特点？
4. 升降式脚手架及互升式脚手架的升降原理。
5. 扣件式脚手架的安全管理有何要求？
6. 脚手架的结构有何特点？
7. 建筑工程对砂浆有什么要求？
8. 建筑用脚手架的作用和基本要求是什么？其主要类型有哪些？
9. 多层砖混结构施工，其垂直运输机械主要有哪些？
10. 砖砌体有哪几种组砌形式？
11. 砖砌体的施工工艺。
12. 砖砌体的质量要求及保证措施.
13. 临时间断处的接槎方式有哪些？有何要求？
14. 什么条件下，砖砌体必须采取冬期施工措施？其方法有哪些？
15. 什么叫掺盐砂浆法？什么叫冻结法？施工时，应注意些什么？
16. 砂浆的类型有哪些？石砌体对砂浆有什么要求？
17. 石砌体的施工工艺及质量要求？
18. 什么中小型砌块砌筑前要绘制砌块排列图？
19. 小型砌块的施工要点有哪些？
20. 石拱桥拱圈的砌筑方法。

项目4 混凝土结构工程施工

素质目标（依据专业教学标准）

(1) 坚定拥护中国共产党领导和我国社会主义制度，践行社会主义核心价值观，具有深厚的爱国情感和中华民族自豪感；

(2) 崇尚宪法、遵纪守法、崇德向善、诚实守信、尊重生命、热爱劳动，履行道德准则和行为规范，具有社会责任感和社会参与意识；

(3) 具有质量意识、环保意识、安全意识、信息素养、工匠精神、创新思维；

(4) 勇于奋斗、乐观向上，具有自我管理能力、职业生涯规划的意识，有较强的集体意识和团队合作精神；

(5) 具有健康的体魄、心理和健全的人格，以及良好的行为习惯；

(6) 具有一定的审美和人文素养。

知识目标

(1) 了解混凝土结构工程的特点及施工过程；

(2) 了解模板的类型、构造、受力特点；

(4) 掌握模板的安拆方法；

(5) 了解钢筋的种类、性能及加工工艺；

(6) 掌握钢筋配料、代换及钢筋连接工艺；

(7) 了解混凝土原材料的特性、混凝土施工设备和机具性能；

(8) 掌握混凝土施工配料及施工工艺；

(9) 掌握混凝土结构工程质量检验和质量控制的主要方法。

能力目标

(1) 能编制模板工程的施工方案及技术交底；

(2) 能对各类构件的模板质量按规范要求进行验收；

(3) 会编写常见构件钢筋安装技术交底书；

(4) 会进行钢筋安装工程质量检查；

(5) 会编制预拌混凝土施工方案。

案例导入

上海“深坑”酒店

上海佘山世茂洲际酒店（又名：世茂深坑洲际酒店），位于上海市松江佘山国家旅游度假区的天马山深坑内，由世茂集团投资建设，海拔负 88 米，于采石坑内建成的自然生态酒店。酒店遵循自然环境，一反向天空发展的传统建筑理念，下探地表 88 米开拓建筑空间，依附深坑崖壁而建，是世界首个建造在废石坑内的自然生态酒店。被美国国家地理誉为“世界建筑奇迹”。

世茂深坑酒店创造了全球人工海拔最低五星级酒店的世界纪录。世茂深坑酒店项目因为其在特殊地质上选址，在建造过程无经验可借鉴，面临施工挑战，论证方案耗时 7 年，其间经历了数千次的调整与优化设计。经过 8 年的开发，这个“挂在”坑壁上的主体建筑的设计建设，世茂深坑酒店项目建设团队克服了 64 项技术难题，其中完成专利 41 项，已授权 30 项。

上海佘山世茂洲际酒店与迪拜帆船酒店同时入选世界十大建筑奇迹中的两大酒店类奇迹。并被美国国家地理频道《世界伟大工程巡礼》、美国 Discovery 探索频道《奇迹工程》等连续跟踪报道，被誉为“世界建筑奇迹”。

酒店总建筑面积为 61 087 平方米，酒店建筑格局为地上 2 层、地平面下 15 层(其中水面以下两层)，共拥有 336 间客房和套房，酒店利用所在深坑的环境特点，所有客房均设有观景露台，可欣赏峭壁瀑布。酒店设有攀岩、景观餐厅和 850 平方米宴会厅，在地平面以下设置有酒吧、SPA、室内游泳池和步行景观栈道等设施以及水下情景套房与水下餐厅。酒店旁还配有上海世茂精灵之城主题乐园。

由于设计上世茂深坑酒店是“挂在”坑壁上的，必须通过地质勘测确保矿坑岩壁强度足够支撑整座酒店结构。世茂深坑酒店周边陡峭的岩石壁，使防震成了问题。设计团队为此将地质勘测结果和酒店的工程结构设计输入计算机，进行了一系列模拟测试，反复检查建筑设计的强度和抗震性能，最终确保世茂深坑酒店可抗 7 级以上地震。

世茂深坑酒店建筑主体位于地表以下，消防逃生需要自下而上，截至 2016 年上海还没有先例可参照。为确保深坑底部人工景观湖的水位保持在安全高度，世茂深坑酒店设计团队在研究上海市历史水文资料的基础上配置泄洪设备，以安装一台抽水泵的方式保障每日湖中水位在安全区间内。为了将此项目打造成另外一个世界建筑奇迹，世茂集团聘请了设计迪拜帆船酒店的设计师 Martin Jochman 带领的阿特金斯团队担任建筑设计，由中建八局负责建筑施工。坑壁和坑底岩石进行了首次爆破图早在 2006 年，深坑酒店就已立项，2007 年底，全球招标，仅设计费预算就达 3 000 万元。2012 年底，完成试桩 2 400 根。由于现场情况复杂，岩石风化程度不同，工程桩采用“一桩一探”，相当于 200 根桩完成 200 次地勘，平均 1 根桩用 3 天时间，200 根桩就耗时近 2 年。深坑酒店主体结构大面积与坑壁围岩(表面强风化岩)碰撞，需经爆破清理后方可进行施工。因坑深坡陡、作业困难，且爆破时不允许对保留岩体及坑顶已施工结构产生扰动，因此对爆破施工安全质量需经计算和验证。为加固生态崖壁，施工团队在坑口部位锚入 99 根 35 米深的锚索，在酒店背部崖壁打入 6 500 根平均 10 米深的锚杆，加固面积达 5 760 平方米。为了防止向下超深输送时，混凝土易离析、坍落度损失大、易堵管等问题，项目结合 BIM(建筑信息化模型)三维模拟技术确定三级输送系统的最佳布置点，采用全势能“一溜到底”混凝土输送技术。风化的岩石表面、突出的岩石对于建筑物安全保证要求高。由于工程桩必须打至岩石持力层到中风化层，但现场情况复杂，岩石风化程度不同，工程桩为一桩一探。项目运用 BIM 三维模拟技术对坑壁及坑底进行激光扫描，以对整个结构与崖体有直观了解。19 m 高梯田式大体积回填混凝土施工技术。

为了解决在不规则基岩上的基础施工问题，项目利用了 BIM 三维模拟技术，对回填混凝土根据不同标高进行了分层。酒店主体结构下部嵌于坑底基岩，上部与坑顶基岩相连。结构主体在水平荷载作用下体现出一端固结和一端铰支梁的变形和受力特性。异形断面施工升降机系统解决了深坑酒店不规则、倾斜崖壁的施工升降机安装问题。地下 1 层巨型桁架安装难度高。地下一层桁架截面高度为 5 m，跨度从 9～30 m，单榀桁架自重 9.6～34 t。左翼上中下分别为脚手架＋吊篮区域＋脚手架三区排布。坑内三个土建单体，为高支模施工。受坑内限制，首先利用泄洪泵房位置的塔吊施工栈桥与泳池。施工结束后，方能施工泄洪泵房，对施工工序安排挑战较大。酒店靠崖侧核心筒由于结构形式，上面是桁架板封闭，下面是不规则坑底，无法搭设外架，吊车无法使用，外墙粉刷、保温涂料施工难度较大。由于背崖面建筑结构倾斜，并且坑底地面凹凸不平，导致施工吊篮无法正常使用，需分段楼层之间搭设钢平台，设置吊篮安防区域。对于层间下口铝板与门框的标高和进出准确度要求高，放线容错率低，无案例可参考。瀑布幕墙操作高度 80 米，悬挑 8 米，底部为楼板面（承重有限制），常规方案已超过规范，难以实施。

2013 年 10 月 21 日，经过半年多的建设，上海佘山世茂深坑酒店即将进入主体区域的施工，21 日坑壁和坑底岩石进行了首次爆破，为打造世界海拔最低酒店奠定基础。深坑酒店于 2018 年第四季度正式开业。

➢**思考题：**

1. 大多数工程中施工单位要解决的是如何将人员和材料、设备向上运输，而建造深坑酒店，是如何解决如何将这些向下送到 88 米深的泥泞坑底？

2. 本案例中混凝土浇筑过程中，怎么防止向下超深输送时，混凝土易离析、坍落度损失大、易堵管等问题？

3. 本案例中 19 m 高梯田式大体积回填混凝土施工怎么进行技术处理？

4. 坑内三个土建单体，为高支模施工，受坑内限制，怎么进行有效解决？

任务 4.1　模板工程

模板工程是指支承新浇筑混凝土的整个系统，模板系统包括模板和支架系统两大部分，此外尚须适量的紧固连接件。模板是使混凝土结构和构件按所要求的几何尺寸成型的模型板。在现浇钢筋混凝土结构施工中，对模板的要求是保证工程结构各部分形状尺寸和相互位置的正确性，具有足够的承载能力、刚度和稳定性，构造简单，装拆方便。接缝不得漏浆，经济。模板工程量大，材料和劳动力消耗多。正确选择模板形式、材料及合理组织施工对加速现浇钢筋混凝土结构施工和降低工程造价具有重要作用。

4.1.1　模板的种类

1. 模板的分类

(1) 按模板材料分有木模板、竹模板、钢模板、铝合金模板、塑料模板、橡胶模板等。

(2) 按模板受力条件分有承重模板和侧面模板。承重模板主要承受混凝土重量和施工中的垂直荷载;侧面模板主要承受新浇混凝土的侧压力。侧面模板按其支承受力方式又分为简支模板、悬臂模板和半悬臂模板。

(3) 按模板使用特点分有固定式、拆移式、移动式和滑动式。固定式用于形状特殊的部位,不能重复使用。后三种模板都能重复使用,或连续使用在形状一致的部位,但其使用方式有所不同。拆移式模板需要拆散移动;移动式模板的车架装有行走轮,可沿专用轨道整体移动;滑动式模板是以千斤顶或卷扬机为动力,在混凝土连续浇筑的过程中,模板面紧贴混凝土面滑动。

(4) 按施工工艺分有组合式模板、大模板、滑升模板、爬升模板、永久性模板以及飞模、模壳、隧道模等。

2. 木模板

木模板、胶合板模板一般为散装散拆式模板,也有的加工成基本元件(拼板),在现场进行拼装,拆除后亦可周转使用。

拼板(见图4-1)由一些板条用拼条钉拼而成,板条厚度一般为25~50 mm,板条宽度不宜超过200 mm,以保证干缩时缝隙均匀,浇水后易于密缝。但梁底板的板条宽度不限制,以减少漏浆。拼板的拼条(小肋)的间距取决于新浇混凝土的侧压力和板条的厚度,多为400~500 mm。

胶合模板是目前广泛使用的一种模板。有单面覆塑和双面覆塑,规格为2 440~1 220 mm,厚度10~12 mm。竹胶合模板组织严密、坚硬强韧,板面平整光滑,可钻可锯、耐低温高温,可用于施工现浇清水混凝土专用模板。

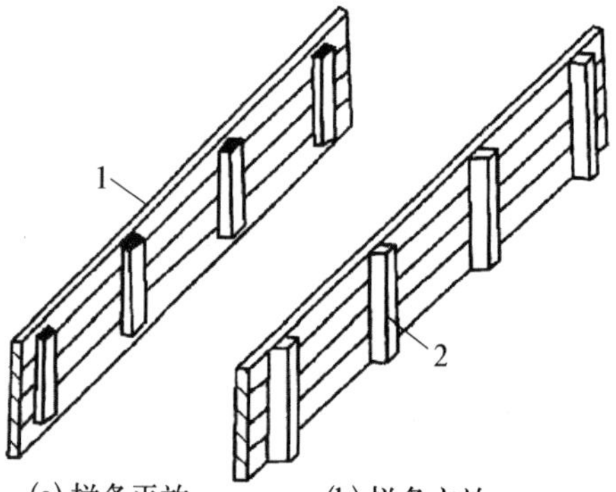

(a) 拼条平放　(b) 拼条立放

图4-1　拼板的构图

1—板条;2—拼条

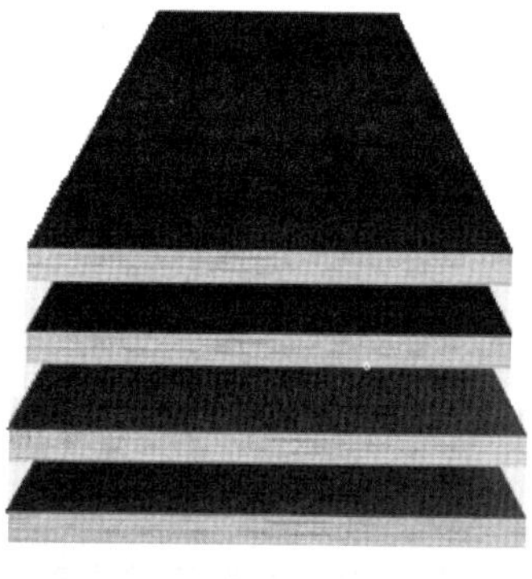

图4-2　酚醛树脂胶合板模板

3. 组合钢模板

组合钢模板是一种工具式模板,用它可以拼出多种尺寸和几何形状,可适应多种类型建筑物的梁、柱、板、墙、基础和设备基础等施工的需要,也可用其拼成大模板、台模等。施工时可以在现场直接组装,也可预拼成各种大块的模板用起重机吊运安装。钢模板具有轻便灵活,装拆方便,存放、修理和运输便利,以及周转率高等优点。但也存在安装速度慢,模板拼缝多,易漏浆,拼成大块模板时较为笨重等缺点。

(1) 钢模板

钢模板包括平面模板、阳角模板、阴角模板和连接角模,见图4-3。另外还有角楞模板、圆楞模板、梁腋模板等与平面模板配套使用的专用模板。钢模板一次性投资大,需多次周转使用才有经济效益,工人操作劳动强度大,回收及修整的难度大,钢定型模板已逐渐较少使用。

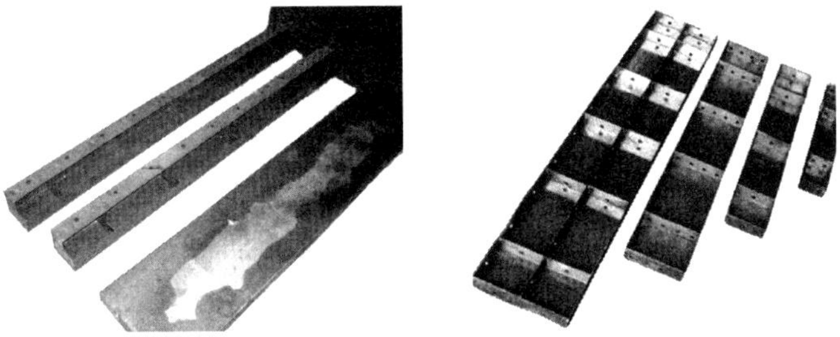

(a)-阳角模板　　(b)-平角模板

图 4-3　钢定型模板

钢模板采用模数制设计,模板宽度以 50 mm 进级,长度以 150 mm 进级,可以适应横竖拼装,拼装成以 50 mm 进级的任何尺寸的模板。如拼装时出现不足模数的空隙时,用镶嵌木条补缺,用钉子或螺栓将木条与板块边框上的孔洞连接。

为了板块之间便于连接,钢模板边肋上设有 U 形卡连接孔,端部上设有 L 形插销孔,孔径为 13.8 mm,孔距 150 mm。

(2) 连接件

连接件主要有 U 型卡、钩头螺栓、对拉螺栓和扣件等,如图 4-4 所示。

(a)-U型卡　　(b)-钩头螺栓　　(c)-对拉螺栓

图 4-4　连接件

U 型卡:用于相邻模板间的拼接。其安装距离不大于 300 mm,即每隔一个孔插一个卡,安装方向一顺一倒相互交错,以抵消 U 型卡可能产生的位移。

L 型插销:用于插入钢模板端部的插销孔内,以加强两相邻模板接头处的刚度和保证接头处板面平整。

钩头螺栓:用于钢模板与内、外钢楞的加固,使之成为整体,安装间距一般不大于 600 mm,长度应与采用的钢楞尺寸相适应。

紧固螺栓:用于紧固钢模板内、外钢楞,增强组合模板的整体刚度、长度应与采用的钢楞尺寸相适应。

对拉螺栓:用于连接墙壁的两侧模板,保持模板与模板之间设计厚度,并承受混凝土侧压力及水平荷载,使模板不致变形。

扣件:用于钢楞与钢楞或钢楞与钢模板之间的扣紧,按钢楞的不同形状,分别采用蝶形。

(3) 支承件

配件的支承件包括钢楞、柱箍、梁卡具、圈梁卡、钢管架、斜撑、组合支柱、钢管脚手支架、平面可调桁架和曲面可变桁架等，如图 4－5 与图 4－6 所示。

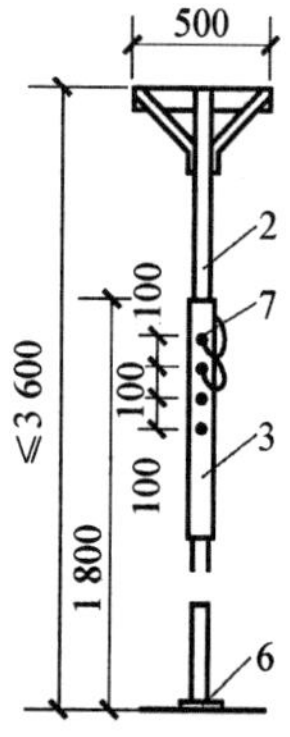

(a) 钢管支架

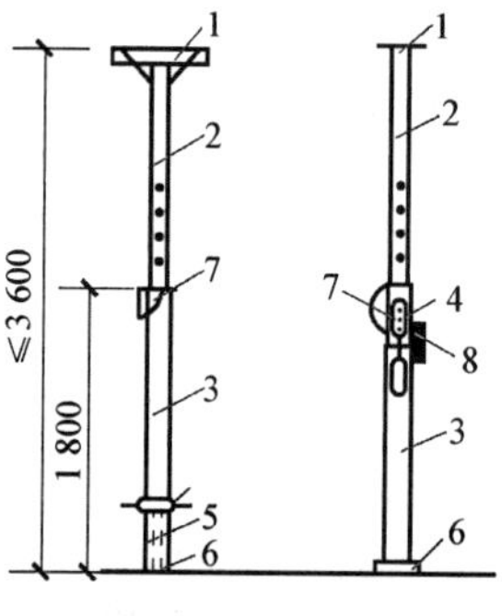

(b) 调节螺杆钢管支架

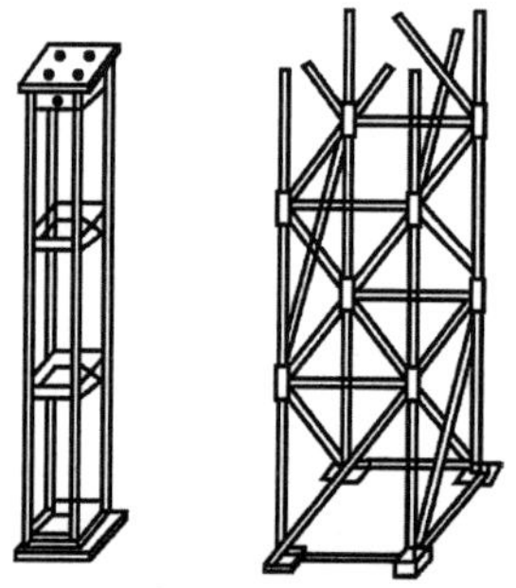

(c) 组合钢支架和钢管井架

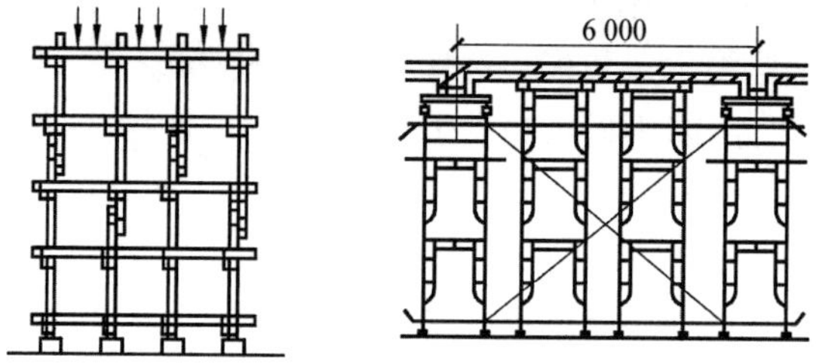

(d) 扣件式钢管和门形脚手架支架

图 4－5　钢支架

1—顶板；2—插管；3—套管；4—转盘；5—螺杆；6—底板；7—插销；8—转动手柄

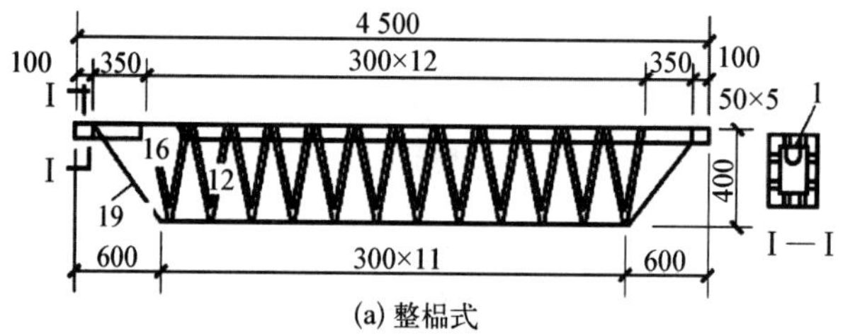

(a) 整榀式

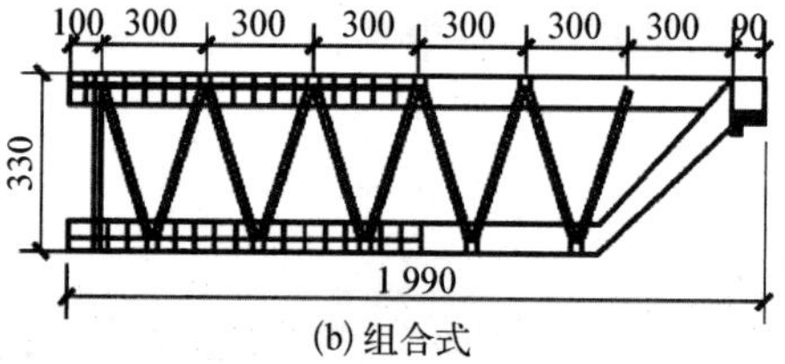

(b) 组合式

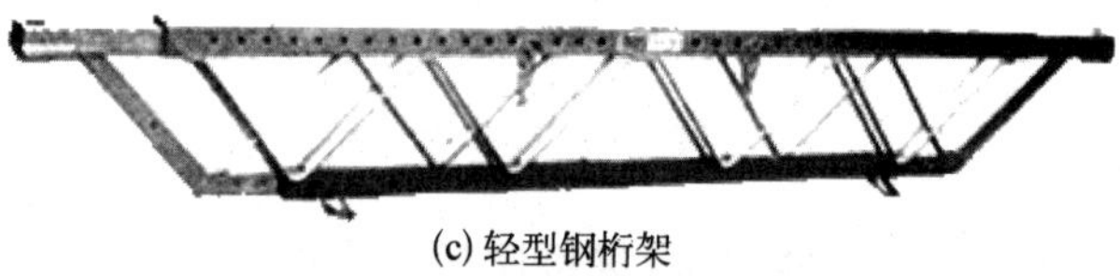

(c) 轻型钢桁架

图 4－6　钢桁架(单位:mm)

4. 钢木定型模板

钢框胶合板模板是指钢框与木胶合板或竹胶合板结合使用的一种模板。钢框胶合板模板由钢框和防水木、竹胶合板平铺在钢框上，用沉头螺栓与钢框连牢，构造如图 4－7 所示。用于面板的竹胶合板是用竹片或竹帘涂胶粘剂，纵横向铺放，组坯后热压成型。为使钢框竹胶合板板面光滑平整，便于脱模和增加周转次数，一般板面采用涂料覆面处理或浸胶纸覆面处理。

(a) 钢框木模板　　(b) 钢框复塑竹胶合模板　　(c) 钢框木定型模板组合的大模板

图 4－7　钢木定型模板

面板由钢板改为复塑竹胶合板、纤维板等，自重比钢模轻 1/3，用钢量减少 1/2，是一种针对钢模板投资大、工人劳动强度大的改良模板。

5. 滑动模板

滑动模板（简称为滑模）是在混凝土连续浇筑过程中，可使模板面紧贴混凝土面滑动的模板。采用滑模施工要比常规施工节约木材（包括模板和脚手板等）70%左右；采用滑模施工可以节约劳动力约 30%～50%；采用滑模施工要比常规施工的工期短、速度快，可以缩短施工周期约 30%～50%；滑模施工的结构整体性好，抗震效果明显，适用于高层或超高层抗震建筑物和高耸构筑物施工，施工的设备便于加工、安装、运输。

滑板系统装置的 3 个组成部分，如图 4－8 所示。

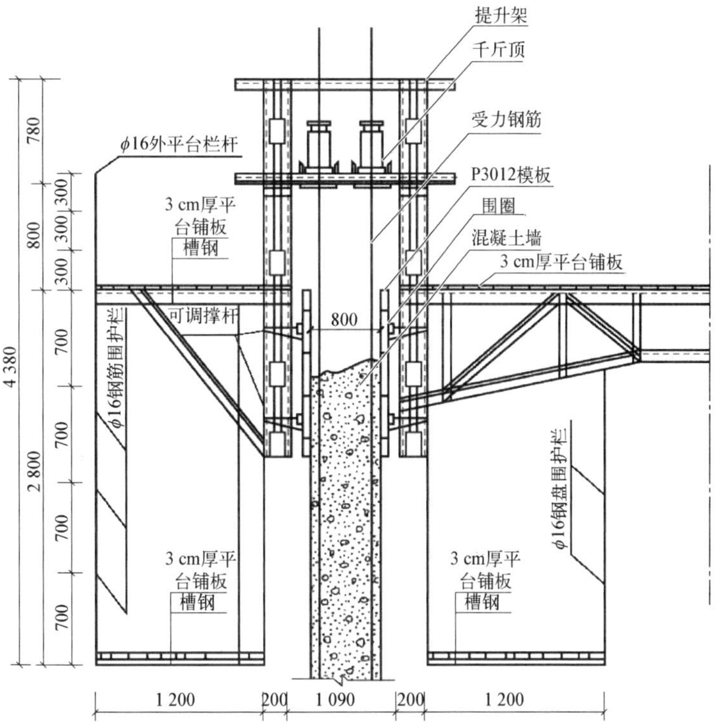

图 4－8　滑模构造示意图(单位:mm)

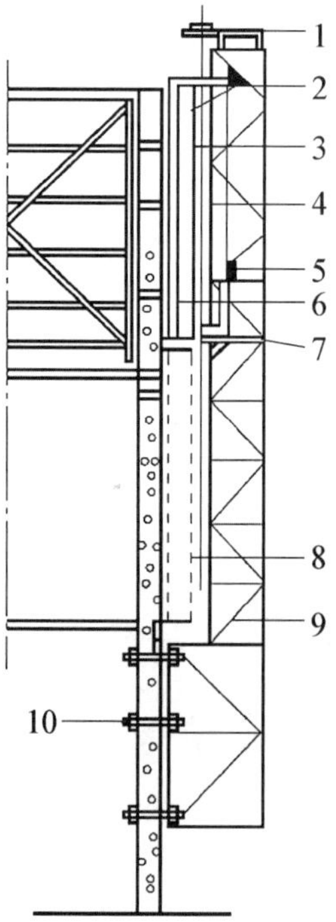

图 4-9　爬升模板

1—爬架挑横梁；2—模板挑横梁；3—爬杆；4—爬模千斤顶；5—爬架千斤顶；6—爬模；7—脱模千斤顶；8—预留爬架孔；9—爬架；10—螺栓

(1) 模板系统。它包括提升架、围圈、模板及加固、连接配件。

(2) 施工平台系统。它包括工作平台、外圈走道、内外吊脚手架。

(3) 提升系统。它包括千斤顶、油管、分油器、针形阀、控制台、支承杆及测量控制装置。

6. 爬升模板

爬升模板是在浇筑完毕混凝土墙体后，利用提升装置将模板自行提升到上一个楼层，浇筑上一层墙体的垂直移动式模板。爬升模板采用整片式大平模，模板由面板及肋组成，不需要支承系统；提升设备采用电动螺杆提升机、液压千斤顶或导链。爬升模板是将大模板工艺和滑升模板工艺相结合，既保持了大模板施工墙面平整的优点，又利用了自身设备使模板向上提升的优点，墙体模板能自行爬升而不依赖塔吊。爬升模板适用于高层建筑墙体、电梯井壁、管道间混凝土施工。

爬升模板由钢模板、提升架和提升装置三部分组成，如图4-9所示。

7. 台模

台模是浇筑钢筋混凝土楼板的一种大型工具式模板。在施工中可以整体脱模和转运，利用起重机从浇筑完的楼板下吊出，转移至上一楼层，中途不再落地，所以也称“飞模”。台模按其支架结构类型分为立柱式台模、桁架式台模、悬架式台模等。

台模适用于各种结构的现浇混凝土施工，适用于小开间、小进深的现浇楼板，单座台模面板的面积从 2 m^2 到 60 m^2 以上。台模整体性好，混凝土表面容易平整、施工进度快。

台模由台面、支架(支柱)、支腿、调节装置、行走轮等组成，如图 4-10 所示。台面是直接接触混凝土的部件，表面应平整光滑，具有较高的强度和刚度。目前常用的面板有钢板、胶合板、铝合金板、工程塑料板及木板等。

(a) 飞模转层

(b)飞模在楼间整体移动

图 4-10　台模

8. 永久性模板

又称一次消耗模板，即在现浇混凝土结构浇筑后不再拆除，有的模板与现浇结构叠合成共同受力构件。永久性模板分为压型钢板和配筋的混凝土薄板两种，多用于现浇钢筋混凝土楼(屋)面板，永久性模板简化了现浇结构的支模工艺，改善了劳动条件，节约了拆模用工，加快了工程进度，提高了工程质量。

(1) 预制混凝土薄板

预制混凝土薄板是一种永久性模板。施工时，薄板安装在墙或梁上，下设临时支撑；然后在薄板上浇筑混凝土叠合层，形成叠合楼板，如图 4－11 所示。

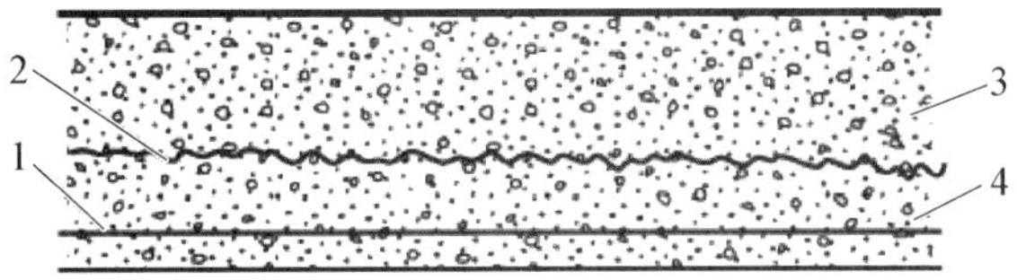

图 4－11　预制混凝土叠合楼板

1—预应力钢丝；2—叠合面；3—现浇叠合层；4—预制薄板

根据配筋的不同，预制混凝土薄板可分为三类：第一类是预应力混凝土薄板，第二类是双钢筋混凝土薄板，第三类是冷轧扭钢筋混凝土薄板。

预制混凝土薄板的功能：一是作为底模；二是作为楼板配筋；三是提供光滑平整的底面，可不做抹灰，直接喷浆。这种叠合楼板与预制空心板比较可节省模板、便于施工、缩短工期，整体性与连续性好、抗震性强并可减少楼板总厚度。

(2) 压型钢板模板

在多高层钢结构或钢筋混凝土结构中，楼层多采用组合楼盖，其中组合楼板结构就是压型钢板与混凝土通过各种不同的剪力连接形式组合在一起形成的，如图 4－12 所示。

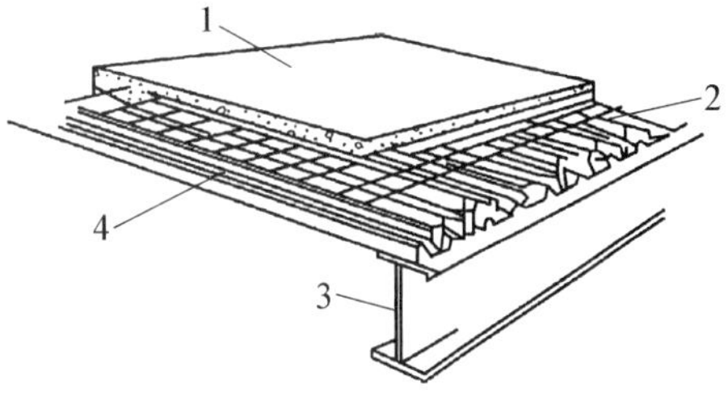

图 4－12　组合楼板

1—混凝土；2—剪力钢筋；3—钢梁；4—压型钢板

压型钢板作为组合楼盖施工中的混凝土模板，其主要优点是：薄钢板经压折后，具有良好的结构受力性能，既可部分地或全部地起组合楼板中受拉钢筋作用，又可仅作为浇筑混凝土的永久性模板；特别是楼层较高，又有钢梁，所采用的压型钢板模板楼板浇筑混凝土独立地进行，不影响钢结构施工，上下楼层间无制约关系；压型钢板模板不需满堂支撑，无支模和拆模的繁琐作业，施工进度显著加快。但压型钢板模板本身的造价高于组合钢模板，消耗钢材较多。

9. 模壳

模壳是用于钢筋混凝土现浇密肋楼盖的一种工具式模板。由于密肋楼盖是由薄板和间距较小的单向或双向密肋组成，因而，使用木模或组合式模板组拼难度较大，且不经济。采用塑料或玻璃钢按密肋楼板的规格尺寸加工成需要的模壳，具有一次成型多次周转使用的特点。目前我国的模壳，主要采用玻璃纤维增强塑料和聚丙烯塑料制成，配置以钢支柱(或门架)、钢(或木)龙骨、角钢(或木支撑)等支撑系统，大大地提高了模板施工的工业化程度。如图 4－13 所示。

(a) 模壳成品堆场　　(b) 密肋楼板模壳安装

(c) 密肋楼板浇筑混凝土前　　(d) 采用模壳的密肋楼板

图 4－13　模壳

10. 大模板

大模板是一种大尺寸的工具式模板，主要用于剪力墙或框架一剪力墙结构中的剪力墙的施工，也可用于筒体结构中竖向结构的施工。一般是一块墙面用块大模板。因为其重量大，配以相应的起重吊装机械，通过合理的施工组织，以工业化生产方式在施工现场浇筑钢筋混凝土墙体。装拆皆需起重机械吊装，提高了机械化程度，减少了用工量，缩短了工期。是目前我国剪力墙和筒体体系的高层建筑施工用得最多的一种模板，已形成一种工业化建筑体系。

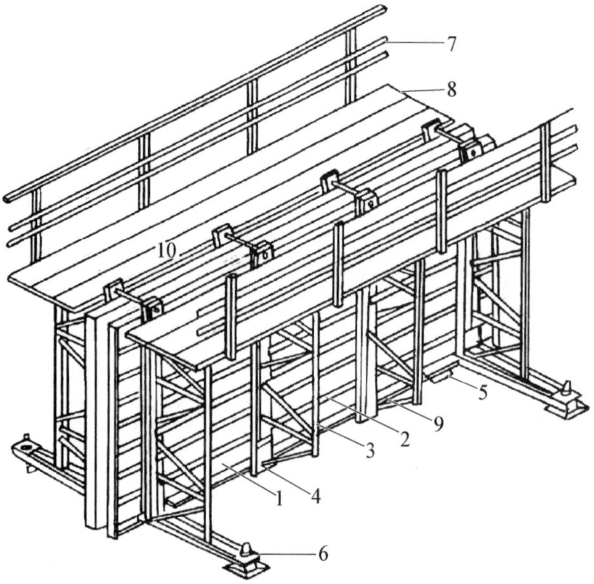

图 4－14　大模板构造示意图

1—面板；2—水平加劲肋；3—支撑桁架；4—竖楞；5—调整水平用的螺旋千斤顶；6—调整垂直用的螺旋千斤顶；7—栏杆；8—脚手板；9—穿墙螺栓；10—卡具

大模板由面板、次肋、主肋、支撑桁架及稳定装置组成（如图 4－14 所示）。面板要求平整、刚度好；板面须喷涂脱模剂以利脱模。两块相对的大模板通过对销螺栓和顶部卡具固定；大模板存放时应打开支撑架，将板面后倾一定角度，防止倾倒伤人。

4.1.2　现浇结构中常用的模板

1. 基础模板

按照基础的形状，可以将其分为阶梯形独立基础、杯形基础、条形基础、带有地梁的条形基础及筏板基础等形式。不同基础形式，采用的模板材料及支设方法各不相同。

（1）阶梯形基础模板

模板安装前，应核对基础垫层标高，弹出基础的中心线和边线，将模板中心线对准基础中心线，然后校正模板上口标高，符合要求后要用轿杠木搁置在下台阶模板上，斜撑及平撑的一端撑在上台阶模板的背方上，另一端撑在下台阶模板背方顶上。如图 4－15 所示。

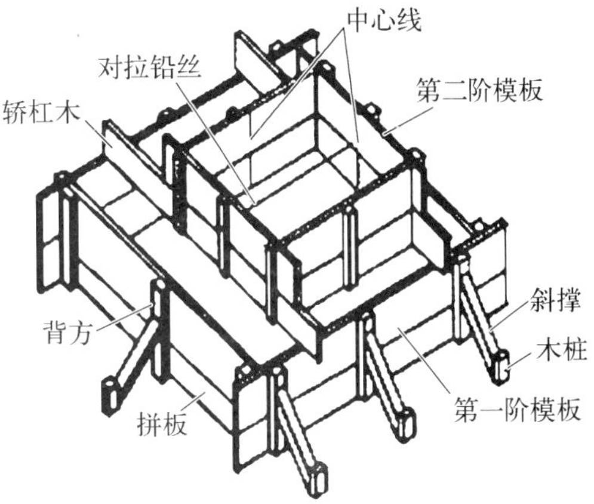

图 4－15　阶形独立基础模板安装

（2）杯形基础模板

杯形基础模板如图 4－16 所示，与阶梯形基础模板的区别在于杯芯模板的构造。杯芯模两侧要钉上轿杠木，以便搁置在上台阶模板上，杯芯模的上口宽度应比柱脚宽度大 100～150 mm，下口宽度应比柱脚宽度大 40～60 mm，杯芯模的高度应比柱子插入基础杯口深度大 20～30 mm，以便安装柱子时调整柱列轴线及柱底标高。芯模一般不装底板，以方便杯口底部混凝土浇筑及振捣。

(a) 杯形基础

(b) 杯形基础

图 4－16　杯形基础模板

（3）条形基础模板

先核对垫层标高，在垫层上弹出基础边线，将模板对准基础边线垂直竖立，模板上口拉通线，校正调平无误后用斜撑及平撑将模板钉牢；有地梁的条形基础，上部可用工具式梁卡固定，也可用钢管吊架或轿杠木固定。台阶型基础要保证上下模板不发生相对位移。土质良好时，阶型基础的最下一阶可采用原槽浇筑。如图 4－17 所示。

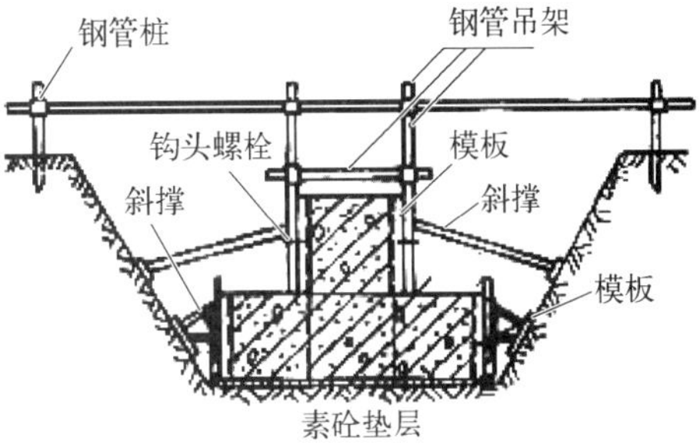

图 4－17　条形基础模板

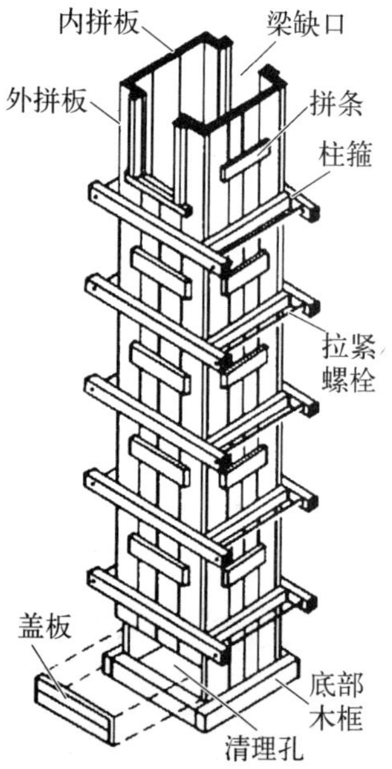

图 4－18 矩形柱模板

2. 柱模板

柱模板由两块相对的内拼板和两块相对的外拼板及柱箍组成(见图 4－18 所示)。

柱侧模主要承受柱混凝土的侧压力,并经过柱侧模传给柱箍,由柱箍承受侧压力,同时柱箍也起到固定柱侧模的作用。柱箍的间距取决于混凝土侧压力的大小和侧模板的厚度。柱模上部开有与梁模板连接的梁口。底部开设有清扫口,以便清除杂物。柱底一般有一钉在底部混凝土上的木框,用以固定柱模的水平位置。独立柱支模时,四周应设斜撑。如果是框架柱,则应在柱间拉设水平和斜向拉杆,将柱连为稳定整体。

3. 梁模板

梁的特点是跨度大、宽度小而高度大。梁模板及支撑系统要求稳定性好,有足够的强度和刚度,不产生超过规范允许的变形。

梁模板应在复核梁底标高、校正轴线位置无误后进行。梁底板(如图 4－19)下用顶撑(琵琶撑)支设,顶撑间距视梁的断面大小而定,一般 0.8～1.2 m,顶撑之间应设水平拉杆和剪刀撑,使之互相拉撑成为一整体,当梁底距地面高度大于 6 m 时,应搭设排架或满堂红脚手架支撑;为确保顶撑支设的坚实,应在夯实的地面上设置垫板和楔子。

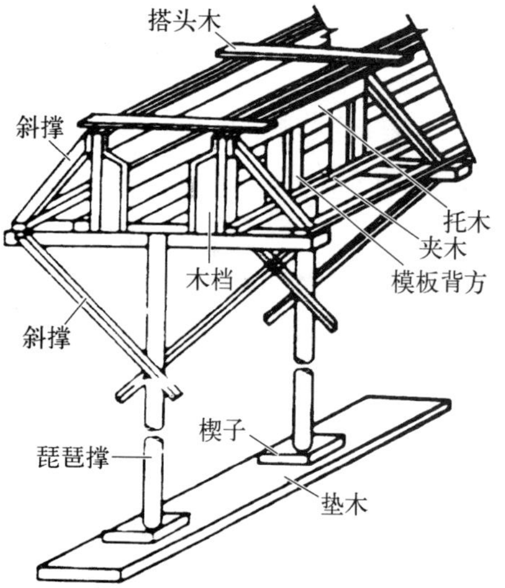

图 4－19 T 形梁支模

梁侧模下方应设置夹木,将梁侧模与底模板夹紧,并钉牢在顶撑上。梁侧模上口设置托木,托木的固定可上拉(上口对拉)或下撑(撑于顶撑上),梁高度≥700 mm 时,应在梁中部另加斜撑或对拉螺栓固定。当梁的跨度≥4 m 时,梁模板的跨中要起拱,起拱高度为梁跨度的 1～3‰。

4. 板模板

板模板一般面积大而厚度不大,板模板及支撑系统要保证能承受混凝土自重和施工荷载,保证板不变形、不下垂。

板模板的底模板铺设在楞木上,楞木搁置在梁侧模板外的托木上,若楞木面不平,可以加木楔调平。当楞木的跨度较大时,中间应加设立柱,立柱上钉通长杠木。楼板底模板应垂直于楞木方向铺钉。当底模板采用定型模板时,应适当调整楞木间距来适应定型模板的规格。在主、次梁模板安装完毕后,才可以安装托木、楞木及楼板底模。如图 4－20 所示。

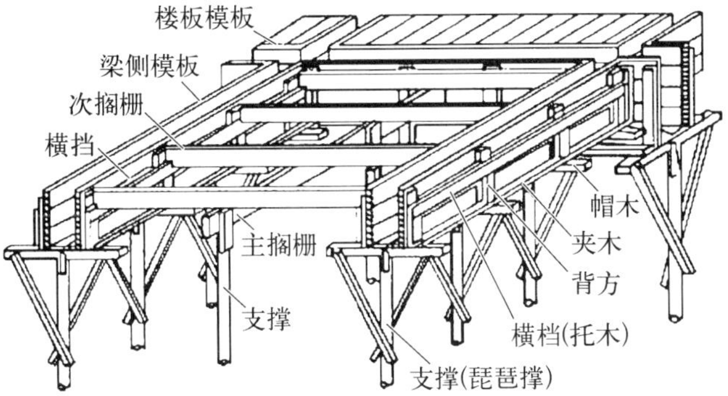

图 4-20　有梁楼板木模板

5. 墙模板

墙模板的要求与柱模板相似，主要保证其垂直度以及抵抗新浇筑混凝土的侧压力。墙模板由侧模(面板)、内楞支承侧模、外楞、斜撑、对拉螺栓及撑块等组成。

根据边线先立一侧模板并临时支撑固定，待墙体钢筋绑扎完后，再立另一侧模板。

墙体模板的对拉螺栓要设置内撑式套管(防水混凝土除外)，一是确保对拉螺栓重复使用，二可控制墙体厚度。预留门窗洞口的模板应有锥度，安装牢固，既不变形，又易于拆除。

墙体模板高度较大时，应留出一侧模板分段支设，不能分段支设时，应在浇筑的一侧留设门子板，留设方法同柱模板，门子板的水平间距一般为 2.5 m。为预留墙体洞口而设在模板内的内套模板要设置排气孔。

6. 楼梯模板

楼梯模板的构造与楼板模板的构造相似，不同点是楼梯模板要倾斜支设，且能形成踏步。如图 4-21 所示。

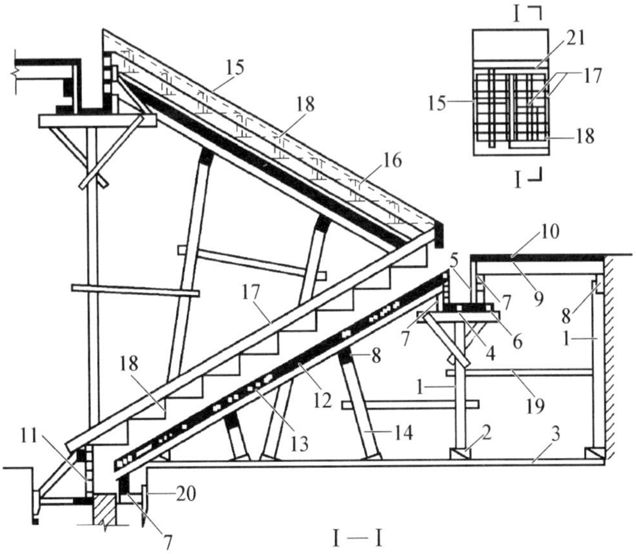

图 4-21　楼梯模板

1—支柱；2—木楔；3—垫板；4—平台梁底板；5—侧板；6—夹木；7—托木；8—杠木；9—木楞；10—平台底板；11—梯基侧板；12—斜木楞；13—楼梯段底板；14—斜向顶撑；15—外帮板；16—横挡木；17—反三角板；18—踏步侧板；19—拉杆；20—木桩；21—平台梁外侧模板

安装时，先立平台梁、平台板的模板（同楼板模板的安装），然后在楼梯基础侧板上钉托木，楼梯模板的斜楞钉在基础梁和平台梁侧模板外的托木上。在斜楞上面铺钉楼梯底模板，下面设杠木和斜向顶撑，斜向顶撑间距 1～1.2 m，用拉杆拉结。再沿楼梯边立外帮板，用外帮板上的横挡木、斜撑和固定夹木将外帮板钉固在夹木上。再在靠墙的一面把反三角板立起，反三角板的两端可钉于平台梁和梯基的侧模板上，然后在反三角板与外帮板之间逐块钉上踏步侧板，踏步侧板的一头钉在外帮板的木档上，另一头钉在反三角板上的三角木块（或小木条）侧面上。如果梯段较宽，应在梯段中间再加反三角板，以免发生踏步侧板凸肚现象。为了确保梯板符合厚度的要求，在踏步侧板下面可以垫若干小木块，在浇筑混凝土时随时取出。

4.1.3　模板设计

定型模板、常用模板和工具式支撑系统在其适用范围不需进行设计或验算，但重要结构、特殊形式的模板和超出适用范围的定型模板及支撑系统应进行设计或验算。

模板和支架的设计，包括选型、选材、荷载计算、结构计算、拟定制作安装和拆除方案、绘制模板图。

1. 模板设计原则与步骤

（1）设计原则

① 保证构件的形状尺寸及相互位置的正确。

② 模板有足够的强度、刚度和稳定性，能承受新浇混凝土的重力、侧压力及各种施工荷载，变形不大于 2 mm。

③ 构造简单、装拆方便，不妨碍钢筋绑扎、不漏浆。配制的模板应使其规格和块数最少、镶拼量最少。

④ 对拉螺栓和扣件根据计算配置，减少模板的开孔。

⑤ 支架系统应有足够的强度和稳定性，节间长细比宜小于 110，安全系数 $K>3$。

（2）设计步骤

① 划分施工段，确定流水作业顺序和流水工期，明确配置模板的数量。

② 确定模板的组装方法及支架搭设方法。

③ 按配模数量进行模板组配设计。

④ 进行夹箍和支撑件的设计计算和选配工作。

⑤ 明确支撑系统的布置、连接和固定方法。

⑥ 确定预埋件、管线的固定及埋设方法，预留孔洞的处理方法。

⑦ 将所需模板、连接件、支撑及架设工具等统计列表，以便于备料。

2. 荷载及组合

（1）荷载标准值

① 模板及支架自重：可按图纸或实物计算确定，或参考下表 4－1 计算：

表 4－1　楼板模板自重参考表

模板构件	木模板/kN/m^2	定型组合钢模板/kN/m^2
平板模板及小楞自重	0.3	0.5

续 表

模板构件	木模板/kN/m^2	定型组合钢模板/kN/m^2
楼板模板自重(包括梁的模板)	0.5	0.75
楼板模板及支架自重(楼层高度 4 m 以下)	0.75	1.1

② 新浇筑混凝土自重对普通混凝土可采用 24 kN/m^2,对其他混凝土可根据实际重力密度确定。

③ 钢筋自重根据设计图纸确定。对一般梁板结构,每立方米钢筋混凝土的钢筋自重可按楼板 1.1 kN、梁 1.5 kN 取用。

④ 施工人员及设备荷载

a) 计算模板及直接支承模板的小楞时,均布荷载为 2.5 kN/m^2,另应以集中荷载 2.5 kN 再进行验算,比较两者所得的弯矩值,取其大者采用;

b) 计算直接支承小楞结构构件时,均布活荷载为 1.5 kN/m^2;

c) 计算支架立柱及其他支承结构构件时,均布活荷载为 1.0 kN/m^2。

对大型浇筑设备,如上料平台、混凝土输送泵等,按实际情况计算;混凝土堆集料高度超过 100 mm 以上者,按实际高度计算;模板单块宽度小于 150 mm 时,集中荷载可分布在相邻的两块板上。

⑤ 振捣混凝土时产生的荷载对水平面模板为 2 kN/m2;对垂直面模板为 4 kN/m^2(作用范围在新浇混凝土侧压力的有效压头高度之内)。

⑥ 新浇混凝土对模板侧面的压力影响新浇混凝土对模板侧压力的因素很多,如水泥品种与用量、骨料种类、水灰比、外加剂等混凝土原材料和混凝土浇筑时温度、浇筑速度、振捣方法等外界施工条件及模板情况、构件厚度、钢筋用量及排放位置等等,这些都是影响混凝土对模板侧压力的因素。其中尤以混凝土的容积密度、浇筑时混凝土的温度、浇筑速度以及振捣方法等影响较大,是计算混凝土侧压力的控制因素。

当采用内部振捣器时,新浇筑混凝土作用于模板的最大侧压力,可按下列两式计算,并取两式中的较小值。

$$F=0.22\gamma_c t_0\beta_1\beta_2 V^{\frac{1}{2}}$$

$$F=\gamma_c H$$

式中 F——新浇筑混凝土对模板的最大侧压力(kN/m^2);

γ_c——混凝土的重力密度(kN/m^3);

t_0——新浇混凝土的初凝时间(h),可按实测确定。当缺乏试验资料时,可采用 $t_0=20/(T+15)$计算(T 为混凝土的温度,℃);

v——混凝土的浇筑速度(m/h);

H——混凝土侧压力计算位置处至新浇筑混凝土顶面的总高度(m);

β_1——外加剂影响修正系数。不掺外加剂时取 1.0,掺具有缓凝作用的外加剂时取 1.2;

β_2——混凝土坍落度影响修正系数,当坍落度小于 30 mm 时取 0.85,50～90 mm 时取 1.0,110～150 mm 时取 1.15。

⑦ 倾倒混凝土时产生的荷载倾倒混凝土时对垂直面板产生的水平荷载按表 4－2 采用。

表 4－2 倾倒混凝土时产生的水平荷载

向模板中供料方法	水平荷载标准 kN/m^2
用溜槽、串筒或由导管输出	2
用容量为＜0.2 m^3 的运输器具倾倒	2
用容量为 0.2～0.8 m^3 的运输器具倾倒	4
用容量为＞0.8 m^3 的运输器具倾倒	6

注:作用范围在有效压头高度以内

将上述①～⑦项荷载值乘以表 4－3 中的相应荷载分项系数即得计算模板及其支架时的荷载设计值。

然后再根据结构形式按表 4－4 进行荷载效应的组合。

表 4－3 荷载分项系数

项 次	荷载类别	γ_i
1	模板及支架自重	1.2
2	新浇筑混凝土自重	
3	钢筋自重	
4	施工人员及施工设备荷载	1.4
5	振捣混凝土时产生的荷载	
6	新浇筑混凝土对模板侧面的压力	1.2
7	倾倒混凝土时产生的荷载	1.4

表 4－4 参与模板及其支架荷载效应组合的各项荷载

模板类别	参与组合的荷载项	
	计算承载能力	验算刚度
平板和薄壳的模板及支架	1+2+3+4	1+2+3
梁和拱模板的底板及支架	1+2+3+5	1+2+3
梁、拱、柱(边长≤300 mm)、墙(厚≤100 mm)的侧面模板	5+6	6
大体积结构、柱(边长＞300 mm)、墙(厚＞100 mm)的侧面模板	6+7	6

对钢模板及其支架的设计应符合现行国家标准《钢结构设计标准》(GB 50017—2017)的规定,其截面塑性发展系数取 1.0,其荷载设计值可乘以系数 0.85 予以折减。采用冷弯薄壁型钢应符合现行国家标准《冷弯薄壁型钢结构技术规范》(GB 50018—2002)的规定,其荷载设计值不应折减。对木模板及其支架的设计应符合现行国家标准《木结构设计规范》

(GB 50005—2003)的规定；当木材含水率小于 25%时，其荷载设计值可乘以系数 0.90 予以折减。

3. 计算规定

模板系统的设计计算，原则上与永久结构相似，计算时要参照相应的设计规范。确定计算简图时，要根据模板的具体构造。对不同的构件在设计时所考虑的重点也有所不同，例如：定型模板、梁模板、楞木等主要考虑抗弯强度及挠度；对于支柱、井架等系统主要考虑受压稳定性；对于桁架应考虑上弦杆的抗弯、抗拉能力；对于木构件，则应考虑支座处抗剪及承压等问题。

计算模板和支架的强度时，由于是一种临时性结构，建议钢材的允许应力可适当提高，木材的允许应力可根据木结构设计规范提高 30%。

计算模板刚度时，允许的变形值为：结构外露表面模板≤$L/400$(L 为模板构件跨度)；结构隐蔽表面模板≤$L/250$；模板支架(包括桁架支模)的弹性挠度或下沉度≤相应结构自由跨度的 1/1 000。

模板系统虽为临时性结构，但由于多次周转使用，故设计时还应考虑使用方便、增加周转次数等的需要，有时不一定完全按照计算结果采用。

4.1.4　模板的拆除

模板的拆除日期取决于混凝土的强度、各个模板的用途、结构的性质、混凝土硬化时的气温等。及时拆模可提高模板的周转率，也可为其他工种施工创造条件；但过早拆模，混凝土会因强度不足，或受到外力作用而变形甚至断裂，造成重大质量事故。

1. 侧模板

侧模板拆除时的混凝土强度应能保证其表面及棱角不因拆除模板而受损坏。

2. 底模板及支架

底模板及支架拆除时的混凝土强度应符合设计要求；当无设计要求时，混凝土强度应符合表 4-5 所示的规定。

表 4-5　底模及支架拆除时的混凝土强度要求

构件类型	构件跨度(m)	达到设计的混凝土立方体抗压强度标准值的百分率(%)
板	≤2	≥50
	>2,≤8	≥75
	>8	≥100
梁、柱、壳	≤8	≥75
	>8	≥100
悬臂构件	—	≥100

3. 拆模顺序

一般是先支后拆，后支先拆，先拆除侧模板，后拆除底模板，重大复杂模板的拆除事先应制定拆模方案。对于肋形楼板的拆模，首先拆除柱模板，然后拆除楼板底模板、梁侧模板，最后拆除梁底模板。

多层楼板模板支架的拆除，应按下列要求进行：上层楼板正在浇筑混凝土时，下一层楼板的模板支撑不得拆除，再下一层楼板模板的支架仅可拆除一部分；跨度大于或等于 4 m 的梁均应保留支架，其间距不得大于 3 m。

4. 拆模注意事项

拆除模板时，不应对楼层形成冲击荷载。拆模时应尽量避免混凝土表面或模板受到损坏。拆除的模板和支撑应及时清理、修整，按尺寸和种类分别堆放，以便下次使用。若定型组合钢模板背面油漆脱落，应补刷防锈漆。已拆除模板和支架的结构，应在混凝土达到设计强度指标后，才允许承受全部使用荷载。当承受施工荷载产生的效应比使用荷载更为不利时，必须经过核算，并加设临时支撑。

任务 4.2　钢筋工程

钢筋工程是钢筋混凝土工程施工中重要的组成部分，在钢筋混凝土梁、板、柱、基础等构件中起骨架支撑作用。钢筋笼、骨架的绑扎、焊接、下料计算都有相应的方法，由于钢筋工程将直接影响建筑的承载能力，涉及建筑的垮塌与否的问题，因此对钢筋工程的质量有非常严格的技术标准。

4.2.1　钢筋的种类

钢筋混凝土结构中的钢筋，按照生产工艺不同，可分为热轧钢筋、冷轧带肋钢筋、冷拉钢筋、冷拔钢丝、热处理钢筋、精轧螺纹钢筋、碳素钢丝、刻痕钢丝机钢绞线。

按照化学成分不同，可分为碳素钢筋和普通低合金钢钢筋。

按直径大小，可分钢丝、细钢筋、中粗钢筋、粗钢筋。

热轧钢筋是建筑工程中用量最大的钢材品种之一，主要用于钢筋混凝土结构和预应力混凝土结构的配筋。按照《混凝土结构设计规范》(GB 50010—2010)的规定，混凝土结构的钢筋应按下列规定选用：纵向受力普通钢筋宜采用 HRB400、HRB500、HRBF400、HRBF500 钢筋，也可采用 HPB300、HRB335、RRB400 钢筋；梁、柱和斜撑构件的纵向受力普通钢筋宜采用 HRB400、HRB500、HRBF400、HRBF500 钢筋；箍筋宜采用 HRB400、HRBF400、HRB335、HPB300、HRB500、HRBF500 钢筋。

预应力筋宜采用预应力钢丝、钢绞线和预应力螺纹钢筋。

钢筋进场应有产品合格证、出厂检验报告，每捆(盘)钢筋均应有标牌，进场钢筋应按进场的批次和产品的抽样检验方案抽取试样作力学性能试验，合格后方可使用。钢筋在加工过程中出现脆断、焊接性能不良或力学性能显著不正常等现象时，还应进行化学成分检验或其他专项检验。同时还应进行外观检查，要求钢筋应平直、无损伤，表面不得有裂纹、油污、颗粒状或片状老锈。

钢筋在运输和储存时，必须保留标牌，并按批分别堆放整齐，避免锈蚀和污染。

4.2.2　钢筋的加工

钢筋加工一般集中在车间采用流水作业法进行，然后运至工地进行安装和绑扎。钢筋加工过程包括：钢筋调直、除锈、下料剪切、接长、弯曲。

1. 钢筋调直

以盘园供货的钢筋调直一般采用冷拉进行，Ⅰ级钢筋冷拉率不宜大于4%，Ⅱ、Ⅲ级钢筋不宜大于1%；当钢筋无弯钩弯折要求时，Ⅰ级钢筋冷拉率可放宽至6%，Ⅱ、Ⅲ级钢筋不超过2%。

直径6～14的钢筋可用钢筋调直机进行调直，钢筋调直机兼有除锈、调直、切断三项功能。

图4-22　钢筋车间

图4-23　钢筋调直切断机

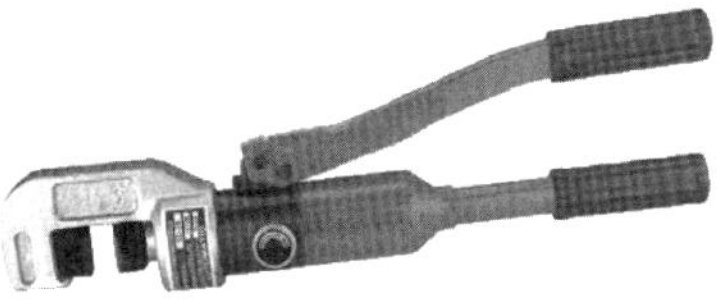

图4-24　手动切断器

2. 钢筋除锈

为保证钢筋与混凝土之间的握裹力，严重锈蚀的钢筋应除锈。除锈方法有调直或冷拉过程中除锈、电动除锈机除锈、手工除锈或喷砂、酸洗除锈。

3. 钢筋切断

钢筋下料时须按下料长度切断。钢筋切断可用钢筋切断机（直径40 mm以下）、手动切断器（小于12 mm）、乙炔或电弧割切或锯断（大于40 mm）。

在大中型建筑工程施工中，提倡采用钢筋切断机，它不仅生产效率高，操作方便，而且确保钢筋端面垂直钢筋轴线，不出现马蹄形或翘曲现象，便于钢筋进行焊接或机械连接。钢筋的下料长度力求准确，其允许偏差为±10 mm。

4. 钢筋弯曲

宜用钢筋弯曲机或弯箍机进行，弯曲形状复杂的钢筋应画线、放样后进行。弯曲成型工艺如下：

(1) 划线。钢筋弯曲前，对形状复杂的钢筋（如弯起钢筋），根据钢筋料牌上标明的尺寸，用石笔将各弯曲点位置划出。画线时应注意以下几点。

① 根据不同的弯曲角度扣除弯曲调整值，其扣法是从相邻两段长度中各扣一半。

② 钢筋端部带半圆弯钩时，该段长度画线时增加0.5d（d为钢筋直径）。

图4-25　弯起钢筋加工

③ 画线工作宜从钢筋中线开始向两边进行；两边不对称的钢筋，也可从钢筋一端开始画线，如划到另一端有出入时，则应重新调整。

(2) 钢筋弯曲成型。钢筋在弯曲机上成型时心轴直径应是钢筋直径的 2.5～5.0 倍，成型轴宜加偏心轴套，以便适应不同直径的钢筋弯曲需要。弯曲细钢筋时，为了使弯弧一侧的钢筋保持平直，挡铁轴宜做成可变挡架或固定挡架(加铁板调整)。

由于成型轴和心轴在同时转动，就会带动钢筋向前滑移，因此，钢筋弯 90°时，弯曲点线约与心轴内边缘齐；弯 180°时，弯曲点线距心轴内边缘为 1.0～1.5d(钢筋硬时取大值)。

4.2.3 钢筋的连接

钢筋接头有三种连接方法：即绑扎搭接接头、焊接接头、机械连接接头。

钢筋连接的原则：钢筋接头宜设置在受力较小处，同一根钢筋不宜设置 2 个以上接头，同一构件中的纵向受力钢筋接头宜相互错开。

(1) 直径大于 12 mm 以上的钢筋，应优先采用焊接接头或机械连接接头。

(2) 轴心受拉和小偏心受拉构件的纵向受力钢筋；直径 $d>28$ 的受拉钢筋、直径 $d>32$ 的受压钢筋不得采用绑扎搭接接头。

(3) 直接承受动力荷载的构件，纵向受力钢筋不得采用绑扎搭接接头。

1. 钢筋焊接

钢筋连接采用焊接接头，可节约钢材、改善结构受力性能、提高工效、降低成本。常用的焊接方法可分为压焊(闪光对焊、电阻点焊、气压焊)和熔焊(电弧焊、电渣压力焊)。

(1) 焊接施工的一般规定

① 焊工必须持证操作，施焊前应进行现场条件下的焊接工艺试验，试验合格后，方可正式施焊。

② 焊剂应存放在干燥的库房内，受潮时，使用前应经 250～300 ℃烘焙 2 h。

③ 在环境温度低于−5 ℃条件下施焊，闪光对焊宜采用预热闪光焊或闪光—预热闪光焊；电弧焊宜增大焊接电流、减低焊接速度；环境温度低于−20 ℃时，不宜进行各种焊接。

④ 雨天、雪天不宜在现场进行施焊，必须施焊时，应采取有效遮蔽措施，焊后未冷却接头不得碰到冰雪。

⑤ 进行闪光对焊、电阻点焊、电渣压力焊、埋弧压力焊时，应观察电源电压波动情况，当电源电压下降在 5～8%时，应提高焊接变压器级数，当大于或等于 8%时，不得进行焊接。

⑥ 妥善管理氧气、乙炔、液化石油气等易燃易爆品，制定并实施各项安全技术措施，防止烧伤、触电、火灾、爆炸以及烧坏焊接设备事故的发生。

(2) 对焊

对焊是钢筋接触对焊的简称，具有成本低、质量好、工效高的优点，对焊工艺又分为连续闪光焊、预热闪光焊、闪光—预热—闪光焊三种。

① 连续闪光焊

工艺过程包括闪光和顶锻。施焊时，使钢筋两端面轻微接触，形成连续闪光，闪光到预定长度(即钢筋端头加热到熔点时)，以一定的压力迅速顶锻，焊接接头即告完成。适用于直径 20 mm(Ⅰ和Ⅲ级)～22 mm(Ⅱ级)以内的钢筋。

② 预热闪光焊

预热闪光焊是在连续闪光前增加一次预热过程，以扩大焊接热影响区，其工艺过程包括：预热、闪光和顶锻过程。施焊时先闭合电源，然后使两钢筋端面交替地接触和分开，这时钢筋端面的间隙中即发出断续的闪光，而形成预热过程。当钢筋达到预热温度后进入闪光阶段，随后顶锻而成。预热闪光焊宜焊接直径大于 25 mm，且端面较平整的钢筋。

③ 闪光—预热—闪光焊

闪光—预热—闪光焊是在预热闪光焊前加一次闪光过程，目的是使不平整的钢筋端面烧化平整，使预热均匀。它适宜焊接直径大于 25 mm，且端面不平整的钢筋。钢筋闪光焊后，除对接头进行外观检查有无裂纹和烧伤；接头弯折不大于 4°接头轴线偏移不大于 1/10 的钢筋直径外，还应按国家现行标准《钢筋焊接及验收规程》(JGJ 18—2012)进行验收，其焊接接头的试验方法应符合国家标准《钢筋焊接接头试验方法标准》(JGJ/T 27—2014)的有关规定。

(3) 电弧焊

电弧焊是电焊机送出低压强电流，使焊条与焊件之间产生高温电流，将焊条与焊件金属熔化，凝固后形成一条焊缝。电弧焊在现浇结构中的钢筋接长、装配式结构中的钢筋接头、钢筋与钢板的焊接中应用广泛。

接头形式：主要有帮条焊、搭接焊、坡口焊、窄间隙焊和熔槽帮条焊等 5 种形式。

① 帮条焊与搭接焊

帮条焊宜采用双面焊，不能双面焊时方可单面焊。帮条牌号与主筋相同时，帮条直径可与主筋相同或小一个规格；当帮条直径与主筋相同时，帮条牌号可与主筋相同或低一个牌号。帮条长度 I：被焊钢筋为 I 级钢时，单面焊≥$8d$，双面焊≥$4d$；被焊钢筋为 Ⅱ、Ⅲ 级钢时，单面焊≥$10d$，双面焊≥$5d$(d 为主筋直径)。

帮条焊时，两主筋端面的间隙为 2～5 mm。正式施焊前，帮条焊应在帮条和主筋之间用四点定位焊固定，施焊时，引弧应在帮条钢筋的一端开始，收弧时应在帮条钢筋端头上。

搭接焊宜采用双面焊，不能双面焊时方可单面焊。搭接焊前，先将钢筋端部按搭接长度预弯，保证被焊的两钢筋的轴线在同一直线上。

搭接焊的搭接长度 I 与帮条长度相同。施焊前，两主筋之间用两点定位焊固定，定位焊缝应距搭接端部 20 mm 以上。施焊时，引弧应在搭接钢筋的一端开始，收弧应在搭接钢筋端头上。

帮条焊和搭接焊的焊缝长度不应小于帮条或搭接长度，焊缝厚度 $s \geqslant 0.3d$；焊缝宽度 $b \geqslant 0.7d$。

② 坡口焊

施焊前应检查钢筋坡口面平顺，凹凸不平度不超过 1.5 mm；坡口平焊时，V 形坡口角度为 55～650；立焊时，坡口角度为 45～550，其中下钢筋为 0～100，上钢筋为 35～450。钢筋根部间距，平焊时为 4～6 mm，立焊时为 3～5 mm，最大间隙均不宜超过 10 mm。加强焊缝的宽度应超过 V 形坡口的边缘 2～3 mm，其高度也为 2～3 mm。

③ 预埋件与钢筋的焊接

预埋件 T 形接头电弧焊的接头形式分贴角焊和穿孔塞焊两种。采用贴角焊时，焊缝的焊角 K 不小于 $0.5d$(I 级钢筋)～$0.6d$(Ⅱ、Ⅲ 级钢筋)。

采用穿孔塞焊时，钢筋的孔洞应作成喇叭口，其内口直径应比钢筋直径 d 大 4 mm，倾斜角为 450，钢筋缩进 2 mm。施焊时，电流不宜过大，严禁烧伤钢筋。

钢筋与钢板搭接焊时，搭接长度不小于 $4d$（Ⅰ级钢筋）～$5d$（Ⅱ、Ⅲ级钢筋），焊缝宽度 b 不小于 $0.6d$，焊缝厚度 s 不小于 $0.35d$。

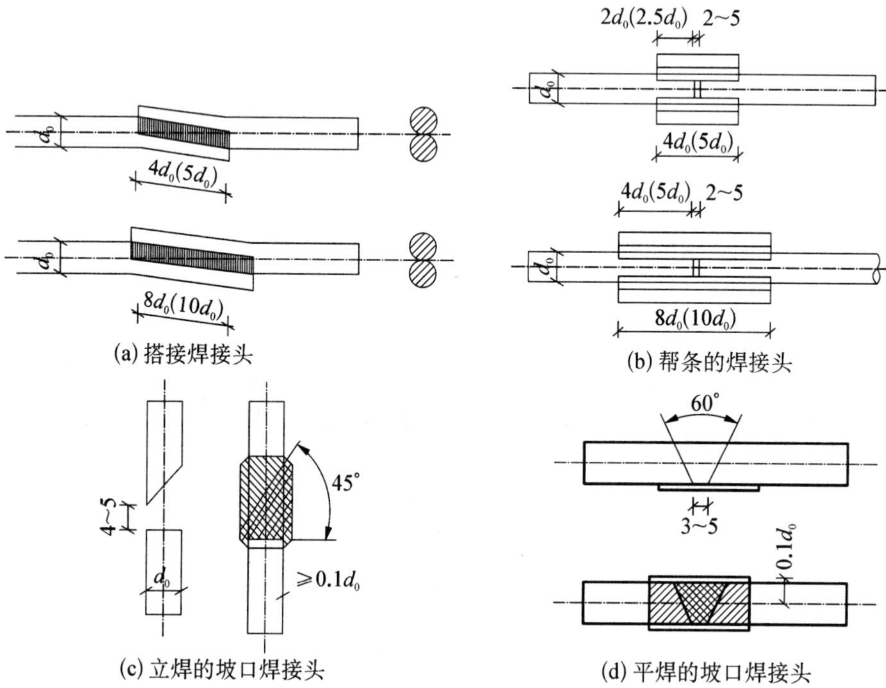

图 4-26　钢筋电弧焊的接头形式

（4）电渣压力焊

电渣压力焊是利用电流通过渣池产生的电阻热将钢筋端部熔化，然后施加压力使钢筋焊合。主要用于现浇结构中异径差在 9 mm 内 14～40 的竖向或斜向（倾斜度在 4∶1 内）钢筋的接长。这种焊接方法操作简单、工作条件好、工效高、成本低，比电弧焊接头节电 80%以上，比绑扎连接和帮条搭接节约钢筋 30%，提高工效 6～10 倍。

电渣压力焊设备包括焊接电源、焊接夹具和焊剂盒等。焊接电源宜采用 BX2-1000 型焊接变压器；焊接夹具应具有一定刚度，使用灵巧，坚固耐用，上下钳口同心；焊剂盒的内径为 90～100 mm，与所焊接钢筋的直径大小相适应。

电渣压力焊焊剂，一般采用 431 焊药，该焊药使用前必须在 250 ℃温度下烘烤 2 h，以保证焊剂容易熔化，形成渣池。

施焊前先将钢筋端部 120 mm 范围内的铁锈、污物等杂质清除干净；将夹具的下夹头夹牢下钢筋，再将上钢筋扶直并夹牢于活动电极中，使上下钢筋在同一轴线；然后在上下钢筋间安装引弧导电铁丝圈（可采用 12～14 号无锈火烧丝，圈高为 10～12 mm）；再安放焊剂盒，用石棉布塞封焊剂盒下口，同时装满焊剂。

通电后，将上钢筋上提 2～4 mm 引弧，用人工直接引弧继续上提钢筋 5～7 mm，使电弧稳定燃烧；随着钢筋的熔化，上钢筋逐渐插入渣池中，此时电弧熄灭，转为电渣过程，焊接电流通过渣池而产生大量的电阻热，使钢筋端部继续熔化；待钢筋端部熔化到一定程度后，在切断电流的同时，迅速进行顶压并持续几秒钟，以免接头偏斜或结合不良。

钢筋电渣压力焊接头应逐个进行，要求接头焊包均匀，突出部分至少高出钢筋表面 4 mm，不得有裂纹和明显的烧伤缺陷；接头处钢筋轴线的偏移不超过 0.1 倍钢筋的直径，同时不得大于 2 mm；接头弯折不得超过 4°。凡不符合外观要求的钢筋接头，应将其切除重焊。

强度检验时，在现浇混凝土结构中，每一楼层以 300 个同钢筋级别和直径的接头为一批（不足 300 个接头也作为一批），切取三个接头作为试件，进行静力拉伸试验，其抗拉强度实测值均不得低于该级别钢筋的抗拉强度标准值。如有一个试件的抗拉强度低于规定数值，则要加倍取样。如仍有一个试件不符合要求，则判定该批焊接接头为不合格品。

在钢筋电渣压力焊焊接过程中，如发现裂纹、未熔合、烧伤等焊接缺陷应查找原因，采取措施，及时消除。

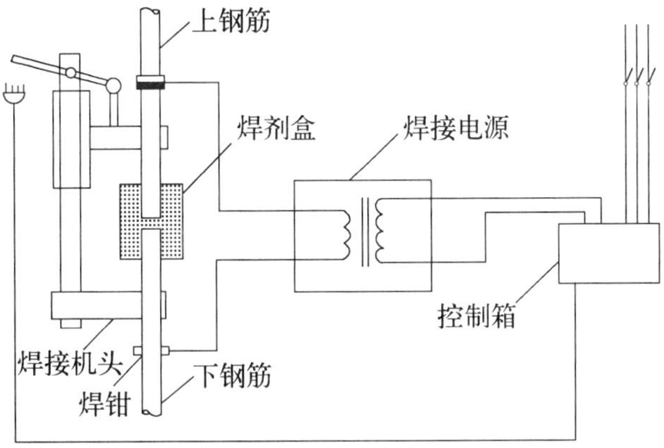

图 4－27　钢筋电渣压力焊设备示意图

（5）电阻点焊

电阻点焊主要用于钢筋的交叉连接，焊接钢筋网片、钢筋骨架等。其工作原理是：当钢筋交叉点焊时，接触点只有一点，接触处接触电阻较大，在接触的瞬间，电流产生的全部热量都集中在一点上，因而使金属受热而熔化，同时在电极加压下使焊点金属得到焊合。

常用的点焊机有单点点焊机、多点点焊机、悬挂式点焊机和手提式点焊机。

电阻点焊的焊点应进行外观检查和强度试验。热轧钢筋的焊点应进行抗剪试验。冷处理钢筋的焊点除进行抗剪试验外，还应进行拉伸试验。

（6）气压焊

钢筋气压焊是利用乙炔、氧气混合气体燃烧的高温火焰，加热焊接钢筋的接合部，不待钢筋熔融使其高温下加压接合。钢筋气压焊属于热压焊，压接后的接头可以达到与母材相同甚至更高的强度，而且气压焊设备轻巧，使用灵活，效率高，成本低。气压焊的设备包括供气装置、加热器、加压器和压接器等。

气压焊操作工艺：施焊前，钢筋端头用切割机切齐，压接面应与钢筋轴线垂直，如稍有偏斜，两钢筋间距不得大于 3 mm；钢筋切平后，端头周边用砂轮磨成小八字角，并将端头附近 50～100 mm 范围内钢筋表面的铁锈、油渍和水泥清除干净。施焊时，先将钢筋固定于压接器上，并加以适当的压力使钢筋接触，然后将火钳火口对准钢筋接缝处，加热钢筋端部至 1 100 ℃～1 300 ℃，表面发深红色时，当即加压油泵，对钢筋施以 40 MPa 以上的压力。压接部分的膨鼓直径，为钢筋直径的1.4倍以上，其形状呈平滑的圆球形。待钢筋加热部分火色退消后，即可拆除压接器。

2. 钢筋机械连接

钢筋机械连接有挤压连接、锥螺纹连接和直螺纹连接。

(1) 挤压连接

钢筋挤压连接是把两根待接钢筋的端头先插入一个优质钢套筒内，然后用挤压连接设备沿径向或轴向挤压钢套筒，使之产生塑性变形，依靠变形后的钢套筒与被连接钢筋纵、横肋产生的机械咬合作用实现钢筋的连接。

挤压连接的优点是接头强度高、质量稳定可靠、安全、无明火、且不受气候影响、适应性强，可用于垂直、水平、倾斜、高空、水下等的钢筋连接，还特别适用于不可焊钢筋、进口钢筋的连接，近年来推广应用迅速。挤压连接的主要缺点是设备移动不便，连接速度较慢。

挤压连接分径向挤压连接和轴向挤压连接。径向挤压连接：径向挤压连接是采用挤压机和压模，沿套筒直径方向，从套筒中间依次向两端挤压套筒，把插在套筒里的两根钢筋紧固成一体，形成机械接头。它适用地震区和非地震区的钢筋混凝土结构的钢筋连接施工，如图4-28所示。

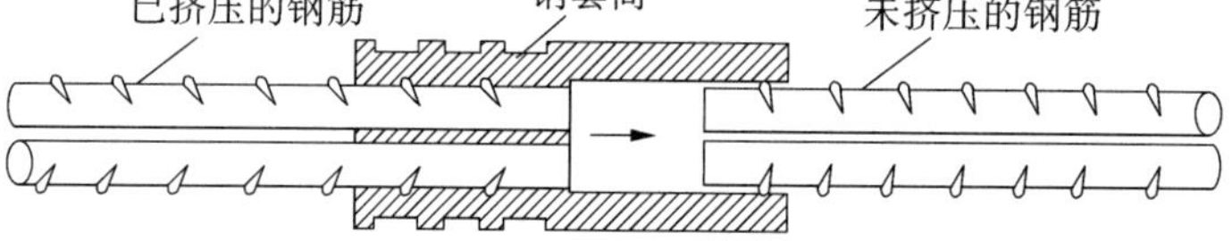

图4-28　套筒挤压连接

轴向挤压连接：轴向挤压连接是采用挤压和压模，沿钢筋轴线冷挤压金属套筒，把插入金属套筒里的两根待连接热轧钢筋紧固一体，形成机械接头。它适用于按一、二级抗震设防的地震区和非地震区的钢筋混凝土结构工程的钢筋连接施工。

挤压连接的主要设备有超高压泵、半挤压机、挤压机、压模、手扳葫芦、画线尺、量规等。

(2) 锥螺纹连接

锥螺纹连接是将所连钢筋的对接端头在钢筋套丝机上加工成与套筒匹配的锥螺纹，然后将带锥形内丝的套筒用扭力扳手按一定力矩值把两根钢筋连接起来，通过钢筋与套筒内丝扣的机械咬合达到连接的目的。

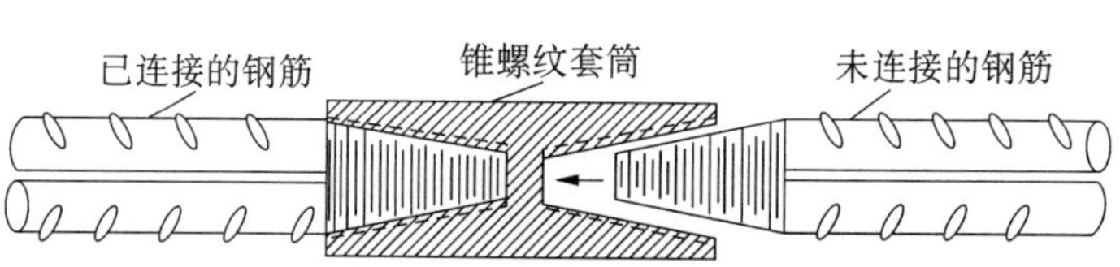

图4-29　锥螺纹钢筋连接

(3) 直螺纹连接

直螺纹连接是近年来开发的一种新的螺纹连接方式。它先把钢筋端部镦粗，然后再切削直螺纹，最后用套筒实行钢筋对接。由于镦粗段钢筋切削后的净截面仍大于钢筋原截面，即螺纹不削弱钢筋截面，从而确保接头强度大于母材强度。直螺纹不存在扭紧力矩对接头性能的影响，从而提高了连接的可靠性，也加快了施工速度。直螺纹接头比套筒挤压接头省钢 70%，比锥螺纹接头省钢 35%，技术经济效果显著。

图 4-30　直螺纹接头

3. 钢筋的绑扎与安装

基面终验清理完毕或施工缝处理完毕养护一定时间，且混凝土强度达到 2.5 MPa 后，即进行钢筋的绑扎与安装作业。钢筋的安设方法有两种：一种是将钢筋骨架在加工厂制好，再运到现场安装，称为整装法；另一种是将加工好的散钢筋运到现场，再逐根安装，称为散装法。

(1) 钢筋的绑扎接头

1) 钢筋绑扎要求

① 钢筋的交叉点应用铁丝扎牢。

② 柱、梁的箍筋，除设计有特殊要求外，应与受力钢筋垂直；箍筋弯钩叠合处，应沿受力钢筋方向错开设置。

③ 柱中竖向钢筋搭接时，角部钢筋的弯钩平面与模板面的夹角，矩形柱应为 45°，多边形柱应为模板内角的平分角。

④ 板、次梁与主梁交叉处，板的钢筋在上，次梁的钢筋居中，主梁的钢筋在下；当有圈梁或垫梁时，主梁的钢筋应放在圈梁上。主筋两端的搁置长度应保持均匀一致。

2) 钢筋绑扎接头

同一构件中相邻纵向受力钢筋的绑扎搭接接头宜相互错开。

(2) 钢筋的现场绑扎

1) 准备工作

① 熟悉施工图纸。通过熟悉图纸，一方面校核钢筋加工中是否有遗漏或误差；另一方面也可以检查图纸中是否存在与实际情况不符的地方，以便及时改正。

② 核对钢筋加工配料单和料牌。在熟悉施工图纸的过程中，应核对钢筋加工配料单和料牌，并检查已加工成型的成品的规格、形状、数量、间距是否和图纸一致。

③ 确定安装顺序。钢筋绑扎与安装的主要工作内容包括放样画线、排筋绑扎、垫撑铁和保护层垫块、检查校正及固定预埋件等。为保证工程顺利进行，在熟悉图纸的基础上，要考虑钢筋绑扎安装顺序。板类构件排筋顺序一般先排受力钢筋后排分布钢筋；梁类构件一般先摆纵筋(摆放有焊接接头和绑扎接头的钢筋应符合规定)，再排箍筋，最后固定。

④ 做好材料、机具的准备。钢筋绑扎与安装的主要材料、机具包括钢筋钩、吊线垂球、木水平尺、麻线、长钢尺、钢卷尺、扎丝、垫保护层用的砂浆垫块或塑料卡、撬杆、绑扎架等。对于结构较大或形状较复杂的构件，为了固定钢筋还需一些钢筋支架、钢筋支撑。扎丝一般采用 18～22 号铁丝或镀锌铁丝，扎丝长度一般以钢筋钩拧 2～3 圈后，铁丝出头长度为 20 cm 左右。

⑤ 放线。放线要从中心点开始向两边量距放点，定出纵向钢筋的位置。水平筋的放线可放在纵向钢筋或模板上。

2) 钢筋的绑扎

钢筋的绑扎应顺直均匀、位置正确。钢筋绑扎的操作方法有一面顺扣法、十字花扣法、反十字扣法、兜扣法、缠扣法、兜扣加缠法、套扣法等，较常用的是一面顺扣法。一面扣法的操作步骤是：首先将已切断的扎丝在中间折合成180°弯，然后将扎丝清理整齐。绑扎时，执在左手的扎丝应靠近钢筋绑扎点的底部，右手拿住钢筋钩，食指压在钩前部，用钩尖端钩住扎丝底扣处，并紧靠扎丝开口端，绕扎丝拧转两圈套半，在绑扎时扎丝扣伸出钢筋底部要短，并用钩尖将铁丝扣紧。为使绑扎后的钢筋骨架不变形，每个绑扎点进扎丝扣的方向要求交替变换90°。钢筋加工的形状、尺寸、钢筋安置位置应符合设计要求，其偏差应符合规定。

4.2.4 钢筋的配料与代换

1. 钢筋的配料

(1) 配料程序

看懂构件配筋图→绘出单根钢筋简图→编号→计算下料长度和根数→填写配料表→申请加工。

(2) 计算下料长度

钢筋因弯曲或弯钩会使其长度变化，配料中不能直接根据图纸尺寸下料，必须了解混凝土保护层、钢筋弯曲、弯钩等规定，再根据图示尺寸计算其下料长度。

直钢筋下料长度＝构件长度－保护层厚度＋弯钩增加长度

弯起钢筋下料长度＝直段长度＋斜段长度－弯曲调整值＋弯钩增加长度

箍筋下料长度＝箍筋周长＋箍筋调整值

① 弯曲调整值

钢筋弯曲后特点：一是外壁伸长、内壁缩短，轴线长度不变；二是在弯曲处形成圆弧。钢筋的量度方法是沿直线量外包尺寸，因此弯起钢筋的量度尺寸大于下料尺寸如图4－31，两者之间的差值称为弯曲调整值。不同弯曲角度的钢筋调整值如表4－6：

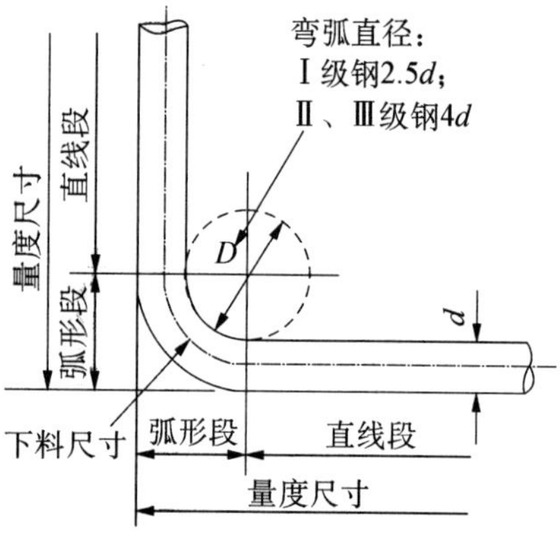

图4－31 钢筋弯曲时的量度尺寸

表4－6 钢筋弯曲量度差值

钢筋弯曲角度	30°	45°	60°	90°	135°
钢筋弯曲调整值	0.35d	0.5d	0.85d	2d	2.5d

② 弯钩增加长度

《混凝土结构设计规范》(GB 50010—2010)规定，HPB300级钢筋末端应做180°弯钩，其弯弧内直径不应小于钢筋直径的2.5倍，弯钩的弯后平直部分长度不应小于钢筋直径的3倍。显然，此类钢筋下料长度要大于钢筋的外包尺寸，此时，计算中每个弯钩应增加一定的长度即弯钩增加长度。每个弯钩增加长度为6.25d。

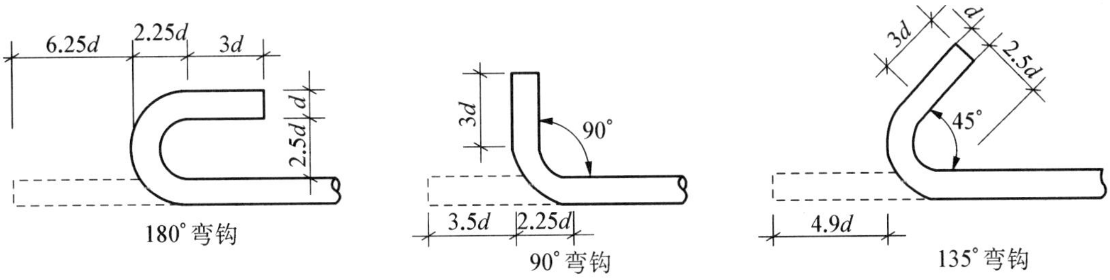

图 4－32

③ 箍筋调整值

即为弯钩增加长度和弯曲调整值两项之差或和，根据箍筋量外包尺寸或内皮尺寸而定。如图 4－33 及表 4－7：

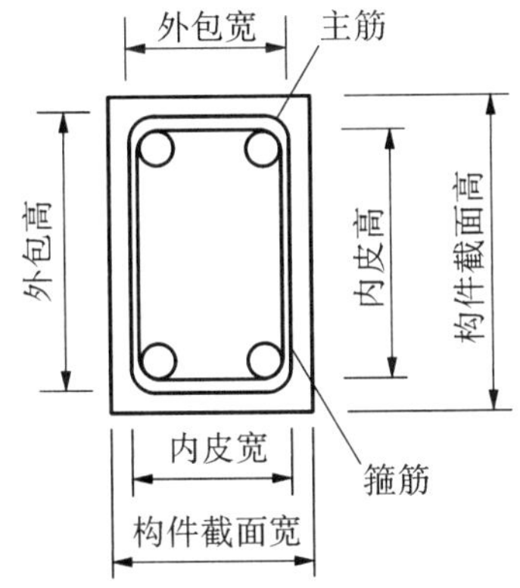

图 4－33　箍筋量度方法

表 4－7　箍筋调整值

箍筋量度方法	箍筋直径(mm)			
	4～5	6	8	10～12
量外包尺寸	40	50	60	70
量内皮尺寸	80	100	120	150～170

2. 钢筋的代换

工程施工中，常遇到钢筋的品种或规格与设计不符，此时可做钢筋代换，并应办理设计变更文件。

钢筋代换参照以下原则进行：

(1) 等承载力代换：当构件受承载力控制时，钢筋可按承载力相等原则进行代换；

(2) 等面积代换：当构件按最小配筋率配筋时，钢筋可按面积相等原则进行代换；

(3) 当构件受裂缝宽度或挠度控制时，代换后应进行裂缝宽度或挠度验算。

钢筋代换后，有时因受力钢筋直径加大或根数增多而需增加排数，此时构件截面的有效高度 h_0 减小，截面承载力降低。此时，可凭经验适当增加钢筋面积，再作截面承载力复核。

钢筋代换时，除必须充分了解设计意图和代换材料性能外，还应严格遵守现行结构设计规范的有关规定，凡重要结构中的钢筋代换必须征得设计单位同意。

代换中还应注意以下事项：

① 对某些主要构件，如吊车梁、薄腹梁、桁架下弦等，不宜用 HPB300 级光面钢筋代替 HRB335 和 HRB400 级带肋钢筋；

② 同一截面内，可同时配有不同种类和直径的代换钢筋，但每根钢筋的拉力差不应过大(如同品种钢筋的直径差一般不大于 5 mm)，以免构件受力不匀；

③ 梁的纵向受力钢筋与弯起钢筋应分别代换，以保证正截面和斜截面的承载力；

④ 偏心受压构件（如框架柱、有吊车的厂房柱、桁架上弦等）或偏心受拉构件做钢筋代换时，不取整个截面配筋量计算，应按受力面（受压或受拉）分别代换；

⑤ 当构件受裂缝宽度控制时，如以小直径钢筋代换大直径钢筋，或强度等级低的钢筋代替强度等级高的钢筋，则可不做裂缝宽度验算。

任务 4.3 混凝土工程

混凝土工程施工包括配料、搅拌、运输、浇筑、振捣、养护等施工过程，各施工过程紧密联系又相互影响，任一施工过程处理不当都会影响混凝土的最终质量。因此，确保混凝土工程质量非常重要。

混凝土供应有预拌混凝土和现场搅拌两种方式。混凝土工程包括现浇混凝土结构施工和采用装配式预制混凝土构件的工厂化施工。限于当时的技术条件，原先以现浇混凝土结构施工为主。现场施工时模板消耗比较多，劳动强度大，工期相对乏长，因而逐渐向工厂化发展。在混凝土工程施工过程中，运输和浇筑是一项繁重、关键性的工作，它要求迅速、及时、保证质量和降低劳动。因此，正确选择运输工具和浇筑方式尤为重要。

4.3.1 混凝土的配料

混凝土拌制是指按照混凝土配合比设计要求，将其各组成材料（砂石、水泥、水、外加剂及掺和料等）拌和成均匀的混凝土料，以满足浇筑的需要。混凝土制备的过程包括贮料、供料、配料和拌和。其中配料和拌和是主要生产环节，也是质量控制的关键，要求品种无误、配料准确、拌和充分。

1. 配料

配料是按设计要求，称量每次拌和混凝土的材料用量，配料的精度直接影响混凝土质量。混凝土配料要求采用重量配料法，即是将砂、石、水泥、掺和料按重量计量，水和外加剂溶液按重量折算成体积计量，称量的允许偏差应满足要求。设计配合比中的加水量应根据水灰比计算确定，并以饱和面干状态的砂子为标准。由于水灰比对混凝土强度和耐久性影响极为重大，绝不能任意变更，而施工采用的砂子，其含水量又往往较高，在配料时采用的加水量，应扣除砂子表面含水量及外加剂中的水量。

混凝土施工配置强度确定后，根据原材料的性能以及对混凝土的技术要求进行初步计算，得出初步配合比；再经实验室试拌调整，得出满足和易性、强度和耐久性要求的较经济合理的实验室配合比。实验室配合比是以干燥材料为基准的，而工地存放的砂、石骨料往往都含有一定的水分，所以，现场材料的实际称量应按工地砂、石的含水情况进行调整，调整后的配合比，称为施工配合比。

设混凝土实验室配合比为：水泥：砂子：石子$=1:x:y$，测得砂子的含水量为ω_x石子的含水量为ω_y，则施工配合比应为：$1:x(1+\omega_x):y(1+\omega_y)$。

2. 给料

给料是将混凝土各组分从料仓按要求供到称料料斗。给料设备的工作机构常与称量设备相连，当需要给料时，控制电路开通，进行给料。当计量达到要求时，即断电停止给料。常用的给料设备有皮带给料机、给料闸门、电磁振动给料机、叶轮给料机、螺旋给料机等。

3. 称量

混凝土配料称量的设备有简易称量（地磅）、电动磅秤、自动配料杠杆秤、电子秤、配水箱及定量水表。

4.3.2 混凝土的搅拌与运输

1. 搅拌机选择

混凝土的制备方法，除零星分散且用于非重要部位的可采用人工拌制外，均应采用机械搅拌。混凝土搅拌机按其搅拌原理分为自落式和强制式两类。

（1）自落式搅拌机

混凝土拌合料在鼓筒内作自由落体式翻转搅拌，适宜搅拌塑性混凝土和低流动性混凝土。搅拌力量小、动力消耗大、效率低，正日益被强制式搅拌机所取代。

（2）强制式搅拌机

混凝土拌合料搅拌作用强烈，适宜搅拌干硬性混凝土和轻骨料混凝土。搅拌质量好、速度快、生产效率高、操作简便安全，但机件磨损较严重。强制式搅拌机有立轴和卧轴之分，立轴式不宜用于搅拌流动性大的混凝土。卧轴式搅拌机具有适用范围广、搅拌时间短、搅拌质量好等优点，是大力推广的机型。

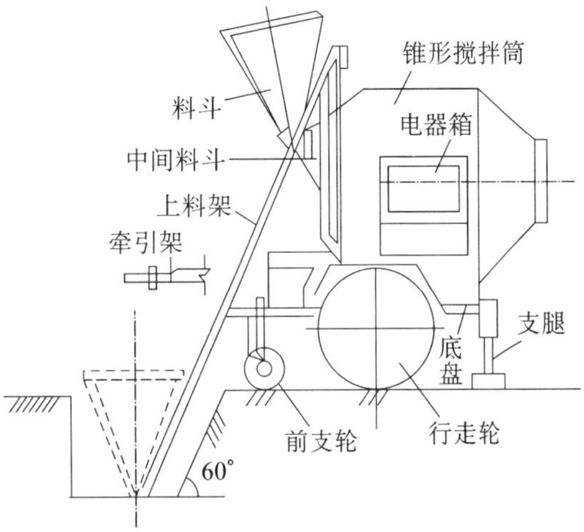

图 4-34 自落式锥形反转出料搅拌机

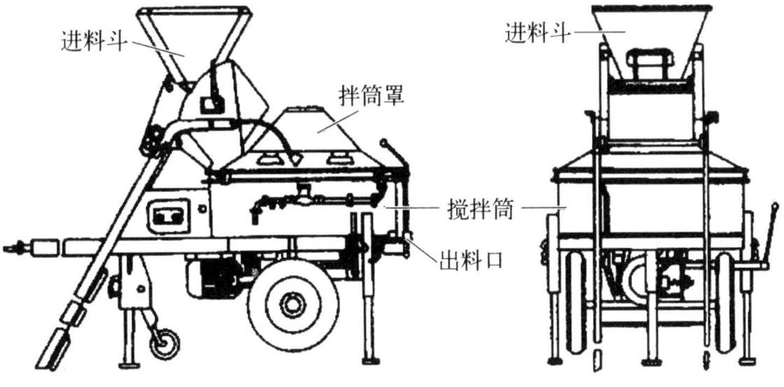

图 4-35 强制式搅拌机

（3）混凝土搅拌站

混凝土的现场拌制已属于限制技术，在规模大、工期长的工程中设置半永久性的大型搅拌站是发展方向。将混凝土集中在有自动计量装置的混凝土搅拌站集中拌制，用混凝土运输车向施工现场供应商品混凝土，有利于实现建筑工业化、提高混凝土质量、节约原材料和能源、减少现场和城市环境污染、提高劳动生产率。

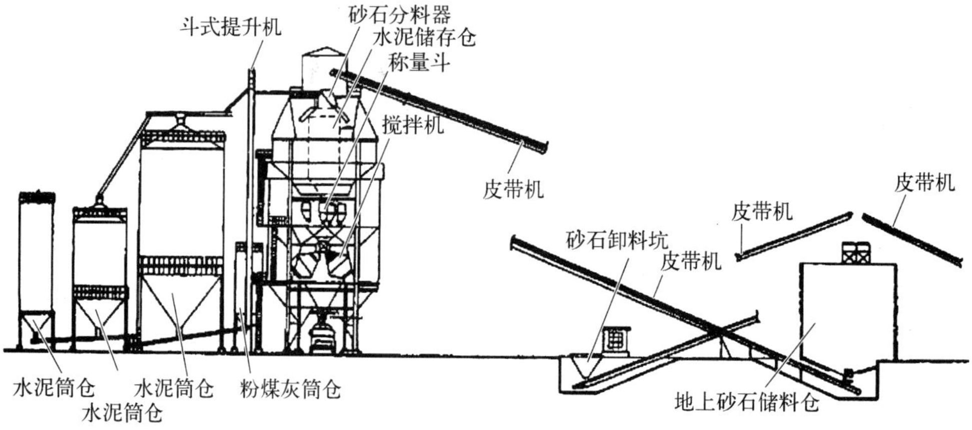

图 4－36　混凝土搅拌站示意图

2. 搅拌制度的确定

在正确选择混凝土搅拌机后，还必须确定装料容量、搅拌时间和投料顺序等。

（1）搅拌机的装料容量

搅拌机容量有几何容量、进料容量和出料容量三种标示。几何容量指搅拌筒内的几何容积，进料容量是指搅拌前搅拌筒可容纳的各种原材料的累计体积，出料容量是每次从搅拌筒内可卸出的最大混凝土体积。

为保证混凝土得到充分的拌和，装料容量通常是搅拌机几何容量的 1/2～1/3，出料容量约为装料容量的 0.55～0.72(称为出料系数)。

（2）混凝土搅拌时间

从原材料全部投入到混凝土拌合物开始卸出所经历的时间，过短混凝土拌合不均匀；过长则降低了生产率，还降低了混凝土的和易性或产生分层离析现象。

表 4－8　混凝土搅拌的最短时间 S

混凝土坍落度 mm	搅拌机机型	搅拌机出料量/L		
		＜250	250～500	＞500
≤30	强制式	60	90	120
	自落式	90	120	150
＞30	强制式	60	60	90
	自落式	90	90	120

（3）投料顺序

投料顺序应考虑提高搅拌质量、减少拌合物与搅拌筒的粘结、减少水泥飞扬、改善工作环境。常用的有一次投料法、两次投料法和水泥裹砂法等。

① 一次投料法：在料斗中先装石子、再加水泥和砂，将水泥夹于砂与石子之间，一次投入搅拌机。

② 两次投料法：它分两次加水、两次搅拌。搅拌时先将全部的石子、砂和 70%的拌合水倒入搅拌机，拌合 15 s 使骨料湿润，再倒入全部水泥搅拌 30 s 左右，然后加入 30%的拌合水

再进行糊化搅拌 60 s 左右即完成。与普通搅拌工艺相比，可使混凝土强度提高 10%～20%，或节约水泥 5%～10%。

③ 水泥裹砂法：又称 SEC 法，是先加适量的水使砂表面湿润，再加石子与湿砂拌匀，然后将全部水泥投入与砂石共同拌合，使水泥在砂石表面形成一层低水灰比的水泥浆壳，最后将剩余的水和外加剂加入搅拌成混凝土。SEC 法制备的混凝土与一次投料法相比，强度可提高 20%～30%，混凝土不易产生离析和泌水现象，工作性好。此外还有净浆法、净浆裹石法、裹砂法、先拌砂浆法等投料工艺。

④ 人工拌和：水泥加砂先干拌两遍，加入石子再干拌一遍，然后加水湿拌至颜色均匀即可。但混凝土质量差、水泥耗量多，只允许在工程量小、非重要构件中使用。

(4) 混凝土搅拌的注意事项

① 混凝土配合比必须在搅拌站旁挂牌公布，接受监督和检查；

② 严格控制水灰比和坍落度，未经试验人员同意不得随意加减用水量；

③ 混凝土掺用外加剂时，外加剂应与水泥同时进入搅拌机，搅拌时间相应延长 50～100%；当外加剂为粉状时，应先用水稀释，然后与水一同加入；

④ 搅拌第一盘混凝土时，考虑搅拌机筒壁要吸附一部分水泥浆，只加规定石子重量的一半，俗称"减半石混凝土"。

⑤ 搅拌好的混凝土要基本卸尽，在全部混凝土卸出之前不得再投入拌合料，严禁采用边出料边进料的方法。

⑥ 当混凝土搅拌完毕或预计停歇时间超过 1 h 以上时，应将搅拌机内余料倒出，用清水清理搅拌机。

⑦ 每班至少应分两次检查材料的质量及每盘的用量，确保工程质量。

3. 混凝土的运输

(1) 混凝土运输的基本要求

① 保证混凝土的浇筑量：在不允许留施工缝的情况下，混凝土运输须保证浇筑工作能连续进行，应按混凝土的最大浇筑量来选择混凝土运输方法及运输设备的型号和数量。

② 应保证混凝土在初凝前浇筑完毕：应以最短的时间和最少的转换次数将混凝土从搅拌地点运至浇筑地点，混凝土从搅拌机卸出后到振捣完毕的延续时间见下表：

表 4-9　混凝土从搅拌机卸出后到浇筑完毕的延续时间(min)

混凝土强度等级	气候	
	≤25 ℃	>25 ℃
≤C30	120	90
>C30	90	60

③ 保证混凝土在运输过程中的均匀性：避免产生分层离析、水泥浆流失、坍落度变化以及产生初凝现象。

(2) 混凝土运输方法和运输机具

① 混凝土地面水平运输

混凝土地面水平运输分为间歇式运输机具(手推车、机动翻斗车、自卸汽车、搅拌运输车)和连续式运输机具(皮带运输机、混凝土泵等)。手推车、机动翻斗车适用于运输距离短、运输工程量不大的混凝土输送;混凝土泵适用于水平距离在 1 500 m 内、需连续进行的混凝土输送;混凝土搅拌运输车适用于建有混凝土集中搅拌站的城市内混凝土输送;自卸汽车适用于长距离的混凝土输送。

混凝土搅拌运输车是一种长距离输送混凝土的高效机械,适用于建有混凝土集中搅拌站的混凝土输送,容量一般为 6～12 m^3。运输途中搅拌筒以 2～4 r/min 的转速搅动筒内混凝土拌合料,以保证混凝土在长途运输中不致离析;在远距离运输时可将混凝土干料装入筒内,在运输途中加水搅拌,整个运输途中拌筒的总转数应控制在 300 转以内。

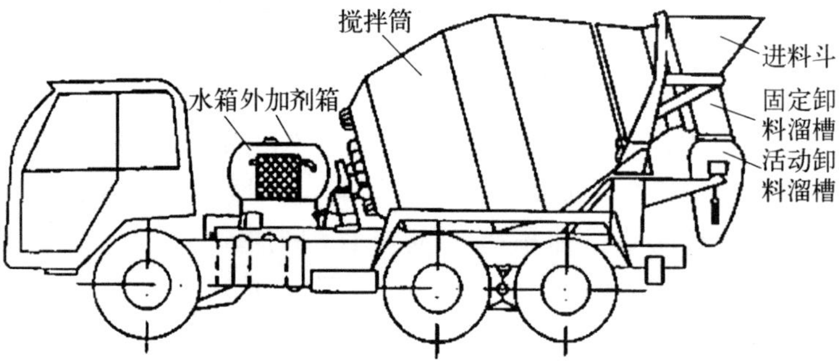

图 4-37　混凝土搅拌运输车

② 混凝土垂直运输

混凝土垂直运输机具主要是各类井架、提升机、塔吊和混凝土输送泵等。采用塔式起重机时,可考虑将混凝土搅拌机布置在塔吊工作半径内,混凝土直接卸入吊斗内,垂直提升后直接倾入混凝土浇筑点。

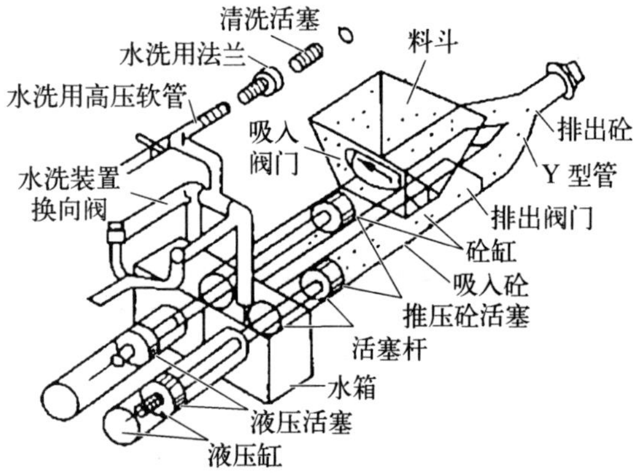

图 4-38　液压活塞式混凝土泵工作原理图

③ 混凝土输送泵

混凝土输送泵可一次完成水平及垂直输送,将混凝土直接输送至浇筑地点,是一种高效的混凝土运输和浇筑机具。我国目前主要采用活塞泵,液压驱动。由料斗、液压缸和活塞、混凝土缸、分配阀、Y 型输送管、冲洗系统和动力系统等组成。

混凝土输送泵可分为拖式泵(固定式泵)和车载泵(移动式泵)二大类。

混凝土输送管用钢管制成,直径一般为 110、125、150 mm,标准管长 3 m,也有 2 m、1 m 的配管,弯头有 900、450、300、150 等不同角度的弯管。管径的选择根据混凝土骨料的最大粒径、输送距离、输送高度及其它施工条件决定。

泵送混凝土时,应保证混凝土的供应能满足混凝土泵连续工作。输送管线宜直、转弯宜缓、接头要严密;泵送前先用适量的水泥砂浆润湿管道内壁,在泵送结束或预计泵送间隙时间超过 45 min 时,及时把残留在混凝土缸体和输送管内混凝土清洗干净。

④ 混凝土泵车

混凝土泵车均装有 3～5 节折叠式全回转布料臂、液压操作。最大理论输送能力为 150 m^3/h，最大布料高度 51 m，布料半径 46 m，布料深度 35.8 m。可在布料杆的回转范围内直接进行浇筑。

⑤ 混凝土布料杆

可根据现场混凝土浇筑的需要将布料杆设置在合适位置，布料杆有固定式、内爬式、移动式、船用式等。HGT41 型内爬式布料机布料半径 41 m，塔身高度 24 m，爬升速度 0.5 m/min，臂架为四节卷折全液压形式，回转角度 3 650，末端软管长度 3 m。

(3) 混凝土运输的注意事项

① 尽可能使运输线路短直、道路平坦，车辆行驶平稳，减少运输时的振荡；避免运输的时间和距离过长、转运次数过多。

② 混凝土容器应平整光洁、不吸水、不漏浆，装料前用水湿润，炎热气候或风雨天气宜加盖，防止水分蒸发或进水，冬季考虑保温措施。

③ 运至浇筑地点的混凝土发现有离析和初凝现象须二次搅拌均匀后方可入模，已凝结的混凝土应报废，不得用于工程中。

④ 溜槽运输的坡度不宜大于 30°，混凝土移动速度不宜大于 1 m/s。如溜槽的坡度太小、混凝土移动太慢，可在溜槽底部加装小型振动器；当溜槽太斜或用皮带运输机运输，混凝土移动速度太快时，可在末端设置串筒或挡板，以保证垂直下落和落差高度。

⑤ 当混凝土浇筑高度超过 3 m 时应采用成组串筒，以保证混凝土的自由落差不大于 2 m。

⑥ 当混凝土浇筑高度超过 8 m 时，应设置带节管的振动串筒或多级料斗。

4.3.3 混凝土成型

混凝土成型过程包括浇筑与捣实，是混凝土工程施工的关键工序，直接影响混凝土的质量和整体性。

1. 混凝土浇筑

(1) 混凝土浇筑前的准备工作

① 检查模板的标高、位置及严密性，支架的强度、刚度、稳定性，清理模板内垃圾、泥土、积水和钢筋上的油污，高温天气模板宜浇水湿润；

② 做好钢筋及预留预埋管线的验收和钢筋保护层检查，做好钢筋工程隐蔽记录；

③ 准备和检查材料、机具等；

④ 做好施工组织和技术、安全交底工作。

(2) 混凝土浇筑的一般要求

① 混凝土须在初凝前浇筑：如已有初凝现象，则应再进行一次强力搅拌方可入模。如混凝土在浇筑前有离析现象，亦须重新拌合才能浇筑。

② 混凝土浇筑时的自由倾落高度：对于素混凝土或少筋混凝土，由料斗、漏斗进行浇筑时，倾落高度不超过 2 m；对竖向结构(柱、墙)倾落高度不超过 3 m；对于配筋较密或不便于捣实的结构倾落高度不超过 60 cm。否则应采用串筒、溜槽和振动串筒下料，以防产生离析。

③ 浇筑竖向结构混凝土前，底部应先浇入不大于 30 mm 厚与混凝土成分相同的水泥砂

浆，以避免产生蜂窝、麻面及烂根现象。

④ 混凝土浇筑时的坍落度

坍落度是判断混凝土施工和易性优劣的简单方法，应在混凝土浇筑地点进行坍落度测定，以检测混凝土搅拌质量，防止长时间、远距离混凝土运输引起和易性损失，影响混凝土成型质量。

表 4-10　混凝土浇筑时的坍落度(mm)

项　次	结构种类	坍落度
1	基础或地面等的垫层、无配筋的厚大结构(挡土墙、基础或厚大的块体)或配筋稀疏的结构	10～30
2	板、梁及大、中型截面的柱子等	30～60
3	配筋密列的结构(薄壁、斗仓、筒仓、细柱等)	50～70
4	配筋特密的结构	70～90

⑤ 混凝土的分层厚度

为使混凝土振捣密实，混凝土必须分层浇筑。其浇筑层厚度见下表：

表 4-11　混凝土浇筑层厚度(mm)

捣实混凝土的方法		浇筑层的厚度
插入式振捣		振捣器作用部分长度的 1.25 倍
表面振动		200
人工捣固	在基础、无筋混凝土或配筋稀疏的结构中	250
	在梁、墙板、柱结构中	200
	在配筋密列的结构中	150
轻骨料混凝土	插入式振捣器	300
	表面振动(振动时需加荷)	200

⑥ 混凝土浇筑的允许间歇时间

混凝土浇筑应连续进行，由于技术或施工组织上原因必须间歇时，其间歇时间应尽可能缩短，并在下层混凝土未凝结前，将上层混凝土浇筑完毕。混凝土运输、浇筑及间隙的全部不得超过下表的允许间歇时间：

表 4-12　混凝土运输、浇筑和间隙的允许时间(min)

混凝土强度等级	气　温	
	≤25 ℃	>25 ℃
C30 及 C30 以下	210	180
C30 以上	180	150

⑦ 混凝土在初凝后、终凝前应防止振动

当混凝土抗压强度达到 1.2 MPa 时才允许在上面继续进行施工活动。

(3) 混凝土施工缝的留设

由于施工技术或施工组织的原因，不能连续将结构整体浇筑完成，预计间隙时间将超过规定时间时，应预先选定适当的部位留置施工缝，施工缝宜留在结构受剪力较小且便于施工的部位。

① 柱子应留水平缝，柱子施工缝宜留在基础的顶面、梁或吊车梁牛腿的下面、吊车梁的上面、无梁楼板柱帽的下面；

② 和板连成整体的大断面梁，施工缝留在板底以下 20～30 mm 处；当板下有梁托时，留在梁托下面；

③ 单向板的施工缝留在平行于板的短边的任何位置；

④ 有主次梁的楼板宜顺着次梁方向浇筑，施工缝应留在次梁跨度的中间 1/3 范围内；

⑤ 墙体的施工缝可留在门洞口过梁跨中 1/3 范围内，也可留在纵横墙的交接处；

⑥ 双向受力楼板、大体积混凝土结构、拱、蓄水池、多层刚架的施工缝应按设计要求留置施工缝。

(4) 后浇带的设置

后浇带是防止因温度变化和混凝土收缩导致结构产生裂缝的有效措施。后浇带的间距由设计确定，一般为 30 m，后浇带的保留时间一般为 40 d，最少应为 28 d，后浇带宽度一般为 70～100 cm，后浇带处的钢筋不宜断开。

(5) 普通混凝土的浇筑方法

① 台阶式柱基础

浇筑单阶柱基时可按台阶分层一次浇筑完毕，不允许留设施工缝，每层混凝土一次卸足，顺序是先边角后中间，务必使混凝土充满模板。

浇筑多阶柱基时为防止垂直交角处出现吊脚(上台阶与下口混凝土脱空)，可在第一级混凝土捣固下沉 2～3 cm 暂不填平，在继续分层浇筑第二级混凝土时，沿第二级模板底圈将混凝土做成内外坡，外圈边坡的混凝土在第二级混凝土振捣过程中自动摊平，待第二级混凝土浇筑后，将第一级混凝土齐模板顶边拍实抹平。

② 柱子混凝土的浇筑

柱子应分段浇筑，每段高度不大于 3.5 m。柱子高度不超过 3 m，可从柱顶直接下料浇筑，超过 3 m 时应采用串筒或在模板侧面开孔分段下料浇筑；柱子开始浇筑时应在柱底先浇筑一层 30 mm 厚的水泥砂浆或减半石混凝土；柱子混凝土应分层下料和捣实，分层厚度不大于 50 cm，振动器不得触动钢筋和预埋件；柱子混凝土应一次连续浇筑完毕，浇筑后应停歇 1～1.5 h，待柱混凝土初步沉实再浇筑梁板混凝土。浇筑整排柱子时，应由两端由外向里对称顺序浇筑，以防柱模板在横向推力下向一方倾斜。

③ 梁板混凝土的浇筑

肋形楼板的梁板应同时浇筑，浇筑方法应由一端开始用“赶浆法”，即先将梁根据梁高分层浇筑成阶梯形，当达到板底位置时再与板的混凝土一起浇筑，随着阶梯形不断延长，梁板混凝土浇筑连续向前推进。

④ 剪力墙混凝土的浇筑

剪力墙应分段浇筑，每段高度不大于 3 m。门窗洞口应两侧对称下料浇筑，以防门窗洞口位移或变形。窗口位置应注意先浇窗台下部，后浇窗间墙，以防窗台位置出现蜂窝孔洞。

⑤ 施工缝的处理

在施工缝已硬化的混凝土表面上浇筑混凝土前，应清除垃圾、杂物及已松动的砂石和软弱混凝土层，必要时混凝土表面应凿毛，用水冲洗干净并充分湿润，水平施工缝宜先铺10～15 mm的水泥砂浆，避免直接靠近缝边下料，振动器由远向缝边接近，在靠近缝边80～100 mm处停止振捣，但应加强施工缝接缝的捣实工作。

（6）大体积混凝土的浇筑方法

大体积混凝土浇筑后水化热量大，水化热积聚在内部不易散发，而混凝土表面又散热很快，形成较大的内外温差，温差过大易在混凝土表面产生裂纹；在浇筑后期，混凝土内部又会因收缩产生拉应力，当拉应力超过混凝土当时龄期的极限抗拉强度时，就会产生裂缝，严重时会贯穿整个混凝土基础。

1）浇筑方案

高层建筑或大型设备的基础，基础的厚度、长度及宽度也大，往往不允许留施工缝，要求一次连续浇筑。施工时应分层浇筑、分层捣实，但又要保证上下层混凝土在初凝前结合好，可根据结构大小、混凝土供应情况采用如下三种方式：

① 第一层全面浇筑完毕，在初凝前回来浇筑第二层，施工时从短边开始，沿长边逐层进行。适用于平面尺寸不大的基础。

② 浇筑工作从浇筑层的下端开始，逐渐上移。适用于基础的长度超过厚度的三倍的基础。

③ 混凝土从底层开始浇筑，进行一定距离后回来浇筑第二层，依次向前浇筑以上各层。适用于厚度不大而面积或长度较大的基础。

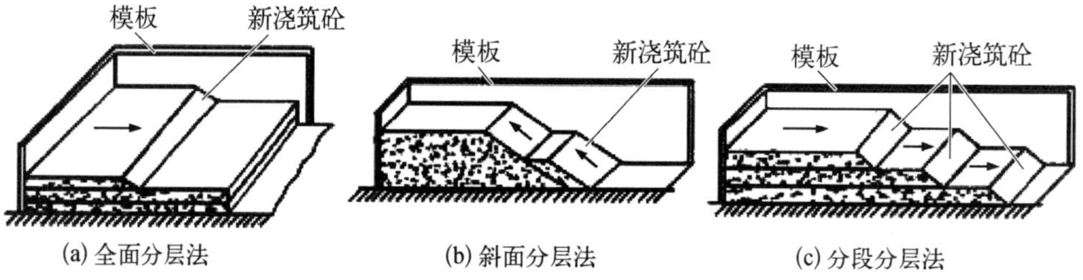

图 4－39

2）施工措施

常用的大体积混凝土施工措施有：

① 选用低水化热的水泥，如矿渣水泥、火山灰或粉煤灰水泥；

② 掺缓凝剂或缓凝型减水剂，也可掺入适量粉煤灰等外掺料；

③ 采用中粗砂和大粒径、级配良好的石子，尽量减少混凝土的用水量；

④ 降低混凝土入模温度，减少浇筑层厚度，降低混凝土浇筑速度，必要时在混凝土内部埋设冷却水管，用循环水来降低混凝土温度；

⑤ 加强混凝土的保湿、保温，采取在混凝土表面覆盖保温材料或蓄水养护，减少混凝土表面的热扩散；

⑥ 与设计方协商，设置“后浇带”。

(7) 水下混凝土的浇筑方法

水下混凝土的浇筑目前常用"导管法"。方法是利用导管输送混凝土使之与水隔离，依靠管中混凝土的自重，压管口周围的混凝土在已浇筑的混凝土内部流动、扩散，以完成混凝土的浇筑工作。

1) 工作程序

导管安放（下部距底面约10 cm），在料斗及导管内灌入足量混凝土，剪断球塞吊绳（混凝土冲向基底向四周扩散，并包住管口，形成混凝土堆），在料斗内持续灌入混凝土、管外混凝土面不断被管内的混凝土挤压顶升，边灌入混凝土、边逐渐提升导管（保证导管下端始终埋入混凝土内），直至混凝土浇筑高程高于设计标高，清除强度较低的表面混凝土至设计标高。

2) 注意事项

① 必须保证第一次浇筑的混凝土量能满足将导管埋入最小埋置深度 h_1，其后应能始终保持管内混凝土的高度；

② 严格控制导管提升高度，只能上下升降，不准左右移动，以免造成管内返水事故；

③ 导管直径的选择：水深小于3 m可选 $\phi250$，施工覆盖范围约4 m^2；水深3～5 m可选 $\phi300$，施工覆盖范围约5～15 m^2；水深5 m以上者可选 $\phi300$～500，施工覆盖范围约15～50 m^2；当面积过大时，可用多根导管同时浇筑；

④ 当混凝土水下浇筑深度在10 m以内时，导管埋入混凝土的最小深度为0.8 m，当混凝土水下浇筑深度在10～20 m时，导管埋入混凝土的最小深度为1.1～1.5 m。

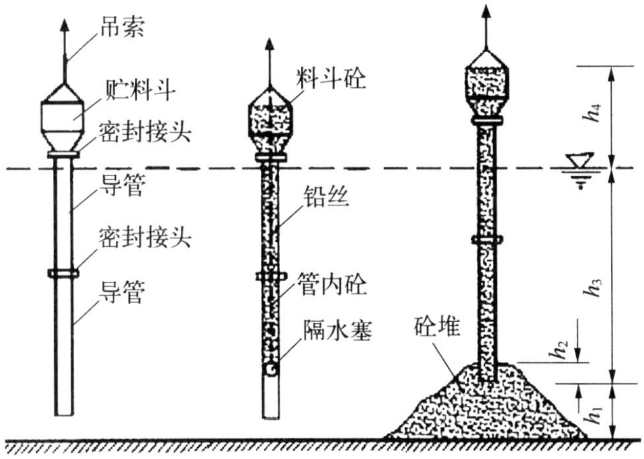

图4-40　导管法水下浇筑混凝土施工示意

2. 混凝土的密实成型

(1) 混凝土的振动密实成型

混凝土振动密实的原理：振动机械将振动能量传递给混凝土拌合物时，混凝土拌合物中所有的骨料颗粒都受到强迫振动，呈现出所谓的"重质液体状态"，因而混凝土拌合物中的骨料犹如悬浮在液体中，在其自重作用下向新的稳定位置沉落，排除存在于混凝土拌合物中的气体，消除孔隙，使骨料和水泥浆在模板中得到致密的排列。

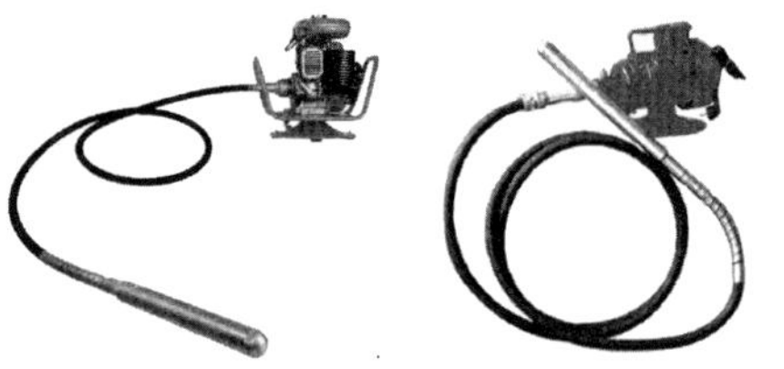

图 4 - 41 插入式振动器

1）插入式振动器

① 振动器选用

坍落度小的用高频、坍落度大的可用低频；骨料粒径小的用高频、骨料粒径大的用低频。

② 振捣方法

垂直振捣：容易掌握插点距离、控制插入深度（不超过振动棒长度的 1.25 倍），不易产生漏振，不易触及模板、钢筋，混凝土振后能自然沉实、均匀密实。

斜向振捣：操作省力，效率高、出浆快，易于排出空气，不会产生严重的离析现象，振动棒拔出时不会形成孔洞。

插点的分布有行列式和交错式两种。对普通混凝土插点间距$\not>1.5R$（R 为振动器作用半径，$R=300\sim400$ mm）；对轻骨料混凝土则$\not>1.0R$。与模板、钢筋的距离$\not>$作用半径的 0.5 倍，应将振动棒上下来回抽动 50～100 mm，插入下一层未初凝混凝土中的深度$\not<50$ mm，每一插点的振捣时间为 20～30 s 为宜。

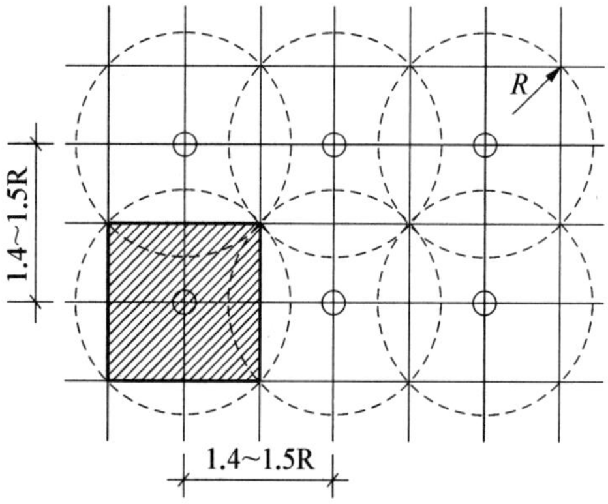

图 4 - 42 插点行列式布置

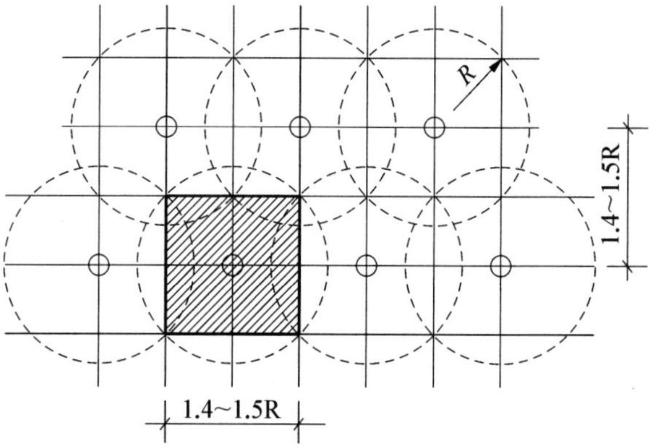

图 4 - 43 插点交错式布置

2）表面振动器

主要有平板振动器、振动梁、混凝土整平机和渠道衬砌机等，其作用深度较小，多用在混凝土表面进行振捣。平板振动器适用于楼板、地面及薄型水平构件的振捣，振动梁和混凝土整平机常用于混凝土道路的施工。

3）外部振动器

又称附着式振动器，它通过螺栓或夹钳等固定在模板外部，通过模板将振动传给混凝土拌合物，因而模板应有足够的刚度。它宜于振捣断面小且钢筋密的构件，如薄腹梁、箱型桥面梁等及地下密封的结构，无法采用插入式振捣器的场合。其有效作用范围可通过实测确定。

（2）混凝土离心成型法

离心法是将装有混凝土的模板放在离心机上，在离心力作用下，使混凝土分布于模板的内壁、混凝土中的水分挤出，使混凝土密实。适用于管柱、管桩、电杆、上下水管等构件的生产。

采用离心法成型，石子最大粒径不应超过管壁厚的 1/3～1/4，水泥用量不低于 350 kg/m^3，不得使用火山灰水泥，坍落度控制在 30～70 mm。

(3) 混凝土真空作业法

真空作业法是借助于真空负压,将水从刚浇筑成型的混凝土拌合物中吸出并使混凝土密实的成型方法。真空作业法有表面真空作业和内部真空作业,较常用的是在混凝土构件的上、下表面或侧面布置真空腔进行吸水。表面真空作业法在机场跑道、道路、隧道顶板、水池、桥墩、预制构件中都有应用。

4.3.4 混凝土养护

1. 自然养护

在自然气温条件下(高于+5℃)采取覆盖浇水养护或塑料薄膜养护。

(1) 覆盖浇水养护

在砼浇筑完毕后的 3～12 h 内用草帘、麻袋、锯末等将砼覆盖,浇水保持湿润,普通水泥、硅酸盐水泥和矿渣水泥拌制的砼养护不少于 7 d,掺用缓凝型外加剂和抗渗砼养护不少于 14 d;当气温在 15℃以上时,在砼浇筑后的最初 3 d,白天至少每 3 h 浇水一次,夜间应浇水两次,以后每昼夜浇水三次左右。高温或干燥气候应适当增加浇水次数。当日平均气温低于 5℃时,不得浇水。

对于地坪、楼屋面板等大面积结构可采用蓄水养护;对于贮水池一类工程可在拆除内模后采取注水养护;对于地下基础工程可采取覆土养护。

(2) 塑料薄膜保湿养护

以塑料薄膜为覆盖物,使砼与空气隔绝,水分不再蒸发,水泥靠砼中的水分完成水化作用而凝结硬化。它改善施工条件,节省人工,节约用水,保证砼的养护质量。保湿养护可分为塑料布养护和喷涂塑料薄膜养生液养护。

2. 加热养护

通过对砼加热来加速其强度的增长,加热养护的方法很多,常用的有蒸汽养护、热膜养护、太阳能养护等。

任务 4.4　钢筋混凝土工程质量验收与安全要求

4.4.1 模板工程质量与安全要求

模板安装工程的质量要求应符合《混凝土结构工程施工质量验收规范》(GB 50204—2015)的规定,模板拆除工程的质量要求应符合《混凝土结构工程施工规范》(GB 50666—2011)的规定。

1. 模板工程质量要求

(1) 模板及支架用材料的技术指标应符合国家现行有关标准的规定。进场时应抽样检验模板和支架材料的外观、规格和尺寸。

(2) 现浇混凝土结构模板及支架的安装质量应符合国家现行有关标准的规定和施工方案的要求。

(3) 后浇带处的模板及支架应独立设置。

（4）支架竖杆或竖向模板安装在土层上时，应符合下列规定：

① 土层应坚实、平整。其承载力或密实度应符合施工方案的要求；② 应有防水、排水措施；对冻胀性土，应有预防冻融措施；③ 支架竖杆下应有底座或垫板。

（5）模板安装应符合下列规定：

① 模板的接缝严密；② 模板内不能有杂物、积水或冰雪等；③ 模板与混凝土的接触面平整、清洁；④ 用作模板的地坪、胎膜等平整、清洁，不应有影响构件质量的下沉、裂缝、起砂或起鼓；⑤ 对清水混凝土及装饰混凝土构件，应使用能达到设计效果的模板。

（6）隔离剂的品种和涂刷方法应符合施工方案的要求。隔离剂不得影响结构性能及装饰施工；不得沾污钢筋、预应力筋、预埋件和混凝土接槎处；不得对环境造成污染。

（7）现浇结构模板安装的偏差应符合表 4－13 的规定。

表 4－13　现浇结构模板安装的允许偏差及检验方法

项　目		允许偏差/mm	检验方法
轴线位置		5	尺量
底模上表面标高		±5	水准仪或拉线、尺量
模板内部尺寸	基础	±10	尺量
	柱、墙、梁	±5	尺量
	楼梯相邻踏步高差	5	尺量
柱、墙垂直度	层高≤6 m	8	经纬仪或吊线、尺量
	层高＞6 m	10	经纬仪或吊线、尺量
相邻两板表面高低差		2	尺量
表面平整度		5	2 m 靠尺和塞尺量测

（8）固定在模板上的预埋件、预留孔和预留洞均不得遗漏，且应安装牢固，有抗渗要求的混凝土结构的预埋件，应按设计及其施工方案的要求采取防渗措施。预埋件和预留孔洞的位置应满足设计和施工方案的要求。当设计无具体要求时，其位置偏差应符合表 4－14 的规定。

表 4－14　预埋件和预留孔洞的允许偏差

项　目		允许偏差/mm
预埋钢板中心线位置		3
预埋管、预留孔中心线位置		3
插筋	中心线位置	5
	外露长度	+10,0
预埋螺栓	中心线位置	2
	外露长度	+10,0
预留洞	中心线位置	10
	尺寸	+10,0

2. 模板工程安全要求

(1) 作业前应认真检查模板、支撑等构件是否符合要求，钢模板有无锈蚀或变形，木模板及支撑材质是否合格。

(2) 地面上的支模场地必须平整夯实，同时排除现场的不安全因素。

(3) 工作前应先检查使用的工具是否牢固，扳手等工具必须用绳链系挂在身上，钉子必须放在工具袋内，以免掉落伤人。工作时要思想集中，防止钉子扎脚和空中滑落。

(4) 安装与拆除 2 m 以上的模板时，应搭脚手架，并设防护栏杆，防止上下在同一垂直面操作。支设高度在 3 m 以上的模板时，四周应设斜撑，并应设立操作台。如柱模在 6 m 以上，应将几个柱模连成整体。

(5) 操作人员登高必须走人行梯道。严禁利用模板支撑攀登上下，不得在梁、柱顶、独立梁及其他高处狭窄且无防护的模板面上行走。

(6) 两人抬运模板时要互相配合，协同工作。传递模板、工具应用运输工具或绳子系牢固后升降，不得乱抛。组合钢模板装拆时，上、下应有人接应。钢模板及配件应谁装拆谁运送，严禁从高处掷下。高空拆模时，应有专人指挥及监护，并在下面标出工作区，用红白旗加以围栏，暂停人员过往。

(7) 道路中间的斜撑、拉杆等应设在 1.8 m 高以上。模板安装过程中，不得间歇，柱头、搭头、立柱顶撑、拉杆等必须安装牢固成整体后，作业人员才可离开。

(8) 模板上有预留洞者，应在安装后将洞口盖好。

(9) 基础模板安装，必须检查基坑土壁边坡的稳定情况，基坑上口边沿 1 m 以内不得堆放模板、材料及杂物。向槽(坑)内运送模板、构件时，严禁抛掷。使用溜槽或起重机械运送，下方人员必须远离危险区域。

(10) 高空复杂结构模板的安装与拆除，事先应有切实的安全措施。

(11) 遇 6 级以上的大风时，应暂停室外的高空作业，雪、霜、雨后应先清扫施工现场，略干不滑时或铺草袋再进行工作。

(12) 模板必须满足拆模时所需混凝土强度的试压报告，并提出申请，经项目技术领导同意，不得因拆模而影响工程质量。

(13) 拆模顺序和方法，应按照后支先拆、先支后拆的顺序，先拆除非承重模板、后拆除承重模板及支撑。在拆除小钢模板支撑的顶板模板时，严禁将支柱全部拆除后，一次性拽下拆除。已拆活动的模板，必须一次性连续拆除完，才可停歇，严禁留下安全隐患。

(14) 拆模作业时，必须设警戒区，严禁下方有人进入。拆模作业人员必须站在平稳牢固可靠的地方，保持自身平衡，不得猛撬，以防失稳坠落。

(15) 严禁用吊车直接吊除没有撬松的模板，吊运大型整体模板时必须拴结牢固，且吊点平衡，起吊、装运大钢模时必须用卡环连接，就位后必须拉接牢固才可卸除吊环。

(16) 拆除大型孔洞模板时，下层必须支搭安全网等可靠防坠措施。

(17) 拆除模板一般用长撬棒，人不许站在正在拆除的模板上。

(18) 高空作业要搭设脚手架或操作平台，上、下要使用梯子，不许站在墙上工作，不准在大梁底模上行走。操作人员严禁穿硬底鞋、易滑鞋及有跟鞋作业。

(19) 拆模时，作业人员要站立在安全地点进行操作，防止上、下在同一垂直面工作，操作人员要主动避让吊物，增强自我保护和相互保护的安全意识。

(20) 拆模时必须一次性拆清,不得留下无撑模板。拆下的模板要及时清理,堆放整齐。混凝土板上的预留孔,应在施工组织设计时做好技术交底(预设钢筋网架),以免操作人员从孔中坠落。

(21) 模板、支撑要随拆随运,严禁随意抛掷,拆除后必须分类堆码整齐。不得留有未拆净的悬空模板,要及时清除,防止伤人。

4.4.2 钢筋工程质量验收规定

1. 一般规定

按《混凝土结构工程施工质量验收规范》(GB 50204—2015)进行验收,其内容包括:纵向受力钢筋的品种、规格、数量、位置是否正确,特别要检查负筋的位置;钢筋的连接方式、接头位置、接头数量、接头面积百分率是否符合规定;箍筋、横向钢筋的品种、规格、数量、间距等;预埋件的规格、数量、位置等;检查钢筋绑扎是否牢固,有无变形、松脱和开焊。钢筋工程的施工质量检验应分主控项目、一般项目,按规定的检验方法检验。

钢筋的保护层厚度要符合《混凝土结构设计规范(2015 年版)》(GB 50010—2010)中规定的各种环境下各类构件的最小保护层厚度,施工中应在钢筋下部设置混凝土垫块或水泥砂浆垫块,以保证保护层的厚度。梁板构件钢筋保护层厚度偏差合格率不小于 90%,其他构件钢筋保护层厚度偏差合格率不小于 80%。

安装钢筋网与钢筋骨架时,应根据结构配筋特点及起重、运输机械的能力确定分段或分块大小。

钢筋网的分块面积以 6～20 m^2 为宜,在运输和安装过程中,为防止网片或骨架发生歪斜变形,需采取临时加固措施。

钢筋网与钢筋骨架吊点,应根据其尺寸、质量及刚度确定。宽度大于 1 m 的水平钢筋网片宜采用四点起吊;跨度小于 6 m 的钢筋骨架宜采用两点起吊;跨度大于 6 m、刚度差的钢筋骨架宜采用横吊梁(铁扁担)四点起吊,为了防止吊点处钢筋受力变形,也可采取兜底吊或加短钢筋。

安装后,绑扎或焊接的钢筋网和骨架不得有变形、松脱和开焊。受裂缝宽度或抗裂性要求控制时,代换后应进行裂缝或抗裂性验算。

2. 质量检查

(1) 钢筋进场时应按下列规定检查性能及质量:

① 应检查生产企业的生产许可证证书及钢筋的质量证明书。

② 应按国家现行有关标准的规定抽样检验屈服强度、抗拉强度、伸长率及单位长度质量偏差,屈服强度、抗拉强度、伸长率性能应符合规范的有关规定。

③ 经产品认证符合要求的钢筋,其检验批量可扩大一倍。在同一工程项目中,同一厂家、同一牌号、同一规格的钢筋连续三次进场检验且均合格时,其后的检验批量可扩大一倍。

④ 钢筋的表面质量应符合国家现行有关标准的规定。

⑤ 当无法准确判断钢筋品种、牌号时,应增加化学成分、晶粒度等检验项目。

(2) 成型钢筋进场时,应检查成型钢筋的质量证明文件、成型钢筋所用材料质量证明文件及检验报告,并应抽样检验成型钢筋的屈服强度、抗拉强度、伸长率和质量偏差。检验批量可由合同约定,同一工程、同一原材料来源、同一组生产设备生产的成型钢筋,检验批量不宜大于 30 t。

（3）钢筋调直后，应检查力学性能和单位长度质量偏差。但采用无延伸功能的机械设备调直的钢筋，可不进行本条规定的检查。

（4）钢筋加工后，应检查尺寸偏差；钢筋安装后，应检查品种、级别、规格、数量及位置。

（5）钢筋连接施工的质量检查应符合下列规定：

① 钢筋焊接和机械连接施工前均应进行工艺检验，机械连接应检查有效的型式检验报告。

② 钢筋焊接接头和机械连接接头应全数检查外观质量，搭接连接接头应抽检搭接长度。

③ 螺纹接头应抽检拧紧扭矩值。

④ 钢筋焊接施工中，焊工应及时自检。当发现焊接缺陷时，应查找原因，并采取措施及时消除。

⑤ 施工中应检查钢筋接头百分率。

⑥ 应按现行行业标准《钢筋机械连接技术规程》（JGJ 107—2016）、《钢筋焊接及验收规程》（JGJ 18—2012）的有关规定抽取钢筋机械连接接头、焊接接头试件作力学性能检验。

4.4.3　混凝土工程质量与安全要求

1. 混凝土工程质量要求

（1）水泥进场时应对其品种，级别、包装或者散装仓号，出厂日期等进行检查，并应对其强度、安定性及其他必要的性能指标进行复验。

（2）混凝土当中掺用外加剂的质量及应用技术应符合现行国家标准《混凝土外加剂》（GB 8076—2008）、《混凝土外加剂应用技术规范》（GB 50119—2013），混凝土当中氯化物的含量应符合国家标准《混凝土质量控制标准》（GB 50164—2011）。

（3）混凝土当中掺用矿物掺和料的质量应符合《用于水泥和混凝土中的粉煤灰》（GB/T 1596—2017）、《用于水泥、砂浆和混凝土中的粒化高炉矿渣粉》（GB/T 18046—2017）等的规定，矿物掺和料的掺量应通过试验确定。

（4）普通混凝土所用粗细骨料的质量应符合《普通混凝土用砂、石质量及检验方法标准》（JGJ 52—2006）。

（5）混凝土应按照国家现行标准的有关规定，根据混凝土的强度等级、耐久性和工作性等要求进行配合比的设计。混凝土的强度等级必须符合设计要求，用于检查混凝土强度的试件，应在混凝土的浇筑地点随机抽取，抽样与试件留置应符合相关规定。

（6）混凝土的初凝时间应大于混凝土运输、浇筑及间歇的全部时间。同施工段的混凝土应连续浇筑，并在底层混凝土初凝之前将上层混凝土浇筑完毕。

（7）预制构件应在明显位置标明生产单位、构件型号、生产日期和质量验收标志。构件上的预埋件预留孔洞的规格、位置和数量应符合标准图或者设计的要求。预制构件的外观质量不能有严重缺陷，对于已经出现的严重缺陷，应按照技术处理方案进行处理，并重新进行检查验收。预制构件不应有影响结构性能和安装、使用功能的尺寸偏差。

（8）混凝土结构质量的检查，应符合下列规定：

① 检查的频率、时间、方法和参加检查的人员，根据质量控制的需要确定。

② 施工单位对完成施工的部位或成果的质量进行自检，自检应全数检查。

③ 做出混凝土结构质量检查记录。对于返工和修补的构件，应有返工修补前后的记

录,并应有图像资料。

④ 混凝土结构质量检查中,对于已经隐蔽、不可直接观察和量测的内容,可检查隐蔽工程验收记录。

⑤ 需要对混凝土结构的性能进行检验时,应委托有资质的检测机构检测并出具检测报告。

2. 混凝土工程安全要求

(1) 垂直运输设备的规定

① 垂直运输设备应有完善的安全保护装置(如质量及提升高度的限制、制动、信号等装置及紧急开关等),严禁使用不完善的安全保护装置垂直运输设备。

② 垂直运输设备安装完毕后,应按出厂说明书要求进行无负荷、静负荷、动负荷试验及安全保护装置中的可靠性试验。

③ 对垂直运输设备建立定期检查和保养责任制。

④ 操作垂直运输设备的司机,必须通过专业培训,考核合格后持证上岗,严禁无证人员操作垂直运输设备。

(2) 混凝土机械

混凝土搅拌机的安全规定:进料时,严禁将头或手伸入料斗与机架之间查看或探摸进料情况,运转中不得用手或工具等物伸入搅拌筒内扒料出料;料斗升起时,严禁在其下方工作或穿行。料坑底部要设料枕垫,清理料坑时必须将料斗用链条扣牢;向搅拌筒内加料应在运转中进行,添加新料必须将搅拌机内原有的混凝土全部卸出后才能进行;不得中途停机或在满荷载时启动搅拌机,反转出料者除外;作业中,如发生故障搅拌机继续运转时,应立即切断电源,将筒内的混凝土清除干净,然后进行维修。

混凝土泵送设备作业的安全要求:支腿应全部伸出并支固,未支固前不得启动布料杆;布料杆升离支架后方可回转;布料杆伸出时应按顺序进行,严禁用布料杆起吊或拖拉物件;当布料杆处于全伸状态时,严禁移动车身;作业中需要移动时,应将上段布料杆折叠固定,移动速度不超过 10 km/h,布料杆不得使用超过规定直径的配管,装接的软管应系防脱安全绳带;应随时监视各种仪表和指示灯,发现不正常时,及时调整或处理;如出现输送管道堵塞应进行逆向运转使混凝土返回料斗,必要时拆管排除堵塞;泵送工作应连续,必须暂停时应每隔 5～10 min(其中冬期 3～5 min)泵送一次;若停止较长时间后泵送时,应逆向运转一至两个行程,然后顺向泵送;泵送时料斗内保持一定量的混凝土,不得吸空;应保持储满清水,发现水质浑浊并有较多砂粒时应及时检查处理;泵送系统受压力时,不得开启任何输送管道和液压管道;液压系统的安全阀不得任意调整,蓄能器只能充入氮气。

混凝土振捣器的使用规定:使用前应检查各部件是否连接牢固,旋转方向是否正确;振捣器不得放在初凝的混凝土、地板、脚手架、道路和干硬的地面上进行试振,维修或作业间断时,应切断电源;插入式振捣器软轴的弯曲半径不得小于 50 cm,并不多于两个弯,操作时振动棒应自然垂直地沉入混凝土,不得用力硬插、斜推或使钢筋夹住棒头,也不得全部插入混凝土中;摄捣器应保持清洁,不得有混凝土黏结在电动机外壁上妨碍散热;作业转移时,电动机的导线应保持有足够的长度和松度;严禁用电源线拖拉振器;用绳拉平振捣器时,绳应干燥绝缘,移动或转向时不得用脚踢电动机;振捣器与平板应保持紧固,电源线必须固定在平板上,电器开美应装在手把上;在一个构件上同时使用几台附着式振捣器工作台时,所有操捣器的频率必须相同;操作人员必须穿戴绝缘手套;作业后,必须做好清洗、保养工作,振捣器放在干燥处。

知识拓展

建筑业十项新技术

- 高耐久性混凝土技术
- 高强度性能混凝土技术
- 自密实混凝土技术
- 再生骨料混凝土技术
- 混凝土裂缝控制技术
- 超高泵送砼技术
- 组合铝合金模板施工技术

知识拓展4

思考与习题

1. 简述模板的作用与基本要求。
2. 模板安装的程序是怎样的？模板在安装过程中，应注意哪些事项？
3. 简述模板拆除时间的确定及拆模顺序。
4. 钢筋切断有哪几种方法？
5. 钢筋弯曲成型有几种方法？
6. 钢筋的接头连接分为几类？
7. 钢筋焊接有几种形式？各适用于哪些场合？
8. 钢筋的冷加工有哪几种形式？钢筋机械冷拉的方式有哪几种？
9. 钢筋的搭接有哪些要求？
10. 钢筋的现场绑扎的基本程序有哪些？
11. 混凝土工程施工缝的处理要求有哪些？
12. 混凝土浇筑前应对模板、钢筋及预埋件进行哪些检查？
13. 常见混凝土的质量缺陷有哪些？其产生原因有哪些？如何防治和处理？
14. 普通混凝土投料要求有哪些？
15. 混凝土搅拌质量如何进行外观检查？
16. 如何使用振捣器平仓？
17. 振捣器如何进行操作？
18. 什么是施工缝？留设位置如何？如何处理？
19. 大体积混凝土的施工特点是什么？如何确定浇筑方案？
20. 混凝土在运输过程中可能产生哪些问题？怎样防止？
21. 搅拌机搅拌制度指什么？对混凝土的质量有什么影响？
22. 试述自然养护的方法与要求？
23. 混凝土质量检查的内容有哪些？

项目 5　预应力混凝土工程施工

素质目标（依据专业教学标准）

（1）坚定拥护中国共产党领导和我国社会主义制度，践行社会主义核心价值观，具有深厚的爱国情感和中华民族自豪感；

（2）崇尚宪法、遵纪守法、崇德向善、诚实守信、尊重生命、热爱劳动，履行道德准则和行为规范，具有社会责任感和社会参与意识；

（3）具有质量意识、环保意识、安全意识、信息素养、工匠精神、创新思维；

（4）勇于奋斗、乐观向上，具有自我管理能力、职业生涯规划的意识，有较强的集体意识和团队合作精神；

（5）具有健康的体魄、心理和健全的人格，以及良好的行为习惯；

（6）具有一定的审美和人文素养。

知识目标

（1）了解混凝土的特点；

（2）掌握先张法施工工艺；

（3）掌握后张法施工工艺和孔道留设方法；

（4）掌握无粘结预应力施工流程。

能力目标

（1）了解预应力混凝土的特点、先张法施工设备，熟悉先张法施工过程；

（2）了解后张法施工设备，熟悉预应力钢筋的基本形式、后张法施工过程、孔道留设方法及适用范围；

（3）熟悉有粘结预应力的施工流程及施工工艺，熟悉无粘结预应力施工流程。

案例导入

王府井大厦预应力工程施工

王府井大厦
预应力工程施工

1. 工程概况及预应力工程技术难点

王府井大厦工程位于北京市东城区王府井校尉胡同，采用现浇框架剪力墙结构，总建筑面积为 87 504 m^2，使用功能为商场、公寓。根据它的使用功能及结构设计要求，基础底板采用了后张无粘结预应力技术，首层顶板至 14 层顶板部分框架梁采用了后张有粘结预应力技术。

其预应力工程技术难点如下：

(1) 基础底板层无粘结预应力板筋

基础底板层预应力筋体量大间距小柱上板带部位单位面积的预应力筋多达 30 根。基础底板最厚处达 1 350 mm，因此预应力筋的施工顺序、张拉端和锚固端的安装以及预应力筋的线形控制等方面都是工程的技术难点。某些预应力筋的长度近 50 m，这样长的预应力筋在多跨连续底板中的线形控制也是一个技术难点。

(2) 地上部分有粘结预应力梁筋

首先，柱普通钢筋、梁上普通钢筋均交汇于梁柱节点处，故梁柱节点处的配筋较多，普通钢筋与预应力波纹管之间的位置关系较复杂，如果处理不当，在施工中会出现波纹管没有位置的情况。其次，部分钢骨柱中配置了型钢，使得普通钢筋、型钢和预应力波纹管在布筋过程中也会出现位置相互干扰，因此梁柱节点处的布筋成为工程的难点。另外预应力筋张拉端处的群锚锚具体积较大，无法放置到柱中，只能采用外锚的形式，致使预应力筋张拉后的混凝土封锚成为施工中的难点。某些预应力梁为多跨连续梁，预应力筋较长，预应力筋在柱两侧需要搭接处理，搭接处的预应力筋布置也是预应力梁施工中的难点。

2. 预应力施工工艺流程

(1) 无粘结预应力筏板部分

基础底板防水施工→轴线及柱定位，并做明显标识→绑扎基础底板下铁→依据轴线及柱定位确定预应力筋间距→铺设预应力筋，预应力筋调整、绑扎、编束、固定→基础底板内管线、预埋件、预留洞口施工→绑扎基础底板上铁→预应力筋张拉端组件安装、固定→浇筑混凝土→混凝土终凝后，拔出张拉端穴模后盖，并清理张拉端穴模内和承压板面混凝土、水泥砂浆→同条件混凝土试块达到设计强度等级 100%后开始张拉预应力筋→安装锚具→安装千斤顶开始张拉→当油压达 10 MPa 时测量记录预应力伸长值→当预应力达 $0.80\sigma_{con}$时测量记录预应力筋伸长值→退出千斤顶→切筋(外露锚具 30 mm)，张拉端锚具防腐处理→微膨胀混凝土封锚→整理张拉记录。

(2) 有粘结预应力梁部分

预应力筋下料、挤压、编束→搭设梁支撑系统→铺梁底模板→绑扎梁部分骨架钢筋→确定预应力筋位置，焊定位钢筋→穿设波纹管→安装、固定张拉端承压板→人工铺设预应力筋→绑扎剩余梁钢筋→安装灌浆孔、排气孔组件→梁内管线、预留洞口及埋件施工→根据实际情况决定是否需要对预应力筋进行必要的调整→做隐蔽工程检查→安装梁侧模板→完成板的施工→做全面隐蔽工程检查→浇筑混凝土→混凝土养护→凿出张拉端承压板→达到混凝土设计强度后进行预应力张拉→切除多余的钢铰线并进行防腐处理→进行孔道灌浆→混凝土封锚→整理张拉记录。

3. 预应力孔道成型(预应力筋定位)

(1) 筏板部分无粘结预应力筋的定位

由于基础筏板厚度比较大，为 1 350 mm，局部为 850 mm。第 1 施工流水段的预应力筋为直线布置，在经过积水坑和电梯井时，预应力筋连续设置从坑底通过不断开。其他施工流水段的预应力筋在筏板中为曲线布置，施工中主要是靠设置马凳来保证预应力筋的最高点、最低点以及反弯点的高度。

(2) 预应力梁筋的定位

本工程预应力梁筋的定位有两种情况：一部分是地下室夹层顶板预应力梁，这部分预应力梁截面比较大，预应力波纹管的尺寸也较大；另一部分为首层顶板至14层顶板中的预应力梁，梁高比较小。因此，预应力梁的定位筋全部采用 ϕ12 的螺纹钢筋，每根定位筋通过2点或者是3点与框架梁的附加钢筋焊接或绑扎牢固，以保证定位尺寸准确。将预应力梁普通钢筋骨架绑扎基本完成后，进行预应力筋的定位放线工作。按照施工方案图纸放线时，要注意预应力束形图中预应力筋至模板的距离为预应力孔道中心至预应力梁底模板的距离。在梁柱节点及梁墙节点处，当预应力筋与普通钢筋或在其他部位与其他专业的管线位置有冲突时，要提前加工翻样，并绘制节点详图，以确保预应力筋位置的准确，与其他钢筋不发生冲突。两个方向波纹管有交叉时应严格按照施工方案图纸的尺寸进行定位，预应力筋定位筋的间距为1 000～1 500 mm。

(3) 波纹管曲线孔道的留设

本工程采用预埋波纹管孔道成型的方法，波纹管的连接采用同一形式大一型号的接头管，接头管长300～400 mm，其两端用密封胶带封裹。由于预应力梁普通钢筋多，波纹管多，柱子钢筋密，根据普通钢筋服从波纹管的原则，在梁钢筋绑扎时应相互协调，关键部位要提前做好翻样工作，事先让出孔道位置。对钢筋、预应力筋进行预排，对梁柱节点进行深化设计，同时梁钢筋中部分箍筋在完成波纹管安装固定后再进行绑扎。在柱子钢筋绑扎时，注意避让波纹管，并将柱子钢筋固定。波纹管的安装，应事先按预应力筋曲线坐标在附加钢筋上定出位置，焊接定位筋。定位筋焊接完成后沿定位筋穿设波纹管，并将波纹管与定位筋绑扎固定。波纹管安装过程中，孔道的尺寸和位置应正确，孔道应平顺，接头不漏浆，端部锚垫板应垂直于孔道中心线。波纹管安装完成后，用扎丝将其固定在定位筋上，并检查固定是否牢固，接头是否完好，管壁是否破损，如有破损及时用胶带修补。在完成波纹管安装固定后，安装灌浆孔和排气孔组件。对于连续梁，在曲线波纹管的最高点和最低点设置灌浆孔和排气孔，灌浆孔和排气孔的做法是用电钻在波纹管上开口，用带嘴的塑料弧形压板与海绵片覆盖并用钢丝扎牢，再接增强塑料管引出梁顶面100～300 mm，同时为了保证在浇筑混凝土过程中灌浆孔和排气孔不被破坏及位置不被移动，安装完成后在增强塑料管内插入直径为12 mm的短钢筋。波纹管的接头形式及灌浆孔、排气孔组件的安装如图5-1所示。

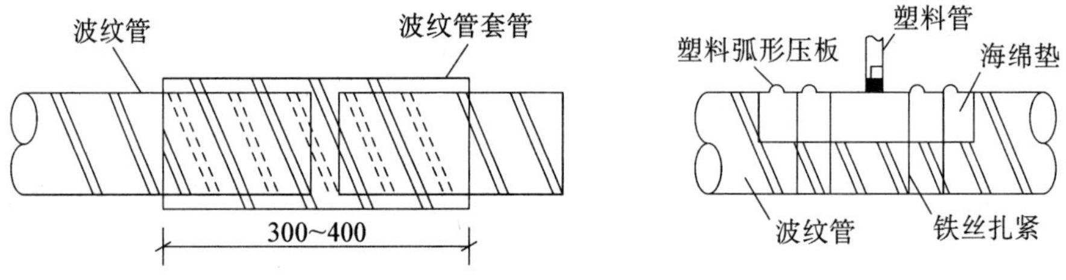

图5-1 波纹管接头及灌浆孔安装示意图

4. 预应力钢筋穿束

钢绞线下料时采用砂轮切割机，严禁使用电焊和气焊。本工程采用先装管后穿束、整束人工穿入的穿束方案或单根穿入的穿束方案。对于工程中大多数长度超过40 m的预应力钢绞线下料完成以后，根据图纸上钢绞线编束的要求进行编束，编束时先将钢绞线理顺，并尽量使各根钢绞线松紧一致，同一束内不扭转，然后用20号铁丝，每隔1～1.5 m进行绑扎。预应力穿束的工艺流程为：固定波纹管并将导引铁丝穿入孔道→连接牵引钢丝绳和钢绞线束→用导引铁丝将牵引钢丝绳穿入波纹管→人工前牵引、后推送。

5. 预应力张拉端的设置

在预应力筏板中无粘结预应力筋的张拉端大多数都设置在后浇带中，在施工时支设后浇带模板要保证张拉端钢绞线能够顺利通过模板，并要保证锚垫板与锚具能够顺利安装。另外一小部分的无粘结预应力筋的张拉端是在筏板上翘起张拉，在施工时预留张拉槽以便于张拉时进行锚具的安装。同时要注意尽可能避开墙体，避免墙体的施工导致以后预应力筋无法张拉。地上部分有粘结预应力梁张拉端的布置，在预应力筋张拉完成之后锚具不出柱子表面时，该部位施工时需要将柱子钢筋适当并筋，且梁的拐铁也需要避让锚垫板以满足设计要求达到的效果。施工时主要注意承压板的位置及排列方式和排列尺寸必须满足设计要求。在张拉端布置比较密集的部位，如果螺旋筋无法放置时可采用钢筋网片。在张拉端锚具外露结构面时，要预留胡子筋。突出柱子表面的预应力梁的张拉端大样如图5-2所示。

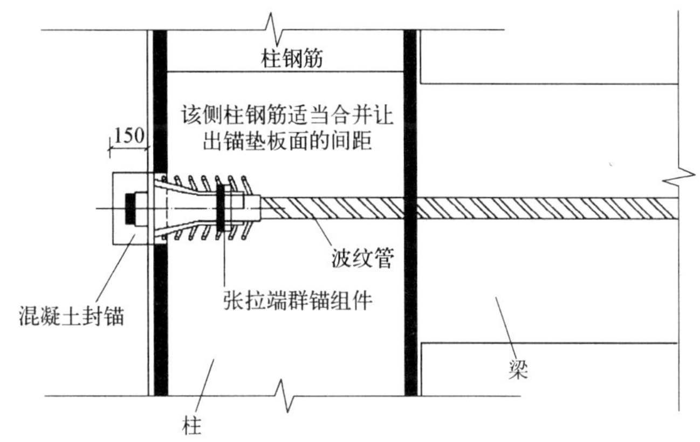

图5-2　柱边张拉端示意图

6. 混凝土浇筑

在浇筑混凝土时，振捣棒不得直接碰撞预应力波纹管、张拉端组件、预应力筋及灌浆孔和排气孔组件，防止破坏波纹管而导致水泥浆体进入预应力孔道内。混凝土达到一定强度后，应及时拆除预应力梁张拉端的模板，清理张拉端锚垫板处的混凝土，以方便在张拉之前安装锚具，为张拉工序作好准备。

7. 预应力张拉

在预应力工程的施工中，施加预应力是整个工程的质量控制重点。根据设计要求及有关规范规定，工程中的预应力梁需要在混凝土至少达到100%设计强度以后方可进行预应力的张拉，跨后浇带的预应力梁需要在后浇带混凝土达到设计强度以后方可进行张拉。

8. 预应力孔道灌浆

灌浆材料采用42.5级普通硅酸盐水泥，水泥浆体标准强度大于30 MPa。灌浆时要求水泥浆的水灰比为0.35，搅拌后3 h的泌水率控制在2%以内，流动度大于200 mm。为了增加孔道灌浆的密实性，在水泥浆中应掺入复合型的外加剂——8%的MNC-EPS。配合比为水泥∶水∶MNC-EPS=1∶0.35∶0.08。

预应力混凝土是近几十年来发展起来的一门新技术。预应力混凝土的大量采用是在1945年第二次世界大战结束后。由于钢材奇缺，一些传统上采用钢结构的工程以预应力混凝土代替。开始用于公路桥梁和工业厂房，后来逐步扩大到公共建筑和其他工程领域。在20世纪50年代中国和苏联对采用冷

预应力混凝土

处理钢筋的预应力混凝土做出了容许开裂的规定。直到1970年，第六届国际预应力混凝土会议上肯定了部分预应力混凝土的合理性和经济意义。目前在世界各地都得到广泛的应用，其使用范围和数量已成为衡量一个国家建筑技术发展水平的重要标志之一。近年来，随着预应力混凝土结构设计理论和施工工艺与设备的不断完善和发展、高强度材料性能的不断改进、预应力混凝土得到了进一步的应用和推广。

预应力原理是在结构(构件)受拉区预先施加压力产生预压应力，从而使结构(构件)在使用阶段产生的拉应力首先抵消预压应力，从而推迟了裂缝的出现和限制裂缝的开展，提高了结构(构件)的抗裂度和刚度。

预应力混凝土与普通钢筋混凝土相比，具有抗裂性好、刚度大、材料省、自重轻、结构寿命长等优点，为建造大跨度结构创造了条件。预应力混凝土已由单个预应力混凝土构件发展成整体预应力混凝土结构，广泛应用于土建桥梁、管道、水塔、电杆和轨枕以及电视塔、核电站安全壳等领域。

制作预应力混凝土，按施加预应力的方式，分为机械张拉和电热张拉两类；按施加预应力的时间，分为先张法和后张法两类。在后张法中，预应力筋又可分为有粘结和无粘结两种。本章主要叙述机械张拉方式中的先张法和后张法并介绍无粘结预应力的施工工艺。

任务5.1　先张法施工

预应力混凝土工程中先张拉预应力筋、后浇筑混凝土的施工方法，称为先张法施工。该方法具有钢筋和混凝土之间粘结可靠度高、质量易保证、节省锚具、经济效益高等优点；缺点是生产占地面积大、不适宜于跨度大、重量大的构件、养护方法麻烦。

5.1.1　施工设备简介

1. 台座

台座由台面、横梁和承力结构等组成，是先张法生产中的主要设备之一。预应力筋张拉、锚固，混凝土浇筑、振捣和养护及预应力筋放张等全部施工过程都在台座上完成；预应力筋放松前，台座承受全部预应力筋的拉力。因此，台座应有足够的强度、刚度和稳定性，以免台座变形、滑移或倾斜而引起预应力损失。按构造形式不同，可分为墩式台座和槽式台座等。选用时根据构件种类、张拉力的大小和施工条件而定。

(1) 墩式台座：墩式台座由台墩、台面与横梁等组成。台墩和台面共同承受拉力。墩式台座用来生产各种形式的中小型构件。

① 台墩：台墩是承力结构，一般由现浇混凝土制成。在设计时，应进行强度、刚度和稳定性的验算，稳定性验算一般包括抗倾覆验算与抗滑移验算。抗倾覆因数不得小于1.5，抗滑移因数不得小于1.3。

② 台面：台面是预应力构件成形的胎模，要求地基坚实平整，它是在厚150 mm夯实碎石垫层上浇筑60～80 mm厚C20混凝土面层，原浆压实抹光而成。台面要求坚硬、平整，光滑，沿其纵向有3%的排水坡度。

③ 横梁：横梁以墩座牛腿为支承点安装其上，是锚固夹具临时固定预应力筋的支承点，

也是张拉机械张拉预应力筋的支座。横梁常采用型钢或钢筋混凝土制作。

生产空心板、平板等平面布筋的混凝土构件时，由于张拉力不大，可利用简易墩式台座，如图 5－3 所示。

生产中小型构件或多层叠浇构件，可用图 5－4 的墩式台座，台座局部加厚，以承受较大的张拉力。墩式台座由承力台墩、台面和横梁组成。目前常用是台墩与台面共同受力的墩式台座。

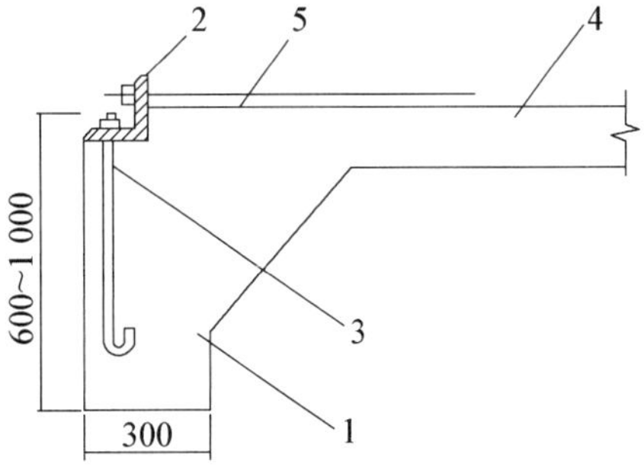

图 5－3　简易墩式台座

1—卧梁；2—角钢；3—预埋螺栓；4—混凝土台面；5—预应力钢丝

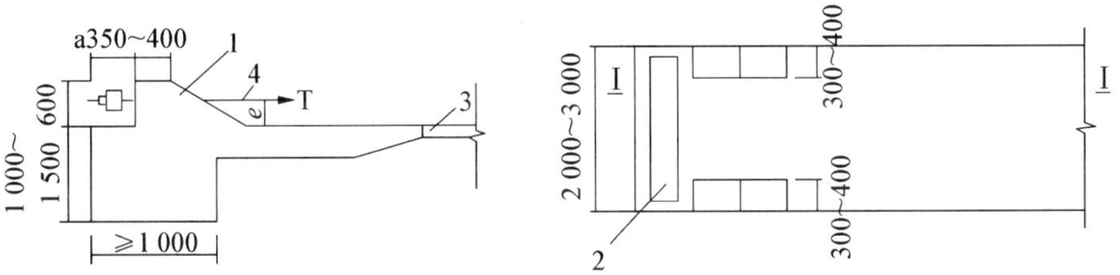

图 5－4　墩式台座

1—混凝土墩；2—钢横梁；3—局部加厚的台面；4—预应力筋

(2) 槽式台座：槽式台座由钢筋混凝土端柱、传力柱、柱垫、上下横梁、台面和砖墙等组成，如图 5－5 所示。该台座既可承受张拉力，又可作为蒸汽养护槽，适用于张拉吨位较高的大型构件，如吊车梁，屋架等。

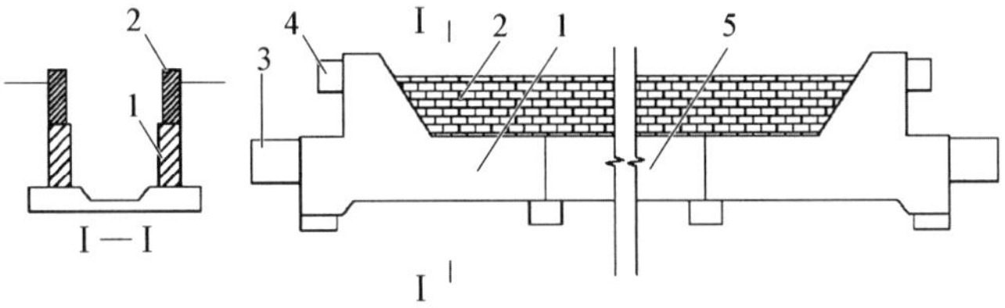

图 5－5　槽式台座

1—钢筋混凝土端柱；2—砖墙；3—下横梁；4—上横梁；5—传力柱；6—柱垫

槽式台座亦需进行强度和稳定性计算。端柱和传力柱的强度按钢筋混凝土结构偏心受压构件计算。槽式台座端柱抗倾覆力矩由端柱、横梁自重力矩及部分张拉力矩组成。

(3) 钢模台座

钢模台座是将制作构件的钢模板做成具有相当刚度的结构，作为预应力筋的锚固支座，将预应力筋直接放在模板上进行张拉。

2. 夹具

夹具是先张法施工中用于预应力筋张拉和临时锚固的工具。根据夹具的作用和设置位置，可以将夹具分为张拉夹具和锚固夹具。张拉夹具用于张拉预应力筋的张拉端，锚具夹具用于在张拉及浇筑混凝土后，混凝土强度达到放张要求之前将预应力筋临时锚固在台座上。构件制作完成后，这些夹具都可以取下重复使用。

对夹具的要求是安全可靠、加工尺寸准确；使用中不发生变形或滑移，预应力损失小，构造简单、加工方便；拆卸方便、适用性、通用性强。

先张法施工中所用的预应力筋主要有钢丝和钢筋，所使用的夹具根据所夹持对象的不同分为钢丝夹具和钢筋夹具。

(1) 钢丝夹具

① 锚固夹具。常用的钢丝锚固夹具有圆锥齿板式、圆锥三槽式、模形夹板式及墩头夹具。前 3 种属于锥销式夹具，锚固时应将齿板或锥销打入套筒，借助摩擦力将钢丝锚固，如图 5－6 所示。墩头夹具用于预应力筋固定端的锚固，是将预应力筋端部热镦或冷镦，通过承力板进行锚固，如图 5－7 所示。

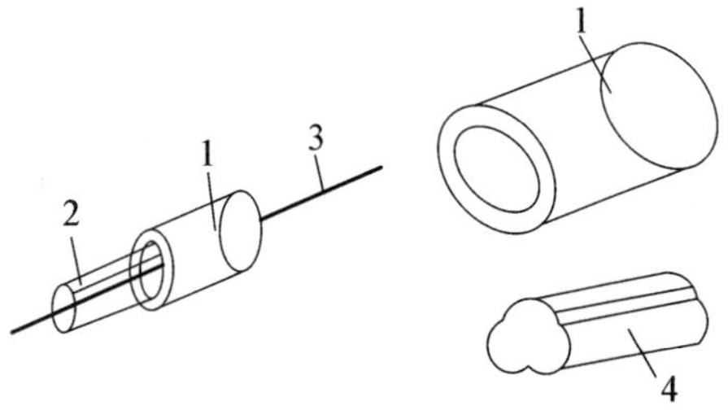

图 5－6　钢质圆锥齿板式夹具

1—套筒；2—齿板；3—钢丝；4—锥塞

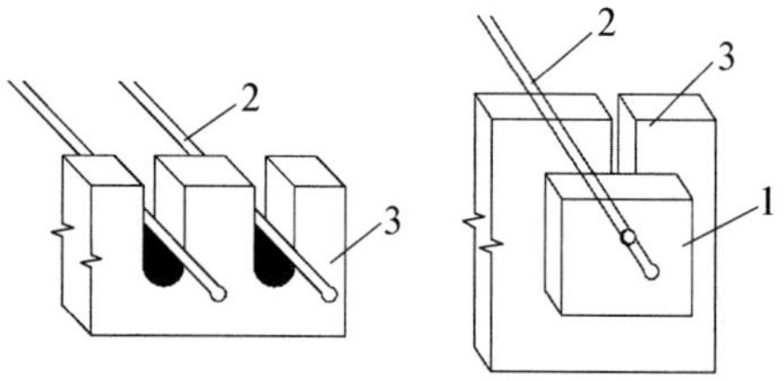

图 5－7　固定端做头夹具

1—垫片；2—镦头钢丝；3—承力板

② 张拉夹具：张拉夹具是夹持住预应力筋后，与张拉机械连接起来进行预应力筋张拉的机具。常用的张拉夹具有月牙形夹具、偏心式夹具、楔形夹具等，如图 5－8 所示，适用于张拉钢丝和直径 16 mm 以下的钢筋。

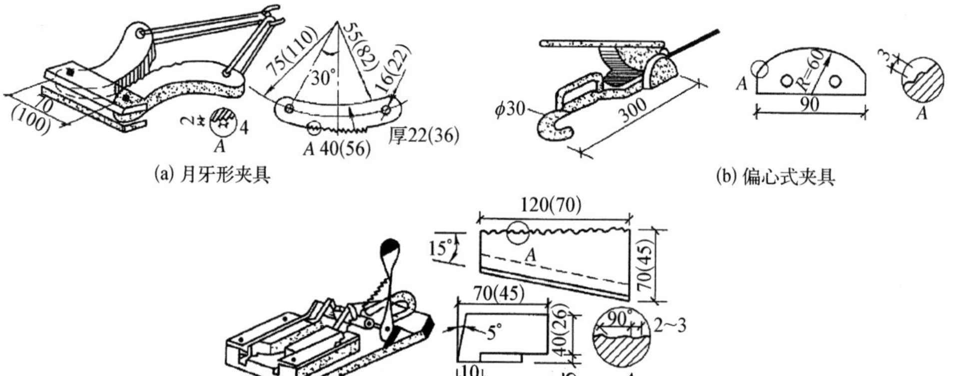

(c) 楔形夹具

图 5－8　张拉夹具

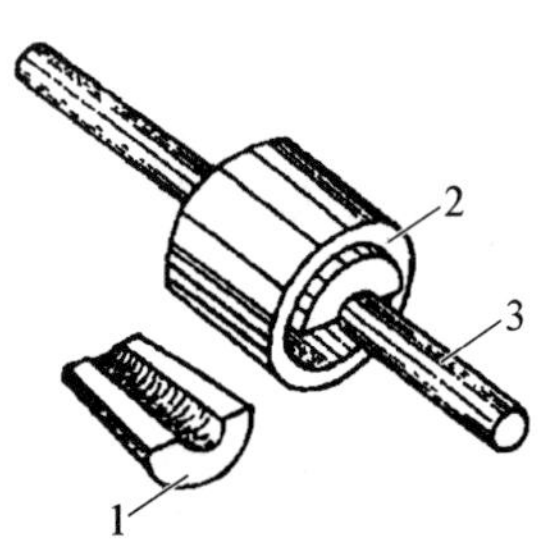

图 5－9　销片夹具

1—销片；2—套筒；3—预应力钢筋

(2) 钢筋夹具。钢筋的固定端可采用螺丝端杆锚具、镦头锚具和销片夹具等。销片夹具(图 5－9)由圆套筒和销片组成，套筒内壁呈圆锥形，与销片角度吻合，销片有两片式和三片式，钢筋夹在小片之间的凹槽内，凹槽内有齿纹，以增大销片与钢筋之间的摩擦力。

如图 5－10 所示，三片式销片夹具由套筒和夹片组成。型号有 YJ12、YJ14，适用于先张法；用 YC－18 型千斤顶张拉时，适用于锚固直径为 12 mm、14 mm的单根冷拉 HRB335、HRB400 和 RRB40 级钢筋。

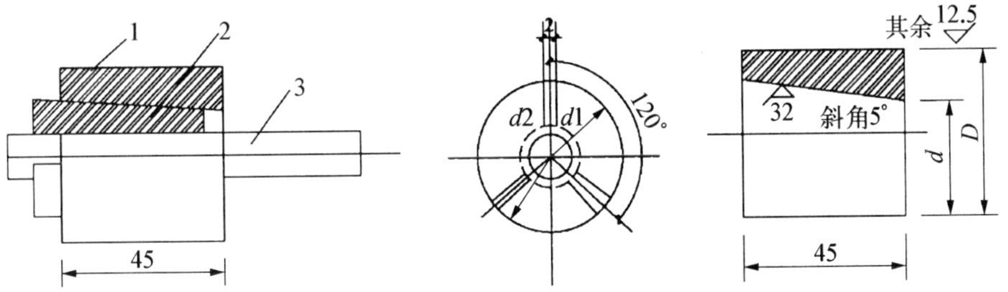

(a) 装配图　　(b) 夹片　　(c) 套筒

图 5－10　圆套筒三片式夹具

1—套筒；2—销片；3—预应力钢筋

3. 张拉设备

张拉机具的张拉力应不小于预应力筋张拉力的 1.5 倍；张拉机具的张拉行程不小于预应力筋伸长值的 1.1～1.3 倍。

(1) 钢丝张拉设备：钢丝张拉分单根张拉和成组张拉。

用钢模以机组流水法或传送带法生产构件时，常采用成组钢丝张拉。

在台座上生产构件时一般采用单根钢丝张拉，可采用电动卷扬机、电动螺杆张拉机进行张拉。

① 电动卷扬机张拉、杠杆测力装置如图 5－11 所示。

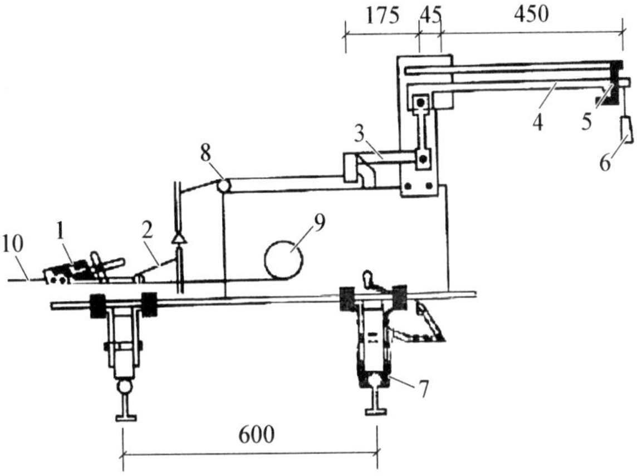

图 5－11　卷扬机张拉、杠杆测力装置示意图

1—铅式张拉夹具；2—钢丝绳；3、4—杠杆；5—断电器；6—砝码；7—夹轨器；8—导向轮；9—卷扬机；10—钢丝

② 电动螺杆张拉机如图 5－12 所示，电动螺杆张拉机由螺杆、顶杆、张拉夹具、弹簧测力器及电动机组成。

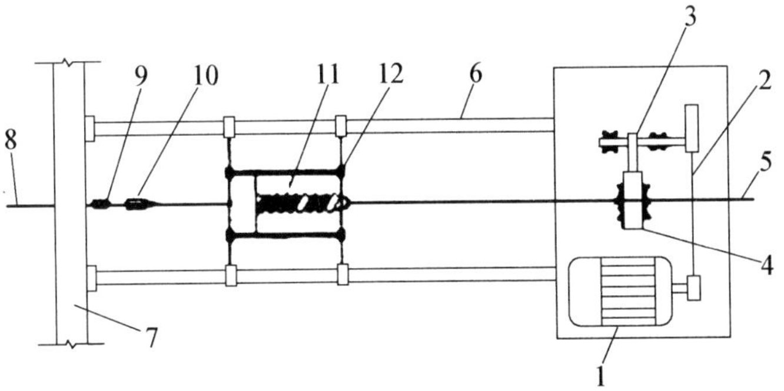

图 5－12　电动螺杆张拉机

1—电动机；2—皮带；3—齿轮；4—齿轮螺母；5—螺杆；6—顶杆；7—台座横梁；8—钢丝；9—锚固夹具；10—张拉夹具；11—弹簧测力计；12—滑动架

(2) 钢筋张拉设备：穿心式千斤顶用于直径 12～20 mm 的单根钢筋、钢绞线或钢丝束的张拉。用 YC－20 型穿心式千斤顶(图 5－13)张拉时，高压液压泵起动，从后油嘴进油，前油

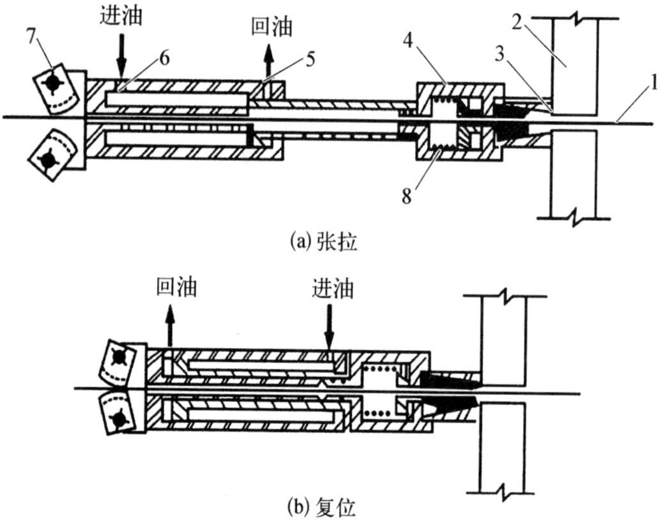

图 5-13　YC-20 型穿心式千斤顶

1—钢筋；2—台座；3—穿心夹具；4—弹性顶压头；5、6—油嘴；7—偏心式夹具；8—弹簧

嘴回油，被偏心夹具夹紧的钢筋随液压缸的伸出而被拉伸。YC-20 型穿心式千斤顶的最大张拉力为 20kN，最大行程为 200 mm，适用于用圆套筒三片式夹具张拉锚固 12～20 m 单根冷拉 HRB335、HRB400 和 RRB400 钢筋。

5.1.2　施工工艺

先张法是先张拉钢筋，后浇筑混凝土的施工方法。是在浇筑混凝土前，预先将需张拉预应力钢筋，用夹具临时将其固定在台座或模板上，然后绑扎非预应力钢筋、支模，并根据设计要求张拉预应力钢筋，浇筑混凝土，待混凝土具有一定强度(一般不低于混凝土设计强度标准值的 75%)后，在保证预应力筋与混凝土之间有足够的粘结力时，把张拉的钢筋放松(称作放张)，这时预应力钢筋产生弹性回缩，而混凝土已与钢筋粘结在一起，阻止钢筋的回缩，于是钢筋对混凝土施加了预应力，如图 5-14 所示。

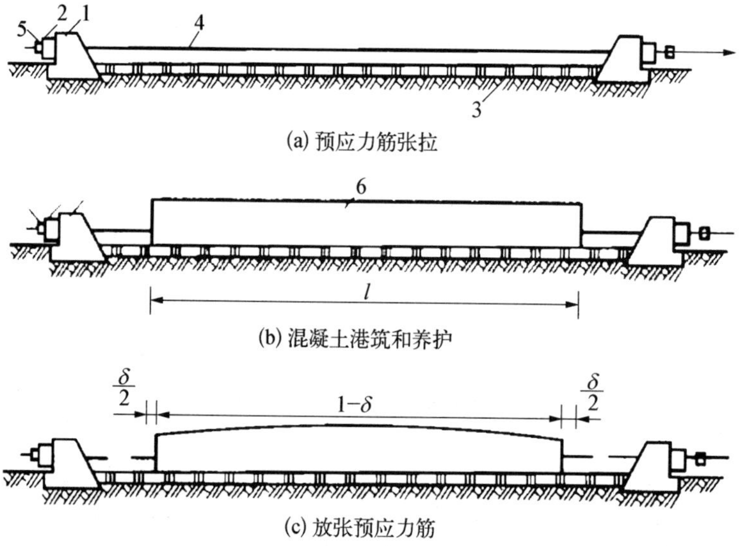

图 5-14　先张法示意图

1—台座；2—横梁；3—台面；4—预应力筋；5—夹具；6—构件

1. 先张法施工工艺流程

先张法根据生产方式的不同，分有台座法和机组流水法(模板法)。

当采用台座法施工时，预应力筋的张拉、锚固，混凝土构件的浇筑、养护和预应力筋放张等工序皆在台座上进行，预应力筋的张拉力由台座承受。

当用机组流水法生产时，预应力筋的拉力由钢模承受。

先张法一般适用于生产定型的中小型预应力钢筋混凝土构件，如空心板、槽形板、T 形板、薄板、吊车梁、檩条等。

(1) 先张法施工流程如图 5－15 所示。

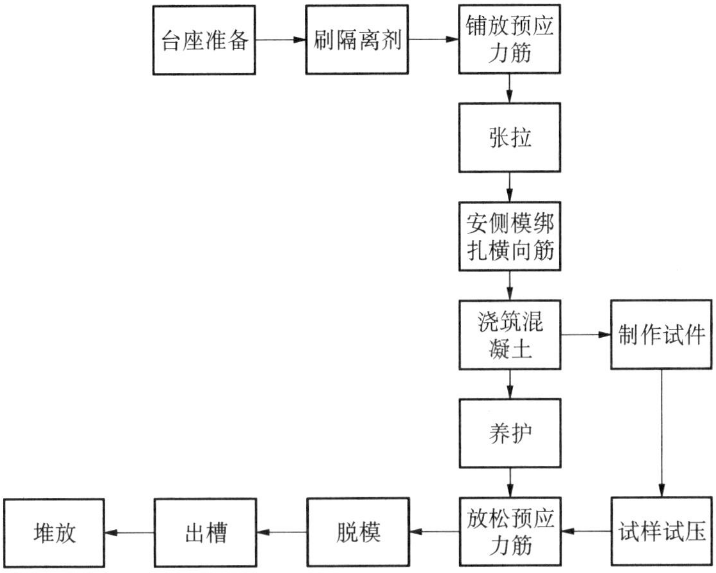

图 5－15　先张法施工流程

(2) 预应力筋的张拉：预应力筋张拉时，张拉机具与预应力筋应在一条直线上；同时在台面上每隔一定的距离放一根圆钢筋头，以防止预应力筋因自重而下垂，破坏隔离剂，弄脏预应力筋。施加张拉力时，应以稳定的速度逐渐加大拉力，并使拉力传到台座横梁上，而不使预应力筋或夹具产生次应力（如钢丝在分丝板、横梁或夹具处产生尖锐的转角或弯曲）。锚固时，敲击锥塞或模块应先轻后重；与此同时，倒开张拉机，放松钢丝。操作时彼此间要密切配合，既要减少锚固时钢丝的回缩滑移，又要防止锤击力过大，导致钢丝在锚固夹具与张拉夹具处因受力过大而断裂。

张拉预应力筋时，应按设计要求的张拉力采用正确的张拉方法和张拉程序，并应调整各预应力的初应力，使长短、松紧一致，以保证张拉后各预应力筋的应力一致。张拉时张拉控制应力 σ_{con} 应按设计规定取值；设计无规定时可参考表 5－1 的规定。

表 5－1　张拉控制应力限值表

钢筋种类	张拉方法	
	先张法	后张法
消除应力钢丝、钢绞线	$0.75f_{Ptk}$	$0.75f_{Ptk}$
热处理钢筋	$0.70f_{Ptk}$	$0.65f_{Ptk}$
冷拉钢筋	$0.90f_{Pyk}$	$0.85f_{Pyk}$

注：f_{Ptk} 为预应力筋极限抗拉强度标准值；f_{Pyk} 为预应力筋屈服强度标准值。

实际张拉时的应力尚应考虑各种预应力损失，采用超张拉补足。此时预应力筋的最大超张拉力，对冷拉Ⅱ～Ⅳ级钢筋不得大于屈服点的 95%；钢丝、钢绞线和热处理钢筋不得大于标准强度的 80%。张拉后的实际预应力值的偏差不得大于或小于规定值的 5%。

预应力筋的张拉程序可采用以下两种方法：

$$0 \rightarrow 1.05\sigma_{con} \xrightarrow{\text{持续 2min}} \sigma_{con}$$

$$\text{或 } 0 \rightarrow 1.03\sigma_{con} \qquad (5-1)$$

在第一种张拉程序中，超张拉 5%并持荷 2 min 是为了加速钢筋松弛早期发展，以减少应力松弛引起的预应力损失(约减少 50%)；第二种张拉程序超张拉 3%是为了弥补应力松弛所引起的应力损失。

预应力筋张拉后，一般应校核其伸长值，其理论伸长值与实际伸长值的误差不应超过+10%和−5%。若超过则应分析其原因，采取措施后再继续施工。

预应力筋的理论计算伸长值根据胡克定律计算，实际伸长值宜在初应力约为 $0.1\sigma_{con}$才开始测量，并应加上初应力以下的推算伸长值。

(3) 混凝土浇筑与养护：混凝土构件的立模应在顶应力筋张拉锚固和非预应力筋绑扎完毕后进行支设。所立模板应避开台面的伸缩缝及裂缝，如无法避免伸缩缝、裂缝时，可采取在裂缝处先铺设薄钢板或垫油毡或采取其他相应的措施后，再浇筑混凝土。

预应力钢筋混凝土可采用自然养护或湿热养护。应先按设计的温差加热(一般不超过 20 ℃)，待混凝土强度达到一定值(粗钢筋 7.5 MPa，钢丝、钢绞线为 10 MPa)之后，再按一般升温制度养护。

当采用湿热养护时，应先按设计的温差加热(一般不超过 20 ℃)，待混凝土强度达 10 N/mm^2后，再按“二次升温养护”进行养护。

(4) 预应力筋放张：先张法预应力筋的放张工作应有序并缓慢进行，防止冲击。

1) 放张要求

① 放张预应力筋时，混凝土强度必须符合设计要求。当设计无要求时，不得低于设计的混凝土强度标准值的 75%。

② 预应力筋的放张顺序必须符合设计要求，当设计无要求时，应符合下列规定：

a) 对承受轴心预压力的构件(如压杆、桩等)，所有预应力筋应同时放张。

b) 对承受偏心预压力的构件，应同时放张预压力较小区域的预应力筋，再同时放张预压力较大区域的预应力筋。

c) 当不能按上述规定放张时，应分阶段、对称、相互交错地放张。

③ 放张后预应力筋的切断顺序宜由放张端开始，逐次切向另一端。

2) 放张方法

① 放张方法：螺杆放松、千斤顶放松、砂箱放松、混凝土缓冲放松、预热熔割，此外还有用剪线钳剪断钢丝的方法等。

② 放张注意事项：放张前，注意应拆除侧模，使放张时构件能自由压缩，否则将损坏模板或造成构件开裂。对有横肋的构件(如大型屋面板)，其横肋断面应有合宜的斜度，或采用活动模板，以免放张钢筋时，构件端肋开裂。

5.1.3 施工措施

为保证预应力工程的施工质量，应对施工全过程加强控制，并及时进行检查和验收，各施工过程具体的检查和验收的内容方法参见国家标准《混凝土结构工程施工规范》(GB 50666—2011)。

1. 质量措施

(1) 对原材料(预应力筋、锚夹具、灌浆用水泥等)应根据国家标准、规范等进行检验和验收。

(2) 预应力筋张拉机具设备及仪表应定期维护和校验。

(3) 在浇筑混凝土之前，应进行预应力隐蔽工程验收，其内容包括：

① 预应力筋的品种、规格、数量、位置等。

② 预留孔道的规格、数量、位置、形状及灌浆孔、排气兼泌水管等。

③ 预应力筋销具和连接器的品种、规格、数量、位置等。

④ 锚固区局部加强构造等。

2. 安全措施

(1) 张拉台座两端要设置防护墙，张拉时沿台座长度每隔 2～3 m 放一个防护架，台座两端不得站人，防止钢丝或钢筋拉断打伤人。

(2) 液压泵要放在台座的侧面，操作人员要站在液压泵的外侧面进行操作，操作人员如有条件最好戴防护目镜。

(3) 预应力筋张拉到设计应力后，要停 2～3 min，待稳定后再打紧夹具。

(4) 预应力筋放张不能采取在受拉状态下骤然切割的方法，这样做往往使构件端部受到冲击力，出现水平裂缝，常用方法有：千斤顶放松、砂箱放松、滑模放松、螺杆张拉架放松、混凝土缓冲块放松等方法。

(5) 浇筑混凝土时，振动器不得挤碰预应力筋。

任务 5.2 后张法施工

后张法是先制作构件或结构，待混凝土达到一定强度后，在构件或结构上张拉预应力筋的方法。后张法预应力施工，不需要台座设备，灵活性大，广泛用于构件厂生产大型预应力混凝土预制构件和施工现场就地浇筑预应力混凝土结构。后张法预应力施工，又可分为有粘结预应力施工、无粘结预应力施工和缓粘结预应力施工三类。

5.2.1 施工材料、配件及设备简介

1. 施工材料

在预应力混凝土结构中，混凝土强度等级不宜低于 C30；当用消除应力钢丝、钢绞线、热处理钢筋作预应力钢筋时，混凝土强度等级不宜低于 C40，所用水泥强度等级宜比配制的混凝土强度等级高 C10。目前，某些重要的预应力钢筋混凝土结构，混凝土强度等级已采用 C50～C60，而且逐渐向更高的强度等级发展。

在预应力钢筋混凝土构件中(包括孔道灌浆),不能采用掺用对钢筋有侵蚀作用的氯盐,如氯化钙、氯化钠等,否则会发生严重的质量事故。预应力钢筋混凝土结构的钢筋有非预应力筋和预应力筋;非预应力筋可采用Ⅰ、Ⅱ、Ⅲ级钢筋和乙级冷拔低碳钢丝;预应力钢筋宜采用预应力钢绞线、钢丝,也可采用热处理钢筋。

(1) 预应力钢筋:预应力筋有冷拉Ⅱ～Ⅳ级,热处理钢筋、钢绞线、钢丝束、无粘结预应力筋等,应符合国家相应的标准规定。

预应力筋根据结构用途、材料供应和施工条件可分别选择。

预应力筋的强度标准值是根据极限抗拉强度确定,并应具有95%的保证率。抗拉强度标准值或设计值的符号分别采用 f_{Ptk} 和 f_{Pyk} 来表示。

① 消除应力钢丝的规格与力学性能应符合国家标准《预应力混凝土用钢丝》(GB/T 5223—2014)的规定,见表5-2和表5-3。

表5-2 钢丝尺寸及允许偏差

钢丝公称直径/mm	直径允许偏差/mm	横截面面积/mm²	理论质量/(kg/m)
5.00	±0.05	19.63	0.154
7.00	±0.05	38.48	0.302

表5-3 消除应力钢丝(Φ_S)的力学性能

公称直径/mm	抗拉强度 σ_b/MPa	屈服强度 $\sigma_{0.2}$/MPa	断后伸长率(%)$L=100$	弯曲次数		松弛		
	不小于			次数(180)	弯曲半径/mm	初始应力相当于公称抗拉强度的百分数(%)	1 000 h应力损失(%)不大于 Ⅰ级松弛	1 000 h应力损失(%)不大于 Ⅱ级松弛
5.00	1 470	1 250	4	4	15	70	8.0	2.5
	1 570	1 330				80	12.0	4.5
	1 670	1 420						
	1 770	1 500						
7.00	1 470	1 250			20			
	1 570	1 330						

注:1. Ⅰ级松弛即普通松弛,Ⅱ级松弛即低松弛。
2. 屈服强度 $\sigma_{0.2}$ 值不小于公称抗拉强度的85%。
3. 弹性模量为 $(2.05\pm0.1)\times10^5$ N/mm²。

② 钢绞线:钢绞线的规格和力学性能应符合国家标准《预应力混凝土用钢绞线》(GB/T 5224—2014)的规定,见表5-4和表5-5。

表5-4 1×7结构钢绞线尺寸及允许偏差

钢绞线结构	公称直径/mm	直径允许偏差/mm	钢绞线公称截面积/mm²	每1 000 m的理论质量/kg	中心钢丝直径加大不小于(%)
1×7标准型	12.70	±0.40	98.7	774	2.0
	15.20	−0.20	139	1 101	

表 5-5　预应力钢绞线(Φ_S)的力学性能

钢绞线结构	钢绞线公称直径/mm	强度级别/MPa	整根钢绞线的最大负荷/kN	屈服负荷/kN	断后伸长率(%)	1 000 h 松弛率，不大于(%)			
						Ⅰ级松弛		Ⅱ级松弛	
						初始负荷/公称最大负荷(%)			
			不小于			70	80	70	80
1×7	12.70	1 860	184	156	3.5	8.0	12	2.5	4.5
	15.20	1 720	239	203					
		1 860	259	1 220					

注：1. Ⅰ级松弛即普通松弛，Ⅱ级松弛即低松弛。
2. 屈服负荷不小于整根钢绞线公称最大负荷的 85%。
3. 弹性模量为$(1.95\pm0.1)\times10^5\ N/mm^2$。

(2) 预应力钢筋强度标准值、强度设计值见表 5-6 和表 5-7。

表 5-6　预应力钢筋强度标准值

种　类		符　号	d/mm	f_{Ptk}
钢绞线	1×3	Φ_S	8.6、10.8	1 860、1 720、1 570
			12.9	1 720、1 570
	1×7		9.5、11.1、12.7	1 860
			15.2	1 860、1 720
消除应力钢丝	光面	Φ_P	4、5	1 770、1 670、1 570
			6	1 670、1 570
	螺旋肋	Φ_H	7、8、9	1 570
	刻痕	Φ_I	5、7	1 570
热处理	40Si2Mn	Φ_{HT}	6	1 470
钢筋	8Si2Mn		8.2	1 470
	45Si2Cr		10	1 470

注：1. 钢绞线直径 d 系指钢绞线外接圆直径，钢丝和热处理钢筋的直径 d 均指公称直径。
2. 消除应力光面钢丝直径 d 为 4～9 mm，消除应力螺旋肋钢丝直径 d 为 4～8 m。

表 5-7　预应力钢筋强度设计值(单位：N/mm^2)

种　类		符　号	f_{Py}	f_{Ptk}	f'_{Py}
钢绞线	1×3	Φ_S	1 860	1 320	
			1 720	1 220	390
	1×7		1 570	1 110	
			1 860	1 320	390

续 表

种类		符号	f_{Py}	f_{Ptk}	f'_{Py}
消除应力钢丝	光面 螺旋肋	Φ_P Φ_H Φ_I	1 720	1 220	
			1 770	1 250	
			1 670	1 180	410
			1 570	1 110	
	刻痕	Φ_I	1 570	1 110	410
热处理	40Si2Mn	Φ_{HT}	1 470	1 040	400
	8Si2Mn				
	45Si2Cr				

注:当预应力钢绞线、钢丝的强度标准值不符合规定时,其强度设计值应进行换算。

2. 配件与设备

(1) 张拉设备:千斤顶有普通液压千斤顶、拉杆式千斤顶和穿心式千斤顶等。

拉杆式千斤顶用于螺母锚具、锥形螺杆锚具、钢丝镦头锚具等。它由主液压缸塞、主缸活、回油缸、回油活塞、连接器、传力架、活塞拉杆等组成。

目前,常用 YL－60 型拉杆式千斤顶张拉带有螺纹端杆锚具的预应力钢筋。它由主缸、副缸、主副缸活塞、联结器、传力架、拉杆等组成。另外,还生产 YL400 型和 Y1500 型千斤顶,其张拉力分别为 4 000 kN 和 5 000 kN,主要用于张拉力较大的钢筋张拉。

穿心式千斤顶是利用双液压缸张拉预应力筋和顶压锚具的双作用千斤顶。穿心式千斤顶适用于张拉带 M 型锚具、XM 型锚具的钢筋,配上撑脚与拉杆后,也可作为拉杆式千斤顶。

(2) 锚具:预应力锚具种类很多,按外形可分为螺杆式、镦头式、夹片式、锥销式、挤压式等,按使用部位可分为张拉端锚具、锚固端锚具、工具锚具。

锚具还可按其作用机理分为磨阻型、握裹型和承压型。磨阻型有钢质锥形锚具、夹片锚具等;握裹型有挤压锚具、压花类锚具、桥梁施工中常用的冷铸锚等;承压型锚具则包括螺杆式、锻头式、帮条锚具等。后张法张拉端常采用夹片式锚具、镦头式锚具、钢制锥形锚具等钢丝、钢绞线锚具和螺纹端杆粗钢筋锚具、锚固端常采用辙头式、挤压式、压花式等形式锚具,其型号有:钢筋束和钢绞线束常使用 JM 型、QM 型、XM 型等锚具。

在后张法施工中,锚具的形式主要取决于张拉机械、预应力筋的形式及固定端锚具的位置,可根据表 5－8 所示选用。

表 5－8　后张法锚具形式选用表

预应力筋种类	用锚具形式		
	张拉端	固定端	
		安装在结构之外	安装在结构之内
钢绞线及钢绞线束	夹片锚具	夹片锚具	压花锚具
		挤压锚具	挤压锚具

续　表

预应力筋种类	用锚具形式		
	张拉端	固定端	
		安装在结构之外	安装在结构之内
钢丝束	夹片锚具	夹片锚具	挤压锚具
	锥形螺杆锚具	镦头锚具	镦头锚具
		挤压锚具	
		钢质锥形锚具	
精轧螺纹钢筋	螺丝端杆锚具	螺丝端杆锚具	
		帮条锚具	
		镦头锚具	

1）单根粗钢筋锚具

如图 5－16 所示，当选用粗钢筋做预应力筋时，张拉端一般采用螺丝端杆锚具，固定端采用帮条锚具或镦头锚具。

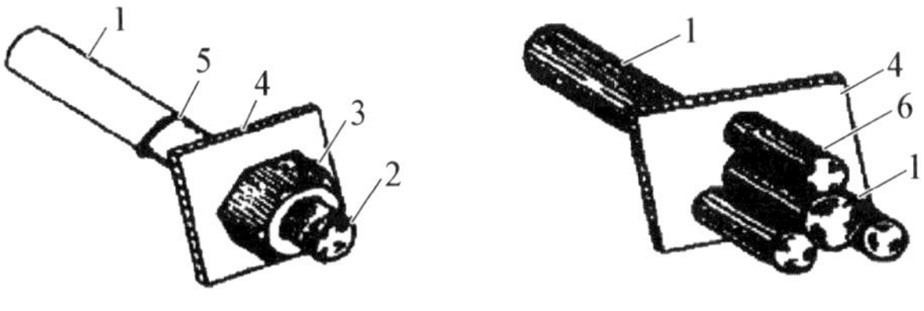

(a) 螺丝端杆锚具　　(b) 帮条锚具

图 5－16　单根粗钢筋锚具

1—预应力筋；2—螺丝端杆；3—螺母；4—垫板；5—对焊接头；6—帮条钢筋

① 螺纹端杆锚具：由螺纹端杆、螺母、垫板组成，适用于锚固直径为 12～32 mm 的冷拉Ⅱ、Ⅲ级钢筋。

② 帮条锚具：帮条锚具是由衬板与 3 根帮条焊接而成。帮条与衬板相接触部分的截面应在同一垂直面上，以免受力时产生扭曲。

2）钢筋(钢绞线)束锚具

钢筋束或钢绞线束用作预应力筋时，其固定端一般采用镦头锚具，张拉端多采用夹片锚具。

① JM 型锚具：JM 型锚具是典型的夹片式锚具，现有 10 多个型号，分别适用于光圆钢筋束、螺纹钢筋束和钢绞线束。JM12 型锚具可用于锚固 36 根直径为 12 mm 的钢筋或钢绞线；JM15 型锚具则可用于锚固直径为 15 mm 的钢筋或钢绞线束。JM12 型锚具主要由锚环和夹片组成，其构造如图 5－17 所示。

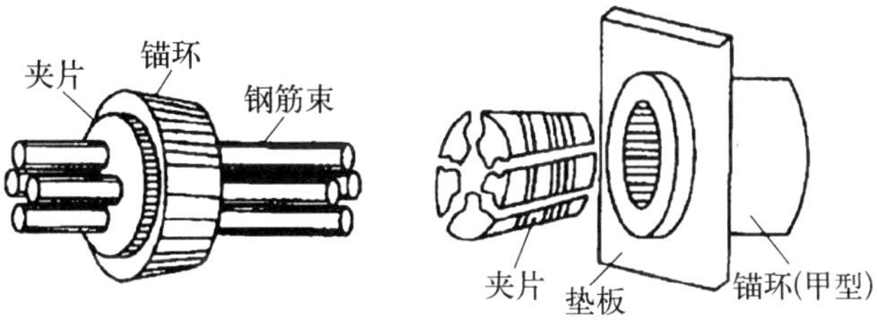

图 5－17　JM 型锚具

② XM 和 QM 型锚具：XM 型锚具是在一块多孔的锚板上利用每个锥形孔装一副夹片夹持一根钢绞线的楔紧式锚具。其优点是任何一根钢绞线锚固失效，都不会引起整束锚固筋失效。并且每束锚固筋的根数不受限制。XM 型锚具锚板上的钢孔沿圆周排列，夹片采用兰片式，按 120°均分开缝，如图 5－18 所示。

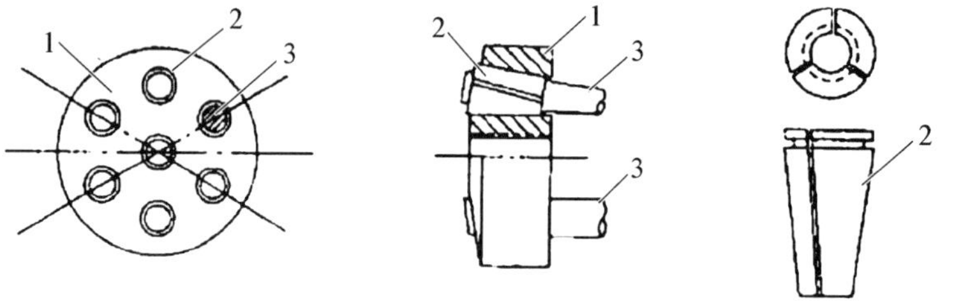

图 5－18　XM 型夹具

1—锚板；2—夹片；3—预应力筋

QM 型与 XM 型相似，将夹片改为两片式，并在背部开有一条弹性槽，以提高锚固性能。

③ 钢质锥形锚塞：钢质锥形锚塞由锚环和锚塞构成，钢丝束位于锚环和锚塞之间，锚环与锚塞的锥度一致，锚塞顶紧后利用钢丝与锚环、锚塞之间的摩擦力将钢丝束锚固，如图 5－19 所示。

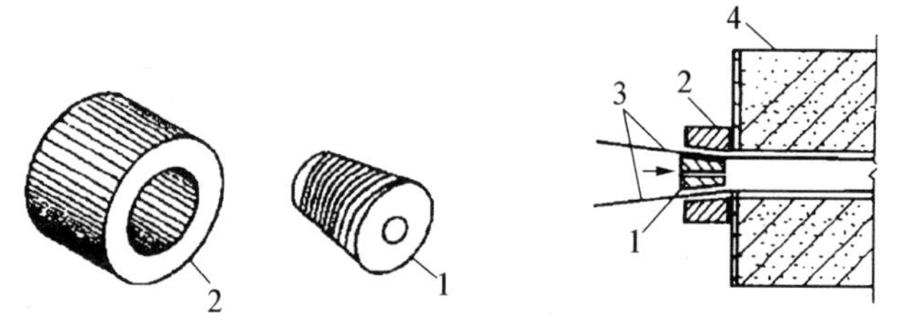

图 5－19　钢质锥形锚具

1—锚塞；2—锚环；3—钢丝束；4—混凝土构件

(3) 张拉机具：后张法使用的张拉设备主要是千斤顶，其形式主要有拉杆式千斤顶、锥锚式千斤顶和穿心式千斤顶 3 种。

① 拉杆式千斤顶：拉杆式千斤顶主要由主油缸、主缸活塞、回油缸、回油活塞、连接器、传力架、活塞拉杆等组成，是一种单作用式千斤顶，如图 5－20 所示。适用于张拉带螺丝端杆锚具、锥形螺杆锚具、钢丝镦头锚具等锚具形式的预应力筋。

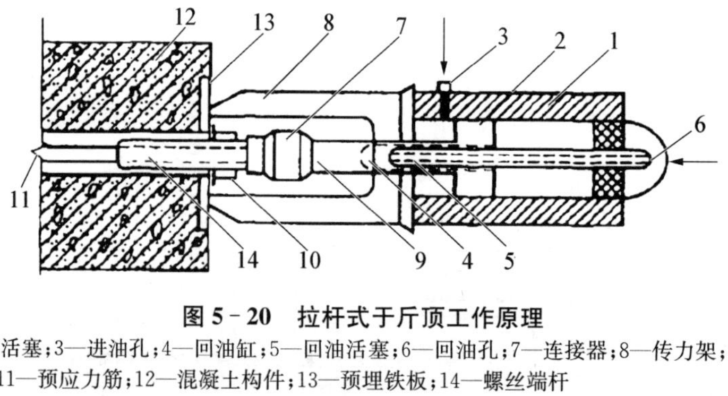

图 5－20　拉杆式于斤顶工作原理

1—主油缸；2—主缸活塞；3—进油孔；4—回油缸；5—回油活塞；6—回油孔；7—连接器；8—传力架；9—拉杆；10—螺母；11—预应力筋；12—混凝土构件；13—预埋铁板；14—螺丝端杆

② 穿心式千斤顶：穿心式千斤顶是一种利用双液缸张拉预应力筋和顶压锚具的双作用千斤顶。适用于张拉带需要顶压的锚具(如 JM 型、XM 型)的钢筋束或钢绞线束；配上撑脚与拉杆后，也可用于张拉带螺杆锚具和镦头锚具的预应力筋。常见的 YC－60 型穿心式千斤顶，工作原理如图 5－21 所示。

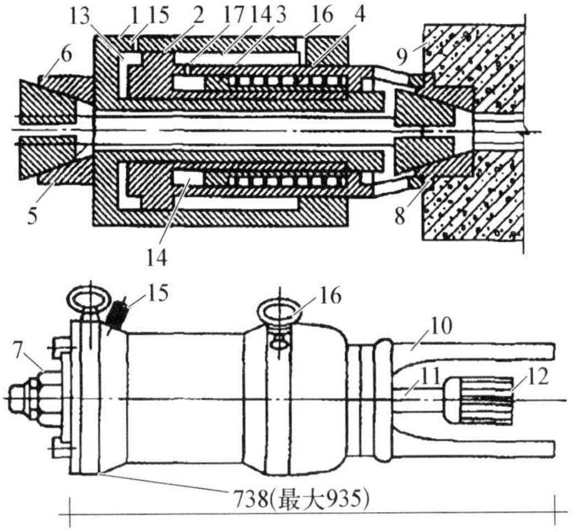

图 5－21　YC－60 型穿心式千斤顶士作原理

1—张拉油缸；2—顶压油缸(张拉活塞)；3—顶压活塞；4—弹簧；5—预应力筋；6—工具锚；7—螺母；8—锚环；9—构件；10—撑脚；11—张拉杆；12—连接器；13—张拉工作油室；14—张拉回程油室；15—张拉缸油嘴；16—顶压缸油嘴；17—油孔

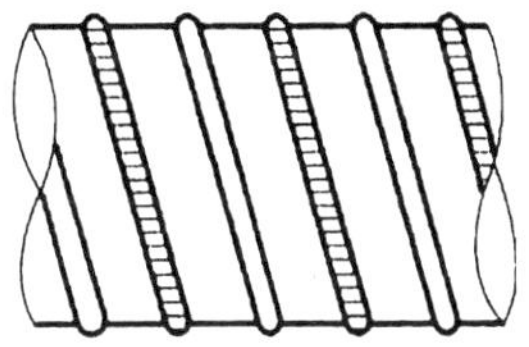

图 5－22　波纹管

(4) 波纹管：波纹管主要用于预应力预留孔道中。按其波纹的数量分为单波纹和双波纹；按照截面开头分为圆形和扁形；按照径向刚度分为标准型和增强型；按照钢带表面状况分为镀锌波纹管和不镀锌波纹管。

5.2.2　预应力筋的制作

预应力钢筋束(钢绞线束)比较长，一般呈圆盘状运到现场。预应力筋的制作一般需经开盘冷拉(预拉)、下料编束等工序。

(1) 预应力钢筋束制作：预应力钢筋束下料前要进行冷拉。预应力钢绞线束在下料前经预拉。预拉应力值采用钢绞线抗拉强度的 85%，预拉速度不宜过快，拉至规定应力后，应保持 5～10 min，然后放松。钢筋束和钢绞线的下料长度 L 应等于构件孔道长度加上两端为张拉、锚固所需的外露长度，如图 5－23 所示。

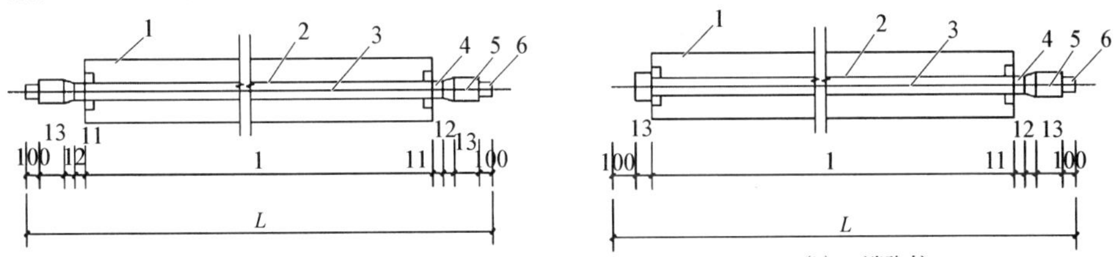

(a) 两端张拉　　(b) 一端张拉

图 5－23　钢筋束、钢绞线束下料长度计算简图

1—混凝土构件；2—孔道；3—钢绞线；4—夹片式工作锚；5—穿心式千斤顶；6—夹片式工具锚

下料长度可按下式计算：

两端张拉时

$$L = l + 2(l_1 + l_2 + l_3 + 100) \quad (5-2)$$

一端张拉时

$$L = l + 2(l_1 + 100) + l_2 + l_3 \quad (5-3)$$

式中：l ——构件的孔道长度(mm)；

l_1——工作锚厚度(mm)；

l_2——穿心式千斤顶长度(mm)；

l_3——夹片式工具锚厚度(mm)。

切断钢筋束和钢绞线束时，对热处理钢筋、冷拉Ⅳ级钢筋及钢绞线宜采用切断机或砂轮锯切断，不得采用电弧切割。为了保证穿入构件孔道中的钢绞线不发生扭结，在钢绞线切断前，需要编束。编束时应先将钢筋或钢绞线理顺，并尽量使各根钢绞线、钢筋松紧一致，用20号铁丝绑扎，绑扎点的间距为1～1.5 m。

(2) 钢丝束的制作：钢丝束的制作随着锚具形式的不同制作的方法也有差异，但一般都要经过调直、下料、编束和安装锚具等工序。

用钢质锥形锚具锚固的钢丝束，其制作和下料长度的计算基本与钢筋束相同。

如采用钢丝束镦头锚具一端张拉时，钢丝的下料长度 L 可按图 5-24 和图 5-25，用下式计算：

$$L = L_0 + 2a + 2\delta - 0.5(H - H_1) - \Delta L - c \quad (5-4)$$

式中：L_0——孔道长度(mm)；

a ——锚板厚度(mm)；

δ ——钢丝镦头留量(取钢丝直径的2倍，mm)；

H ——锚环高度(mm)；

H_1——螺母高度(mm)；

ΔL ——张拉时钢丝伸长值(mm)；

c ——混凝土弹性压缩(mm)。

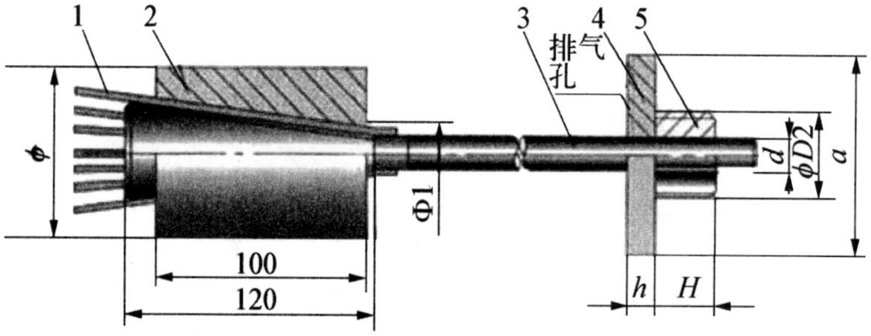

图 5-24 锥形螺杆锚具

1—碳素钢丝；2—套筒；3—锥形螺杆；4—垫板；5—六槽螺母

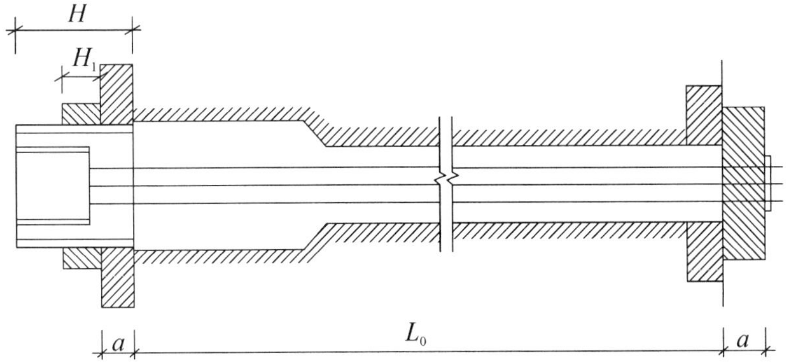

图 5－25　用镦头锚具时钢丝下料长度计算简图

5.2.3　施工工艺

1. 工艺原理

后张法是先浇筑混凝土，后张拉钢筋的方法，即在构件中配置预应力筋的位置处预先留出相应的孔道，然后绑扎非预应力钢筋、浇筑混凝土，待构件混凝土强度达到设计规定的数值后（一般不低于设计强度的 75%），在孔道内穿入预应力筋，用张拉机具进行张拉，并利用锚具把张拉后的预应力筋锚固在构件的端部。预应力筋的张拉力，主要靠构件端部的锚具传给混凝土，使其产生压应力。张拉锚固后，立即在预留孔道内压力灌浆，使预应力筋不受锈蚀，并与构件形成整体。

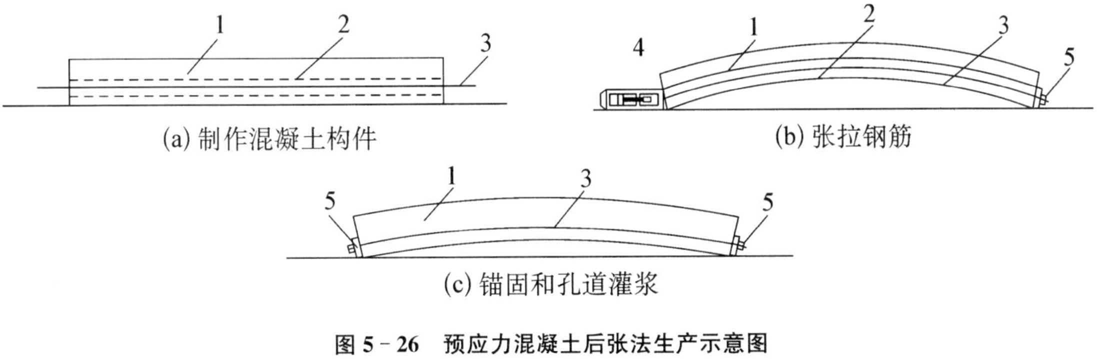

图 5－26　预应力混凝土后张法生产示意图

1—混凝土构件；2—预留孔道；3—预应力筋；4—千斤顶；5—预应力筋

2. 施工工艺要点

后张法施工流程如图 5－27 所示。

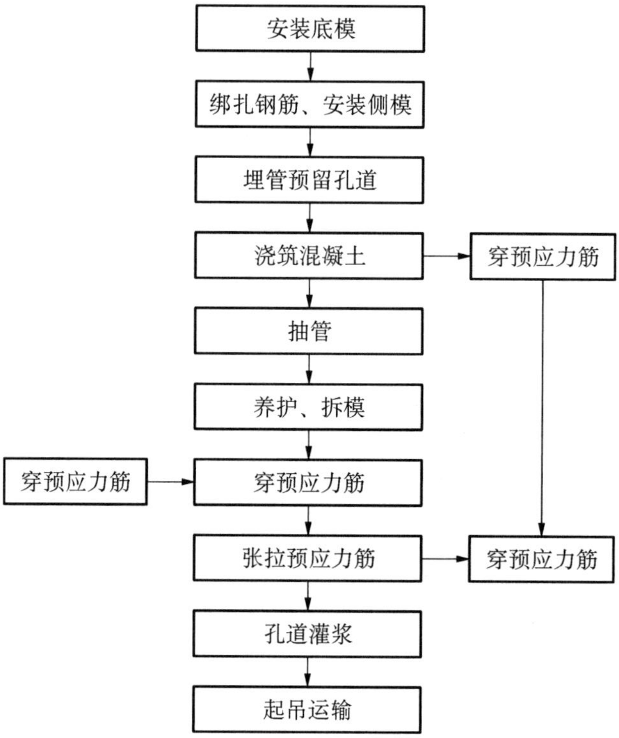

图 5－27　后张法施工流程

后张法分预制生产和现场施工。后张法施工工艺中，其主要工序为孔道留设、预应力筋张拉和孔道灌浆三部分。

(1) 预留孔道

① 预留孔道，是后张法施工的一道关键工序。孔道有直线和曲线之分；成孔方法有钢管抽芯法(无缝钢管抽芯法)、胶管加压抽芯法和预埋管法。

② 孔道成形的基本要求是：孔道的尺寸与位置应正确；孔道应平顺；接头不漏浆；端部预埋钢板应垂直于孔道中心线等。

③ 钢管抽芯法用于留设直线孔道，胶管抽芯法可用于留设直线、曲线及折线孔道。这两种方法主要用于预制构件，管道可重复使用，成本较低。

④ 预埋管法可采用薄钢管、镀锌钢管与波纹管(金属波纹管或塑料波纹管)等。

(2) 浇筑混凝土：浇筑混凝土时，应注意避免触及、损伤成孔管和造成支撑马凳移位，在钢筋密集区和构件两端，因钢筋密集，浇捣困难，应用小直径的振动棒仔细振捣密实，切勿漏振，以免造成孔洞和混凝土不密实，以至张拉时使端部承压板凹陷或破坏，造成质量安全事故，影响构件性能。浇筑完混凝土后要对混凝土及时覆盖浇水养护，以防混凝土收缩裂纹。

(3) 穿筋(束)：即将预应力筋穿入孔道，分先穿筋(束)和后穿筋(束)。先穿筋(束)是在浇筑混凝土前与海绵垫；穿束，按穿束与预埋波纹管之间的配合又可分为先穿筋(束)后装管、先装管后穿筋(束)两种。但应注意在浇筑混凝土和在混凝土初凝之前要不断来回拉动预应力筋，预防预应力筋被渗漏的水泥浆粘住而增大张拉时的摩擦阻力。

后穿筋(束)法是在浇筑混凝土之后进行,可在混凝土养护期内操作,不占工期,可在张拉前进行。

钢丝束应整束穿、钢绞线优先采用整束穿,也可单根穿。

(4) 预应力筋的张拉:施工时,要按照施工要求做好各项准备工作,并按一定的方法张拉预应力钢筋。

张拉前应对构件(或块体)的几何尺寸、混凝土浇筑质量、孔道位置及孔道是否畅通、灌浆孔和排气孔是否符合要求、构件端部预埋铁件位置等进行全面检查。构件的混凝土强度应合设计要求。如设计无要求时,不应低于强度等级的 75%。对预制拼装构件的立缝处上混凝土或砂浆强度如设计无要求时,不应低于块体混凝土强度等级的 40%,且不得低于 15 N/mm^2。

① 预应力筋的张拉方法:张拉时混凝土强度、张拉值、张拉理论伸长值都应由设计单位给出,如无特殊要求,张拉时混凝土强度不低于设计强度的 75%;张拉值不应超过预应力抗拉强度标准值的 75%,对于为减少预应力束松弛损失,采用超张法施工时,张拉应力不应大于预应力筋抗拉强度标准值的 80%;预应力筋理论伸长值可根据胡克定律计算。如果曲线筋采用两端张拉而又对称布置,其张拉伸长值可算至跨中处加倍求得。对多曲线段或由直线段与曲线段组成的预应力筋,张拉伸长值应分段计算,然后叠加。

张拉时的实际伸长值与理论伸长值相比,应不超出±6%范围,否则应暂停张拉,并在采取措施纠正后,方可继续张拉。

张拉顺序应按设计要求进行,如无设计要求时,应遵守对称张拉的原则,也应考虑到尽量减少设备的移动次数。

② 预应力筋的张拉形式:张拉形式可采用两端张拉、一端张拉一端补足、分段张拉、分期张拉等,针对不同结构形式和设计要求而定。

预应力筋张拉后,会产生应力从构件制作到使用后的整个过程中不断降低的现象,即产生预应力损失。

在长度保持不变的条件下,钢材的应力随时间的增长而降低的现象;同时由于混凝土的收缩和徐变也会造成预应力值的减少。

配有多根预应力筋的构件原则上应同时张拉。如果不能同时张拉时,则应分批张拉。在分批张拉中,其张拉顺序应充分考虑到尽量避免混凝土产生超应力、构件的扭转与侧弯,以及结构的变位等因素。对在同一构件上的预应力筋的张拉一般应对称张拉。

在实施张拉过程中,它既考虑了张拉的对称性,又考虑了因分批张拉而引起的应力损失。对重要的结构可采用分两阶段建立预应力,即全部预应力筋先张拉到 50%之后、再等第二次拉至 100%。

③ 预应力筋的张拉程序:预应力筋的张拉程序,主要根据构件类型、张锚体系、松弛损失取值等因素确定。用超张拉方法减少预应力筋的松弛损失时,预应力筋的张拉程序宜为 $0 \rightarrow 1.05\sigma_{con} \xrightarrow{\text{持续 2min}} \sigma_{con}$。

如果预应力筋的张拉吨位不大,根数很多,而设计中又要求采取超张拉以减小应力松弛损失,则其张拉程序为 $0 \rightarrow 1.03\sigma_{con}$ 。

采用抽芯成型孔道时,曲线预应力筋和长度大于 24 m 的直线预应力筋应在两端张拉;

长度等于或小于 24 m 的直线预应力筋，可在一端张拉。

采用预埋波纹管孔道时，曲线预应力筋和长度大于 30 m 的直线预应力筋，宜在两端张拉；长度等于或小于 30 m 的直线预应力筋，可在一端张拉。

在同一截面中有多根一端张拉的预应力筋时，张拉端宜分别设置在结构的两端。当两端同时张拉一根（束）预应力筋时，为了减小预应力损失，宜先在一端锚固，再在另一端补足张拉力后进行锚固。

用后张法生产预应力混凝土屋架等大型构件时，一般在施工现场平卧重叠制作，重叠层数为 3～4 层，其张拉顺序宜先上后下逐层进行。为了减少上下层之间因摩擦引起的预应力损失，可逐层加大张拉力。所增加的数值随构件形式、隔离层和张拉方式而不同，但最大超张拉力不宜比顶层张拉力大 5%（钢丝、钢绞线和热处理钢筋）或 9%（冷拉Ⅱ～Ⅳ级钢筋），并且要保证加大张拉控制应力后不要超过最大超张拉力的规定。若为 4 层重叠生产屋架，预应力筋为 E 级冷拉钢筋；用废机油、滑石粉作为隔离剂时，其自上而下的张拉值为 $1.0\sigma_{con}$、$1.03\sigma_{con}$、$1.06\sigma_{con}$和 $1.09\sigma_{con}$。克服叠层摩阻损失的超张拉值与减小松弛损失的张拉值可以结合起来，不必叠加。

④ 张拉伸长量的校核与预应力检验：为了解预应力值建立的可靠性，需对所张拉的预应力筋的应力及损失进行检验和测定，以便在张拉时补足和调整预应力值。

在张拉过程中，必要时还应测定预应力筋的实际伸长值，用以对预应力值进行校核。若实测伸长值大于预应力筋控制应力所计算伸长值的 10%，或小于计算伸长值的 5%，应暂停张拉，待查明原因并采取措施调整后，方可重新张拉。

构件张拉完毕后，应检查端部和其他部位是否有裂缝。锚固后的预应力筋的外露长度不宜小于 15 mm。长期外露的锚具，可涂装防锈油漆或用混凝土封裹，以防腐蚀。

（5）孔道灌浆：预应力张拉锚固后，利用灰浆泵将水泥浆压灌到预应力孔道中去，这样既可以起到防止预应力筋锈蚀的作用，也可使预应力筋与混凝土构件的有效粘结增加，控制超载时的裂缝发展，减轻两端锚具的负荷状况。

灌浆用的灰浆，宜用标号不低于 42.5 级普通硅酸盐水泥调制的水泥浆，水泥浆的强度不应低于 M20 级。配制的水泥浆应有较大的流动性和较小的干缩性、泌水性。水灰比一般为 0.4～0.45。

为使孔道灌浆饱满，可在灰浆中接入占水泥质量为 0.05%～0.1%的铝粉或 0.25%的木质素磺酸钙。对空隙较大的孔道，水泥浆中可掺入少量的细秒。

用灰浆搅拌机搅拌好的水泥浆，必须通过过滤器后置于贮浆桶内备用，并不断搅摔，以防泌水沉淀。用灌浆泵灌浆时，按先下后上顺序缓慢均匀地进行，不得中断，并应通畅排气。待孔道两端冒出浓浆并封闭排气以后，宜再继续加压至 0.5～0.6 N/mm^2，稍后再封闭灌浆孔。灰浆硬化后即可将灌浆孔的木塞拔出，并用水泥砂浆抹平。当灰浆强度达到 15 MPa 时，方能移动。

若气温低于 5 ℃时，灌浆后还应按冬期施工要求进行养护，以防由于灰浆冰冻而使构件胀裂。

预应力筋锚固后的外露长度不宜小于 30 mm，并且钢绞线端头混凝土保护层厚度不小于 20 mm。外露的锚具需涂刷防锈油漆，并用混凝土封裹，以防腐蚀。

在桥梁结构中，锚头外要加锚罩，用水泥浆将锚头封死，并认真地灌封混凝土，在封端混凝土以外再加防水膜防水，以防止侵蚀介质从锚头部分侵入预应力筋。

锚固端做法分为凸出式和凹入式。

5.2.4 施工措施

为保证预应力工程的施工质量，应对施工全过程加强控制，并及时进行检查和验收，各工过程具体的检查和验收的内容方法参见国家标准《混凝土结构工程施工规范》(GB 50666—2011)。

1. 质量措施

(1) 对原材料(预应力筋、锚夹具、灌浆用水泥等)应根据国家标准、规范等进行检验和验收。

(2) 后张法预应力工程的施工应由具有相应资质等级的预应力专业施工单位承担。

(3) 预应力筋张拉机具设备及仪表，应定期维护和校验。

(4) 在浇筑混凝土之前，应进行预应力隐蔽工程验收，其内容包括：

① 预应力筋的品种、规格、数量、位置等。

② 预应力筋锚具和连接器的品种、规格、数量、位置等。

③ 预留孔道的规格、数量、位置、形状及灌浆孔、排气兼泌水管等。

④ 锚固区局部加强构造等。

2. 安全措施

(1) 钢绞线、钢丝束发盘下料时应采取措施，以防其弹开伤人。预应力筋穿束时搭设牢固的穿束平台，平台上满铺脚手板、平台挑出张拉端不小于 2 m，并设防护架子。

(2) 张拉时千斤顶两端严禁站人，闲杂人员不得围观，预应力施工人员在千斤顶两侧操作，不得在端部来回穿越。

(3) 穿束和张拉地点上下垂直方向无其他工程同时施工。

(4) 雨天张拉应搭防雨篷，冬天要有保暖措施，防止油管和液压泵受冻，影响操作。

(5) 孔道灌浆时，主要操作人员戴防护镜、穿雨靴、戴手套，胶皮管与灰浆泵要连接牢固，喷嘴要紧压在灌浆孔上，堵灌浆孔时应站在孔的侧面，以防灰浆喷出伤人。

(6) 高空作业要有防坠落措施。

(7) 操作人员要胆大心细，责任心强，严格按操作规程操作。严防电火花损伤波纹管和预应力筋，严禁在孔道附近进行电焊作业。

(8) 液压泵应设在预应力筋的外侧面，不宜直对预应力筋。严禁在负荷情况下拆换油管或压力表。

(9) 保持油管设备清洁，防止杂物进入，张拉设备每隔半年进行一次校验。

任务5.3 无粘结预应力施工

无粘结预应力混凝土技术是预应力技术的一个重要分支与发展。无粘结预应力筋是带有专用防腐油脂涂料层和聚乙烯(聚丙烯)外包层和钢绞线或 7Φ5 钢丝束，预应力筋与混凝土不直接接触，预应力靠锚具传递，施工时，不需要预留孔道、穿筋、灌浆等工序，而是把预先组装好的无粘结筋在浇筑混凝土前，与非预应力筋一起按设计要求铺放在模板内，然后浇筑混凝土，待混凝土达到设计强度的75%后，利用无粘结预应力筋在结构内与周围混凝土不粘结的特性，在结构内可作纵向滑动的特性，进行张拉锚固，借助两端锚具，达到对结构产生预应力的效果。

与有粘结预应力施工方法相比，占用空间小，施工较为简单，避免了预留孔道、穿预应力筋以及灌浆等工序；在受力方面，当荷载作用于结构构件不同位置时，预应力筋各部位的应力基本相同。但构件整体性略差，预应力完全依靠锚具传递，因此对锚具的要求要高得多。该法在现浇楼板中应用最为广泛。

5.3.1 施工工艺

1. 工艺流程

安装梁或楼板模板→放线→下部非预应力钢筋铺放、绑扎→铺放暗管、预埋件→安装无粘结筋张拉端模板(包括打眼、钉焊预埋承压板、螺旋筋、穴模及各部位马凳筋等)→铺放无粘结筋→检查修补破损的护套→上部非预应力钢筋铺放、绑扎→检查无粘结筋的矢高、位置及端部状况→隐蔽工程检查验收→浇灌混凝土→混凝土养护→松动穴模、拆除侧模→张拉准备→混凝土强度试验→张拉无粘结筋→切除超长的无粘结筋→封锚。

2. 技术特点

无粘结预应力混凝土施工工艺提供了使用灵活的空间，为发展大跨度、大柱网、大开间楼盖体系创造了条件。其优点是：

(1) 降低了楼层的高度，提高了结构整体性能和刚度。

(2) 无粘结筋可曲线配置，其形状与外荷弯矩图形相适应，可充分发挥预应力筋的强度。

(3) 不需要预留孔洞、穿筋和灌浆等工序，设备管道及电气管线在楼板下可通行无阻，减少建筑、结构、设备的布局矛盾。施工简单方便，缩短工期，摩擦力小，易弯成多跨面曲线形状。

(4) 无粘结筋成型采用挤出成型工艺，产品质量稳定，摩阻损失小，便于工厂化生产，达到国外同类产品先进水平。

缺点是：预应力筋强度不能充分发挥(一般要降低10%～20%)，锚具质量要求较高。

3. 适用范围

多层及高层建筑大跨度、大柱网、大开间楼盖体系，如单向连续板、四边支承双向平板、柱支承无梁双向平板和密肋板；现浇大跨度连续梁、框架及预制梁式结构；桥梁、飞机跑道、大型基础、筒壁结构、挡土墙的加固等设计允许的工程结构。

5.3.2 无粘结预应力筋的制作

无粘结预应力筋由预应力钢丝(一般选用7根Φ_S5高强度钢丝组成钢丝束或钢绞线)、涂料层、外包层(图5-28)及锚具组成，其性能、防腐润滑涂料、护套材料均应符合规范要求。

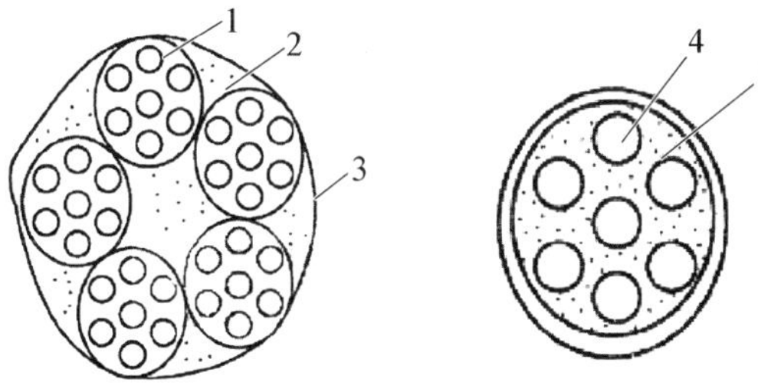

(a) 无粘结钢绞线束　　(b) 无粘结钢丝束或单根钢绞线

图 5－28　无粘结筋横截面示意图

1—钢绞线；2—沥青涂料；3—塑料薄膜；4—钢丝；5—油脂

5.3.3　无粘结预应力筋的敷设

无粘结预应力筋铺设前应仔细检查筋的规格尺寸和端部配件，对有局部轻微破坏的外包层可用塑料胶带补好，破坏严重的应予以报废。

无粘结筋的铺设按设计图样规定进行。

(1) 铺设顺序：在单向连续梁板中，无粘结钢筋的铺设顺序与非预应力钢筋的铺设顺序相同。在双向连续平板中，无粘结预应力钢筋需要配制成两个方向的悬垂曲线。

(2) 铺设方法：一般事先编制铺设顺序，将各无粘结钢筋搭接处的标高(从板底至无粘结筋上表面的高度)标出，根据双向钢丝束交点的标高差绘制出钢丝束的铺设顺序图。波峰低的底层钢丝束先行铺设；然后依次铺设波峰高的上层钢丝束，以避免各钢丝束之间的相互碰撞穿插。

5.3.4　无粘结预应力筋的张拉

无粘结预应力筋的张锚体系应根据设计要求确定或根据结构端部的预埋承压板形式选定，当端部为单筋的布置时预应力体系可采用单根张拉与锚固体系，并用单根夹片式锚具锚固；张拉设备可选用 YC－18、YCD－2 型穿心式及 YCJ 等各类轻型千斤顶。

1. 张拉

当无粘结预应力筋在端部成束布置时，应采用相应张拉力的中、大吨位的千斤顶。张拉顺序应按设计要求进行，如设计无特殊要求时，可依次张拉。

在实际施工中，无粘结预应力筋的张拉设备与程序等的要求与有粘结预应力筋要求基本上相同，但应注意以下几点：

(1) 成束无粘结筋在正式张拉前，宜先用千斤顶往复抽动一两次，以降低张拉摩擦损失。无粘结筋的张拉摩擦因数，当采用防腐油脂涂料层时一般不大于 0.12；当采用防腐沥青除料层时，无粘结筋的张拉摩擦因数一般不大于 0.25。

(2) 在无粘结筋张拉过程中，当有个别钢丝发生滑脱或断裂时，可相应降低张拉力以免发生钢丝连续断裂。但滑脱或断裂的数量，不应超过同一构件截面无粘结筋总量的 2%。

(3) 无粘结预应力筋的张锚体系应根据设计要求确定或根据结构端部的预埋承压板形式选定，当端部为单筋的布置时，预应力体系可采用单根张拉与锚固体系，并用单根夹片式锚具锚固；张拉设备可选用 YC－18、YCD－2 型穿心式及 YCJ 等各类轻型千斤顶，即采用小型高压液压泵和手提式千斤顶，操作非常方便。当无粘结预应力筋在端部成束布置时，采用相应张拉力的中、大吨位的千斤顶。张拉顺序应按设计要求进行，如设计无特殊要求时，可依次张拉。

（4）当无粘结筋长度大于 25 m 时，宜在两端张拉；长度小于 25 m 时，可在一端张拉。当两端张拉时，为了减少预应力损失，宜先在一端张拉锚固，再在另一端补足张拉力进行锚固。

在张拉过程中，应测定其实际伸长值，并与理论伸长值进行比较，误差不应超过理论伸长值的±6%。

如发生偏差，则应暂停张拉，查明原因并采取措施予以调整后再继续张拉。

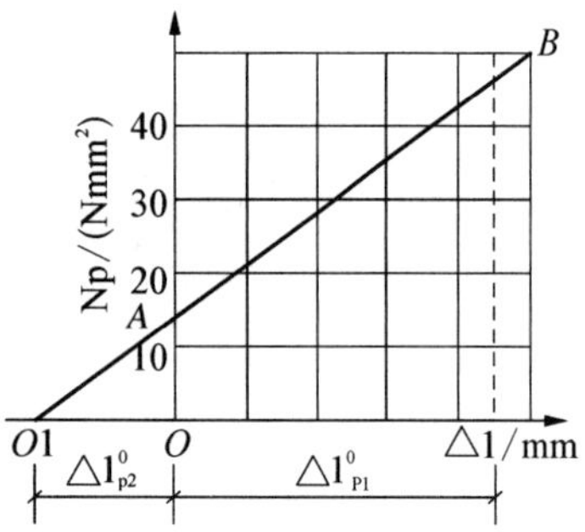

图 5-29 推算值图解法

张拉时，无粘结筋的实际伸长值宜在初应力为油压表读数 10 N/mm² 时开始测量，分级记录，可按油压表读数每 1 N/mm² 为一级，量测得到伸长值，必须加上初应力以下的推算伸长值，并扣除混凝土构件在张拉过程中的弹性压缩值。

对初应力以下的推算伸长值，可按图解法确定，如图 5-29 所示。

2. 无粘结筋端部处理

（1）张拉端头处理：张拉端头处理应根据所采用的无粘结筋与锚具不同而异。

① 当采用镦头锚具时，张拉端处理如图 5-30 所示。

② 对无粘结钢丝束的镦头应进行防腐及防火处理。

③ 当采用夹片式锚具时，张拉后可先切除外露预应力筋多余长度。一般保留 200～800 mm 并分散弯折，埋在混凝土圈梁内，以加强锚固，如图 5-31 所示。

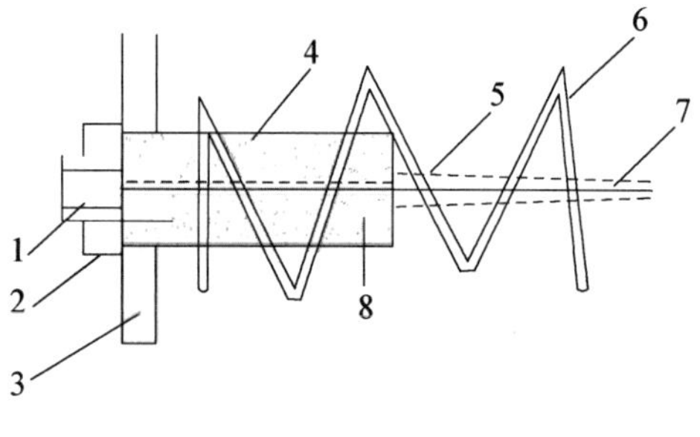

图 5-30 镦头铺固系统张拉端

1—锚杯；2—螺母；3—承压板；4—塑料套筒；5—软塑料管；6—螺旋筋；7—无粘结钢丝束；8—防腐油脂

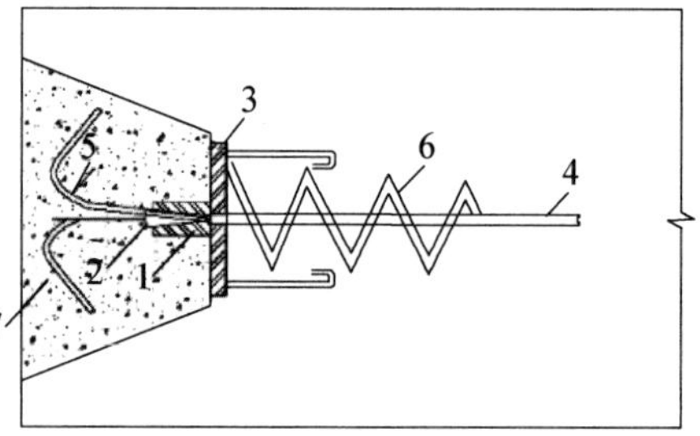

图 5-31 夹片式铺具张拉端处理

1—铺环；2—夹片；3—承压板；4—无粘结筋；5—散开打弯钢丝；6—螺旋筋；7—后浇混凝土

（2）非张拉端头处理：无粘结筋的非张拉端可设置在构件内，其端头做法主要根据所采用的预应力钢材而定。当采用无粘结钢丝束时，非张拉端可采用扩大的镦头锚板，并用螺旋筋加强，如图 5-32 所示。施工中如端头无结构配筋时，则应配置结构钢筋，使锚板与混凝土之间有可靠锚固性能。

当采用无粘结钢绞线时，钢绞线在非张拉端可“压花”成型，如图 5-33 所示。

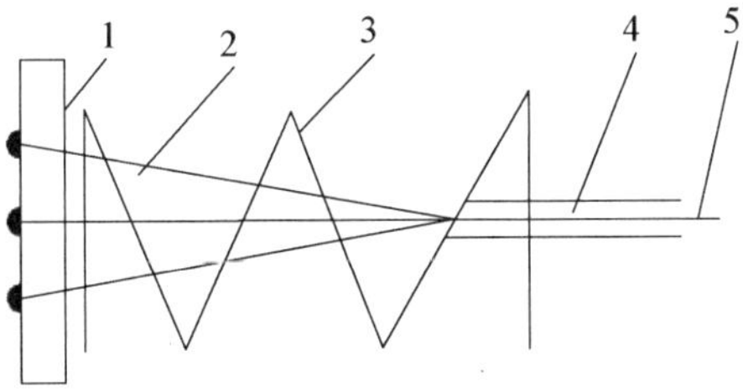

图 5 - 32　镦头锚非张拉端处理

1—锚板；2—钢丝；3—螺旋筋；4—外包层；5—无粘结筋

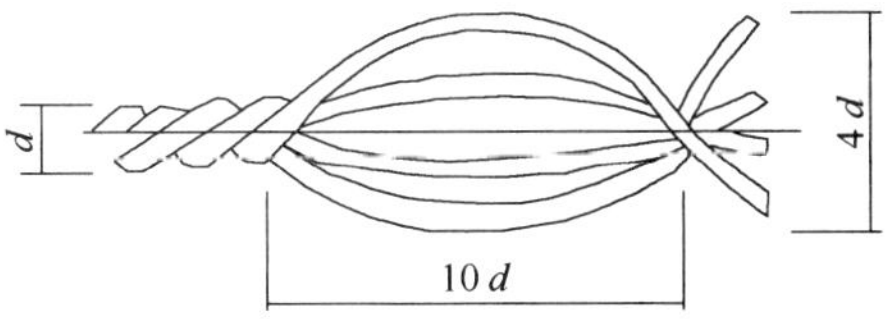

图 5 - 33　钢绞丝在固定端压花

知识拓展

建筑业十项新技术

- 预应力技术
- 预制预应力混凝土构件技术

知识拓展 5

思考与习题

1. 什么叫预应力混凝土？

2. 常见的预应力混凝土的锚具、夹具都有哪些？各有何要求？

3. 什么是先张法？什么是后张法？各自特点、适用范围以及施工流程？

4. 张拉钢筋的程序有哪几种？超张拉的作用是什么？有什么要求？为什么要进行超张拉？

5. 先张法预应力筋放张时需注意什么问题？放张的方法有哪些？后张法的张拉顺序又如何确定？

6. 后张法施工中孔道留设方法有哪些？各适用于什么情况？应注意哪些问题？

7. 孔道灌浆的作用是什么？对灌浆材料有何要求？

8. 什么是应力松弛？在后张法中如何避免或减少预应力筋的应力损失？

9. 分批张拉预应力筋时，如何弥补混凝土弹性压缩应力损失？

10. 无粘结预应力筋铺放定位应如何进行？

项目 6　钢结构与结构安装工程施工

素质目标（依据专业教学标准）

(1) 坚定拥护中国共产党领导和我国社会主义制度，践行社会主义核心价值观，具有深厚的爱国情感和中华民族自豪感；

(2) 崇尚宪法、遵纪守法、崇德向善、诚实守信、尊重生命、热爱劳动，履行道德准则和行为规范，具有社会责任感和社会参与意识；

(3) 具有质量意识、环保意识、安全意识、信息素养、工匠精神、创新思维；

(4) 勇于奋斗、乐观向上，具有自我管理能力、职业生涯规划的意识，有较强的集体意识和团队合作精神；

(5) 具有健康的体魄、心理和健全的人格，以及良好的行为习惯；

(6) 具有一定的审美和人文素养。

知识目标

(1) 了解起重机械及索具设备；

(2) 掌握钢结构构件制作工艺及方法；

(3) 掌握钢结构连接工艺及方法；

(4) 熟悉钢结构工程质量验收相关要求。

能力目标

(1) 能够编制钢结构起重吊装施工专项方案；

(2) 能够进行钢结构施工技术交底；

(3) 能够进行钢结构吊装工程施工质量检查。

案例导入

国家体育场

国家体育场工程位于北辰东路西侧奥林匹克公园中心区南部，是北京 2008 年奥运会的主会场。建筑造型呈椭圆的马鞍形，由 24 榀门式桁架围绕着体育场内部碗状看台区旋转而成，其中 22 榀贯通或基本贯通。结构组件相互支撑、形成网格状构架，有序编织成“鸟巢”状独特的建筑造型，内部三层碗状看台下为四～七层混凝土框架结构。奥运会期间可容纳观众 9.1 万人。工程占地面积 20.4 公顷，总建筑面积约 25.8 万 m^2。“鸟巢”主体结构图如图所示。

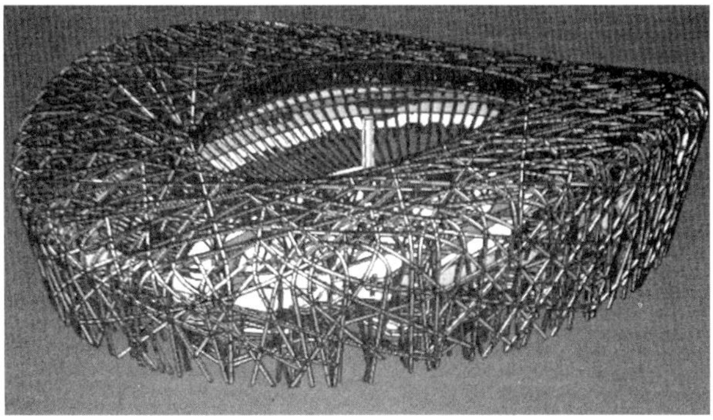

图 6-1　“鸟巢”主体结构图

工程特点：

1. 国内规模最大的全焊接异型空间钢结构工程；

2. 结构十分复杂，应力应变状态难以控制；

3. 焊缝全部为全熔透一级焊缝；

4. 现场厚板焊接工程量达 6 000 米，是国家体育场钢结构安装工程中的一大难点，是制约钢结构工程工期的主要因素之一。

本工程钢结构体系新颖，经过多种施工方案反复比较、多次多层次的专家论证最终确定钢结构总体安装方案采用分块高空散装方法。主体钢结构的安装顺序遵循对称同步、尽早形成安装区域局部稳定的原则，总体上分为三个阶段八个区域，主体钢结构共划分为 230 个安装单元，其中：桁架柱 48 个安装单元；平面主桁架 166 个安装单元；立体桁架 16 个安装单元。外环布置 2 台 800 t 履带吊负责吊装 24 根桁架柱和外圈主桁架，4 台 150 t 履带吊负责立面次结构的安装；内环布置 2 台 600 t 履带吊负责吊装内圈和中圈主桁架。顶面次结构安装阶段，外环采用 2 台 300 t 履带吊负责吊装外圈肩部及顶面次结构，内环采用 2 台 150 t 履带吊负责吊装内圈顶面次结构。

本工程存在大量复杂的焊接节点，板件的厚度较大，板件之间的相互制约显著，大量焊缝集中，焊接应力较大。特别是桁架柱柱脚结构复杂，内部筋板多数要求全焊头焊接，焊缝纵横交错，施工场地狭窄，控制焊接应力和焊接变形难度很大，质量要求相当高，政治影响尤为大。

本工程采用了以制作为基础，安装为主线路，拼装、涂装、支撑塔架制作安装等工序齐头并进的网络计划，目的是在保证工程质量的前提下尽量缩短工期。

任务 6.1　起重机械与索具设备

6.1.1　钢结构施工常用起重机械

在多层与高层钢结构安装施工中，由于建筑较高、大，吊装机械多以塔式起重机、汽车式起重机、履带式起重机为主。

1. 塔式起重机

塔式起重机，又称塔吊，有行走式、固定式、附着式与内爬式几种类型。在高层钢结构安装中，塔式起重机是首选安装机械。塔式起重机由提升、行走、变幅、回转等机构及金属结构两大部分组成。塔式起重机具有提升高度高、工作半径大、动作平稳，工作效率高等优点。随着建筑机械技术的发展，大吨位塔式起重机的出现，弥补了塔式起重机起重量不大的缺点。

(1) 塔式起重机的类型

① 按有无行走机构可分为固定式和移动式两种；

② 按其回转形式可分为上回转和下回转两种；

③ 按其变幅方式可分为水平臂架小车变幅和动臂变幅两种；

④ 按其安装形式可分为自升式、整体快速拆装式和拼装式三种。

(2) 塔式起重机的安装、拆除与转移

① 塔式起重机的安装与拆除方法

一般有整体自立法、旋转起扳法、立装自升法三种。同一台塔式起重机的拆除方法和安装方法相同，仅程序相反。

② 塔式起重机的转移

塔式起重机转移前，要按照安装的相反顺序，采用相似的方法，将塔身降下或解体，然后进行整体拖运或解体运输。转移前，应对运行路线情况作充分了解，据实际情况采取相应的安全措施。转运过程中，应随时检查，如有异常应及时处理。

(3) 塔式起重机的使用要点

① 塔式起重机应有专职司机操作，司机必须受过专业训练；

② 风速大于六级或阵风及雷雨天，应停止作业；

③ 塔式起重机在作业现场安装后，应进行检查并按有关规定进行试验和试运转；

④ 当同一施工地点有两台以上起重机时，应保持两机间任何接近部位距离不得小于 2 m；

⑤ 在各部位运行到限位装置前，均应减速缓行到停止位置，并应与限位装置保持一定距离，严禁采用限位装置作为停止运动的控制开关；

⑥ 动臂式起重机的起升、回转、行走可同时进行，变幅应单独进行；

⑦ 起重机工作时不得超载，也不准吊运人员；提升重物，严禁自由下降；

⑧ 工作休息或下班时，不得将重物悬挂空中，司机临时离开操作室时，应切断电源，锁紧夹轨器；

⑨ 作业结束后，起重机应停放到轨道中间位置，起重臂转到顺风方向，放松回转制动器，小车及平衡重应置于非工作状态，吊钩宜提升至起重臂顶端 2～3 m 处，将所有控制开关拨至零位，依次断开各开关，切断总电源开关，打开高空指示灯；

⑩ 塔式起重机的地基与基础必须符合有关规定。

2. 汽车起重机

(1) 汽车式起重机的类型

① 按起重量大小分为轻型、中型和重型三种。起重量在 20 t 以内的为轻型，50 t 及以上

的为重型；

② 按起重臂形式分为桁架臂或箱形臂两种；

③ 按传动装置形式分为机械传动(Q)、电力传动(QD)、液压传动(QY)。

(2) 汽车式起重机的使用要点

① 应遵守操作规程及交通规则。

② 作业场地应坚实平整。

③ 作业前，应伸出全部支腿，并在撑脚下垫合适的方木。调整机体，使回转支撑面的倾斜度在无荷载时不大于 1/1 000(水准泡居中)。支腿有定位销的应插上。底盘为弹性悬挂的起重机，伸出支腿前应收紧稳定器。

④ 作业中严禁扳动支腿操纵阀。调整支腿应在无载荷时进行。

⑤ 起重臂伸缩时，应按规定程序进行，当限制器发出警报时，应停止伸臂，起重臂伸出后，当前节臂杆的长度大于后节伸出长度时，应调整正常后，方可作业。

⑥ 作业时，汽车驾驶室内不得有人，发现起重机倾斜、不稳等异常情况时，应立即采取措施。

⑦ 起吊重物达到额定起重量的 90%以上时，严禁同时进行两种以上的动作。

⑧ 作业后，收回全部起重臂，收回支腿，挂牢吊钩，撑牢车架尾部两撑杆并锁定，销牢锁式制动器，以防旋转。

⑨ 行驶时，底盘走台上严禁载人或物。

3. 履带式起重机

(1) 履带式起重机的类型

履带式起重机按传动方式不同可分为：机械式、液压式(Y)和电动式(D)三种。

(2) 履带式起重机的转移

履带式起重机的转移有自行、平板拖车运输和铁路运输三种形式。

(3) 履带式起重机的主要组成部分

吊钩、起重臂、上车回转体、下车行走体、回转支承部分、配重、动力装置、机械传动部分(包括滑轮组、钢丝绳等)、液压传动部分、控制装置、工作机构、电气系统、安全装置等。

履带式起重机的组成部分如图 6-2 所示。

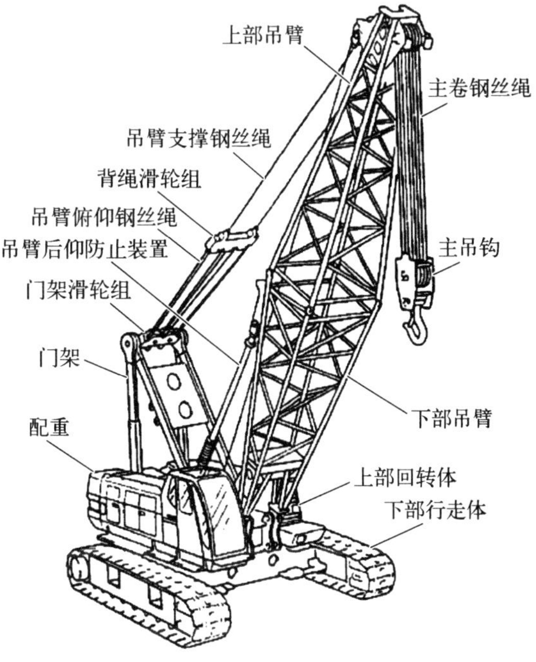

图 6-2 履带式起重机的组成部分

4. 其他类型的起重机

(1) 轮胎式起重机

轮胎式起重机是一种装在专用轮胎式行走底盘上的全回转起重机。

(2) 桅杆式起重机

桅杆式起重机又称为拔杆或把杆，是最简单的起重设备。桅杆式起重是在独腿拔杆下端装一可以起伏和回转的吊杆而成。

一般用木材或钢材制作。这类起重机具有制作简单、装拆方便，起重量大，受施工场地限制小的特点。特别是吊装大型构件而又缺少大型起重机械时，这类起重设备更显它的优越性。但这类起重机需设较多的缆风绳，移动困难。另外，其起重半径小，灵活性差。因此，桅杆式起重机一般多用于构件较重、吊装工程比较集中、施工场地狭窄，而又缺乏其它合适的大型起重机械时。

桅杆式起重机可分为：独脚拔杆、人字拔杆、悬臂拔杆和牵缆式桅杆起重机。

独脚拔杆按材料分为木独脚拔杆、钢管独脚拔杆和型钢格构式独脚拔杆三种。

5. 起重机型号的选择

根据起重量和起升高度，考虑到现场的其它条件，即可从移动式起重机的样本或技术性能表中找到合适的规格。由于起重机的最大起重量越大，在吊装项目中充分发挥它的各种性能就越困难，利用率越低，因此，只要能满足吊装技术要求，不必选择过大的型号。

必须指出，起重机的名义起重量是在起重臂最短，幅度最小时允许的起重量；当起重臂伸长，幅度增大时，起重量相应减少，其数值可由起重机工作性能数据中求出。当轮胎式起重机不能使用支腿时，起重量应按规定性能进行计算或按使用说明书规定（一般为支腿起重量的 25%以下）如果在平坦、坚硬的路面上吊重行驶，则起重量应为不打支腿时的额定容量的 75%，以保证安全作业。

如果单台起重机的起重量不能满足要求，可选择两台进行抬吊施工；为保证施工安全，吊装构件的重量不得超过两台起重机总起重量的 80%。

起重机的选择主要包括选择起重机的类型和型号。一般中小型厂房多选择履带式等自行式起重机；当厂房的高度和跨度较大时，可选择塔式起重机吊装屋盖结构；在缺乏自行式起重机或受到地形的限制，自行式起重机难以到达的地方，可选择桅杆式起重机。

6.1.2 常用的索具设备

1. 卡环

卡环用于吊索和吊索或吊索和构件吊环之间的连接，由弯环与销子两部分组成。

卡环按弯环形式分，有 D 形卡环和弓形卡环；按销子和弯环的连接形式分，有螺栓式卡环和活络卡环。螺栓式卡环的销子和弯钩采用螺纹连接；活络卡环的销子端头和弯环孔眼无螺纹，可直接抽出，销子断面有圆形和椭圆形两种。

使用活络卡环吊装柱子时应注意以下几点：

① 绑扎时应使柱起吊后销子尾部朝下，以便拉出销子。同时，吊索在受力后要压紧销子。

② 在构件起吊前要用白棕绳（直径 10 mm）将销子与吊索末端的圆圈连在一起，用镀锌钢丝将弯环与吊索末端的圆圈捆在一起。

③ 拉绳人应选择适当位置和起重机落钩中的有利时机，即当吊索松弛不受力且使白棕绳与销子轴线基本成一直线时拉出销子。

2. 滑轮组及钢丝绳

滑轮组是由一定数量的定滑轮和动滑轮组成，具有省力和改变力的方向的功能，是起重机的重要组成部分。

钢丝绳是先由若干根钢丝绕成股，再由若干股绕绳芯捻成绳。

3. 吊梁

横吊梁又称铁扁担，用于承受吊索对构件的轴向压力并能减小起吊高度。

多层与高层钢结构工程施工中，钢构件在加工厂制作，现场安装，工期较短，机械化程度高，采用的机具设备较多。因此在施工准备阶段，根据现场施工要求，编制施工机具设备需用计划，同时根据现场施工现状、场地情况，确定各机具设备进场日期、安装日期及临时堆放场地，确保在不影响其他单位的施工活动的同时，保证机具设备按现场安装施工要求安装到位。

任务 6.2　钢结构构件制作与涂装

6.2.1　钢结构零部件制作

1. 零件加工准备

为了便于对整个制作过程进行控制、管理，使制作过程能够有序进行，优质高效地完成制作任务，在钢结构制作开始之前，应进行充分的准备工作。制作前的准备工作主要包括图纸审查、技术准备、材料准备和机具准备等。

(1) 图纸审查

一般设计院提供的设计图不能直接用来加工制作钢结构，而是要考虑加工工艺，如公差配合、加工余量、焊接控制等因素后，在原设计图的基础上绘制加工制作图(又称施工详图)。详图设计一般由加工单位负责进行，应根据建设单位的技术设计图纸以及发包文件中所规定的规范、标准和要求进行。加工制作图是最后沟通设计人员及施工人员意图的详图，是实际尺寸、划线、剪切、坡口加工、制孔、弯制、拼装、焊接、涂装、产品检查、堆放、发送等各项作业的指示书。

图纸审核的主要内容包括以下项目：

① 设计文件是否齐全，设计文件应包括设计图、施工图、图纸说明和设计变更通知单等。

② 构件的几何尺寸是否标注齐全。

③ 相关构件的尺寸是否正确。

④ 节点是否清楚，是否符合国家标准。

⑤ 标题栏内构件的数量是否符合工程的总数量。

⑥ 构件之间的连接形式是否合理。

⑦ 加工符号、焊接符号是否齐全。

⑧ 结合本单位的设备和技术条件考虑，能否满足图纸上的技术要求。

⑨ 图纸的标准化是否符合国家规定等。

审查图纸的目的，首先是检查图纸设计的深度能否满足施工的要求，如检查构件之间有无矛盾，尺寸是否全面等；其次是对工艺进行审核，如审查技术上是否合理，是否满足技术要求等。如果是加工单位自己设计施工详图，又经过审批则可简化审图程序。图纸审核过程中发现的问题应报原设计单位处理，需要修改设计的应有书面设计变更文件。

（2）技术准备

1）建立健全质量管理体系

① 施工资质条件

钢结构工程施工单位应具备相应的钢结构工程施工资质，并有安全、质量和环境管理体系。钢结构制作企业等级按照由高到低分为特级、一级、二级、三级，不同级别的钢结构制作企业承担不同范围的钢结构加工制作任务。

② 企业质量管理体系

企业技术标准主要包括以下方面的内容。

a）施工工艺方面。施工工艺方面的技术标准主要包括钢结构施工方法和工艺标准、操作规程标准等内容。

b）检验检测方面。检验检测方面的技术标准主要包括基本试验方法标准和现场检测方法标准等内容。

c）质量验评方面。质量验评方面的技术标准主要包括质量验收标准和优质标准等内容。

施工企业应具有健全的生产控制和合格控制的质量管理体系。这里不仅包括原材料控制、工艺流程控制、施工操作控制、每道工序质量检查、各道相关工序间的交接检验，以及专业工程之间交接环节的质量管理和控制要求，还包括满足施工图设计和功能要求的抽样检验制度等。

2）编制技术文件

钢结构工程施工前，应有经施工单位技术负责人审批的施工组织设计及与其配套的专项施工方案等技术文件。施工单位编制的技术文件应报送监理工程师或业主代表批准；对于重要钢结构工程的施工技术方案和安全应急预案，宜组织企业外部专家评审。

3）技术交底

钢结构工程在施工前应进行施工图、承包合同技术文件、施工组织设计和施工专项技术方案等的技术交底。

为确保工程质量，钢结构制作单位在生产前必须组织技术交底专题讨论会，其目的是对某一项钢结构工程的技术要求进行全面的交底，同时也可以对制作中的难题进行研究讨论和协商，以求实现意见统一，解决生产过程中的具体问题。

技术交底专题讨论会按工程的实施阶段可分为两个层次：

① 工程开工前的技术交底会。参会的主要有设计单位、建设单位、工程监理单位及制作单位有关部门的有关人员。技术交底的主要内容包括：工程概况，工程结构件的类型和数量，图纸中关键部位的说明和要求，设计图纸的节点情况，对钢材、辅料的要求和对原材料对接的质量要求，工程验收的技术标准，交货期限、方式，构件包装和运输要求，涂层质量要求，其他需要说明的技术要求。

② 在加工前进行的本工厂施工人员交底会。参会的主要有制作单位技术负责人、质量负责人，技术部门的技术人员，质检部门的质检人员，生产部门的负责人，施工人员及其相关工序的代表人员等。此类技术交底的主要内容除①中的内容外，还应增加工艺方案、工艺规程、施工要点、主要工序的控制方法、检查方法等与实际施工相关的内容。

（3）材料准备

1）采购

采购钢材一般应与详图设计同时进行。采购前应根据图纸材料表计算出各种材质、规格的材料净用量，再加上一定数量的损耗，提出材料需用量计划。工程预算一般可按实际用量所需数值再增加 10%进行计算。

2）复核

加工前应复核来料的规格、尺寸和重量，并仔细核对材质。如进行材料代用，必须经设计部门同意，同时应按下列原则进行：

① 当钢号满足设计要求，而生产厂商提供的材质保证书中缺少设计提出部分性能要求时，应做补充实验，合格后方可使用。每炉钢材，每种型号规格一般不宜少于 3 个试件。

② 当钢材性能满足设计要求，而钢号的质量优于设计提出的要求时，应注意节约，避免以优代劣。

③ 当钢材性能满足设计要求。而钢号的质量低于设计提出的要求时，一般不允许代用，如代用必须经设计单位同意。

④ 当钢材的钢号和技术性能都与设计提出的要求不符时，首先检查钢材。然后按设计重新计算，改变结构截面、焊缝尺寸和节点构造。

⑤ 对于成批混合的钢材，如用于主要承重结构时，必须逐根进行化学成分和机械性能试验。

⑥ 当钢材的化学成分允许偏差在规定范围内时才可以使用。

⑦ 当采用进口钢材时，应验证其化学成分和机械性能是否符合相应钢号的标准。

⑧ 当钢材规格与设计要求不符时，不能随意以大代小，须经计算后才能代用。

⑨ 当钢材规格、品种供应不全时，可根据钢材选用原则灵活调整。建筑结构对材质要求一般是：受拉高于受压构件；焊接高于螺栓或铆接连接的结构；厚钢板高于薄钢板结构；低温高于高温结构；受动力荷载高于受静力荷载的结构。

⑩ 所需保证项目仅有一项不合格时，当冷弯合格时，抗拉强度的上限值可以不限；伸长率比规定的数值低 1%时允许使用，但不宜用于塑性变形构件；冲击功值一组 3 个试样，允许其中一个单值低于规定值，但不得低于规定值的 70%。

（4）机具准备

钢结构在制作前，除了进行技术和材料两大方面的准备工作外，还应结合工程设计及企业实际情况进行机具准备工作。主要机具有以下五类。

① 运输设备。运输设备主要有塔式起重机、门式起重机、汽车起重机、10 t 运输汽车、叉车等。

② 加工设备。加工设备主要有型钢带锯机、多头直条切割机、剪板机、喷砂机、卷板机、翼缘矫正机、刨边机、数控三维钻床、端面铣床等。

③ 焊接设备。焊接设备主要有交流焊机、二氧化碳焊机、埋弧焊机等。

④ 检测设备。检测设备主要有超声波探伤仪、焊缝检验尺、漆膜测厚仪、游标卡尺、钢卷尺等。

⑤ 加工工具。加工工具主要有各种钢尺、划规、划针、样冲、凿子、撬杠、千斤顶、夹具等。

（5）其他工艺准备

除了上述准备工作外，还有工号划分，编制工艺流程表、工艺卡和流水卡，配料与材料拼接，确定余量等工艺准备工作。

1）工号的划分

根据产品特点、工程量的大小和安装施工速度，将整个工程划分成若干个生产工号（生产单元)，以便分批投料，配套加工，配套出成品。

生产工号(生产单元)划分应注意以下几点：

① 条件允许情况下，同一张图纸上的构件宜安排在同一生产工号中加工。

② 相同构件或加工方法相同的构件宜放在同一生产工号中加工。

③ 工程量较大的工程划分生产工号时要考虑施工顺序，先安装的构件要优先安排加工。

④ 同一生产工号中的构件数量不要过多。

2) 工艺流程表的编制

从施工详图中摘出零件，编制出零件加工的工艺流程表(或工艺过程卡)。加工工艺过程由若干工序组成，工序内容根据零件加工性质确定，工艺流程表就是反映这个过程的文件。工艺流程表的内容包括零件名称、件号、材料编号、规格、工序顺序号、工序名称、所用设备和工艺装备名称及编号、工时定额等。关键零件还需标注加工尺寸和公差，重要工序还需要画出工序图等。

3) 零件流水卡

根据工程设计图纸和技术文件提出的成品要求，确定各工序的精度要求和质量要求，结合制作单位的设备和实际加工能力，确定各个零件下料、加工的流水程序，即编制出零件流水卡。零件流水卡是编制工艺卡和配料的依据。

4) 预留焊接收缩量和加工余量

焊接收缩量由于受焊缝大小、气候条件、施焊工艺和结构断面等因素影响，其值变化较大。由于铣刨加工时常常成叠进行操作，尤其长度较大时，材料不易对齐，在编制加工工艺时要对加工边预留加工余量，一般为 5 mm 为宜。

5) 工艺设备

钢结构制作工程中的工艺设备一般分两类，即原材料加工过程中所需的工艺设备和拼装焊接所需的工艺设备。前者主要能保证构件符合图纸的尺寸要求，如定位靠尺、模具等；后者主要是保证构件的整体几何尺寸和减少变形量，如夹紧器、拼装胎等。因为工艺装备的生产周期较长，要根据工艺要求提前准备，争取先行安排加工。

6) 加工场地的布置

要根据产品的品种、特点和批量、工艺流程、产品的进度要求，每班的工作量、生产面积、现有生产设备和起重运输能力等来布置生产场地。

加工场地布置的原则：

① 根据流水顺序安排生产场地，尽量减少运输量，避免倒流水。

② 根据生产需要合理安排操作面积，以保证操作安全并保证材料和零件的安全堆放。

③ 保证成品能顺利运出。

④ 有利供电、供气、照明线路的布置。

⑤ 加工设备布置要考虑留有一定间距，以便操作和堆放材料等。

2. 零件制作放样

放样是钢结构制作工艺中的第一道工序，只有放样尺寸准确，才能避免以后各道加工工序的累计误差，才能保证整个工程的质量。

图纸是放样的依据，放样前首先要看懂、看通图纸。看图的实质是审查图纸是否有问题，既是放样的准备工作，也是对所要制作的构件（产品）的认识过程。图纸是钣金工从事生产的依据，图中的内容主要包括构件的尺寸、形状、粗糙度、标题栏和有关技术说明五部分。经过看图分析综合就能在头脑中形成该构件的主体概念，想象出该构件（产品）各部分在空间中的相互位置、大小形状，然后便可进行放样。

放样是根据施工详图，以 1∶1 的比例在样板台上弹出实样，求取实长，根据实长制成样板（样杆）。放样应采用经过计算检定的钢尺，并将标定的偏差值计入量测尺寸。尺寸划法应测量全长后分尺寸，不得分段丈量相加，避免偏差积累。放样和样板（样杆）是号料的基础。

放样的内容包括：核对图纸的安装尺寸和孔距；以 1∶1 的大样放出节点；核对各部分的尺寸；制作样板和样杆作为下料、弯制、铣、刨、制孔等加工的依据。放样时以 1∶1 的比例在放样台上利用几何作图方法弹出大样。放样经检查无误后，用 0.50～0.75 mm 的铁皮或塑料板制作样板，用木杆、钢皮或扁铁制作样杆，当长度较短时可用木尺杆。样板、样杆上应注明工号、图号、零件号、数量，以及加工边和坡口部位，弯折线和弯折方向，孔径和滚圆半径等。然后用样板、样杆进行号料。样杆、样板应妥善保存，直至工程结束后方可销毁。

3. 零件制作号料

(1) 号料的工作内容

号料的工作内容包括：检查核对材料；在材料上划出切割、铣、刨、弯曲、钻孔等加工位置；打冲孔；标出零件编号等。

核对钢材规格、材质、批号，并应清除钢板表面油污、泥土等脏物。号料方法有集中号料法、套料法、统计计算法、余料统一号料法 4 种。

若表面质量满足不了要求时，钢材应进行矫正。钢材和零件的矫正应采用平板机或型材矫直机进行，较厚钢板也可用压力机或火焰加热进行，逐渐取消用手工锤击的矫正法。碳素结构钢在环境温度低于 −16 ℃，低合金结构钢在低于 −12 ℃时，不应进行冷矫正和冷弯曲。

矫正后的钢材表面，不应有明显的凹面和损伤，表面划痕深度不得大于 0.5 mm，且不应大于该钢材厚度负允许偏差的 1/2。

(2) 放样号料用工具和设备

放样号料用工具和设备主要有：划针、冲子、手锤、粉线、弯尺、直尺、钢卷尺、大钢卷尺、剪子、小型剪板机、折弯机。用作计量长度的钢盘尺，必须经授权的计量单位计量，且附有偏差卡片，使用时按偏差卡片的记录数值核对其误差数。钢结构制作、安装、验收及土建施工用的量具，必须用同一标准进行鉴定，且应具有相同的精度等级。

(3) 放样号料应注意的问题

① 放样时，铣、刨的工作要考虑加工余量，焊接构件要按工艺要求放出焊接收缩量，高层钢结构的框架柱尚应预留弹性压缩量。

② 号料时要根据切割方法留出适当的切割余量。

③ 如果图纸要求桁架起拱，放样时上、下弦应同时起拱。起拱后垂直杆的方向仍然垂直于水平线，而不与下弧杆垂直。

4. 零件制作划线

利用加工制作图、样杆、样板及钢卷尺进行划线。目前已有一些先进的钢结构加工厂采用数控自动划线机，不仅效率高，而且精确、省料。划线的要领有两条：

(1) 划线作业场地要在不直接受日光及外界气温影响的室内，最好是开阔、明亮的场所。

(2) 用划针划线比用墨尺及划线用绳的划线精度高。划针可用砂轮磨尖，粗细度可达0.3 mm左右。划线有3种办法：先划线、后划线、一般先划线及端后划线。进行下料部分划线时要考虑剪切余量、切削余量。加工余量见表6-1。

表6-1 加工余量

加工余量	锯　切	剪　切	手工切割	半自动切割	精密切割
切割缝		1	4～5	3～4	2～3
刨边	2～3	2～3	3～4	1	1
铣平	3～4	2～3	4～5	2～3	2～3

5. 零件制作切割

钢材的切割包括气割、等离子切割类高温热源的方法，也有使用剪切、切削、摩擦热等机械力的方法。要考虑切割能力、切割精度、切剖面的质量及经济性。

板材下料切割的方法有：机械切割法、气割法、等离子切割法等。

在钢结构制造厂中，一般情况下，钢板厚度在12～16 mm以下的直线型切割，采用剪切下料。常用的剪切机械有剪板机。

气割多用于带曲线的零件和厚钢板的切割。气割能切割各种厚度的钢材，设备灵活、费用经济、切割精度较高，是目前使用最广泛的切割方法。气割按切割设备可分为：手工气割、半自动气割、仿型气割、多头气割、数控气割和光电跟踪气割。焊接H型钢生产线的下料设备一般配备数控多头切割机或直条多头切割机，此类切割设备是高效率的板条切割设备，纵向割矩可根据要求配置，可一次同时加工多块板条。

各类型钢以及钢管等的下料通常采用锯割。常用的锯割机械有：弓形锯、带锯、圆盘锯、摩擦锯和砂轮锯等。

等离子切割主要用于熔点较高的不锈钢材料及有色金属的切割。

各种切削方法分类比较见表6-2。

表6-2 切削方法对比

类　别	使用设备	特点及适用范围
机械切割	剪板机型钢冲剪机	切割速度快、切口整齐、效率高，适用薄钢板，压型钢板、冷弯檩条的切削。
	无齿锯	切割速度快、可切割不同形状、不同尺寸的各类型钢、钢管和钢板，切口光洁。噪音大，适于锯切精度要求较低的构件或下料留有余量最后尚需精加工的构件。
	砂轮锯	切口光洁、生刺较薄易清除，噪音大、粉尘多，适宜切割薄壁型钢及小型钢管。切割材料的厚度不宜超过4 mm。
	锯床	切割精度高，适用于各类型钢及梁、柱等型钢构件。

续 表

类 别	使用设备	特点及适用范围
气割	自动切割	切割精度高,速度快,在其数控气割时可省去放祥、划线等工序而直接切割,适用于钢板切割。
	手工切割	设备简单、操作方便、费用低、切口精度较差,能够切割各种厚度的钢材。
等离子切割	等离子切割机	切割温度高.冲刷力大,切割边质量好,变形小,适用于切割任何高熔点金属。特别是不锈钢、铝、铜及其合金等。

6. 边缘加工和端部加工

钢吊车梁冀缘板的边缘、钢柱脚和梁承压支承面以及其他图纸要求的加工面,焊接对接口、坡口的边缘,尺寸要求严格的加劲肋、隔板、腹板和有孔眼的节点板,以及由于切割方法产生硬化等缺陷的边缘,一般都需要进行边缘加工,采用精密切割就可代替刨铣加工。

需要进行边缘加工的部位有吊车梁翼缘板、支座支承面等具有工艺性要求的加工面,设计图纸中有技术要求的焊接坡口,尺寸精度要求严格的加劲板、隔板、腹板及有孔眼的节点板等。常用的边缘加工方法有铲边、刨边、铣边和碳弧气刨边四种。

(1) 铲边

铲边是指通过对铲头的锤击作用铲除金属边缘的多余部分而形成坡口。铲边分为手工铲边和机械铲边。手工铲边主要使用手锤和手铲等,机械铲边使用风动铲锤和铲头等。

(2) 刨边

刨边主要是使用刨边机进行加工。刨边的构件加工有直边和斜边两种。

刨边加工的余量随钢材的厚度和钢板的切割方法的不同而不同,一般刨边加工的余量为 2～4 mm。

(3) 铣边

对于有些构件的端部,可采用铣边(端面加工)的方法代替刨边。铣边是为了保持构件的精度,使其受力由承压面直接传至底板支座,以减少连接焊缝的焊脚尺寸。一般需要进行铣边的部位有吊车梁、桥梁等的接头部分,钢柱或塔架等的抵承部位等。

铣边加工一般是在端面铣床或铣边机上进行的,工效高,能耗少。

(4) 碳弧气刨边

使用的设备是气刨枪,效率高,无噪声,灵活方便。

(5) 坡口加工:一般可用气体加工和机械加工,在特殊情况下采用手动气体切割的方法,但必须进行事后处理,如打磨等。现在坡口加工专用机已开始普及,最近又出现了 H 型钢坡口及弧形坡口的专用机械,效率高、精度高。焊接质量与坡口加工的精度有直接关系,如果坡口表面粗糙,有尖锐且深的缺口,就容易在焊接时产生不熔部位,在焊后产生焊接裂缝;在坡口表面粘附油污,焊接时就会产生气孔和裂缝。因此,要重视坡口质量。

7. 制孔

高强度螺栓的采用,使孔加工在钢结构制造中占有很大比重,在精度上要求也越来越高。

制孔通常有钻孔和冲孔两种方法。钻孔是钢结构制造中普遍采用的方法,几乎能用于任何规格的钢板、型钢的孔加工。钻孔的精度高,对孔壁的损伤较小。冲孔一般只用于较薄钢和非圆孔的加工且孔径不小于钢材厚度的加工。冲孔生产效率虽高,但由于孔的周围产生冷作硬化,孔壁质量差等原因通常只用于擦条、墙梁端部长圆孔的制备。

机械开孔:有电钻及风钻、立式钻床、摇臂钻床、析式摇臂钻床、多轴钻床、NC开孔机等机械开孔。

气体开孔:最简单的方法是在气割喷嘴上安装一个简单的附属装置,可打 $\phi30$ 的孔。

钻模和板叠套钻制孔:这是目前国内尚未流行的一种制孔方法。制孔时夹具固定,钻套应采用碳素钢或合金钢,如 T8,GCr13,GCr15 等制作,热处理后钻套硬度应高于钻头硬度 HRC2-3。钻模板上下两平面应平行,其偏差不得大于 0.2 mm,钻孔套中心与钻模板平面应保持垂直,其偏差不得大于 0.15 mm,整体钻模制作允许偏差符合有关规定。

数控钻孔:近年来数控钻孔的发展更新了传统的钻孔方法,无需在工件上划线、打样冲眼,整个加工过程自动进行,高速数控定位,钻头行程数字控制,钻孔效率高.精度高。

制孔后应用磨光机清除孔边毛刺,并不得损伤母材。

螺栓孔的允许偏差超过上述规定时,不得采用钢块填塞,可采用与母材材质相匹配的焊条补焊,打磨平整后重新制孔。

8. 弯曲加工及结构组装

(1) 弯曲加工

1) 弯曲加工的含义和分类

弯曲加工是根据构件形状的需要,利用加工设备和一定的工、模具,把板材或型钢弯制成一定形状的工艺方法。

冷弯是指在常温下进行的弯曲加工,适用于一般薄板、型钢等的加工。热弯是将钢材加热至 950～1 100 ℃,在模具上进行的弯曲加工,适用于厚板及形状较复杂的构件、型钢等的加工.弯曲加工按加工方法不同分为压弯、滚弯、拉弯,按加热程度分为冷弯和热弯。

2) 弯曲线与材料纤维方向的关系

弯曲线与材料纤维方向的关系如下。

① 当弯曲线与材料纤维方向垂直时,材料具有较大的抗拉强度,不易产生裂纹。

② 当弯曲线与材料纤维方向平行时,材料的抗拉强度较差,容易产生裂纹,甚至断裂。

③ 双向弯曲时,弯曲线应与材料纤维方向成一定的角度。

3) 弯曲变形的回弹

弯曲过程是材料发生弹性变形后,再达到塑性变形的过程。材料发生塑性变形时、其外层受拉伸,内层受压缩;拉伸和压缩使材料内部产生应力;应力使材料在变形过程中存在一定的弹性变形、当失去外力作用时,材料就会产生一定程度的回弹。

影响材料回弹的因素如下。

① 材料的机械性能。材料的屈服强度越大,回弹就越大。

② 变形程度。材料弯曲半径 R 与材料厚度 t 之比 R/t 的数值越大,回弹就越大。

③ 变形区域。材料变形区域越大,回弹就越大。

④ 摩擦情况。材料表面与模具表面之间的摩擦力直接影响材料各部分的应力状态。大多数情况下,摩擦力会增大弯曲变形区的拉应力,使回弹减小。

(2) 结构组装

结构组装前要对摩擦面进行清理,用钢丝刷清除浮锈,用砂轮机清除影响板层间密贴的孔边、板边毛刺、卷边、切割瘤等。遇有油漆、油污沾染的摩擦面要严格清除后方可吊装。

组装时应用钢钎、冲子等校正孔位，为了接合部位钢板间摩擦面贴紧，结合良好，先用临时普通安装螺栓和手动扳手紧固、达到贴紧为止。待结构调整就位以后穿入高强度螺栓，并用带把扳手适当拧紧，再用高强度螺栓逐个取代安装螺栓。

为防止连接后构件位置偏移，以及为了钢板间的有效夹紧，尽量消除间隙。为了保证安装摩擦面达到规定的摩擦系数，连接面应平整，不得有毛刺、飞边、焊疤、飞溅物、铁屑以及浮锈等污物；摩擦面上不允许存在钢材卷曲变形及凹陷等现象。

6.2.2　钢结构涂装

1. 钢结构防腐涂装工艺

钢结构具有强度高、韧性好、制作方便、施工速度快、建设周期短等优点，但也存在明显的缺点即耐腐蚀性能差。钢结构的腐蚀不仅会造成自身的经济损失，还会直接影响结构的安全，损失的价值要比钢结构本身大得多。由此可见，做好钢结构的防腐工作具有重要的经济意义和社会意义。

为了减轻或防止钢结构的腐蚀，目前国内外绝大多数采用涂装方法进行防护。

涂装防护是利用涂料的涂层使被涂物与环境隔离，从而达到防腐目的，延长被涂构件的使用寿命。涂层的质量是影响涂装防护效果的关键因素，它除了与涂料的质量有关外，还与涂装之前钢构作表面的除锈质量、漆胶厚度、涂装工艺条件及其他因素有关。

钢结构防腐涂装并不是简单地把涂料涂装到构件表面，因为涂层质量的好坏不仅取决于涂料质量，而且与涂装过程密切相关。因此，涂装工艺对保证涂层质量至关重要。

(1) 钢结构常用的防腐涂装方法

钢结构常用的防腐涂装方法有四种，即刷涂法、滚涂法、空气喷涂法和无气喷涂法。合理的涂装方法是涂装质量、涂装进度、节约材料和降低成本的根本保证。

1) 刷涂法

刷涂法是一种传统的涂装方法，它具有工具简单、涂装方便、易于掌握、适应性强、节省材料等优点，是被普遍使用的涂装方法；但也存在劳动强度大、生产效率低、涂装质量取决于操作者的技能等缺点。

① 漆刷的选择。

漆刷的种类有很多，按形状可分为圆形、扁形和歪脖形三种；按制作材料可分为硬毛刷(猪鬃制作)和软毛刷(狼毫和羊毛制作)两种。漆刷一般要求刷毛前端整齐，手感柔软，无断毛和倒毛，使用时不掉毛，蘸溶剂后甩动漆刷时前端刷毛不分开。

刷除底漆、调和漆和磁漆时，应选用弹性大的扁形和歪脖形硬毛刷；刷涂油性清漆时应选用刷毛较薄、弹性较好的香猪鬃或羊毛等混合制作的扁形刷或圆刷；刷涂树脂清漆或其他清漆时，由于这些漆的黏度较小，干燥快，而且在刷涂第二遍时，容易使前一道漆膜溶解，因此应选用弹性好并且刷毛前端柔软的软毛扁形刷或歪脖形刷。

② 刷涂法的基本要点。刷涂质量的好坏主要取决于操作者的实际经验和熟练程度，故刷涂时应注意以下基本操作要点：

a) 使用漆刷时，一般应采用直握方法，用腕力进行操作。

b) 刷涂时应蘸少量涂料，刷毛浸入漆的部分应为毛长的 1/3～1/2。

c）对于干燥较慢的涂料，应按涂敷、抹平利修饰三道工序进行。

d）对于干燥较快的涂料，应从被涂物一边按一定的顺序快速连续地刷平和修饰，不宜反复刷涂。

e）刷涂一般应按自上而下、从左到右、先里后外、先斜后直、先难后易的原则，使漆膜均匀、致密、光滑和平整。

f）刷涂垂直平面时，最后一道应由上向下进行刷涂；刷涂水平平面时，最后一道应按光线照射的方向进行刷涂。

g）刷涂完毕后，要将漆刷妥善保管。若长期不使用，则需用溶剂清洗干净并晾干，用塑料薄膜包好，存放在干燥的地方，以便再用。

2）滚涂法

① 滚涂法的特点。滚涂法是用羊毛或合成纤维做成多孔吸附材料，贴附在空的圆筒上做成滚子，用滚子进行涂装的方法。该方法涂装用具简单，操作方便，涂装效率比刷涂法高2～3倍，用漆量和刷涂法基本相同。但其劳动强度大，生产效率比喷涂法低，只适用于较大面积的构件。

② 滚涂法涂装的基本要点。

a）涂料应倒入装有滚涂板的容器中，将滚子的一半浸入涂料，然后提起，在滚涂板上来回滚涂几次，使滚子全部均匀地浸透涂料，并把多余的涂料滚压掉。

b）首先把滚子按 w 形轻轻地滚动，将涂料大致涂布于被涂物上，然后将滚子上下密集滚动，使涂料均匀分布开，最后使滚子按一定的方向滚平表而并修饰。

c）滚动时初始用力要轻，以防流淌，随后逐渐用力，使涂层均匀。

d）滚子用完后应尽量挤压掉残存的漆料，或用涂料的溶剂清洗干净，晾干后保存好，以便再用。

3）空气喷涂法

空气喷涂法是利用压缩空气的气流将涂料带入喷枪，经喷嘴吹散成雾状，并喷涂到物体表面上的一种涂装方法。其优点是：可获得均匀、光滑平整的漆膜；工效比刷涂法高 6～8 倍，每小时可喷涂 100～150 m^2。其缺点是：稀释剂用量大，喷涂后形成的漆膜较厚；涂料损失较大，涂料利用率一般只有 40%～60%；飞散在空气中的漆雾对操作人员的身体有害，同时污染环境。空气喷涂法主要用于喷涂烘干漆，也可喷涂一般合成树脂漆。

4）无气喷涂法

无气喷涂法的原理是：利用特殊形式的气动或其他动力驱动的液压泵，将涂料增至高压，然后涂料经管路以高速（约为 100 m/s）从喷枪的喷嘴喷出，随着高压的急速下降及涂料溶剂的急剧挥发，喷出的涂料体积骤然膨胀而雾化，高速地分散在被涂物表面形成漆膜。由于涂料的雾化和涂料的附着不是用压缩空气，因此称为无气喷涂。

无气喷涂法的优点是：喷涂效率高，每小时可喷涂 200～400 m^2，比手工喷涂效率高 10～20 倍，比空气喷涂效率高 2～3 倍；对除料的适应性强，对厚浆型的高黏度涂料更为适应；涂膜厚，一道漆膜厚度可达 150～350 μm；散布在空中的漆雾比空气喷涂法少，涂料利用率较高，稀释剂用量也比空气喷涂法少，既可节省稀释剂，又可减轻环境污染；拐角及间隙处均可喷涂等。

无气喷涂法的缺点是：喷枪的喷雾幅度和喷出量不能调节，如要改变，必须更换喷嘴；漆料比刷涂法损失大，对环境有一定的污染；不适用于喷涂面积较小的构件等。

（2）防腐涂装注意要点

涂装前要做好各项准备工作，包括准备好完整的技术资料，进行技术交底，准备好涂装设备和工具，组织工人学习有关技术和安全规章制度，严格检查钢材表面的除锈质量，若未达到规定的除锈等级标准，则应重新除锈，直到达到标准为止；若钢材表面有返锈现象，则需重新除锈经检查合格后，才能进行涂装工作。

1）涂装环境要求

① 控制环境温度。涂装环境温度宜为 5～38 ℃。一般可按 0 ℃以上 40 ℃以下控制，因为一般涂料的漆膜耐热性只能在 40 ℃以下，当超过 43 ℃时，钢材表面涂装的漆膜容易产生气泡而局部鼓起，使附着力降低；而低于 0 ℃时，在钢材表面涂装容易使漆膜冻结而不易固化。但随着涂装工业的发展，有些涂料对环境温度的适应性越来越好，具体温度范围应按照涂料产品说明书的规定执行。

② 控制环境湿度。涂装一般宜在相对湿度小于 85%的条件下进行。但由于各种涂料的性能不同，所要求的环境湿度也不同。如醇酸树脂漆硅酸锌漆、沥青漆等，可在较高些的湿度条件下涂装；而乙烯树脂漆、聚氨酯漆、硝基漆等则要求在较低的湿度条件下涂装。

③ 控制钢材表面的温度。控制空气的相对湿度并不能完全表示出钢材表面的干湿程度。钢材表面的温度必须高于空气露点温度 3 ℃以上方能进行施工。例如，测得空气温度为 15 ℃，空气相对湿度为 80%，查得露点温度为 11.5 ℃，则钢材表面的温度应在 11.5 ℃＋3 ℃＝14.5 ℃以上，才能涂装。

④ 必须采取防护措施。在有雨、雾、雪和较大灰尘的环境下涂装，在涂层可能受到油污、腐蚀介质盐等污染的环境下涂装，以及在没有安全措施和防火、防爆工具的条件下涂装时，均需备有可靠的防护措施。

2）防腐涂料的准备

① 涂料及辅助材料（溶剂或稀释剂等）进厂后，应检查有无产品合格证和质量检验报告，若没有则不能验收入库。涂装前应对涂料型号、名称和颜色进行核对。同时检查制造日期，若超过储存期，则应重新取样检验，质量合格后才能使用，否则禁止使用。

② 涂料和溶剂均属于化学易燃危险品，储存时间过长会发生变质现象，储存环境不适当，易爆炸燃烧。因此，必须妥善做好涂料和溶剂的储运工作。

③ 涂料及辅助材料不允许露天存放，严禁用敞口容器储存和运输；应储存在通风良好，温度为 5～35 ℃，并且干燥无直照日光和远离火源的仓库内。运输时，还应符合交通部门的有关规定。

④ 涂料在开桶前应充分摇匀。涂料在开桶后，不应存在结皮、结块、凝胶等现象，涂料有沉淀应能搅起，有漆皮应除掉。

⑤ 为保证漆膜的流平性而又不产生流淌，必须把涂料的黏度调整到一定范围之内。涂料出厂时的黏度是在 25 ℃的标准条件下测定的。随着气温的升高或降低，涂料的黏度会发生变化。因此，在涂装前必须调整其黏度，以满足涂装方法和环境温度变化的要求。调整涂料的黏度时，必须用专用稀释剂，若需代用，则必须经过试验。

⑥ 漆膜质量与涂漆前的准备工作和涂装方法等有关。由于涂料品种多，使用的方法不完全一样，使用时有的需按比例混合，有的需加入固化剂等。因此，涂料的组成、性能等必须

符合设计要求，并且要注意涂料不能随意混合，不能把不同型号的产品混在一起。不同厂家生产的同一型号的产品也不宜互混。

⑦ 色漆在使用时应搅拌划匀，因为任何色漆在存放中，其颜料和粉质颜料都会有些沉淀，如有碎皮或其他杂物，所以必须清除后方可使用。色漆不搅匀，不仅会使构件表面颜色不一，而且会影响遮盖和漆膜的性能。应根据选用的涂装方法的具体要求加入与涂料配套的稀释剂，调配到合适的浓度。已调配好的涂料，应在其容器上写明名称、用途、颜色等，以防拿错。涂料开桶后，需密封保存，且不宜久存。

3）涂装间隔时间的确定

涂装间隔时间对涂层质量有很大的影响。间隔时间控制适当可增强涂层间的附着力和涂层的综合防护性能，否则可能出现"咬底"或大面积脱落和返锈等现象。涂料的性能不同，其间隔时间也不一样，应根据涂料产品说明书设定间隔时间。

4）禁止涂漆部位的保护

钢结构工程有些部位是禁止涂漆的，如地脚螺栓和底板、高强度螺栓结合面、与混凝土紧贴或埋入的部位等。为防止误涂，构件上的标记应保护好，涂装前必须用胶带纸等进行遮蔽保护。

5）二次涂装表面的处理和补漆

二次涂装是指构件在加工厂加工制作并按设计要求涂装完后，运至施工现场进行的涂装，或涂装间隔时间超过最后间隔时间（一般约为一个月）再进行的涂装。对于二次涂装的表面，在进行以下处理后才能进行现场涂装。

① 经海上运输的构件运到现场后应用水将盐分彻底冲洗干净。

② 将油污泥土、灰尘等污染物用水布或溶剂清理干净。

③ 构件表面经清理后再用钢丝绒等工具对漆膜进行打毛处理，同时对构件上的标记加以保护。

④ 用干净的压缩空气吹净表面。

进行二次涂装前应对损伤部位进行补漆。补漆时应先去除损伤部位的底漆、中间漆、面漆，直至露出金属表面，然后把底漆、中间漆、面漆喷涂到损伤部位，喷涂道数、厚度与原漆喷涂时相同。

6）修补涂装

安装构件之前，应对涂装质量进行检查。经检查有缺陷时，应找出原因并及时修补。修补方法和要求应与完好涂层一样。

整个工程安装完后，除需要进行修补外，还应对以下部位进行补涂。

① 结合部的外露部位和紧固件等。

② 安装时焊接及烧损的部位。

③ 标记和漏涂的部位。

④ 运输和组装时损坏的部位。

（3）漆膜质量检查

涂装时，应先进行试涂，每涂覆一道，都应进行检查，发现不符合质量要求的（如漏涂、剥落、起泡、透锈等缺陷），应用砂纸打磨然后补涂。

最后一道面漆应在安装后喷涂，这样可保证外表美观，颜色一致，无碰撞、脱漆、损坏等现象。

漆膜外观应均匀,不得有堆积、漏涂、皱皮、起泡、掺杂及混色等缺陷。

(4) 其他防腐工艺

1) 使用耐候结构钢

耐腐蚀性能优于一般结构用钢的钢材称为耐候结构钢。耐候结构钢一般含有磷、铜、镍、铬、钛等金属,可在其金属表面形成保护层,以提高耐腐蚀性。耐候结构钢的低温冲击韧性也比一般的结构用钢好。

2) 热浸锌

热浸锌是将除锈后的钢构件浸入 600 ℃左右高温熔化的锌液中,使钢构件表面附着锌层,锌层的厚度:对于 5 mm 以下的钢板不得小于 65 μm;对于 5 mm 及以上的钢板不得小于 85 μm。这种方法的优点是耐久年限长,工业化程度高,质量稳定,因而被大量用于受大气腐蚀较严重且不易维修的室外钢结构中,如输电塔、通信塔、压型钢板等。热浸锌的前两道工序是酸洗除锈和清洗,这两道工序若处理得不彻底,均会给防腐蚀留下隐患,因此必须处理彻底。热浸锌是在高温下进行的,对于管形构件应让其两端开敞,若两端封闭则会造成管内空气膨胀而使封头板爆裂,从而造成安全事故;若一端封闭则会使锌液流通不畅,易在管内积存。

3) 热喷铝、锌复合涂层

热喷铝、锌复合涂层是一种与热浸锌防腐蚀效果相当的长效防腐方法。具体做法是:先对钢构件进行喷砂除锈,使其表面露出金属光泽并打毛;再用氧-乙炔焰将不断送出的铝、锌丝熔化,并用压缩空气将其吹附到钢构件表面,以形成蜂窝状的铝、锌喷涂层(厚度为 80～100 um);最后用环氧树脂或氯丁橡胶漆等涂料填充毛细孔,以形成复合涂层。此法无法在管状构件的内壁施工,因而管状构件两端必须做气密性封闭,以使内壁不被腐蚀。这种方法的优点是对构件尺寸适应性强,构件形状尺寸几乎不受限制。此外,该方法的热影响是局部、受约束的,不会产生热变形。与热浸锌相比,这种方法的工业化程度较低,热喷铝、锌的劳动强度大、涂层质量也易受操作者的技术影响。

(5) 防腐涂料的管理

1) 防腐涂料的运输和储存

① 涂料在运输、储存前,应检查包装方式(包括外包装)和容器材料是否符合运输部门和规范的规定。在运输、储存前后还应检查包装容器有无损坏,盖子是否紧密。

② 涂料在运输和储存时,必须按其性质分类、分批堆放,并应遵循先进先出的原则。

③ 涂料在装卸时应谨慎、细心,避免由于碰撞、跌落而损坏容器。在运输时应防止雨淋、日光暴晒,避免碰撞,并符合运输部门的有关规定。

④ 涂料在储存时应保持通风、干燥、防止日光直接照射。夏季温度过高时,应采取适当的降温措施;在冬季对水性涂科应采取防冻措施。

⑤ 在运输和储存易燃涂料时,必须执行公安部有关防火安全的规定,必须严禁烟火、隔绝火源、远离热源,操作过程中严禁产生火花、并应设置完善的消防设备。涂料开启后,不应存在结皮、结块等现象,不得使用过期、变质、结块失效的涂料。

⑥ 在抽注产品或倒罐时,罐(槽车)及活管必须用导电的金属线接地,以防止因静电聚积而起火。储存场所应具有防雷击装置。

⑦ 涂料的有效储存期一律自产品生产日起算,有效储存期由产品标准规定。储存期中

产品包装不得启封，并符合储存条件要求。超过储存期的，需按标准规定重新进行检验，若结果符合要求，则仍可使用。

2）防腐涂料安全防范措施

① 防火。防腐涂料的溶剂和稀释剂大多属于易燃品，在涂装过程中易形成漆雾和有机溶剂蒸汽，它们与空气混合积聚到一定浓度时，一旦接触明火，就很容易引起火灾，因此对防腐涂料必须采取防火措施。

a）防腐涂装现场不允许堆放易燃物品，并应远离易燃物品仓库。

b）腐涂装现场和涂料仓库严禁烟火，并应有明显的禁止烟火的宣传标志。

c）腐涂装现场和涂料仓库必须备有消防水源和消防器材。

d）擦过溶剂和涂料的棉纱、破布等应存放在带盖的铁桶内，并定期处理掉。

e）严禁向下水道倾倒涂料和溶剂。

② 防爆。当防腐涂料中的溶剂与空气混合达到一定的比例时，遇火源（往往不是明火）即会发生爆炸，因此对防腐涂料必须采取防爆措施。

a）明火是引起混合气体或粉尘爆炸的直接原因，因此要禁止使用明火。必须加热时，要采用热载体、电感加热等，并远离涂料仓库和现场。

b）摩擦和撞击产生的火花是引起爆炸的原因之一。在涂装时应禁止使用铁棒等物品敲击金属物体和漆桶。如需敲击，应使用木质工具。

c）电气火花也是导致起火爆炸的原因之一。电气设备或电线超负荷时会产生剧热并着火，因此，在涂料仓库和涂装现场使用的照明灯应有防爆措施，电气设备应使用防爆型的，并定期检查线路及设备的绝缘情况。在使用溶剂的场所，应禁止使用闸刀开关，要用三线插销的插头。

d）涂装过程中，由于摩擦而不可避免地要产生火花，为避免一起火灾和爆炸，使用的设备和电器导线应接地良好，防止静电聚集。

③ 防毒。涂料中的大部分溶剂和涂装用的大部分稀释剂都是有毒物质，它们不但对皮肤有侵害作用，而且对人体中枢神经系统和呼吸系统等也有制激破坏作用。为了防止中毒，必须采取防毒措施。

a）必须严格限制挥发性有机溶剂在空气中的浓度，使空气中的有害蒸汽浓度低于许可浓度（长期不受损击的安全浓度）。

b）涂装现场应具有良好的通风排气装置，对空气中的有害气体和粉尘含量进行控制。

c）施工人员应戴防毒口罩或防毒面具，为防止接触性的侵害，施工人员应穿工作服、戴手套和防护眼镜等，尽量不与溶剂接触。

2. 钢结构防火涂装工艺

由于钢材是种高温敏感材料，其强度和变形都会随温度的升高而发生急剧变化，一般在300～400 ℃时，钢材强度开始迅速下降；到500 ℃左右，其强度下降到40%～50%，钢材的力学性能（如屈服强度、抗拉强度、弹性模量及荷载承受能力等）会迅速下降；达到600 ℃时，其承载力几乎完全丧失。一般裸露钢结构的耐火极限只有10～20 min，因此，若用没有防火涂层的钢结构作为建筑物的主体结构，一旦发生火灾，则建筑物就会迅速坍塌，给人民的生命和财产造成严重的损失，后果不堪设想。

对钢结构进行防火处理非常重要，也很必要。对钢结构采取防火保护措施不仅可以减轻钢结构在火灾中的破坏程度，避免其在火灾中局部或整体倒塌造成人员伤亡，使人员能够及时疏散，还可以减少灾后钢结构的修复费用，减小间接经济损失。

(1) 防火涂料的分类及选用

1) 防火涂料的分类

钢结构防火涂料按其涂层厚度及性能特点可分为超薄膨胀型（简称超薄型）钢结构防火涂料、薄涂膨胀型（简称薄涂型）钢结构防火涂料和厚涂型钢结构防火涂料。

① 超薄膨胀型钢结构防火涂料（CB类）。超薄膨胀型钢结构防火徐料（CB类）的涂层厚度在3 mm以下，有良好的理化和装饰性能，受火时膨胀发泡，形成致密、强度高的防火隔热层，耐火极限为0.5～2.0 h。

② 薄涂膨胀型钢结构防火涂料（B类）。薄涂膨胀型钢结构防火涂料（B类）的涂层厚度一般为3～7 mm，有一定的装饰效果，高温时膨胀增厚，具有耐火隔热作用，耐火极限为0. 5～2.0 h。

③ 厚涂型钢结构防火涂料（H类）。厚涂型钢结构防火涂料（H类）的涂层厚度一般为8～45 mm，其表面为粒状，密度较小，热导率低，耐火极限为0.5～3.0 h。

2) 防火涂料的选用

① 防火涂料的技术条件与性能指标

a) 用于制造防火涂料的原料应预先检验，不得使用石棉材料和苯类溶剂。

b) 防火涂料可用喷涂、抹涂、滚涂、刮涂或刷涂等方法中的一种或多种方便地施工，并能在通常的自然环境条件下干燥固化。

c) 防火涂料应呈碱性或偏碱性。复层涂料应相互配套。底层涂料应能同普通的防锈漆配合使用。

d) 涂层实干后不应有刺激性气味，燃饶时不得产生浓烟和有害人体健康的气体。

② 防火涂料的选用方法

民用建筑及大型公共建筑的承重钢结构应采用防火涂料进行防火。一般由建筑师与结构工程师按建筑物耐火等级及构件耐火极限确定防火涂料要求。选用时应优先选用薄涂膨胀型钢结构防火涂料。选用较厚钢结构防火涂料时，其外表面需做装饰面隔护。装饰要求较高的部位可以选用超薄膨胀型钢结构防火涂料。

(2) 防火涂料施工工艺

1) 防火涂料喷涂的一般要求

① 钢结构防火涂料的生产厂家、检验机构、涂装施工单位均应具有相应资质，并通过公安消防部门的认证。

② 钢结构防火涂料是一类重要的消防安全材料，防火喷涂施工质量的好坏，直接影响防火性能和使用要求。根据国内外的经验，钢结构防火喷涂施工应由经过培训合格的专业队伍进行，或在研制该防火涂料的工程技术人员指导下施工，以确保工程质量。

③ 通常情况下，应在钢结构安装就位，与其相连的吊杆、马道、管架及其相关联的构件安装完毕并经验收合格之后，才能进行喷涂施工。若提前喷涂施工，则对钢构件实施防火涂装后再进行吊装，安装好后应对损坏的涂层及钢结构的节点进行补喷。

④ 喷涂前，钢结构表面应除锈，除锈方法和除锈等级根据设计和使用要求确定。对于大多数钢结构，在喷涂防火涂料前都需要涂防锈底漆，防锈底漆与防火涂料应有良好的相容

性。有的防火涂料具有一定的防锈作用，此时可不喷涂防锈底漆，而直接喷涂防火涂料。

⑤ 喷涂前，钢结构表面的灰尘、油污、杂物等应清除干净。构件连接处的缝隙应采用防火材料（如硅酸铝纤维棉）填补、堵平。

⑥ 喷涂钢结构防火涂料应在室内装饰之前和不被后期工程所损坏的条件下进行。喷涂时，对于不需进行防火保护的墙面、门窗，机路设备和其他构件应采用塑料布遮挡保护，刚喷好的涂层，应防止雨淋、脏液污染和机械撞击。

⑦ 对大多数防火涂料而言，喷除过程中和涂层固化前，环境温度宜保持在 5～38 ℃，相对湿度不宜大于 85%，空气应流动。当风速大手 5 m/s、雨天和构件表面结晶时不宜作业。

⑧ 薄涂膨胀型钢结构防火涂料的面层应在底涂层厚度达到设计要求且涂层基本干燥后进行施工。面涂层一般喷除 1～2 次，喷涂完后应全部覆盖底涂层。涂层要求颜色均匀、轮廓清晰、搭接平整，涂层表面不应有浮浆或宽度大于 0.5 mm 的裂纹。

⑨ 厚涂型钢结构防火涂料一般采用压送式喷涂机喷涂，空气压力为 0.4～－0.6 MPa。喷枪口直径为 6～10 mm。厚涂型钢结构防火涂料在配料时应严格按配合比加料成加稀释剂，并使稠度适当，当班使用的涂料应当班配制。

⑩ 厚涂型钢结构防火涂料在施工时应分遍喷涂，每遍喷涂厚度般为 5～10 mm，必须在前一遍涂料基本干燥或固化后，再喷涂第二遍；喷涂保护方式、喷涂遍数和涂层厚度应根据施工工艺要求确定。操作者应用测厚仪随时检测涂层厚度，80%及以上面积的涂层总厚度应符合有关耐火极限的设计要求，且最薄处的厚度不应低于设计要求的 85%。厚涂型钢结构防火涂料喷涂后的涂层应剔除乳突，表面应均匀平整。

⑪ 厚涂型钢结构防火涂层出现下列情况时，应铲除涂层重新喷涂：涂层干燥固化不好；黏结不牢或粉化、充鼓、脱落；钢结构接头、转角处的涂层有明显凹陷；涂层表面有浮浆或宽度大于 1.0 mm 的裂缝等。

⑫ 每使用 100 t 薄膨胀型钢结构防火涂料，应抽样检测一次黏结强度；每使用 500 t 厚涂型钢结构防火涂料，应抽样检测一次黏结强度和抗压强度。

（3）防火涂料的管理

1）防火涂料结块质量控制

钢结构防火涂料的种类很多，有单组分和双组分，有水溶型和溶剂型，有预先混合配制好的成品涂料，也有到施工现场现配现用的散装涂料。钢结构防火涂料在使用前必须进行检查，若有结块，则说明涂料已过期变质，不能继续使用。为防止涂料结块，应注意以下几点：

① 加强质量管理和检查，包括原材料、配比及生产工艺，保证生产出合格的产品。不合格的产品不出厂。

② 包装桶要有良好的密封性，以防稀释剂挥发，造成涂料干结。

③ 对于双组分防火涂料、加入固化剂后，应在说明书规定的时间内使用完，当超过使用时间或涂料结块时，应停止使用。

④ 超过储存期的涂料，经检查已结块的，应报废。

2）防火涂料的包装运输和储存

① 涂料应采取可靠的容器包装，并附有合格证和产品使用说明书。

② 涂料包装上应注明生产企业的名称、地址、产品名称、商标、规格型号、生产日期或批号、保质期等。

③ 涂料应放置在通风、干燥、防止日光直接照射等条件适合的仓库或场所，仓库温度不宜高于 35 ℃，且不应低于 5 ℃，严禁露天存放。

④ 涂料在运输时应防止雨淋、暴晒，并应遵守运输部门的有关规定。

⑤ 涂料出厂和检验时均应附产品说明书，明确产品的使用场所、施工工艺、主要性能及保质期。

3）防火涂料喷涂安全防范措施

① 安全生产和劳动保护是全面质量控制的重要保证，在施工过程中应严格执行国家和企业有关安全与劳动保护法规。

② 安全部门负责对职工进行安全教育，并监督检查"安全制度"和"机械设备安全操作规程"等的执行情况以及有关消防设备、工艺仪表器具的配备情况。

③ 认真贯彻"生产必须安全"的方针，对不安全因素和隐患必须及时采取有效技术措施加以排除，对违反规程的行为应予以制止。

④ 现场施工必须设专职安全人员。专职安全人员应对施工的全过程进行安全监督、检查，防止事故的发生。

⑤ 高空作业必须系安全带，防止发生危险。

⑥ 溶剂型防火涂料施工时，必须在现场配备灭火器材等，严禁在现场吸烟、出现明火。

⑦ 工人员应戴安全帽、口罩、手套和防尘眼镜。

任务 6.3　钢结构连接

6.3.1　钢结构焊接工艺

焊接是钢结构加工制作中十分重要的加工工艺，是通过加热、加压或两者并用，并且用或不用填充材料，使焊件实现原子结合的一种加工方法。与铆接、螺栓连接相比，焊接具有节省金属材料、接头密封性好、设计施工较为容易、生产效率较高和劳动条件较好等优点。

焊接、铆接和螺栓连接如图 6－3 所示。

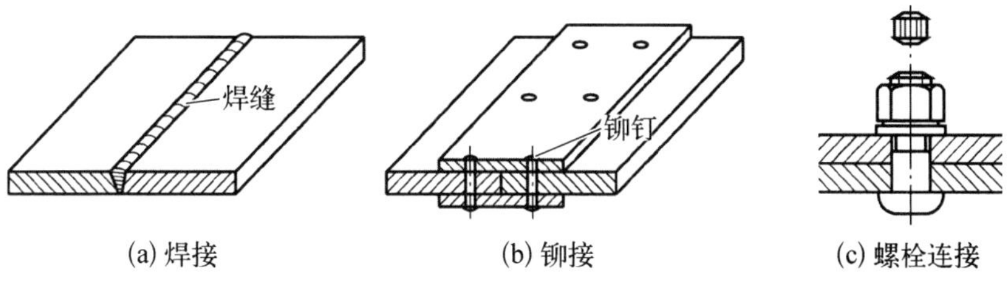

图 6－3　焊接、铆接和螺栓连接

1. 钢结构焊接方法的分类

随着焊接技术的不断发展，焊接方法越来越多，而且新的方法仍在不断涌现、因此、焊接分类方法繁多。在建筑钢结构的制作安装中，焊接主要采用电弧焊和电渣焊其中，最常用的焊接方法有焊条电弧焊、熔化极气体保护焊、埋弧焊、螺柱焊(栓钉焊)、电渣焊等。

建筑钢结构常用的焊接方法如图 6-4 所示。

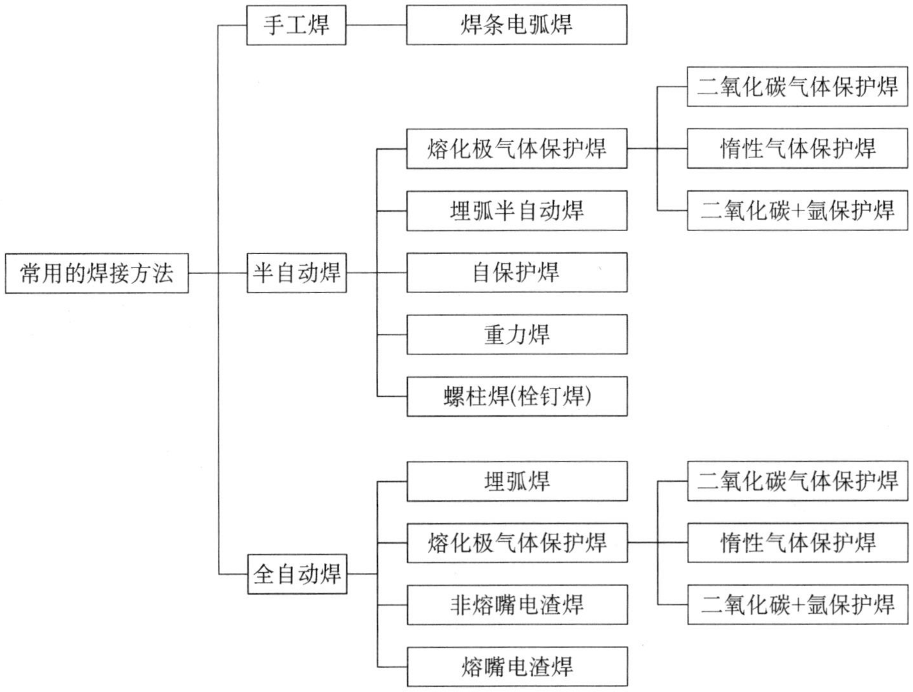

图 6-4　建筑钢结构常用的焊接方法

2. 焊缝的类型

按被连接构件间的相对位置，焊接连接可分为对接、搭接、T 形连接和角接连接四种。

焊缝的类型可按构造特点、工作性质和施焊位置进行分类。

(1) 按构造特点，焊缝可分为对接焊缝和角焊缝两种类型。T 形连接和角接连接根据板厚、焊接方法和焊缝受力情况，可采用角焊缝或开坡口的对接焊缝。接头的基本类型如图 6-5 所示。

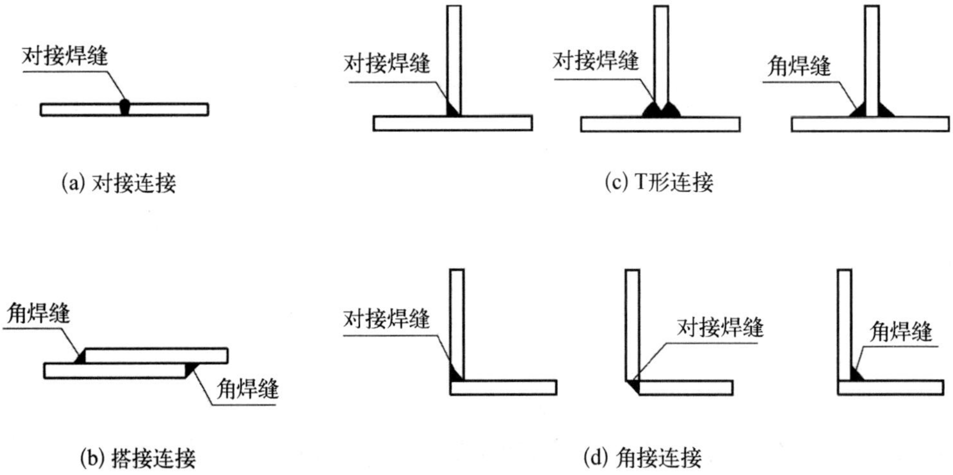

图 6-5　接头的基本类型

(2) 按工作性质，焊缝可分为强度焊缝和密强焊缝两种。强度焊缝只作为转递内力之用；密强焊缝除传递内力外，还需保证不使气体或液体渗漏。

(3) 按施焊位置，焊缝可分为俯焊焊缝（平焊焊缝），立焊焊缝、横焊焊缝和仰焊焊缝四种。俯焊焊缝施焊方便、质量好效率高；立焊焊缝和横焊焊缝是分别在立面上施焊的竖向焊缝和水平焊缝，其生产效率和焊接质量比俯焊焊缝差一些；仰焊焊缝是仰望向上施焊的焊缝，其操作条件差，焊缝质量不易保证，因此应尽可能避免采用仰焊焊缝。

焊缝按施焊位置分类如图 6－6 所示。

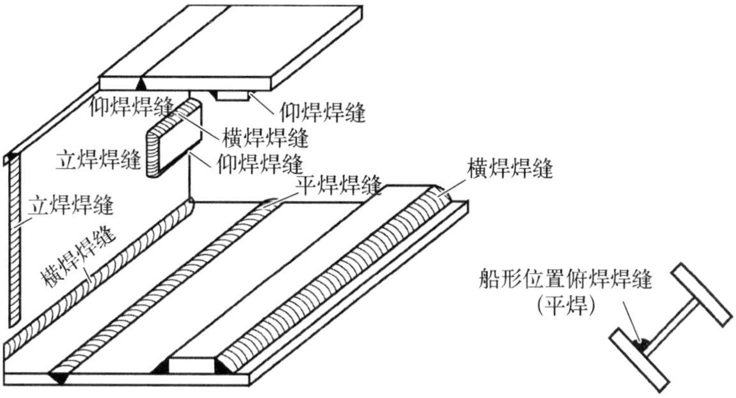

图 6－6　焊缝按施焊位置分类

3. 焊缝的质量分级

在建筑钢结构中，一般将焊缝分为一级、二级和三级，不同质量等级的焊缝，其质量要求不一样，规定采用的检验比例、验收标准也不一样.可根据结构的重要性、结构实际承荷载的特性、焊缝形式、工作环境及应力状态等来确定焊缝的质量等级。

4. 主要机具

(1) 焊条电弧焊机具

焊条电弧焊机具有电源、交(直)流电焊机、焊条烘干箱、焊接滚轮架、焊钳、焊接电缆、焊接电缆快速接头、接地夹钳、焊条保温桶等。

(2) 埋弧自动焊机具

埋弧自动焊机具有电源，埋弧焊机、焊剂回收设备、焊剂烘干箱、焊接滚轮架、翼缘矫正机等。

(3) 熔嘴电渣焊机具

熔嘴电渣焊机具有电源、电渣焊机、引熄弧块、水冷成形滑块、焊剂烘干箱、焊接滚轮架等。

(4) 栓钉焊机具

栓钉焊机具有电源、熔焊栓钉机和焊枪。

(5) 二氧化碳气体保护焊机具

二氧化碳气体保护焊机具有电源、二氧化碳焊机、焊枪、焊接滚轮架、翼缘矫正机等。

(6) 焊接检验通用设备、仪器及工具

焊接检验通用设备、仪器及工具有数字温度仪、膜测厚仪、超声波探伤仪、温湿度仪、磁粉探伤仪、数字钳形电流表、焊接检验尺、游标卡尺和钢卷尺。

5. 焊接缺陷及危害

焊接缺陷是焊接过程中在焊接接头产生的金属不连续、不致密或连接不良的现象。也可以说是焊接过程中产生的不符合标准要求的缺陷。

焊接缺陷的存在不仅会降低结构的性能，影响结构的安全使用，严重时还会导致脆性破坏，引起重大事故。因此，必须了解焊接缺陷产生的原因，掌握预防的途径和方法，生产出合格的焊接产品。

焊缝缺陷按其性质分为六大类，即裂纹、孔穴、固体夹杂、未焊透和未熔合、形状缺陷及其他缺陷。

(1) 裂纹。裂纹分为微观裂纹、纵向裂纹、横向裂纹、放射状裂纹、弧坑裂纹等。

(2) 孔穴。孔穴分为球形气孔、均布气孔、局部密集气孔、链状气孔、条形气孔、虫形气孔、表面气孔、缩孔、结晶和弧坑缩孔等。

(3) 固体夹杂。固体夹杂包括夹渣、焊剂和熔剂夹渣、氧化物夹杂、褶皱、金属夹杂等。

(4) 未焊透和未熔合。未焊透会造成焊缝的有效截面积不足；未熔合是一种面积型缺陷，坡口侧未熔合和根部未熔合会明显减少承载截面面积。

(5) 形状缺陷。形状缺陷包括咬边、缩沟、焊缝超高、凸度过大、下塌、局部下塌、焊缝形状不良、焊瘤、错边、角度偏差、下垂、烧穿、未焊满、焊脚不对称、焊缝宽度不齐、表面不规则、根部收缩、焊缝接头不良等。

(6) 其他缺陷。这类缺陷包括电弧擦伤、飞溅、钨飞溅，表面撕裂、磨痕、凿痕、打磨过量、定位焊缺陷等。

焊接缺陷的危害性主要表现为以下四个方面：

(1) 焊接缺陷直接影响结构的强度及使用寿命。焊缝的咬边、未焊透、未融合、气孔、夹渣、裂纹等缺陷不仅削弱了焊缝的截面面积，降低了接头强度，更严重的是形成缺口，在缺口处形成三向应力。三向应力不利于材料的塑性变形，易引发裂纹，导致脆性破坏。

(2) 焊接缺陷可引起应力集中。焊接缺陷引起的应力集中与缺陷的形状及其相对于荷载的方位有关。尖锐裂纹引起的应力集中最严重，其次为未焊透、条状夹渣等引起的应力集中，而气孔引起的应力集中严重程度较低。随着缺陷尺寸和数量的增加其对强度的影响也增大。当荷载应力垂直于缺陷平面时所产生的应力集中最大。

(3) 焊接缺陷严重影响结构的疲劳极限。位于材料表面和临近材料表面的缺陷比在材料内部的缺陷危害大。例如，当气孔缺陷使截面面积减少 10%时，疲劳极限会下降 50%。

(4) 焊接缺陷影响钢结构的安全。焊接缺陷的存在，降低 r 钢结构的安全系数，改变了钢结构应有的强度性能，有的还会造成应力循环而使钢结构过早被破坏。焊缝表面凹凸不平余高过大咬边、锁边等缺陷。常造成应力集中，或使受力方向改变，在大风、大雪时造成钢结构构件被破坏，引起重大倒塌事故。

6. 焊缝的质量检验

(1) 外观检验

所有焊缝应冷却到环境温度后进行外观检验，Ⅰ类钢材的焊缝应以焊接完成 24 h 后的检验结果作为验收依据，Ⅳ类钢材的焊缝应以焊接完成 48 h 后的检验结果作为验收依据。

外观检验一般采用目测，裂纹的检验应辅以 5 倍放大镜并在合适的光照条件下进行，必要时可采用渗透探伤或磁粉探伤。尺寸的测量应用量具、卡规。

(2) 无损检测

无损检测应在外观检查合格后进行。焊缝无损检测报告签发人员必须持有相应探伤方法的Ⅱ级或Ⅱ级以上资格证书。

设计要求全焊透的焊缝，其内部缺陷的检验应符合下列要求：

① 一级焊缝应进行 100%的检验，其合格等级应为现行国家标准《焊缝无损检测超声检测技术、检测等级和评定》(GB/T 11345—2013)B 级检验的Ⅱ级及Ⅱ级以上。

② 二级焊缝应进行抽检，抽检比例应不小于 20%，其合格等级应为现行国家标准《焊缝无损检测超声检测技术、检测等级和评定》(GB/T 11345—2013)B 级检验的Ⅲ级及Ⅲ级以上。

③ 全焊透的三级焊缝可不进行无损检测。

④ 设计文件指定进行超声波探伤不能对缺陷性质做出判断时，可采用射线探伤进行检测、验证。

⑤ 射线探伤应符合现行国家标准《焊缝无损检测超声检测技术、检测等级和评定》(GB/T 11345—2013)的规定，射线照相的质量等级应符合 A、B 级的要求。一级焊缝评定合格等级应为《焊缝无损检测超声检测技术、检测等级和评定》(GB/T 11345—2013)的Ⅰ级或Ⅰ级以上，二级焊缝评定合格等级应为《焊缝无损检测超声检测技术、检测等级和评定》(GB/T 11345—2013)的Ⅰ级或Ⅰ级以上。

6.3.2　钢结构螺栓连接施工工艺

1. 普通螺栓连接施工工艺

普通螺栓连接中使用较多的是粗制螺栓(C 级螺栓)连接。粗制螺栓抗剪连接依靠螺杆受剪和孔壁承压来承受荷载，而粗制螺栓抗拉连接则依靠螺杆轴向受拉来承受荷载。在粗制螺栓抗剪连接中，由于螺杆孔径较螺杆直径大 1.0～1.5 mm，有空隙，受力后板件间将发生一定大小的相对滑移，因此粗制螺栓抗剪连接只能用于一些不直接承受动力荷载的次要构件和不承受动力荷载的可拆卸结构的连接及临时固定用的连接。由于螺栓的抗拉性能较好，因而常用于一些使螺栓受拉的安装节点连接中。

普通螺栓连接中的精制螺栓(A、B 级螺栓)连接，其受力和传力情况与上述粗制螺栓连接完全相同，其质量较好，可用于要求较高的抗剪连接。但由于螺栓加工复杂、安装要求高、价格昂贵，因而工程上已极少使用，逐渐地被高强度螺栓连接所代替。

(1) 普通螺栓规格

普通螺栓按照形式可分为六角头螺栓、双头螺栓、沉头螺栓等。普通螺栓的通用规格为 M8、M10、M12、M16、M20、M24、M30、M36、M42、M48、M56 和 M64 等。

(2) 螺母

钢结构常用螺母的公称高度 H 应满足 $H \geqslant 0.8D$(D 为与其匹配的螺栓直径)，螺母强度应选用与之匹配的螺栓中最高性能等级的螺栓强度，当螺母拧紧到螺栓保证荷载时，不得发生螺纹脱扣。

螺母性能等级分 4 级、5 级、6 级、8 级、9 级、10 级、12 级等级别，其中，8 级及以上的螺母与高强度螺栓匹配，8 级以下的螺母与普通螺栓匹配。螺母的螺纹应和螺栓相一致，一般为粗牙螺纹(除非特殊注明用细牙螺纹)。螺母的机械性能主要是螺母的保证应力和硬度,其值应符合相关规范的规定。

(3) 垫圈

常用钢结构螺栓连接用的垫圈按形状及其使用功能可以分成以下四类。

① 圆平垫圈。圆平垫圈一般放置于紧固螺栓头及螺母支承面下面,用以增加螺栓头及螺母的支承面。同时防止被连接件表面损伤。

② 方形垫圈。方形垫圈一般放置于地脚螺栓头及螺母支承面下,用以增加支承面及遮盖较大螺栓孔眼。

③ 斜垫圈。斜垫圈主要用于工字钢、槽钢翼缘倾斜面的垫平,使螺栓支承面垂直于螺杆,避免紧固时造成螺母支承面与被连接的倾斜面局部接触。

④ 弹簧垫圈。弹簧垫圈依靠其弹性功能及斜口摩擦面可防止螺栓振动和松动。其一般用于有动力荷载(振动)或经常拆卸的结构连接处。

(4) 普通螺栓连接工艺

普通螺栓作为永久性连接螺栓时,应满足下列要求:

① 对于一般的螺栓连接,螺栓头和螺母下面应放置圆平垫圈,以增大承压面积。

② 螺栓头下面放置的垫圈一般不应多于两个。螺母头下面放置的垫圈一般不应多于一个。

③ 对于设计有防松动要求的螺栓、锚固螺栓,或用人工方法采取防松动措施。

④ 对于承受动力荷载或重要部位的螺栓连接,应按设计要求放置弹簧垫圈,弹簧垫圈必须设置在螺母一侧。

⑤ 对于工字钢、槽钢应使用斜垫圈,使螺母和螺栓头部的支承面垂直于螺杆。

螺栓连接中螺栓的布置主要有并列和交错排列两种形式。在确定螺栓的间距时,既要考虑连接效果(连接强度和变形),又要考虑螺栓的施工。

普通螺栓的连接应牢固可靠,无锈蚀、松动等现象,外露丝扣不应少于两扣。普通螺栓连接的检验较简单,一般采用锤击法,一手扶螺栓头(或螺母)另一手用 3kg 的小锤敲击,若螺栓头(或螺母)不偏移、不颤动、不松动,且锤声比较清脆,则说明螺栓连接牢固;否则,说明螺栓紧固质量不好,需要重新紧固。

2. 高强度螺栓连接施工工艺

高强度螺栓连接按其受力状况可分为摩擦型连接、承压型连接和张拉型连接三种类型。其中,前两种连接主要承受剪力,第三种连接主要承受拉力。摩擦型连接是目前被广泛采用的连接形式。

摩擦型连接是依靠连接板件间的摩擦力来承受荷载的。连接中的螺栓孔壁不承压,螺杆不受剪。这种连接应力传递圆滑,接头刚性好,通常所指的高强度螺栓连接就是这种摩擦型连接。高强度螺栓摩擦型以板件间的摩擦力刚要被克服作为承载能力极限状态。

承压型连接以摩擦力被克服、节点板件发生相对滑移后孔壁承压和螺栓受剪破坏作为承载能力极限状态。由于这种连接在摩擦力被克服后将产生一定的滑移变形,因而其应用受到限制。但此连接的承载能力高于高强度螺栓摩擦型连接,经济性好。

当外力与高强度螺栓轴向一致时(如法兰连接、T 形连接、螺栓球节点连接等)的高强度螺栓连接称为张拉型连接。该连接的特点是外力和由高强度螺栓预紧力产生在连接件间的压力相平衡。

（1）高强度螺栓连接副的管理

① 采购供使用的高强度螺栓的供应商必须是经国家有关部门认可的专业生产商，采购时，一定要严格按照钢结构设计图纸要求选用螺栓等级。高强度螺栓连接副应由制造厂按批配套供应，每个包装箱内都必须配套装有螺栓、螺母及垫圈，包装箱应能满足储运的要求，并具备防水、密封的功能。包装箱内应带有产品合格证和质量保证书；包装箱外表面应注明批号、规格及数量。

② 高强度螺栓连接副必须配套供应。其中扭剪型高强度螺栓连接副每套包括一个螺栓、一个螺母、一个垫圈；高强度大六角头螺栓连接副每套包括一个螺栓、一个螺母、两个垫圈。

③ 要注意高强度螺栓使用前的保管。如保管不善，会引起螺栓生锈及沾污物等，进而会改变螺栓的扭矩系数及性能。在保管中要注意如下几点：

a）螺栓应存放在防潮、防雨、防粉尘的场所，且按类型和规格分类存放。螺栓连接副应成箱在室内仓库保管，地面应有防潮措施，并按批号、规格分类堆放，并保管，使用中不得混批。高强度螺栓连接副包装箱码放底层应架空，距地面高度大于 300 mm，码高不超过三层。并不得损伤丝扣和沾染脏物。

b）螺栓应轻拿轻放，防止撞击、损坏包装和损坏螺栓。使用前尽可能不要开箱，以免破坏包装的密封性。开箱取出部分螺栓后也应原封包装好，以免沾染灰尘和锈蚀。在施拧前，应尽可能地保持其在出厂状态，以免扭矩系数和标准偏差或紧固轴力变异系数发生变化。在运输、保管及使用过程中应轻装轻卸，防止损伤螺纹，发现螺纹损伤严重或雨淋过的螺栓不应使用。

c）螺栓应在使用时方可打开包装箱，高强度螺栓连接副在安装使用时，工地应按当天计划使用的规格和数量领取，当天安装剩余的必须装回干燥、洁净的容器内，妥善保管，不得乱放、乱扔。并按批号和规格保管、存放、使用。不同批号的螺栓、螺母、垫圈不得混杂使用。

d）在安装过程中，应注意保护螺栓，不得沾染泥沙等脏物和碰伤螺纹。使用过程中如发现异常情况，应立即停止施工，经检查确认无误后再行施工。

e）高强度螺栓连接副的保管时间不应超过 6 个月。保管周期超过 6 个月时，若再次需按要求进行扭矩系数试验或紧固轴力试验，检验合格后方可使用。

（2）施工机具

高强度螺栓施工最主要的施工机具就是高强度螺栓电动扳手和手工扳手。高强螺栓施工机具见表 6－3。

表 6－3　高强螺栓施工机具

电动工具			
名称	扭矩型电动高强度螺栓扳手	扭剪型电动高强度螺栓扳手	角磨机
图例			

续 表

电动工具			
用途	(1) 用手高强度螺栓初拧 (2) 用于因构造原因扭剪型电动扳手无法终拧节点	用于高强度螺栓终拧	用于清除摩擦面上浮锈、油污等
手动工具			
名称	钢丝刷	手工扳手	棘轮扳手
图例	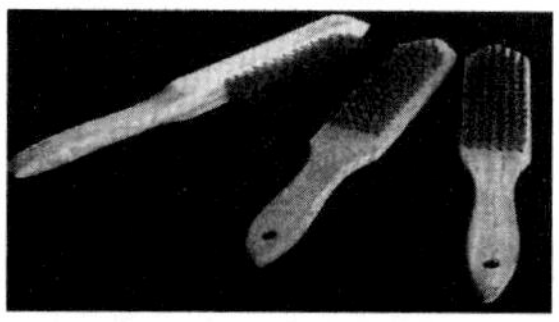	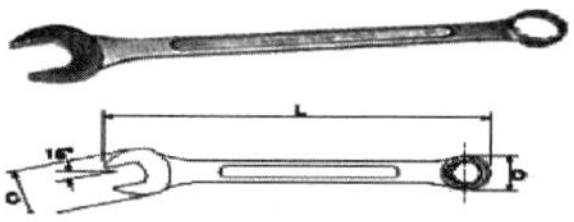	
用途	用于清除摩擦面上浮锈、油污等	用于普通螺栓及安装螺栓初、终拧	

(3) 高强度螺栓连接工艺

一般规定：

① 在连接前应对连接副实物和摩擦面进行检验和复验，合格后才能进行安装施工。

② 对于每个连接接头，应先用临时螺栓或冲钉定位。为防止损伤螺纹引起扭矩系数的变化，严禁把高强度螺栓作为临时螺栓使用。对于一个接头，临时螺栓和冲钉的数量应根据该接头可能承担的荷载计算确定，并应符合下列规定：

a) 不得少于安装螺栓总数的 1/3。

b) 不得少于两个临时螺栓。

c) 冲钉穿入数量不宜多于临时螺栓的 30%。

临时螺栓安装方法见表 6－4。

表 6－4 临时螺栓安装方法

序号	临时螺栓安装方法	示意图
1	当构件吊装就位后，先用橄榄冲对准孔位(橄榄冲穿入数量不宜多于临时螺栓的 30%)，在适当位置插入临时螺栓，然后用扳手拧紧，使连接面结合紧密。	 临时螺栓安装
2	临时螺栓安装时，注意不要使杂物进入连接面。	
3	螺栓紧固时，遵循从中间开始，对称向周围进行的顺序。	
4	临时螺栓的数量不得少于本节点螺栓安装总数的 30%且不得少于 2 个临时螺栓。	
5	不允许使用高强度螺栓兼作临时螺栓，以防损伤螺纹引起扭矩系数的变化。	
6	一个安装段完成后，经检查确认符合要求方可安装高强度螺栓。	

③ 高强度螺栓的穿入应在结构中心位置调整后进行，其穿入方向应以施工方便为准，

力求一致；安装时要注意垫圈的正反面，即螺母带圆台面的一侧应朝向垫圈有倒角的一侧；对于大六角头高强度螺栓连接副靠近螺头一侧的垫圈，其有倒角的一侧应朝向螺栓头。

④ 高强度螺栓应能自由穿入孔，严禁强行穿入。当不能自由穿入时，该孔应用铰刀进行修整；修整后孔的最大直径应小于 1.2 倍螺栓直径。修孔时，为了防止铁屑落入板叠缝中，修孔前应将四周螺栓全部拧紧，使板叠密贴后再进行，铰孔后应重新清理孔周围毛刺，不得将螺栓强行敲入，严禁气割扩孔。

⑤ 高强度螺栓连接中连接钢板的孔径应略大于螺栓直径，且必须采取钻孔成形方法，钻孔后的钢板表面应平整，孔边无飞边和毛刺，连接板表面应无焊接飞溅物、油污等。

⑥ 高强度螺栓连接板螺栓孔的孔距及边距除应符合规范要求外，还应考虑专用施工机具的可操作空间。

⑦ 高强度螺栓在终拧之后，螺栓丝扣外露应为 2～3 扣，其中允许有 10%的螺栓丝扣外露一扣或四扣。

⑧ 安装高强度螺栓时，构件的摩擦面应保持干燥，不得在雨中作业。

(4) 大六角头高强度螺栓连接工艺

① 扭矩法施工

对于大六角头高强度螺栓连接副来说，当扭矩系数 K 确定之后，由于螺栓的轴力(预拉力)P 是由设计规定的，因此螺栓应施加的扭矩值 M 就可以很容易地通过计算确定。根据计算确定的施工扭矩值，使用扭矩扳手(手动、电动或风动)进行终拧，这就是扭矩法施工的原理。

在确定螺栓的轴力 P 时应考虑螺栓的施工预拉力损失。一般来说，螺栓施工预拉力 P 按 1.1 倍的设计预拉力取值。

螺栓在储存和使用过程中，其扭矩系数易发生变化，因此在安装前一般都要进行扭矩系数复检，复检合格后根据复检结果确定施工扭矩，并以此安排施工。

扭矩系数试验用的螺栓、螺母、垫从圈试样，应从同批螺栓连接副中随机抽取，按批量大小一般取 5～10 套(由于经过扭矩系数试验的螺栓仍可用于工程，因此如果条件许可，样本多取一些更能反映该批螺栓的扭矩系数)，试验状态应与螺栓使用状态相同，试样不允许重复使用。扭拒系数复检应在国家认可有资质的检测单位进行，试验所用的轴力计和扭矩扳手应经相关计量单位认证。

在采用扭矩法终拧前，应先进行初拧，对螺栓多的大接头，还需进行复拧。初拧的目的是使车接接触而密贴，螺栓“吃上劲”。一般常用规格螺栓(M20、M22、M24)的初拧扭矩为 200～300 N＊m，螺栓轴力达到 10～50 kN 即可。在实际操作中，一个操作工使用普通扳手用自己的手力拧紧即可。

一般来讲，初拧、复拧及终拧都是从中间向两边或四周对称进行，初拧和终柠的螺栓都应做不同的标记，以避免漏拧、超拧等安全隐患，同时也便于检查人员检查紧固质量。

② 转角法施工

因扭矩系数的离散性，特别是螺栓制造质量或施工管理不善，扭矩系数大于标准值(平均值和变异系数)，在这种情况下采用扭矩法施工，即用扭矩值控制螺栓轴力的方法就会出现较大误差，欠拧或超拧问题突出。为解决这一问题，引入转角法施工，即利用螺母旋转角度以控制螺杆弹性伸长量来控制螺栓轴向力的方法。

试验结果表明,螺栓在初拧以后,螺母的旋转角度与螺栓轴向力成对应关系,当螺栓受拉处于弹性范围内,两者呈线性关系。根据这一线性关系,在确定了螺栓的施工预拉力后,就很容易得到螺母的旋转角度,施工操作人员按照此旋转角度紧固施工,就可以满足设计上对螺栓预拉力的要求,这就是转角法施工的基本原理。

高强度螺栓转角法施工分初拧和终拧两步进行(必要时需增加复拧),初拧的要求比扭矩法施工要严,初拧扭矩与扭矩法相同,对于常用螺栓(M20,M22,M24)定在 200～300 N·m 比较合适,原则上应该使连接板缝密贴为准。终拧是在初拧的基础上,再将螺母拧转一定角度,使螺栓轴向力达到施工预拉力。转角法施工示例如图 6－7 所示:

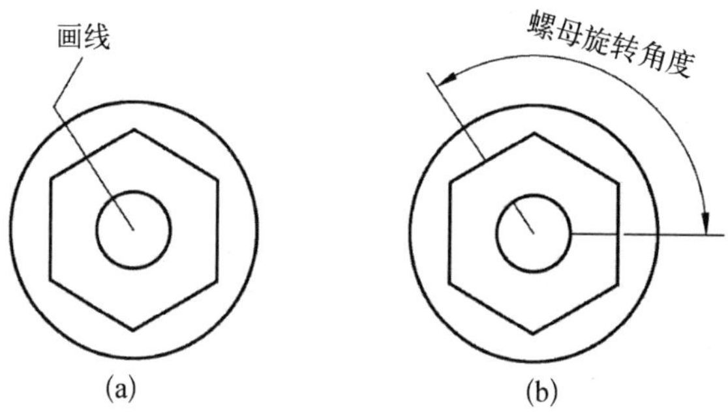

图 6－7　转角法施工示例

转角法施工次序如下:

a) 初拧:采用定扭扳手,从栓群中心顺序向外拧紧螺栓。

b) 初拧检查:一般采用敲击法,即用小锤逐个检查,目的是防止螺栓漏拧。

c) 划线:初拧后对螺栓逐个进行划线。

d) 终拧:用专用扳手使螺母再旋转一定角度,螺栓群紧固的顺序同初拧。

e) 终拧检查:对终拧后的螺栓逐个检查螺母旋转角度是否符合要求,可用量角器检查螺栓与螺母上划线的相对转角。

f) 做标记:对终拧完的螺栓用不同颜色笔做出明显的标记,以防漏拧和超拧,并供质检人员检查。

(5) 扭剪型高强度螺栓连接施工

扭剪型高强度螺栓连接副紧固施工相对于大六角头高强度螺栓连接副紧固施工要简便得多,正常情况采用专用的电动扳手进行终拧,梅花头拧掉即标志终拧的结束,对检查人员来说也很直观明了,只要检查梅花头掉没掉就可以了。

紧固原理:扭剪型高强度螺栓的紧固采用专用电动扳手,扳手的扳头由内、外两个套筒组成,内套筒套在梅花头上,外套筒套在螺母上;在紧固过程中,梅花头承受紧固螺母所产生的反扭矩,此扭矩与外套筒施加在螺母上的扭矩大小相等、方向相反,螺栓尾部梅花头切口处承受该纯扭矩作用。当加于螺母的扭矩值增加到梅花头切口扭断力矩时,梅花头切口断裂,紧固过程完毕,因此施加于螺母的最大扭矩即为梅花头切口的扭断力矩。

为了减少接头中螺栓群间相互影响及消除连接板面间的缝隙,紧固要分初拧和终拧两个步骤进行,对于超大型的接头还要进行复拧。扭剪型高强度螺栓连接副的初拧扭矩可适当加大,一般初拧螺栓轴力可以控制在螺栓终拧轴力值的 50%～80%,对常用规格的高强度螺栓(M20,M22,M24)初拧扭矩可以控制在 400～600 N·m。若用转角法初拧,初拧转角控制在 45°～75°,一般以 60°为宜。

由于扭剪型高强度螺栓是利用螺尾梅花头切口的扭断力矩来控制紧固扭矩的,所以用专用扳手进行终拧时,螺母一定要处于转动状态,即在螺母转动一定角度后扭断切口,才能起到控制终拧扭矩的作用。否则,由于初拧扭矩达到或超过切口扭断扭矩,或出现其他一些不正常情况,终拧时螺母不再转动切口即被拧断,这样就失去了控制作用,螺栓紧固状态成为未知,便会造成工程安全隐患。

扭剪型高强度螺栓终拧过程如下:

① 先将扳手内套筒套入梅花头上,轻压扳手,再将外套筒套在螺母上。完成本项操后最好晃动一下扳手,确认内、外套筒均已套好,且调整套筒与连接板面垂直。

② 按下扳手开关,外套筒旋转,直至切口拧断。

③ 切口断裂,扳手开关关闭,将外套筒从螺母上卸下,此时注意拿稳扳手,特别是高空作业时。

④ 开启顶杆开关,将内套筒中已拧掉的梅花头顶出,梅花头应收集在专用容器内,禁止随便丢弃,特别是严防高空坠落伤人。

(6) 高强度螺栓施工检查

① 指派专业质检员按照规范要求对整个高强度螺栓安装工作的完成情况进行认真检查,将检验结果记录在检验报告中,检查报告送到项目质量负责人处审批。

② 扭剪型高强度螺栓终拧完成后进行检查时,以拧掉尾部为合格,螺栓丝扣外露应为 2～3 扣,其中允许有 10%的螺栓丝扣外露 1 扣或 4 扣。

任务 6.4　钢结构安装

6.4.1　钢结构施工准备

施工准备是一项技术、计划、经济、质量、安全、现场管理等综合性强的工作,是同设计单位、钢结构加工厂、混凝土基础施工单位、混凝土结构施工单位以及钢结构安装单位内部资源组合的重要工作。施工准备包括技术准备,资源准备,管理协调准备等内容。其程序如下:

设计、合同要求质量、工期交底→编制施工组织设计→编制资源使用计划→基础、钢构件、控制网检测→现场施工水、电、构件堆场工作程序→相关单位协调工作程序→审批。

1. 文件资料准备

(1) 图纸会审

钢结构安装应具备下列设计文件:钢结构设计图;建筑图;有关基础图;钢结构施工详图。

钢结构安装前,应进行图纸自审和会审,并符合下列规定:

图纸自审应符合下列规定:熟悉并掌握设计文件内容;发现设计中影响构件安装的问题;提出与土建和其他专业工程的配合要求。

图纸会审应符合下列规定：

① 专业工程之间的图纸会审应由工程总承包单位组织，各专业工程承包单位参加，并符合下列规定：

a）基础与柱子的坐标应一致，标高应满足柱子的安装要求；

b）与其他专业工程设计文件无矛盾；

c）确定与其他专业工程配合的施工程序。

② 钢结构设计、制作与安装单位之间的图纸会审：

a）设计单位应做设计意图说明和提出工艺要求；

b）制作单位介绍钢结构主要制作工艺；

c）安装单位介绍施工程序和主要方法，并对设计和制作单位提出具体要求和建议。

（2）协调设计、制作和安装之间的关系

① 钢结构安装应编制施工组织设计、施工方案或作业设计。

② 施工组织设计和施工方案应由总工程师审批，其内容应符合下列规定：

a）工程概况及特点介绍；

b）施工总平面布置、能源、道路及临时建筑设施等的规划；

c）施工程序及工艺设计；

d）主要起重机械的布置及吊装方案；

e）构件运输方法、堆放及场地管理；

f）施工网络计划；

g）劳动组织及用工计划；

h）主要机具、材料计划；

i）技术质量标准；

j）技术措施降低成本计划；

k）质量、安全保证措施。

③ 作业设计由专责工程师审批：

a）施工条件情况说明；

b）安装方法、工艺设计；

c）吊具、卡具和垫板等设计；

d）临时场地设计；

e）质量、安全技术实施办法；

f）劳动力配合。

（3）施工前应按施工方案（作业设计）逐级进行技术交底。交底人和被交底人（主要负责人）应在交底记录上签字。

2. 技术准备

技术准备主要包括设计交底和图纸会审、钢结构安装施工组织设计、钢结构及构件验收标准及技术要求、计量管理和测量管理、特殊工艺管理等。具体如下：

（1）参加图纸会审，与业主、设计、监理充分沟通，确定钢结构各节点、构件分节细节及工厂制作图，分节加工的构件满足运输和吊装要求。

（2）编制施工组织设计，分项作业指导书。施工组织设计包括工程概况、工程量清单、现场平面布置、主要施工机械和吊装方法、施工技术措施、专项施工方案、工程质量标准、安全及环境保护、主要资源表等。其中吊装主要机械选型及平面布置是吊装重点。分项作业指导书可以细化为作业卡，主要用于作业人员明确相应工序的操作步骤、质量标准、施工工具和检测内容、检测标准。

(3) 依承接工程的具体情况，确定钢构件进场检验内容及适用标准以及钢结构安装检验批划分、检验内容、检验标准、检测方法、检验工具，在遵循国家标准的基础上，参照部标或其他权威认可的标准，确定后在工程中使用。

(4) 各专项工种施工工艺确定，编制具体的吊装方案、测量监控方案、焊接及无损检测方案、高强度螺栓施工方案、塔吊装拆方案、临时用电用水方案、质量安全环保方案。

(5) 组织必要的工艺试验，如焊接工艺试验、压型钢板施工及栓钉焊接检测工艺试验。尤其要做好新工艺、新材料的工艺试验，作为指导生产的依据。对于栓钉焊接工艺试验.根据栓钉的直径、长度及焊接类型(是穿透压型钢板焊还是直接打在钢梁上的栓钉焊接)。要做相应的电流大小、通电时间长短的调试。对于高强度螺栓，要做好高强度螺栓连接副扭矩系数、预拉力和摩擦面抗滑移系数的检测。

(6) 根据结构深化图纸，验算钢结构框架安装时构件受力情况，科学地预计其可能的变形情况，并采取相应合理的技术措施来保证钢结构安装的顺利进行。

(7) 钢结构施工中计量管理包括按标准进行的计量检测，按施工组织设计要求的精度配置的器具，检测中按标准进行的方法。测量管理包括控制网的建立和复核，检测方法、检测工具、检测精度符合国家标准要求。

(8) 和工程所在地的相关部门进行协调，如治安、交通、绿化、环保、文保、电力等。并到当地的气象部门了解以往年份的气象资料，做好防台风、防雨、防冻、防寒、防高温等措施。

3. 现场准备

(1) 材料要求

材料要求包括劳动力、机械设备、钢构件、资源准备、连接材料、测量器具、现场平面规划、钢构件运输等准备工作。

① 现场安装的材料准备

a) 根据施工图，测算各主耗材料(如焊条、焊丝等)的数量，做好订货安排，确定进场时间。

b) 各施工工序所需临时支撑、钢结构拼装平台、脚手架支撑、安全防护、环境保护器材数量确认后，安排进场搭设、制作。

c) 根据现场施工安排，编制钢构件进场计划，安排制作、运输计划。对于特殊构件(如有放射性、腐蚀性等)的运输，要做好相应的措施，并到当地的公安、消防部门登记。对超重、超长、超宽的构件，还应规定好吊耳的设置，并标出重心位置。

② 构件运输和堆放

大型或重型构件的运输应根据行车路线和运输车辆性能编制运输方案。

构件的运输顺序应满足构件吊装进度计划要求，运输构件时应根据构件的长度、重量、断面形状选用车辆；构件在运输车辆上的支点、两端伸出的长度及绑扎方法均应保证构件不产生永久变形、损伤涂层，构件装卸，应按设计吊点起吊，并附有防止损伤构件的措施。

构件堆放场地应平整坚实，无水坑、冰层，并应有排水设施。构件应按种类、型号、安装顺序分区堆放;构件底层垫块要有足够的支承面;相同型号的构件叠放时,每层构件的支点要在同一垂直线上;变形的构件应校正,经检查合格后方可安装。

(2) 基础灌浆和验收

① 为保证基础二次灌浆的强度,在用垫铁调整或处理标高、垂直度时,应保持基础支承面与钢柱底座板下表面之间的距离不小于 40 mm,以利于灌浆,并全部填满空隙。

② 灌浆所用的水泥砂浆应采用高强度等级水泥。

③ 冬期施工时,基础二次灌浆配制的砂浆应掺入防冻剂、早强剂,以防止冻害或强度上升过缓的缺陷。

(3) 劳动力准备

所有生产工人都要进行上岗前培训,取得相应资质的上岗证书,做到持证上岗。尤其是焊工、起重工、塔吊操作工、塔吊指挥工等特殊工种。

4. 协调准备

协调准备主要是按合同要求确定设计、监理、总包、构件制作厂、钢结构安装单位的工作程序,大型构件运输同相关部门协调,混凝土基础、预埋件、钢构件验收协调,混凝土同钢结构施工交叉协调等工作。

(1) 钢结构安装在建筑施工中是一项特殊工艺,协调工作量大,协调准备首先需要建立正常的工作程序,并在施工中落实。

(2) 同总包协调施工平面规划、测量控制网、混凝土基础及预埋件验收等内容,构件堆场及文明施工要求等。

(3) 同钢结构加工厂协调钢构件进场安排、加工顺序、配合预拼装、构件加工质量检查等内容。

(4) 超长、超高、超重钢构件运输路线、时间,同运输单位及交管部门协调,确保运输安全。

(5) 钢结构安装单位协调施工中不同专业人员的配合作业,协调劲性混凝土、钢管混凝土、组合结构混凝土施工间的交叉作业,达到资源的最佳配置。

6.4.2 钢结构安装工程施工

1. 钢结构吊装

(1) 吊装前准备工作(作业条件)

在进行钢结构吊装作业前,应具备的基本条件如下:

① 钢筋混凝土基础完成,并经验收合格。

② 各专项施工方案编制审核完成。

③ 施工临时用电用水铺设到位,平面规划按方案完成。

④ 施工机具安装调试验收合格。

⑤ 构件进场并验收。

⑥ 劳动力进场。

(2) 吊装程序

多层与高层钢结构吊装顺序原则上采用对称吊装、对称固定。一般按程序先划分吊装作业区域,按划分的区域、平行顺序同时进行。当一片区域吊装完毕后,即进行测量、校正、高强螺栓初拧等工序，待几个片区安装完毕，再对整体结构进行测量、校正、高强螺栓终拧、焊接。接着进行下一节钢柱的吊装。组合楼盖则根据现场实际情况进行压型钢板吊放和铺设工作。

多层与高层钢结构吊装，在分片分区的基础上，多采用综合吊装法，其吊装程序一般是：平面从中间或某一对称节间开始，以一个节间的柱网为一个吊装单元，按钢柱→钢梁→支撑顺序吊装，并向四周扩展，垂直方向由下至上组成稳定结构后，分层安装次要结构，逐节间钢构件、逐楼层安装完，采取对称安装、对称固定的工艺，有利于消除安装误差积累节点焊接变形，使误差降低到最小限度。

（3）钢构件配套供应

现场钢结构吊装是根据方案的要求按吊装流水顺序进行，钢构件必须按照安装的需要供应。为充分利用施工场地和吊装设备，应严密制定出构件进场及吊装周、日计划，保证进场的构建满足周、日吊装计划并配套。

① 钢构件进场验收检查

构件现场检查包括数量、质量、运输保护三个方面内容。

钢构件进场后，按货运单检查所到构件的数量及编号是否相符，发现问题及时在回单上说明反馈制作厂，以便及时处理。

按标准要求对构件的质量进行验收检查做好检查记录。也可在构件出厂前直接进厂检查。主要检查构件外形尺寸，螺孔大小和间距等。

制作超过规范误差和运输中变形的构件必须在安装前在地面修复完毕，减少高空作业。

② 钢构件堆场安排、清理

进场的钢构件，按现场平面布置要求堆放。

为减少二次搬运，尽量将构件堆放在吊装设备的回转半径内。钢构件堆放应安全、牢固。构件吊装前必须清理干净，特别在接触面、摩擦面上，必须用钢丝刷清除铁锈、污物等。

③ 现场柱基检查

安装在钢筋混凝土基础上的钢柱，安装质量和工效与混凝土柱基和地脚螺栓的定位轴线、基础标高直接有关，必须会同设计、监理、总包、业主共同验收，合格后才可进行钢柱的安装。

（4）吊装前的注意事项

① 吊装前应对所有施工人员进行技术交底和安全交底。

② 严格按照交底的吊装步骤实施。

③ 严格遵守吊装、焊接等的操作规程，按工艺评定内容执行，出现问题按交底内容执行。

④ 遵守操作规程，严禁在恶劣气候下作业或施工。

⑤ 吊装区域划分。为便于识别和管理，原则上按照塔吊的作业范围或钢结构安装工程的特点划分吊装区域间，便于钢构件平行顺序同时进行。

⑥ 螺栓预埋检查。螺栓连接钢结构和钢筋混凝土基础，预埋应严格按施工方案执行。按国家标准预埋螺栓标高偏差控制在±5 mm 以内，定位轴线的偏差控制在±2 mm。

2. 钢柱安装

钢柱多采用实腹式，实腹钢柱截面多为工字形、箱形、十字形、圆形。钢柱多采用焊接对接接长，也有高强度螺栓连接接长。劲性柱与混凝土采用熔焊栓钉连接。

（1）钢柱安装前应设置标高观测点和中心线标志，同一工程的观测点和标志设置位置应一致，并应符合下列规定：

① 标高观测点的设置

a）标高观测点的设置以牛腿（肩梁）支承面为基准，设在柱的便于观测处。

b）无牛腿（肩梁）柱，应以柱顶端与屋面梁连接的最上一个安装孔中心为基准。

② 中心线标志的设置

a）在柱底板上表面上行线方向设一个中心标志，列线方向两侧各设一个中心标志。

b）在柱身表面上行线和列线方向各设一个中心线，每条中心线在柱底部、中部（牛腿或肩梁部）和顶部各设一处中心标志。

c）双牛腿（肩梁）柱在上行线方向两个柱身表面分别设中心线标志。

（2）吊点设置

吊点位置及吊点数根据钢柱形状、断面、长度、起重机性能等具体情况确定。吊点一般采用焊接吊耳、吊索绑扎、专用吊具等。

钢柱一般采用一点正吊。吊点设置在柱顶处，吊钩通过钢柱重心线，钢柱易于起吊、对线、校正。当受起重机臂杆长度、场地等条件限制，吊点可放在柱长 1/3 处斜吊。由于钢柱倾斜起吊、对线、校正较难控制。

（3）钢柱的起吊安装方法

① 钢柱起吊前，应从柱底板向上 500 mm～1 000 mm 处，划一水平线，以便安装固定前后作复查平面标高基准用。

② 钢柱吊装施工中为了防止钢柱根部在起吊过程中变形，柱吊装一般采用双机抬吊，主机吊在钢柱上部，辅机吊在钢柱根部，待柱子根部离地一定距离（约 2 m 左右）后，辅机停止起吊，主机继续起吊和回转，直至把柱子吊直后，将辅机松钩。为了保证吊装时索具安全，吊装钢柱时，应设置吊耳，吊耳应基本通过钢柱重心的铅垂线。

③ 钢柱安装属于竖向垂直吊装，为使吊起的钢柱保持下垂，便于就位，需根据钢柱的种类和高度确定绑扎点。具有牛腿的钢柱，绑扎点应靠牛腿下部，无牛腿的钢柱按其高度比例，绑扎点设在钢柱全长 2/3 的上方位置处。为防止钢柱边缘的锐利棱角在吊装时损伤吊绳，应用适宜规格的钢管割开一条缝，套在棱角吊绳处，或用方形木条垫护。注意绑扎牢固，并易拆除。

④ 钢柱柱脚套入地脚螺栓，为防止损伤螺纹，应用铁皮卷成筒套到螺栓上，钢柱就位后，取去套筒。

⑤ 为避免吊起的钢柱自由摆动，应在柱底上部用麻绳绑好，作为牵制溜绳的调整方向。吊装前的准备工作就绪后，首先进行试吊，吊起一端高度为 100 mm～200 mm 时应停吊，检查索具牢固和吊车稳定板位于安装基础时，可指挥吊车缓慢下降，当柱底距离基础位置 40 mm～100 mm 时，调整柱底与基础两基准线达到准确位置，指挥吊车下降就位，并拧紧全部基础螺栓螺母，临时将柱子加固，达到安全方可摘除吊钩。

（4）双机抬吊应注意的事项

钢柱一般采用单机起吊，也可采取双机抬吊，双机抬吊应注意的事项：

① 尽量选用同类型起重机；

② 对起吊点进行荷载分配，有条件时进行吊装模拟；

③ 各起重机的荷载不宜超过其相应起重能力的 80%；

④ 在操作过程中，要互相配合、动作协调，如采用铁扁担起吊，尽量使铁扁担保持平衡，要防止一台起重机失重而使另一台起重机超载，造成安全事故；

⑤ 信号指挥：分指挥必须听从总指挥。

起吊时钢柱必须垂直，尽量做到回转扶直。起吊回转过程中应避免同其他已安装的构件相碰撞，吊索应预留有效高度。

钢柱扶直前应将登高爬梯和挂篮等挂设在钢柱预定位置并绑扎牢固，起吊就位后临时固定地脚螺栓、校正垂直度。钢柱接长时，钢柱两侧装有临时固定用的连接板，上节钢柱对准下节钢柱柱顶中心线后，即用螺栓固定连接板临时固定。

钢柱安装到位，对准轴线、临时固定牢固后才能松开吊索。

（5）钢柱校正

钢柱校正要做三件工作：柱基标高调整，柱基轴线调整，柱身垂直度校正。

依工程施工组织设计要求配备测量仪器配合钢柱校正。

① 柱基标高调整

螺母调整柱基标高示意如图 6－8 所示。

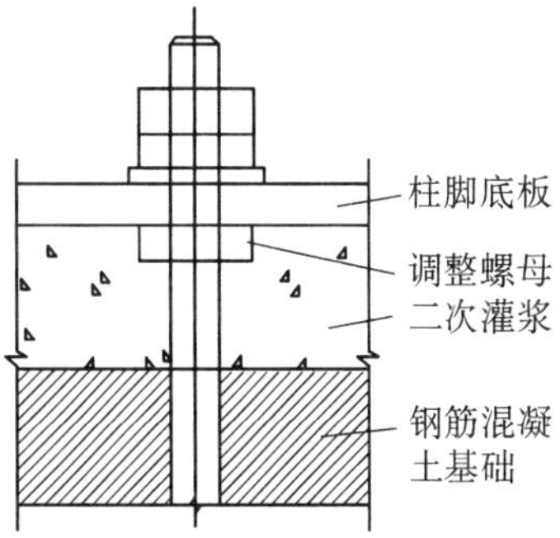

图 6－8　螺母调整柱基标高示意

钢柱标高调整主要采用螺母调整和垫铁调整两种方法。螺母调整是根据钢柱的实际长度在钢柱底板下的地脚螺栓上加一个调整螺母，螺母表面的标高调整到与柱底板底标高齐平。如第一节钢柱过重可在柱底板下、基础钢筋混凝土面上放置钢板，作为标高调整块用。放上钢柱后，利用柱底板下的螺母或标高调整块控制钢柱的标高（因为有些钢柱过重，螺栓和螺母无法承受其重量，故柱底板下需加设标高调整块—钢板调整标高），精度可达到 1 mm 以内。柱底板下预留的空隙，可以用高强度。微膨胀、无收缩砂浆以赶浆法填实。当使用螺母作为调整柱底板标高时，应对地脚螺栓的强度和刚度进行计算。

对于高层钢结构地下室部分劲性钢柱，钢柱的周围都布满了钢筋，调整标高和轴线时，同土建交叉协调好才能进行。

② 第一节柱底轴线调整

钢柱制作时，在柱底板的四个侧面，用钢冲标出钢柱的中心线。

对线方法：在起重机不松钩的情况下，将柱底板上的中心线与柱基础的控制轴线对齐。缓慢降落至设计标高位置。如果钢柱与控制轴线有微小偏差，可借线调整。

预埋螺杆与柱底板螺孔有偏差，适当将螺孔放大，或在加工厂将底板预留孔位置调整，保证钢柱安装。

③ 第一节柱身垂直度校正

柱身调整一般采用缆风绳或千斤顶，钢柱校正器等校正。用两台 90°的径向放置经纬仪测量。

地脚螺栓上螺母一般用双螺色，在螺母拧紧后，将螺杆的螺纹破坏或焊实。

千斤顶斜顶法如图 6－9 所示；钢管撑杆校正法如图 6－10 所示。

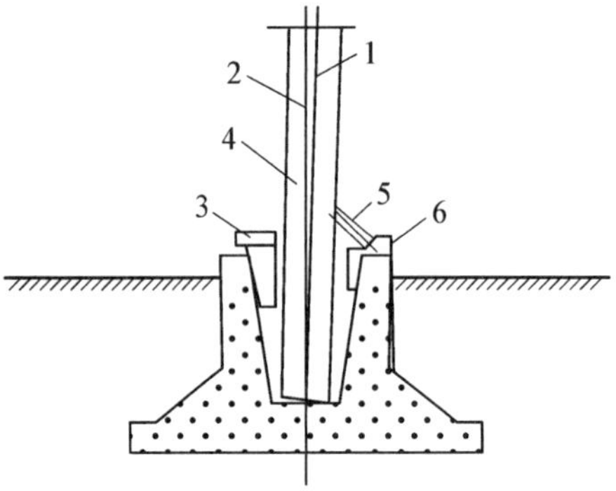

图 6-9　千斤顶斜顶法

1—柱中线；2—铅垂线；3—楔块；4—柱；5—千斤顶；6—卡座

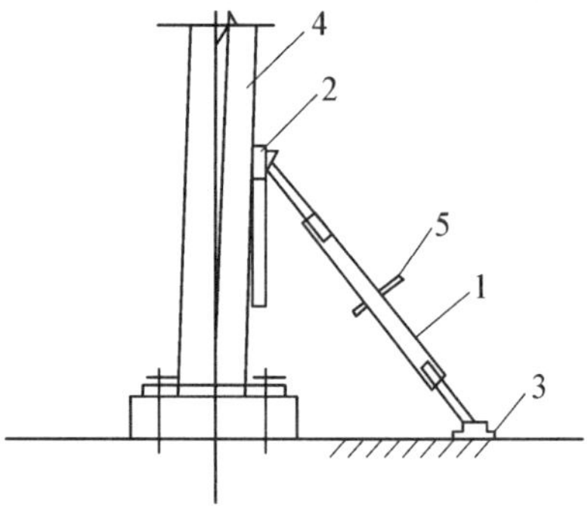

图 6-10　钢管撑杆校正法

1—钢管校正器；2—头部摩擦板；3—底板；4—钢柱；5—转动手柄

④ 柱顶标高调整和其他节框架钢柱标高控制

柱顶标高调整和其他节框架钢柱标高控制可以用两种方法：一是按相对标高安装，另一种是按设计标高安装，通常是按相对标高安装。钢柱吊装就位后，用大六角高强螺栓临时固定连接，通过起重机和撬棍微调柱间间隙。量取上下柱顶预先标定的标高值，符合要求后打入钢楔、临时固定牢，考虑到焊缝及压缩变形，标高偏差调整至 4 mm 以内。钢柱安装完后，在柱顶安置水准仪，测量柱顶标高，以设计标高为难。如标高高于设计值在 5 mm 以内，则不需调整，因为柱与柱节点间有一定的间隙，如高于设计值 5 mm 以上，则需用气割将钢柱顶部割去一部分，然后用角向磨光机将钢柱顶部磨平到设计标高。如标高低于设计值，则需增加上下钢柱的焊缝宽度，但一次调整不得超过 5 mm，以免过大的调整造成其他构件节点连接的复杂化和安装难度增大。

⑤ 第二节柱轴线调整

上下柱连接保证柱中心线重合。如有偏差，在柱与柱的连接耳板的不同侧面加入垫板（垫板厚度为 0.5～1.0 mm），拧紧大六角螺栓。钢柱中心线偏差调整每次 3 mm 以内，如偏差过大分 2～3 次调整。

注意：上一节钢柱的定位轴线不允许使用下一节钢柱的定位轴线，应从控制网轴线引至高空，保证每节钢柱的安装标准，避免过大的积累误差。

⑥ 第二节钢柱垂直度校正

钢柱垂直度校正的重点是对钢柱有关尺寸预检。下层钢柱的柱顶垂直度偏差就是上节钢柱的底部轴线、位移量、焊接变形、日照影响、垂直度校正及弹性变形等的综合。可采取预留垂直度偏差值消除部分误差。预留值大于下节柱积累偏差值时，只预留累计偏差值，反之则预留可预留值，其方向与偏差方向相反。

安装标准化框架的原则：在建筑物核心部分或对称中心由框架柱、梁、支撑组成刚度较大的框架结构，作为安装基本单元，其他单元依此扩展。

标准柱的垂直校正：采用径向放置的两台经纬仪对钢柱及钢梁观测。钢柱垂直度校正可分两步：

第一步：采无缆风绳校正。在钢柱偏斜方向的一侧打入钢楔或顶升千斤顶。在保证单节柱垂直度不超过规范的前提下，将柱顶偏移拉制到零，最后拧紧临时连接耳板的大六角螺栓。

注意：临时连接耳板的螺栓孔应比螺栓直径大 4 mm，利用螺栓孔扩大调节钢柱制作误差－1～＋5 mm。

第二步:安装标准框架体的梁。先安装上层梁,再安装中、下层梁,安装过程会对柱垂直度有影响、采用钢丝绳缆索(只适宜跨内柱)、千斤顶、钢楔和手拉葫芦进行调整其他框架柱依标准框架体向四周发展,其做法与上同。

3. 钢梁安装

钢柱吊装完成并经校正固定后,即可吊装吊车梁等构件。

(1) 吊车梁安装

① 吊点的选择

钢吊车梁一般采用两点绑扎,对称起吊。吊钩应对称于梁的重心,以便使梁起吊后保持水平,梁的两端用油绳控制,以防吊升就位时左右摆动,碰撞柱子。

对设有预埋吊环的钢吊车梁,可采用带钢钩的吊索直接钩住吊环起吊;对梁自重较大的钢吊车梁,应用卡环与吊环吊索相互连接起吊;对未设置吊环的钢吊车梁,可在梁端靠近支点处用轻便吊索配合卡环绕钢吊车梁下部左右对称绑扎起吊,钢吊车梁的吊装绑扎如图 6－11 所示;或用工具式吊耳起吊,如图 6－12 所示。当起重能力允许时,也可采用将吊车梁与制动梁(或桁架)及支撑等组成一个大部件进行整体吊装。钢吊车梁的组合吊装如图 6－13 所示。

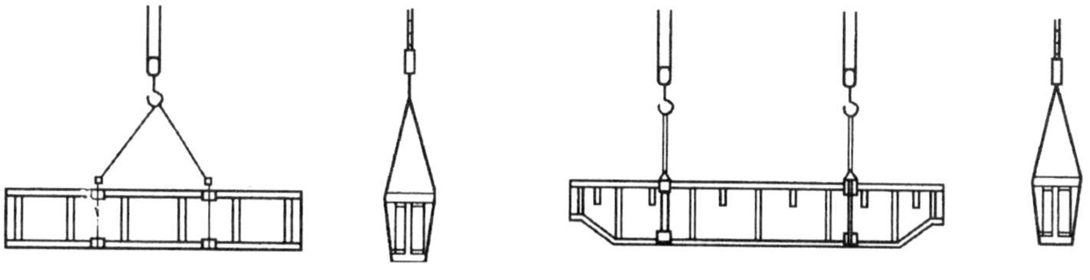

(a) 单机起吊绑扎　　(b) 双机抬吊绑扎

图 6－11　钢吊车梁的吊装绑扎

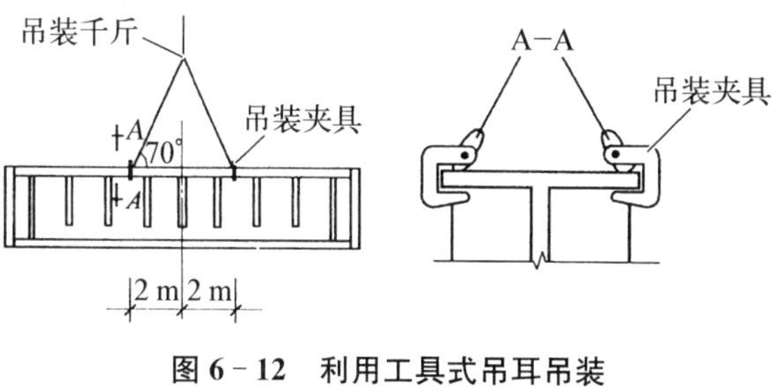

图 6－12　利用工具式吊耳吊装

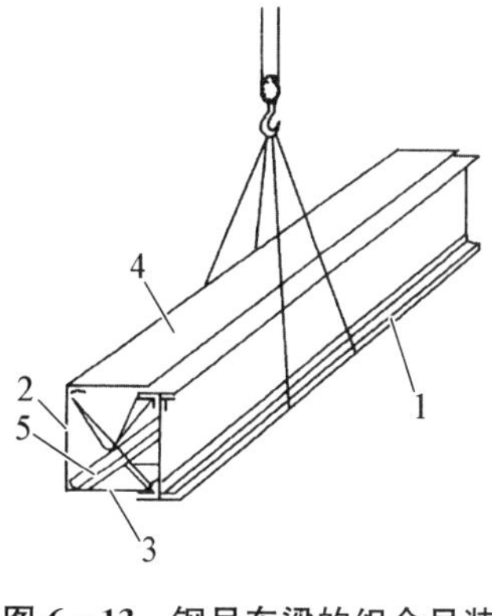

图 6－13　钢吊车梁的组合吊装

1—钢吊车梁;2—侧面桁架;3—底面桁架;
4—上平面桁架及走台;5—斜撑

② 吊升就位和临时固定

在屋盖吊装之前安装钢吊车梁时,可采用各种起重机进行;在屋盖吊装完毕之后安装钢吊车梁时,可采用短臂履带式起重机或独脚桅杆进行;如无起重机械,也可在屋架端头或柱顶拴滑轮组来安装钢吊车梁，采用此法时对屋架绑扎位置应通过验算确定。

钢吊车梁布置宜接近安装位置，使梁重心对准安装中心。安装顺序可由一端向另一端，或从中间向两端顺序进行。当梁吊升至设计位置离支座顶面约 20 cm 时，用人力扶正，使梁中心线与支承面中心线（或已安装相邻梁中心线）对准，使两端搁置长度相等，缓缓下落。如有偏差，稍稍起吊用撬杠撬正；如支座不平，可用斜铁片垫平。

一般情况下，吊车梁就位后，因梁本身稳定性较好，仅用垫铁垫平即可，不需采取临时固定措施。当梁高度与宽度之比大于 4，或遇五级以上大风时，脱钩前，宜用铁丝将钢吊车梁临时捆绑在柱子上临时固定，以防倾倒。

③ 校正

钢吊车梁校正一般在梁全部吊装完毕，屋面构件校正并最后固定后进行。但对重量较大的钢吊车梁，因脱钩后撬动比较困难，宜采取边吊边校正的方法。矫正内容包括中心线（位移）、轴线间距（跨距）、标高、垂直度等纵向位移在就位时已基本校正。故校正主要为横向位移。

吊车梁中心线与轴线间距校正：校正吊车梁中心线与轴线间距时，先在吊车轨道两端的地面上，根据柱轴线放出吊车轨道轴线，用钢尺校正两轴线的距离，再用经纬仪放线，钢丝挂线坠或在两端拉钢丝等方法较正，吊车梁轴线的校正如图 6－14 所示。如有偏差，用撬杠拨正，或在梁端设螺栓，液压千斤顶侧向顶正，千斤顶校正侧向位移如图 6－15(a)所示。或在柱头挂倒链将吊车梁吊起或用杠杆将吊车梁抬起，再用撬杠配合移动拨正。用悬挂法和杠杆法校正吊车梁如图 6－16 所示。

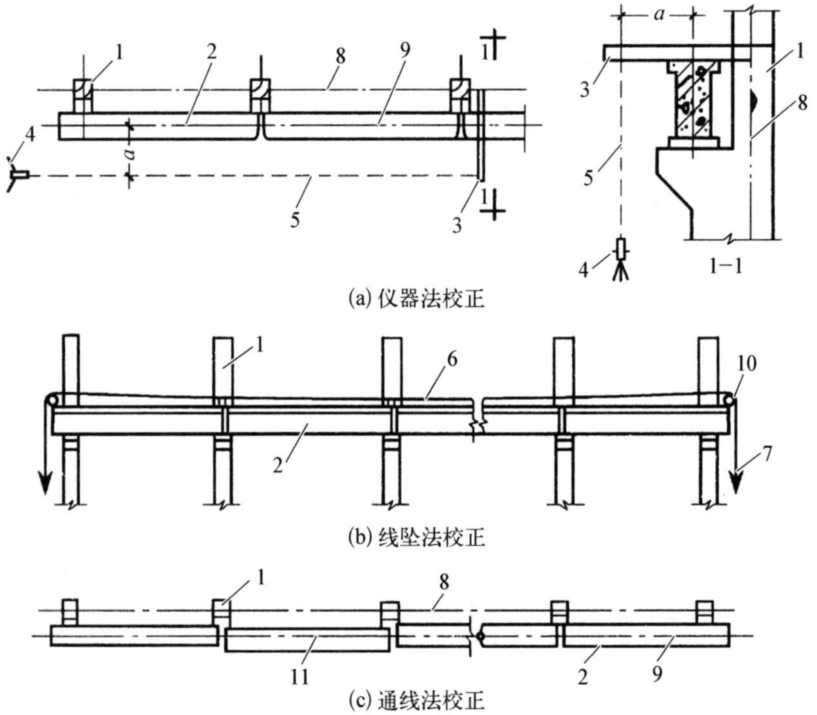

(a) 仪器法校正

(b) 线坠法校正

(c) 通线法校正

图 6－14　吊车梁轴线的校正

1—柱；2—吊车梁；3—短木尺；4—经纬仪；5—经纬仪与梁轴线平行视线；6—钢丝；7—线坠；8—柱轴线；9—吊车梁轴线；10—钢管或圆钢；11—偏离中心线的吊车

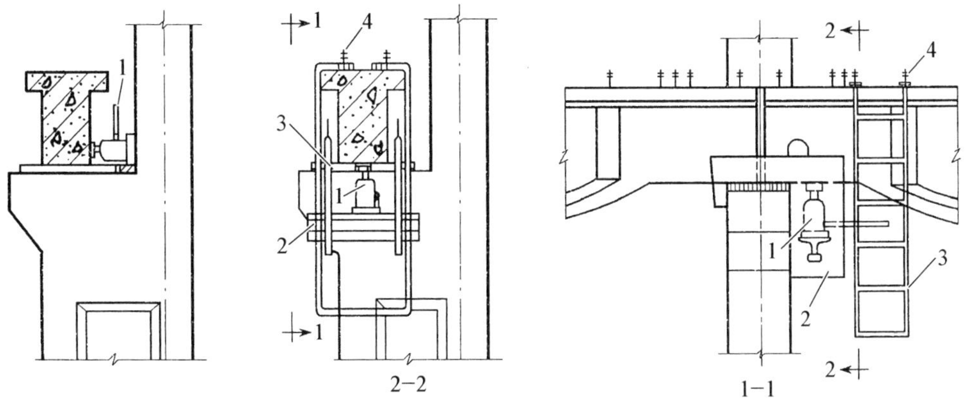

(a) 千斤顶校正侧向位移　　(b) 千斤顶校正垂直度

图6－15　用千斤顶校正吊车梁

1—液压千斤顶(或螺栓)；2—钢托架；3—钢爬梯；4—螺栓

吊车梁标高的校正：当一跨即两排吊车梁全部吊装完毕后，将一台水准仪架设在某一钢吊车梁上或专门搭设的平台上，进行每梁两端的高程测量，计算各点所需垫板厚度，或在柱上测出一定高度的水准点，再用钢尺或样杆量出水准点至梁面铺轨需要的高度，根据测定标高进行校正。校正时用撬杠撬起或在柱头屋架上弦端头节点上挂捯链将吊车梁需垫垫板的一端吊起。重型柱可在梁一端下部用千斤顶顶起填塞铁片，千斤顶校正垂直度如图6－15(b)所示。

吊车梁垂直度的校正：在校正标高的同时，用靠尺或线坠在吊车梁的两端测垂直度，用楔形钢板在一侧填塞校正。吊车梁垂直度校正如图6－17所示。

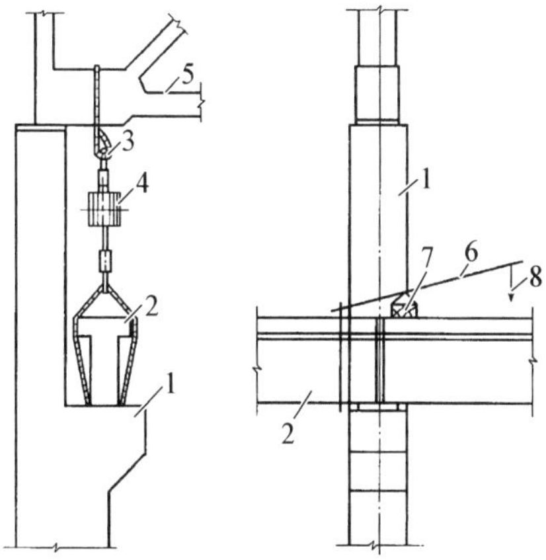

(a) 悬挂法校正　　(b) 杠杆法校正

图6－16　用悬挂法和杠杆法校正吊车梁

1—吊车梁；2—靠尺；3—线坠；1—柱；
2—吊车梁；3—吊索；4—捯链；2—屋架；
6—杠杆；7—支点；8—着力点

④ 最后固定

钢吊车梁校正完毕后应立即将钢吊车梁与柱牛腿上的预埋件焊接牢固，并在梁柱接头处、吊车梁与柱的空隙处支模浇筑细石混凝土并养护。或将螺母拧紧，将支座与牛腿上垫板焊接进行最后固定。

⑤ 安装验收

根据《钢结构工程施工质量验收标准》(GB 50205—2020)相关规定进行验收。

(2) 框架梁安装

框架梁和柱连接通常为上下翼板焊接、腹板栓接；或者全焊接、全栓接的连接方式。

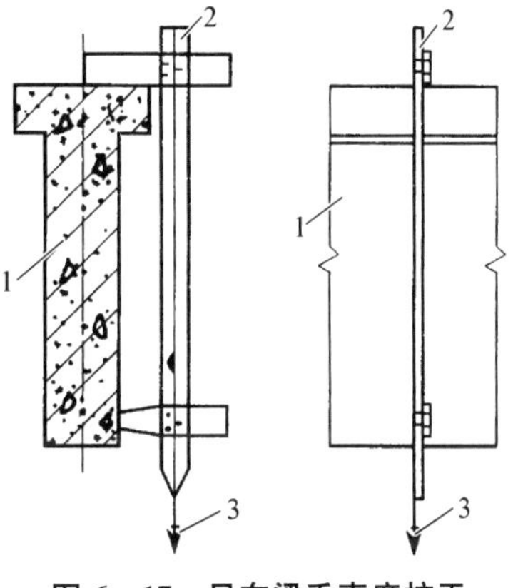

图6－17　吊车梁垂直度校正

1—吊车梁；2—靠尺；3—线坠

① 钢梁吊装宜采用专用吊具，两点绑扎吊装。吊

升中必须保证使钢梁保持水平状态。一机吊多根钢梁时绑扎要牢固,安全,便于逐一安装。

② 一节柱一般有 2～4 层梁,原则上横向构件由上向下逐层安装,由于上部和周边都处于自由状态,易于安装和控制质量通常在钢结构安装操作中,同一列柱的钢梁从中间跨开始对称地向两端扩展安装,同一跨钢梁,先安上层梁再装中下层梁。

③ 在安装柱与柱之间的主梁时,测量必须跟踪校正柱与柱之间的距离,并预留安装余量,特别是节点焊接收缩量。达到控制变形,减小或消除附加应力的目的。

④ 柱与柱节点和梁与柱节点的连接,原则上对称施工,互相协调。对于焊接连接一般可以先焊一节柱的顶层梁,再从下向上焊接各层梁与柱的节点。柱与柱的节点可以先焊,也可以后焊。混合连接一般为先栓后焊的工艺,螺栓连接从中心轴开始,对称拧固。钢管混凝土柱焊接接长时,严格按工艺评定要求施工,确保焊缝质量。

⑤ 次梁根据实际施工情况逐层安装完成。

4. 钢屋架安装

(1) 钢屋架的吊装

钢屋架侧向刚度较差,安装前需要进行强度验算,强度不足时应采取增加吊点的位置或采用加铁扁担的方法进行加固。钢屋架吊装时的注意事项如下:

① 绑扎时必须绑扎在屋架节点上,以防止钢屋架在吊点处发生变形。绑扎节点的选择应符合钢屋架标准图要求或经设计计算确定,

② 屋架的重心,应位于内吊点的连线之下,否则应采取防止屋架倾倒的措施;对外吊点的选择应使屋架下弦处于受拉状态。

③ 屋架起吊离地 50 cm 时,(应进行全面检查)检查无误后再继续起吊。

④ 安装第一榀屋架时,在松开吊钩前,应做初步校正,使屋架基座中心线对准定位轴线就位,调整屋架垂直度并检查屋架侧向弯曲。

第二榀屋架同样吊装就位后,不要松钩,用绳索临时与第一榀屋架固定,跟着安装支撑系统及部分檩条,最后校正固定的整体。

从第三榀开始,在屋架脊点及上弦中点装上檩条即可将屋架固定,同时将屋架校正好。

⑤ 屋架吊装就位时,应将屋架下弦两端的定位标记和柱顶的轴线标记严格定位并点焊加以临时固定。

(2) 钢屋架的校正

钢屋架校正采用经纬仪校正屋架上弦垂直度的方法。在屋架上弦两端和中央夹三把标尺,待三把标尺的定长刻度在同一直线上,则屋架垂直度校正完毕。

具体的校正方法如下:在屋架下弦一侧拉一根通长钢丝(与屋架下弦轴线平行),同时在屋架上弦中心线反出一个同等距离的标尺,用线锤校正。也可用一台经纬仪,放在柱顶一侧,与轴线平移 a 距离,在对面柱子上同样有一距离为 a 的点,从屋架中线处挑出 a 距离,三点在一个垂面上即可使屋架垂直。钢屋架吊装如图 6-18 所示;钢屋架垂直度校正如图 6-19 所示。

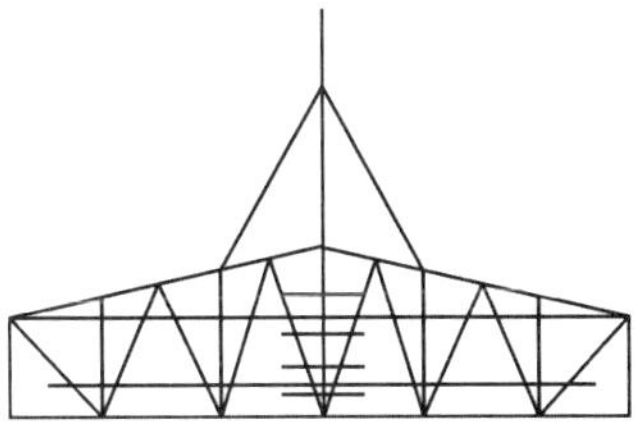

图 6－18　钢屋架吊装示意图

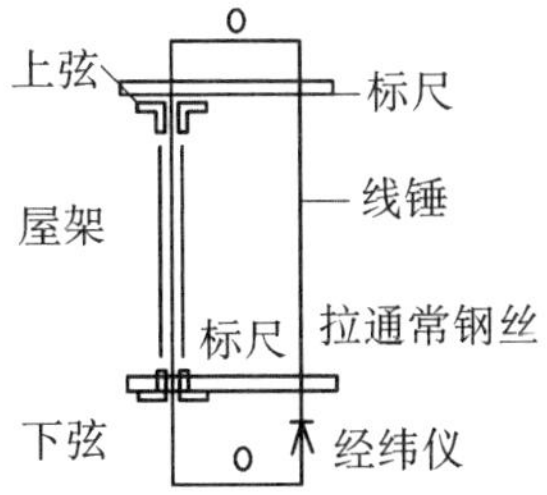

图 6－19　钢屋架垂直度校正示意图

钢屋架校正完毕，拧紧屋架临时固定支撑两端螺栓和屋架两端搁置处的螺栓，随即安装屋架永久支撑系统。

5. 压型钢板安装

(1) 施工安装特点及原理

① 利用压型钢板自身重量轻、强度高、承重大、抗震性好的特点，取消了传统的模板支撑体系，工程中作为混凝土楼板的永久性模板，其设计的钢板肋在使用阶段起代替板底部分钢筋的作用，方便施工、节约成本，且与混凝土具有很好粘接强度，提升结构的承载能力。

② 多层及高层钢结构施工通常采取一柱二～三层，施工速度较快。随着结构高度的增加，压型钢板以其快捷的施工速度，可以作为施工时的操作平台，保证施工的安全。

(2) 施工准备

1) 材料及机具

施工机具见表 6－5。

表 6－5　施工机具

序　号	名　称	功　能
1	压型钢板	主要材料
2	收边材料	辅助材料
3	交流弧焊机	压型钢板与梁焊接
4	氩弧焊机	洞口封边焊接
5	等离子切割机	压型钢板切割
6	空气压缩机	配合等离子切割机
7	气割用具	切割
8	手锤	压型钢板与梁紧贴
9	吊装带	吊压型钢板用
10	墨斗	放线
11	直角尺	放线
12	钢卷尺	放线
13	夹紧器	压型钢板咬合

2) 劳动力组织

压型钢板施工中要求作业人员具备较高的技术水平，能够多个小组同时作业。需要配置的工种类型包括：铆工、电焊工、气焊工、起重工、测量工和力工。

3）作业条件

① 主体框架结构焊接完毕并已经超声波探伤合格：

② 主体框架结构焊接完成后，柱垂直度偏差复测合格；

③ 上层次梁安装前，应先将压型钢板放置于下层梁上；若在次梁安装后再吊压型钢板，势必造成斜向进料，容易损坏钢板甚至发生危险。

（3）施工顺序

① 平面施工顺序

随主体结构安装顺序铺设压型钢板，只要施工条件具备后即可从各自的单元开始。

② 立面施工顺序

为保证上节钢柱安装人员操作安全，应先铺设本节柱的上层压型钢板，后铺设下层压型钢板。

（4）工艺流程图

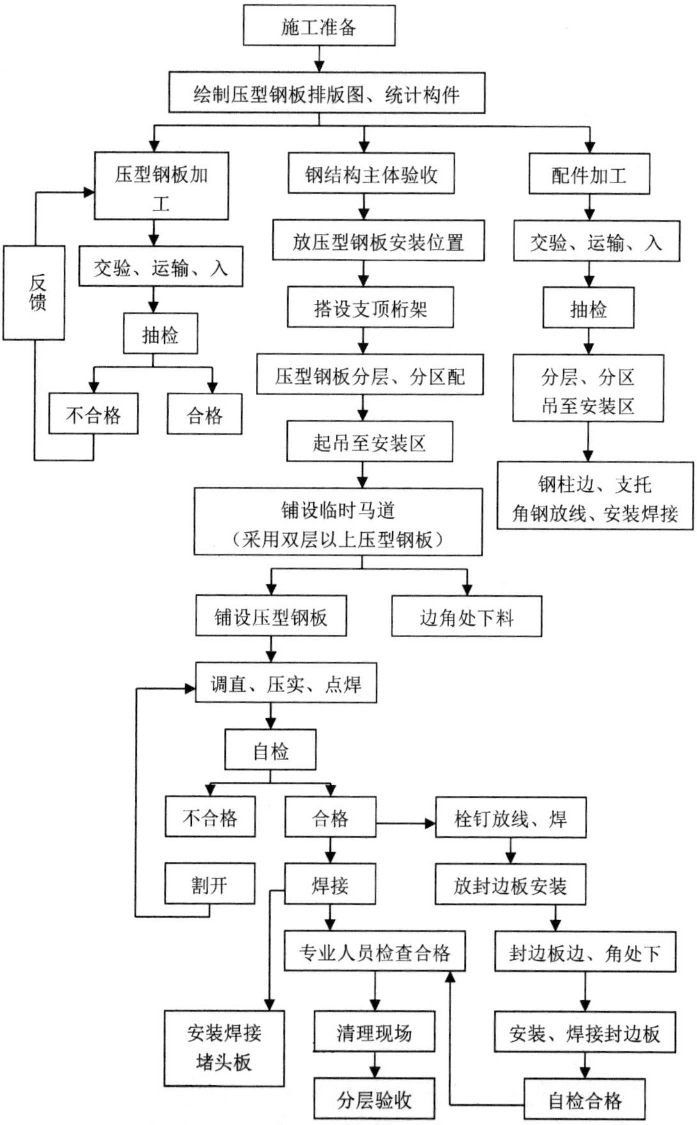

图 6-20 工艺流程图

(5) 安装方法

1) 安装前的准备

① 认真熟悉图纸,了解压型钢板的排版分布、尺寸控制要求以及压型钢板在钢梁上位置关系等。

② 在安装之前,检查钢梁的平整度和钢结构梁的完善情况,认真清扫钢梁顶面的杂物,检查钢梁表面是否存在防腐工艺,如果存在必须要将防腐表层打磨去掉。

③ 综合测量钢梁表面的平整度,并根据压型钢板的排版图及建筑轴线在钢梁表面上进行测量放线,并作好测量标记。

2) 压型钢板安装

① 吊放与铺设

a) 压型钢板由指定的厂家供货。该公司在供货时,压型钢板应以安装单元为单位成捆运至现场,每捆压型钢板按照该厂提供的布置图将压型钢板按照铺装顺序叠放整齐。

b) 压型钢板起吊前,需按设计施工图核对其板型、尺寸、块数和所在部位,确认配料无误后,分别随主体结构安装顺序和进度,吊运到各施工节间成叠堆放。堆放应成条分散。压型板在吊放于梁上时应以缓慢速度下放,切忌粗暴的吊放动作。

c) 为保护压型钢板在吊运时不变形,应使用软吊索或在钢丝绳与板接触的转角处加胶皮或钢板下使用垫木,但必须捆绑牢固。谨防垫木滑移,压型钢板倾斜滑落伤人。对超重、超长的板应增加吊点或使用吊架等方式,防止吊装时产生变形或折损。

d) 压型钢板成捆堆置,应横跨多根钢梁,单跨置于两根梁之间时,应注意两端支承宽度,避免倾倒而造成坠落事故。

e) 安装压型钢板前,应在梁上标出压型钢板铺放的位置线。铺放压型钢板时,先进行粗安装,保证其波纹对直,以便钢筋在"波谷"内通过。板吊装就位后,先从钢梁已弹出的起铺线开始,沿铺设方向单块就位,到控制线后应适当调整板缝。

压型钢板起吊如图 6-21 所示。

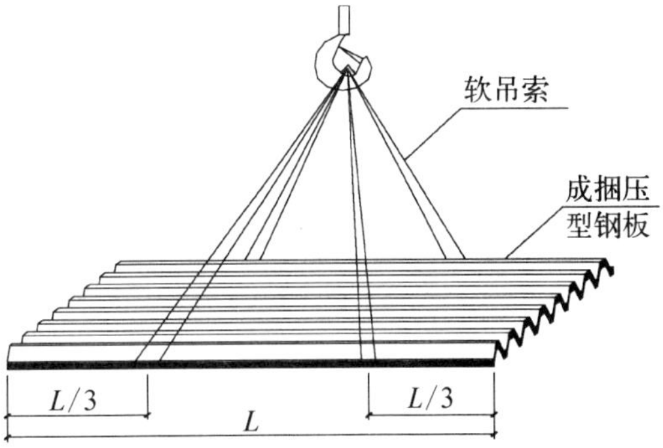

图 6-21　压型钢板起吊示意图

f) 当风速≥6 m/s 时禁止施工,已拆开的压型钢板应重新捆扎,否则,压型钢板很可能被大风刮起,造成安全事故或损坏压型钢板。

g) 不规则面板的铺设:根据现场钢梁的布置情况,以钢梁的中心线进行放线,将压型钢板在地面在平台上进行预拼合,然后在放出控制线,再根据压型钢板的的宽度进行排版、切割。

② 固定

a) 压型钢板搭接长度应按设计要求进行搭接,一般侧向与端头跟支承钢梁的搭接不小于 50 mm,板与板之间的侧搭接为"公母扣合",为防止钢板因承重而分开,应在侧搭接处用嵌扣夹固定或点焊,最大间距为 900 mm。

b) 任何未固定的压型钢板可能会被大风刮起或滑落而造成事故。

③ 压型钢板焊接、栓钉焊接

a) 压型钢板铺设过程中,对被压型钢板全部覆盖的支撑钢梁应在压型板上标示钢梁的中心线，以便于栓钉焊接能准确到位。

b）制定严格的栓钉焊接材料储存规定，材料要按要求妥善堆放。

c）焊接前严格检查压型钢板与钢梁之间的间隙是否控制在 1 mm 之内，并且保证焊接处干燥。

d）根据栓钉的直径选择适宜的焊接工艺参数将 6 个栓钉直接打在≥16 mm 厚的 80×80 mm 的 16 Mn 钢板上，焊缝外观检查合格后，试件进行 30°冷弯，栓钉弯曲原轴线 30°后焊接部位无裂纹则为合格。

e）正式大面积焊接前应先进行栓钉焊接工艺评定，根据工艺评定报告中有关的参数要求，按专人督促焊工在上班前进行试焊，并根据焊接的效果进行调整参数，经过一个阶段的记录，综合每次调整的参数，列出表格，并对每个焊接工人逐一进行技术交底。

f）对于实际施工过程中遇到的引弧后先熔穿 1.2 m 镀锌压型钢板以后再与钢梁熔为一体的穿透型栓钉，要充分考虑压型钢板的厚度、表面镀锌层以及钢板与钢梁之间间隙的影响，每次施工前均要在试件上放置压型钢板，试打调整好工艺参数后，进行施工；施工的前 10 颗钉进行 30°打弯试验合格后进行正常施工。

g）铺设后的压型钢板调直后，为防止从钢梁滑脱或被大风掀起，应及时点焊牢固或用栓钉固定。压型钢板与支撑钢梁之间采用点焊或塞焊，焊点的平均最大间距为 300 mm，每波谷处点焊一处，焊接必须牢靠(焊接点直径不得小于 10 mm)；侧点焊每 900 mm 一处。

h）点焊固定采用手工电弧焊，用直流焊机进行点焊，如果栓钉的焊接电流过大，造成压型钢板烧穿而松脱，应在栓钉旁边补充焊点。

（6）安全措施

① 压型钢板铺设前，对施工人员进行安全教育，提高安全意识。压型钢板的铺设顺序一般为散板、调整、铆固，进行铺设作业前应在铺设压型钢板的下方事先铺满一层水平安全网。

② 压型钢板吊运重量不能过大，过程中必须专人指挥，小心操作，以免操作失误而造成材料的损坏、变形、报废。

③ 压型钢板的堆放叠加不宜过高，应随吊随用，以免堆积过高而跌落伤人。

④ 铆固人员应及时将调整好的压型钢板铆固好，要求铺板与铆固同步，不得漏铆和跳板铆固，防止因漏铆而发生溜板现象，以防人员踩翻高空坠落。

⑤ 在压型钢板施工过程中的电线、电缆应采用绝缘措施挂起，以免线路漏电而造成大面积触电伤人。

⑥ 所留洞口的临边安全防护必须及时处理，压型钢板铺设后应及时封闭洞口，设护栏并注明显标识。

⑦ 在铺设压型钢板时，禁止无关人员进入施工部位，压型钢板施工楼层下方禁止人员穿行。

⑧ 禁止在高空抛掷任何物品，传递物品用绳拴牢进行传递，风力达到 5 级及雨天禁止压型钢板安装作业。

⑨ 安装移动压型钢板时要注意风向，施工人员移动压型钢板时要水平移动，避免施工中压型钢板面迎风作业。

（7）环保措施

① 压型钢板必须水平放置，采取临时遮挡措施(比如铺设油毡纸、麻袋等方式)，以免产生眩光效应，影响施工人员走路、施工，避免影响周边居民的工作及生活。加快钢筋绑扎的

速度，待钢筋绑扎完毕后对眩光的效果会有一定的削弱作用。

② 施工时应有可靠的屏蔽措施，避免焊接电弧光外泄造成光污染。

③ 压型钢板安装过程中小心轻放，夜间施工时不得敲击压型钢板，避免噪声，减低噪音污染。

6.4.3　单层钢结构建筑安装流程

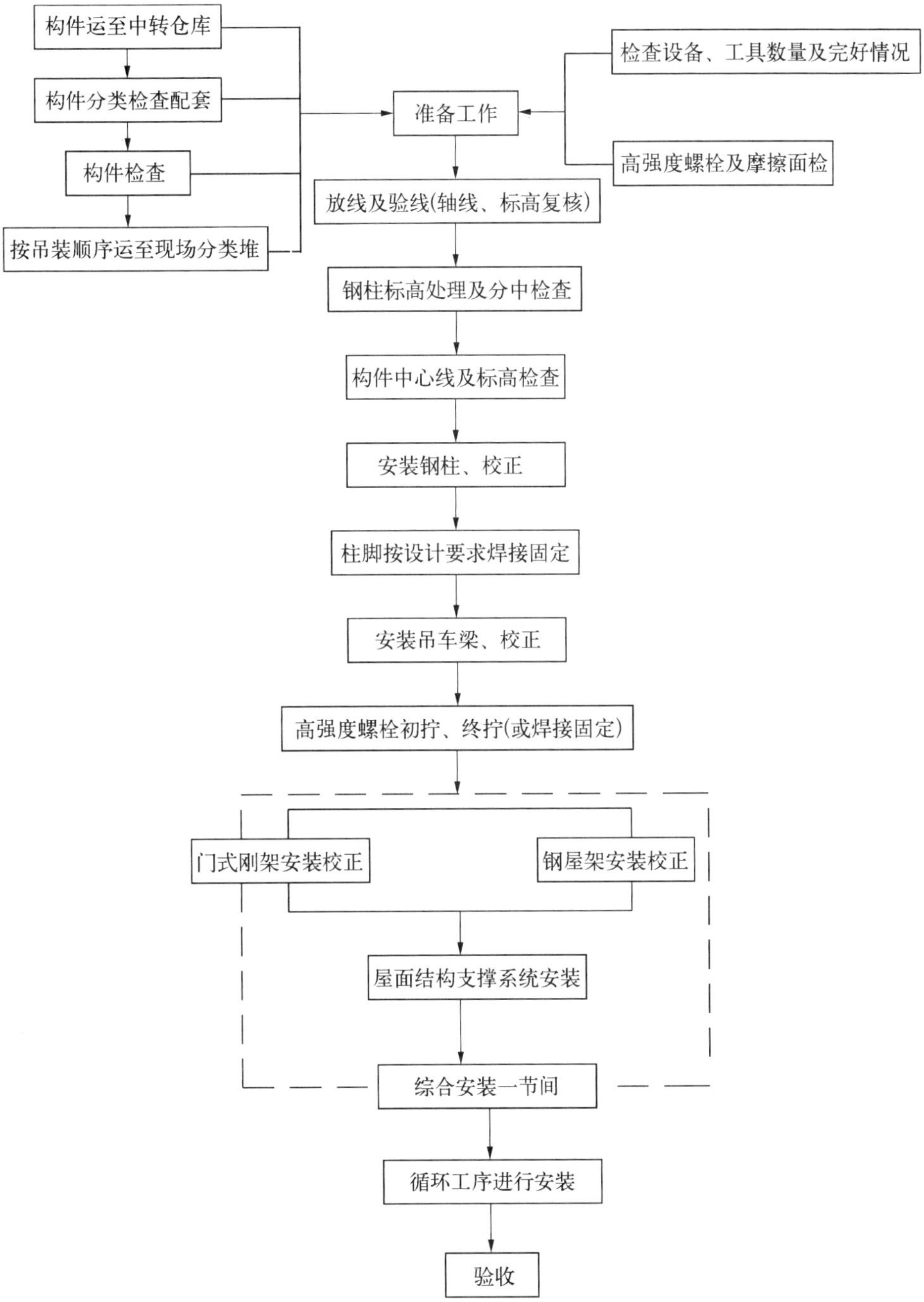

图 6-22　单层钢结构建筑安装流程

任务 6.5　钢结构工程质量验收与安全要求

6.5.1　常用钢构件的检查重点

钢结构中的各构件在整个结构中所处的位置不同，受力状态不一样。在制作过程中的要求也就不一样。因此，在进行钢构件检查时，其检查的侧重点也有所区别。

1. 钢屋架的检查重点

钢屋架一般由型钢(主要为角钢)制作而成，其检查重点如下。

(1) 在钢屋架的检查中，要注意检查节点处各型钢重心线交点的重合情况，控制重心线偏移不大于 3 mm。若重心线偏移出现超差现象，则应及时提供数据，请设计人员进行验算。若不能使用，则应拆除更换。

产生重心线偏移的原因是组装胎具变形或装配时杆件未靠紧胎模。

重心线偏移会产生局部弯矩，影响钢屋架的正常工作状态，给钢结构工程带来安全隐患。

(2) 要加强对钢屋架焊缝的检查工作，特别是对受力较大的杆件焊缝要做重点检查，其焊缝尺寸和质量标准必须满足设计要求和国家规范的规定。为保证钢屋架焊缝质量，钢屋架上、下弦角钢肢部焊缝可适当加大，第一遍焊接只填满圆角，第二遍焊接实现焊缝成形，成形后的焊角高度一般应大于角钢肢边厚度的 1/2。

产生焊缝缺陷的原因是钢屋架上连接焊缝较多，每段焊缝长度又不长，而且上、下弦角钢截面大、刚性强，在焊缝收缩应力的作用下，钢屋架易产生收缩裂纹。

焊缝缺陷会影响钢屋架的整体受力和使用寿命，给钢结构工程带来内部隐患。

(3) 钢屋架的垂直度和侧向弯曲矢高应按同类构件数抽查 10%，且不少于三个，其允许偏差应符合规定。

(4) 为保证安装工作顺利进行，检查中应严格控制连接部位孔的位置，孔位尺寸应在允许偏差范围之内，对于超过允许偏差的孔应及时做出相应的技术处理。

(5) 设计要求起拱的必须满足设计规定，检查中应控制起拱尺寸及其允许偏差。

(6) 应注意钢屋架中各隐藏部位的检查，如由两支角钢背称背组焊的杆件，其夹缝部位在组装前应按要求除锈、涂漆。

2. 钢桁架的检查重点

钢桁架在钢结构中应用很广，如工业与民用建筑的屋盖(屋架等)和吊车梁(吊车桁架)、桥梁、起重机(塔架、梁或臂杆等)、水工闸门、海洋采油平台等，常用钢桁架作为承重结构的主要构件。钢桁架应重点检查以下几点。

(1) 钢桁架受力支托(支承面)表面至第一个安装孔的距离应采用钢尺全数检查，其允许偏差不得大于 1.0 mm。

(2) 钢桁架设计要求起拱的，其极限偏差不得小于 1/5 000 mm；未要求起拱的，其极限偏差应为 −5～10 mm。吊车桁架严禁下挠。

(3) 对桁架结构杆件轴线交点错位进行检查，其允许偏差不得大于 3.0 mm。

（4）钢桁架的垂直度和侧向弯曲矢高应按同类构件数抽查 10%，且不少于三个，其允许偏差应符合要求。

（5）钢桁架上有顶紧要求的顶紧接触面应有 75%以上的面积紧贴，检查时按接触面数量的 10%抽检，且不应少于十个。

（6）高强度螺栓连接孔和普通螺栓连接的多层板叠，应采用试孔器进行全数检查，其穿孔率不得低于 85%。

3. 钢柱的检查重点

（1）钢柱悬臂（牛腿）及相关的支承肋承受动力荷载，一般采用 K 形坡口焊缝，焊接时应保证全熔透，焊后需进行焊缝外观质量检查，并采用超声波进行内部质量检查。

（2）在制作钢柱过程中，由于板材尺寸不能满足需要而进行拼接时，拼接焊缝必须全熔透，保证与母材等强度，焊后进行焊缝外观质量检查，并采用超声波进行内部质量检查。

（3）柱端、悬臂等有连接的部位，应注意检查相关尺寸，特别是采用高强度螺栓连接时，更要加强对其控制。另外，应注意对柱底板的平直度、钢柱的侧弯等进行检查，其偏差应符合要求。

（4）设计图要求柱身与底板刨平顶紧的，应按现行相关国家规范的要求对接触面进行顶紧检查，顶紧接触面面积不应小于 75%，且边缘最大间隙不应大于 0.8 mm，以确保力的有效传递。

（5）钢柱柱脚不采用地脚螺栓，而采用直接插入基础预留孔，再进行二次灌浆固定的，应注意插入混凝土的部分不得涂装。

（6）箱形柱一般都设置内隔板，为确保钢柱尺寸并起到加强作用，内隔板需经加工刨平、组装焊接工序。由于柱身封闭后无法检查，因而应注意加强工序检查。内隔板加工刨平、装配贴紧情况及焊接方法和质量均应符合设计要求。

（7）空腹钢柱（格构柱）的检查要点与实腹钢柱相同。由于空腹钢柱截面复杂，要经多次加工小组装，然后总装到位。因此，空腹钢柱在制作中各部位尺寸的配合十分重要，在其质量控制检查中应侧重于单体构件的工序检查，只有各部件的工序检查符合质量要求，钢柱的总体尺寸才能达到质量要求。

4. 钢梁的检查重点

（1）钢梁的垂直度和侧向弯曲矢高应按同类构件数抽查 10%，且不少于三个，其允许偏差应符合要求。

（2）钢梁上的对接焊缝应错开定的距离。H 型钢钢梁翼缘板与腹板的拼接焊缝要错开 200 mm 以上，与加劲肋也应错开 200 mm 以上。箱形截面钢梁翼缘板与腹板的拼接焊缝应错开 500 mm 以上。

（3）钢梁连接处的腹板中心线偏移量应小于 2.0 mm。

（4）钢梁上高强度螺栓孔加工时，除保证孔的尺寸外，还需严格控制钢梁两端最外侧安装孔的距离偏差不大于 3.0 mm（实腹梁）。

（5）钢梁设计要求起拱的，其极限偏差不大于 $l/150$ mm；未要求起拱的，其极限偏差应为 −5～10 mm。

5．吊车梁的检查重点

(1) 吊车梁的焊缝受冲击和疲劳影响，其上翼缘板与腹板的连接焊缝要求全熔透，一般视板厚不同开 V 形或 K 形坡口。焊后应对焊缝进行超声波探伤检查，探伤比例应按设计文件的规定执行。若设计要求为抽检，则当抽检发现超标缺陷时，应对该焊缝进行全数检查。检查时应重点检查两端的焊缝，其长度不应小于梁高，从梁中间再抽检 300 mm 以上的长度。

(2) 吊车梁加劲肋的端部焊缝有两种处理方法，应按设计要求确定。

① 对加劲肋的端部进行围焊，以避免在长期使用过程中，其端部产生疲劳裂缝。

② 要求加劲肋的端部留有 20～30 mm 不焊，以减弱端部的应力。

(3) 翼缘板与腹板间的对接焊缝应错开 200 mm 以上，与加劲肋也应错开 200 mm 以上。

(4) 吊车梁外形尺寸的控制，原则上是长度负公差，高度正公差。

(5) 吊车梁上、下翼缘板边缘要整齐光洁，不得有凹坑。上翼缘板的边缘状态是检查重点，需特别注意。

(6) 无论吊车梁是否有起拱要求，焊接后都不得下挠。

(7) 吊车梁上翼缘板与轨道接触面的平面度不得大于 1.0 mm。

6．支撑构件的检查重点

(1) 支撑构件连接处的截面尺寸应符合要求，其长度尺寸允许偏差不得大于 4.0 mm。

(2) 加工孔时，除保证孔的尺寸外，还应保证构件两端最外侧安装孔的距离偏差符合要求。

(3) 支撑的整体垂直度和弯曲矢高应符合要求，以保证安装连接时其重心线能通过梁与柱轴线的交点(偏心支撑除外)。

(4) 在抗震设防的结构中，支撑采用焊接组合截面时，其翼缘板和腹板应采用坡口全熔透焊缝连接，焊缝尺寸和质量应符合设计要求和现行相关国家规范的规定。

7．网架结构主要构件的检查重点

(1) 焊接空心球的检查重点

① 钢板压成半圆后，其表面不应有裂纹、褶皱；焊接球的对接坡口应采用机械加工，对接焊缝表面应打磨平整。

② 焊接球表面应无明显波纹，局部凹凸不平不大于 1.5 mm。

③ 焊接球直径、圆度、壁厚减薄量等尺寸及允许偏差应符合要求。

④ 焊接球焊缝应进行无损检验，其质量应符合设计要求，当设计无要求时应符合二级质量标准的要求。

(2) 螺栓球的检查重点

① 螺栓球由圆钢加热后锻压而成，在加工过程中可能产生表面微裂纹，深度小于3 mm 的表面微裂纹可以打磨处理，但不允许存在深度更深或球体内部的裂纹。

② 螺栓球成形后，应对每种规格的螺栓球抽取 10%，且不少于 5 个进行检验，其不得有过烧、裂纹及褶皱现象。

③ 螺栓球螺纹尺寸和螺纹公差应符合现行相关国家标准的规定。

④ 螺栓球直径、圆度、相邻两螺栓孔中心线夹角等尺寸及允许偏差应符合要求。

（3）杆件的检查重点

钢网架杆件一般采用数控管子车床或数控相贯面切制机下料加工，以保证长度和坡口的准确性。杆件的重点检查项目主要包括长度端面对管轴的垂直度和管口曲线，其允许偏差应符合规范要求。

8. 铸钢节点的检查重点

铸钢节点的质量检查主要分为外观质量检查和内部质量检查，外观质量检查包括表面粗糙度、表面缺陷及清理状态、尺寸公差的检验；内部质量检查包括化学成分、力学性能及内部缺陷等的检查。

（1）外观质量的检查重点

① 铸钢节点表面应进行打磨、喷砂或喷丸处理，其表面粗糙度一般为 25～50 μm。需特别注意的是，铸钢节点与其他构件连接的焊接端口，焊前需进行表面打磨，粗糙度应满足 $Ra \leqslant 25$ μm；有超声波探伤要求的表面粗糙度应满足 $Ra \leqslant 12.5$ μm。

② 铸钢节点表面应清理干净，修正飞边、毛刺，去除粘砂、氧化铁皮、热处理锈斑及内腔残余物等，不允许有影响铸钢节点使用性能的裂纹、冷隔、缩孔等缺陷的存在。

③ 铸钢节点的几何形状及尺寸应符合订货时图样、模样或合同的要求，其尺寸允许偏差应符合现行相关国家标准的要求。

④ 铸钢节点的实际形心与理论形心偏差一般应不大于 4 mm，或按图样、订货合同要求。

⑤ 铸钢节点支座耳板上的销轴连接孔必须满足同心度要求，销孔的加工精度必须与销轴的加工精度相匹配并保证同心。

⑥ 铸钢节点的管口外径尺寸应按现行相关国家标准规定的极限负偏差控制，与外接钢管的允许偏差相配合，同时满足对口错边量的要求。

⑦ 铸钢节点与构件连接部位的接管角度偏差及耳板角度偏差应符合订货时图样、模样或合同的要求，且不能大于 1°。

（2）内部质量的检查重点

① 应对铸钢节点进行化学成分和力学性能的分析，其结果应符合设计要求或现行相关国家规范的规定。

② 铸钢节点必须逐个进行无损检测，同时应特别注意与其他构件连接的部位（支管管口的焊接坡口周围 150 mm 区域，以及耳板上销轴连接孔四周 150 mm 区域），应进行 100% 超声波探伤检验。

③ 铸钢节点的支管和主管相贯处、界面改变处为超声波探伤盲区，应尽可能改进节点构造避免或减少超声波探伤的盲区；当对不可避免的超声波探伤盲区或目视检查有疑义时，可采用磁粉探伤或渗透探伤进行检验。

④ 对铸钢节点缺陷可采用焊接修补，修补后应进行无损检测，该检测要求与铸钢节点其他部位的检测要求相同。

6.5.2　钢构件的检验工具、仪器及修整

1. 钢构件的检验工具、仪器

钢结构生产中用于检验工作的工具和仪器种类有很多，下面分项列出一些常用的检验工具和检验仪器。

（1）钢结构焊接工程。钢结构焊接工程常用的检验工具和检验仪器有放大镜、焊缝量规、钢尺、角尺及超声波X射线、磁粉、渗透探伤所用的仪器等。

（2）钢结构制作工程。钢结构制作工程常用的检验工具和检验仪器有钢尺、直尺、直角尺游标卡尺、放大镜、焊缝量规、塞尺、孔径量规、试孔器及经纬仪、水准仪、全站仪等。

（3）钢结构涂装工程。钢结构涂装工程常用的检验工具和检验仪器有铲刀、锈蚀和除锈等级图片或对比样板及干漆膜测厚仪等。

2. 钢构件的修整

钢构件的各项技术数据经检验合格后，应对加工过程中造成的焊疤、凹坑予以补焊并铲磨平整，对临时支撑、夹具应予以割除。

铲磨后零件表面的缺陷深度不得大于材料厚度负偏差值的1/2，对于吊车梁的受拉翼缘尤其应注意其光滑过渡。

在较大平面上磨平焊疤或磨光长条焊缝边缘，常用高速直柄风动手砂轮和角型砂轮机。

6.5.3　钢构件的验收资料

钢结构制造厂在成品出厂时应提供钢构件出厂合格证书及技术文件，其应包括以下内容。

（1）设计图、施工详图和设计变更文件。设计变更的内容应在施工图的相应部位注明。

（2）制作中技术问题处理的协议文件。

（3）钢材、连接材料和涂装材料的质量证明书和试验报告。

（4）焊接工艺评定报告。

（5）高强度螺栓摩擦面抗滑移系数试验报告、焊缝无损检验报告及涂层检测资料。

（6）主要构件验收记录。

（7）预拼装记录(需预拼装时)。

（8）构件发运和包装清单。

6.5.4　钢构件的包装要求

1. 钢构件包装的原则

钢构件包装的原则如下。

（1）包装工作应在涂层干燥后进行，并应注意保护构件涂层不受损伤。包装方式应符合运输的有关规定。

（2）每个包装的重量一般不超过5 t，包装的外形尺寸应根据货运能力而定，如采用汽车运输，一般构件长度不应超过12 m，个别构件长度不应超过18 m，宽度不应超过2.5 m，高度不应超过3.5 m。构件超长、超宽、超高时要做特殊处理。

（3）包装和捆扎均应牢固、紧凑，这样不仅可以减少运输途中的松散、变形，还能降低运输费用。

（4）钢结构的加工面、轴、孔和螺纹，应涂上润滑脂并且贴上油纸，或用塑料布包裹，螺孔应用木楔塞住。

（5）一些不装箱的小件和零配件可直接捆扎或用螺栓固定在钢构件主体的需要部位上，但要捆扎、固定牢固，且不影响运输和安装。

（6）包装时要注意外伸的连接板等物要尽量置于内侧，以防造成事故；不得不外露时要做好明显标记。

(7) 经过涂装的构件，在包装时应用木材、塑料等材料作为衬垫进行隔离保护。

(8) 包装时应填写包装清单并核实数量。

2. 钢构件的标记

钢构件包装完毕后，应对其进行标记。标记一般在制造厂的成品库进行。

标记可用标签的方式贴在钢构件上，也可用油漆直接写在钢结构或包装箱上。对于出口的钢结构，必须按海运要求和国际通用标准进行标记。

标记通常包括的内容有工程名称、构件编号、外廓尺寸(长、宽、高，以米为单位)、净重、毛重、始发地点、到达的港口、收货单位、制造厂商、发运日期等。必要时，还要标记构件重心和吊点的位置。

构件重心的标记

重量在5 t以上的复杂构件，一般要标出重心。构件重心用鲜红色油漆标记，再加上一个向下的箭头，如图6-23所示。

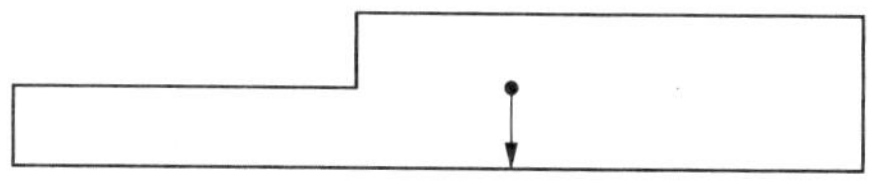

图6-23　构件重心的标记

3. 吊点位置的标记

在通常情况下，吊点位置的标记是由等强连接在构件上的吊用来实现的。

6.5.5　钢构件的运输

构件的顺利运输是保证工程按期完工的重要措施之一，因此需根据工程的地理位置和构件的规格尺寸及重量选择合适的运输方式(公路、铁路、水路)和运输路线，同时，在构件运输过程中应采取有效措施，防止构件变形，避免涂层损伤。

1. 公路运输

公路运输是钢构件最常用的运输方式，它具有机动灵活运送速度快、运输能力小、运输成本高、效率比较低的特点，适合于各种类型构件的中、短途运输。

(1) 构件在车辆上的支点、绑扎方法和端部伸出长度应保证不使构件产生变形和不损伤涂层。装运的高度极限为4.5 m，当需过隧道时，高度极限为4 m，构件长度超出车身一般不得超过2 m。

(2) 运输长构件时，常采用拖车运输，此时若两点支承不能满足受力要求，则可采用三点或多点支承。

(3) 钢屋架可采用半挂车平放运输，但支点必须放在节点处，而且要垫平、加固好。钢屋架还可以整榀或半榀挂在专用架上运输。

(4) 在一般情况下，框架钢结构产品多采用活络拖斗车运输，实腹类或容器类产品多用大平板车运输。

(5) 现场拼装式散件使用一般货运车运输，车辆的底盘长度可以比构件长度短1 m。散件运输一般不需要装夹，只要能满足在运输过程中不产生过大的变形即可。

(6) 对于大件的运输，可根据产品的不同而选用不同的车型。由于制造厂对大件运输能力有限，因此，有些大件的运输由专业化大件运输公司承担，车型也由专业化大件运输公司确定。

(7) 对于特大件钢结构产品，在加工制造之前就要和与运输有关的各个方面取得联系并得到认可，其中包括与公路、桥梁、电力方面，以及地下管道(如煤气、自来水、下水道)等方面的联系，还要查看运输线路及转弯道、施工现场等有无障碍物。

2. 铁路运输

铁路运输受自然条件限制较少，且运行速度快、运输能力大，具有良好的经济效益，适合各种构件在内陆地区的中、长途运输。国内钢结构产品一般采用铁路包车皮运输的方式。

(1) 铁路运输一般应与公路运输相结合，先用汽车把构件从制造厂运到火车站，然后通过火车运输到工程所在地的火车站，最后用汽车把构件从工程所在地的火车站运到施工现场。由于需要多次装卸，因此，构件一定要包装好，确保不丢失、不变形，尽量减少对涂层的损坏。

(2) 采用铁路运输时应遵守火车装车界限。

(3) 若采用集装箱运输，则制造厂在装货时应注意集装箱内的货物要装均匀，不能偏载，货物重心要居中。集装箱适用于外形尺寸较小、质量较轻、易散失的构件，如连接件、螺栓或标准件等。

(4) 采用铁路运输时应对运输构件的重量进行控制，确保满足火车站吊装设备能力的要求。

3. 水路运输

水路运输适合于运距长、运量大、时间性不太强的构件的运输，其具有运输能力大、运输成本低、受自然条件影响大、速度慢的特点。目前，利用水路运输的一般为国外制作的钢结构产品及国内有港口地区的产品。

(1) 国外船运应根据离岸港口码头和到岸港口码头的装卸能力确定构件运输的外形尺寸。构件可采用集装箱或散货船运输。

(2) 由于水路运输时间较长，因而应切实做好构件的涂层保护工作。运往国外的构件还应做好包装工作，使之符合海运要求。

知识拓展

建筑业十项新技术

- 高性能钢材应用技术
- 钢结构虚拟拼装技术
- 钢与混凝土组合结构应用技术
- 钢结构住宅应用技术

知识拓展 6

思考与习题

1. 钢结构施工中常用的起重机械主要有哪些？各有什么特点？
2. 放样和号料的主要内容和方法是什么？
3. 请简述钢结构中钢梁和钢柱的安装方法和要求。
4. 焊缝按照连接方式、构造特点、工作性质和施焊位置可分成哪些类型？
5. 大六角头高强螺栓和扭剪型高强螺栓各有哪些施工方法？请简单说明其主要原理。
6. 钢结构的涂装方法和质量要求主要有哪些？

项目7 防水工程施工

素质目标（依据专业教学标准）

(1) 坚定拥护中国共产党领导和我国社会主义制度，践行社会主义核心价值观，具有深厚的爱国情感和中华民族自豪感；

(2) 崇尚宪法、遵纪守法、崇德向善、诚实守信、尊重生命、热爱劳动，履行道德准则和行为规范，具有社会责任感和社会参与意识；

(3) 具有质量意识、环保意识、安全意识、信息素养、工匠精神、创新思维；

(4) 勇于奋斗、乐观向上，具有自我管理能力、职业生涯规划的意识，有较强的集体意识和团队合作精神；

(5) 具有健康的体魄、心理和健全的人格，以及良好的行为习惯；

(6) 具有一定的审美和人文素养。

知识目标

(1) 了解防水工程的分类；

(2) 掌握屋面防水工程施工工艺和施工方法；

(3) 掌握地下防水工程施工工艺和施工方法；

(4) 掌握室内防水工程施工工艺和施工方法；

(5) 熟悉防水工程的质量检查验收的标准与方法；

(6) 熟悉各种防水节点的做法。

能力目标

(1) 会进行屋面防水施工；

(2) 会进行防水工程的质量检查；

(3) 会编制防水工程的施工方案；

(4) 能进行屋面、地下室、室内防水工程的施工；

(5) 能对防水工程的质量按照规范要求进行验收。

案例导入

南京四平路15号四所村A片1-4幢工程

施工部位：地下室外墙板及顶板

材料选用：GF-SJ防水涂料

执行标准：GB 18445—2001

施工工艺：采用刮涂一遍的施工工艺，涂膜厚度 1.2 mm

材料用量：≥1.1 kg/m^2

为了本工程防水施工质量能够保证达优，确保能以高度责任感、确保工程施工技术质量、安全指标全面达标和按期顺利完成本项施工任务，特编制下列防水施工方案。

一、工程概况

四所村 A 片 1～4 幢工程位于南京市四平路 15 号，建筑面积，防水工程包括人防地下室外墙板、地下室顶板。地下室防水以混凝土自防水为主，对混凝土具有二次补偿抗渗的渗透结晶型防水层为辅，防水施工面积约为：

二、编制依据

1. 国家标准《地下室防水技术规范》(GB 50108—2001)。

2. 国家标准《地下工程防水施工及验收规范》(GB 50208—2002)。

3. 国家标准《水泥基渗透结晶型防水涂料》(GB 18445—2001)。

4. 四所村 A 片 1～4 幢设计图纸。

三、施工组织机构

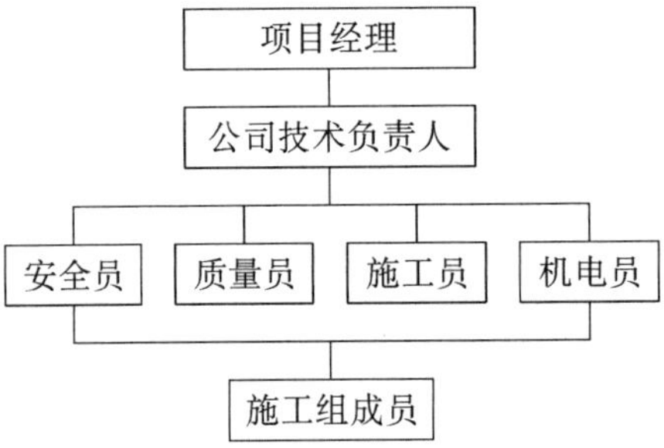

四、拟投入的主要施工工具

根据本工程实际情况，准备投入以下工具机械

工具机械一览表

序　号	工具机械名称	规　格	数　量	用　途
1	电动切割机	台	3	切割渗漏点
2	凿子、铲子	把	各 50	凿、铲施工残留物
3	扫帚、拖把	把	各 50	大面积清扫
4	钢丝刷	把	20	清理基层表面
5	便携式电插板	50(m)台	3	保障施工电源
6	手提电动搅拌器	台	4	用于搅拌防水涂料
7	搅拌料桶	只	20	用于搅拌防水涂料
8	盛料桶	只	50	用于施工盛料
9	滚筒	套	500	用于大面积施工
10	毛刷	把	200	用于异型部位的涂刷

续　表

序　号	工具机械名称	规　格	数　量	用　途
11	刮板	把	100	用于基面找平刮涂等
12	喷枪	把	2	备用
13	液化气罐	个	2	备用

五、使用材料说明

地下人防工程因长期受地下水侵蚀，如要保证地下人防防水工程的质量，确保地下人防正常使用，人防防水工程应采用以刚性抗渗混凝土自防水为主，以对混凝土具有二次补偿的渗透结晶型防水涂膜为辅的防水方案。根据设计及施工要求，水泥基渗透结晶型我们选用南京固特丽科技有限公司生产的环保型 GF－SJ 水泥基渗透结晶型防水涂料。

GF－SJ 水泥基渗透结晶型防水涂料是由进口高分子活性母料和多种助剂及波特蓝水泥组成的一种新型无机防水材料。该材料的最大特点是具有对混凝土进行渗透～膨胀、结晶～堵塞混凝土（≤0.2 mm）的二次抗渗自愈能力。该材料是目前国外唯一认可在内外侧进行防水施工的材料。

六、施工前的准备

1. 施工工具的准备

1.1　基面清理工具：锤子、凿子、铲子、钢丝刷，扫帚、抹布等；

1.2　取料配料工具：台称、水桶、称料桶、拌料桶、搅拌器、剪子等；

1.3　涂料涂覆工具：抹灰铁板（用于 GF－SJ 及较稠的料）、刷子（用于涂层表面及异型部位涂刷）油漆铲刀（配合 GF－SJ 拌料用）；

1.4　其它辅助、养护工具、接线板、切割机、喷枪、刷子（或手提喷雾器）等。

2. 施工基面的准备

2.1　防水施工进场前的基面要求

2.1.1　防水前基层要求必须牢固、不起皮、不起砂、不得有蜂窝。

2.1.2　涂料施工前，对拉钢筋头必须切割后用砂浆抹平。

2.1.3　必须保证防水施工工作面无大的施工杂物及浮浆：外墙底部的浮浆、淤泥需清理到位，确保防水工作的需要。

2.1.4　基层阴阳角应做成圆弧型，阴角直径应大于 50 mm，阳角直径应大于 10 mm。

2.1.5　收缩裂缝应凿成 V 型槽（宽度不小于 5 mm、深度不小于 3 mm 后），用堵漏材料处理。

2.1.6　防水施工工作面上的凹凸不平处应凿平后用高标号水泥砂浆找平或找坡。蜂窝麻面处应用高标号水泥砂浆处理。

2.2　进场后的基面准备

2.2.1　清除污物，只有当被涂覆的基层表面上的各种污物、粉尘等充分清除干净，才能保证涂层与基体之间有足够的界面结合力，使涂层的防渗、防水性能得到充分的发挥。

2.2.2　在防水施工前组织业主、监理等有关人员对基层进行验收，合格后方可进行防水工程施工。

七、材料的配制及保护

1. 按施工配比要求，按料水比 4∶1 准确计量 GF－SJ 水泥基渗透结晶型防水涂料，先倒入水，然后边倒入 GF－SJ 材料边用电动搅拌器充分进行搅拌，充分搅拌至原料与水完全融为一体后方可施工。

2. 搅拌好的 GF－SJ 防水涂料必须在 30 分钟内使用完毕。

八、GF－SJ 水泥基渗透结晶型防水涂料刮涂的工艺流程及基本要点

1. 工艺流程

清理基面——基面淋水使施工基面充分湿润——刮渗透结晶型防水涂料——毛刷沾水或喷雾器洒水养护

2. 固特丽 GF－SJ 水泥基渗透结晶型防水涂料施工要点

GF－SJ 水泥渗透结晶型防水涂料的施工对基面的要求没有其它防水材料严格，在结构养护期结束后即可进行施工。但要求基面必须平整、洁净、蜂窝麻面处直接用固特丽 GF－SJ 防水涂料进行找平。同时，要求进行防水施工的基面必须湿润，这样才能有效保证材料的活性分子向混凝土内部进行渗透，确保施工质量。

九、地下人防 GF－SJ 渗透结晶型内防水施工工艺

1. 墙板外侧、顶板防水涂膜施工工艺

1.1 施工工法：用抹灰铁板将调好的 GF－SJ 水泥基渗透结晶型防水涂料对需防水施工的墙板内侧基面进行刮涂。

1.2 防水涂层的养护，GF－SJ 水泥基渗透结晶型防水涂层一次刮涂完毕，涂布的防水涂层必须在初凝前用刷子沾水或喷细雾保养，必须边刮边涂边保养。用刷子养护，既可使涂层涂布均匀，又可使涂层更加致密，20 分钟后防水涂层达到早强后即可。

1.3 墙板 GF－SJ 水泥基渗透结晶型防水涂料夏季施工时应注意及时进行洒水养护。

十、施工保护与保护层

GF－SJ 水泥基渗透结晶型防水涂料层属刚性防水，具有与水泥砂浆相同的抗折、抗压强度，无需做保护层：施工完毕后 24 小时即可进行下道工序的施工，但同时，防水层在施工完毕后还是应该注意保护，避免防水层遭到破坏。

十一、各项保证措施

1. 质量保证措施

1.1 管理体系：在公司技术质量部门的指导下，建立以项目经理以首的质量管理体系，全面检测每个分项工程的质量，严把防水质量关。

1.2 技术交底：加强技术管理，认真贯彻学习国家标准规范及各项质量管理制度，建立岗位责任制，熟悉施工图纸，组织各班组召开技术交底会，对施工难点和重点进行讲解。

1.3 岗位责任制：质量目标分解，将质量负责层层挂牌，层层落实。由质检员行使质量否决权。

1.4 材料管理：材料堆放分类码放，做产品名称及检验状态标识，不得混用。严格执行各项材料的检验制度，加强原材料进场的质检和施工过程中的检查，只有检验状态标识为合格的产品方可使用，不合格的材料不准在工程中使用，施工用材料进场后必须有质量证明书、合格证、并进行现场抽检，合格后方可使用。

1.5 三检制度：质量严格控制检查，坚持“自检、交接检、专检”三检制。隐蔽工程必须经监理、质检单位验收合格后，方可组织下道工序施工。

具体措施：

(1) 施工过程中必须严格遵守操作规程和施工组织设计规定的施工工序。

(2) 施工过程必须严格按照施工方案里规定的施工工艺要求进行施工。

(3) 隐蔽工程验收制度：

① 防水工程的隐蔽工程是指地下室墙板和顶板部位的防水涂膜，所有隐蔽防水工程必须进行检查验收后方能隐蔽。

② 隐蔽防水工程中上道工序不经监理方检查验收的，下道工序不得施工。隐蔽防水施工结束，认真填写隐蔽工程报验单，经检验后，监理代表，工程部专、兼职质量员、工地施工员应在验收单上签字，施工单位盖章后生效。

③ 隐蔽防水工程验收单要妥善整理保存，以备归档，防水材料、半成品的检验和保护措施。

(4) 材料、半成品的检验制度

进场防水材料应符合国家规范要求及设计使用要求，附有材料生产单位的质量保证检验合格单，经监理部门确认后方能在防水工程中使用。

2. 安全保证措施

2.1　建立安全生产管理体系：项目经理为本工程项目安全生产、文明施工第一责任人，安全监督员全面抓各项安全生产、文明施工管理落实工作。

2.2　明确规章制度：严格执行国家及公司的安全生产规章制度，积极宣传安全生产的有关方针、政策、措施，强化职工的安全意识。

2.3　上岗前教育：对全体员工进行安全生产教育，考核合格后方可上岗，特殊工种进行专业培训，考试合格后发给操作证书，坚持持证上岗制度。

2.4　正确使用安全“三保”；进入施工现场必须戴好安全帽：高空作业必须系好安全带：现场施工人员应穿着工作服、工作鞋。

2.5　用电安全：各回路均设漏电和防超负荷的三级保护装置，所有配电箱设独立漏电保护器：电源采用三相五线制，严格做到“一机一闸一漏电保护装置”，设专用接地线，电路一律采用质量合格的电缆，并要正确架设。电动机械必须定机定人专门管理。

3. 文明施工保证措施

3.1　场地整洁：进入施工现场的各种设备、半成品、原材料等，均按指定位置，堆放整齐，不得随意乱放，以保证道路畅通。

3.2　工完料清：对施工人员进行文明施工教育，做到谁做谁清，场地干净。在施工现场产生的各类废弃物，应由仓管人员统一回收处理。

3.3　劳动保护：做好劳动保护，合理安排作息时间，配置施工预备力量。

4. 雨季施工保证措施

4.1　注意天气预报，大面积施工前应注意天气预报，尽量避免雨天进行露天施工。

4.2　防水保护层。防水层不能在雨中和雨后明水基面施工。如在防水层施工中下雨使涂膜遭到破坏，雨停后因及时做好补涂工作，确保防水工程的质量。

4.3　潮湿面处理。防水层施工时，为加快速度，要充分扫水、吸水和烘干工具，采用海绵、拖把、喷灯等，以加速基面干燥，保证速度和质量。

GB 50345—2012

屋面工程技术规范

任务 7.1　屋面防水工程

随着建筑业的快速发展和人们对房屋建筑功能的要求越来越高，建筑物的防水和保温功能在工程中的重要地位也越显突出，防水工程是保证建筑结构不受水侵蚀，内部空间不受水危害的专项工程，其施工质量的优劣，不仅关系到建筑物的使用寿命，而且也直接影响到人们的生活和生产活动。因此，防水工程必须严格按照设计要求和有关规程进行施工，把好质量关。

7.1.1　防水原则

建筑物防水工程涉及建筑物、构筑物的地下室、楼地面、墙体、屋面等诸多部位，其功能就是要使建筑物或构筑物在设计防水耐久年限内，防止各类水的侵蚀，确保建筑结构及内部空间不受污损，为人们提供一个舒适、安全的生活环境。对于不同部位的防水，其防水功能的要求是有所不同的。例如：建筑工程中的屋面防水，其功能是防止雨水或人为因素产生的水从屋面渗入建筑物内部所采取的一系列结构、构造和建筑措施，对于屋面有综合利用要求的，如用作活动场所、屋顶花园，则对其防水的要求将更高。地下防水是对于工业及民用建筑的全地下或半地下的结构采用防水措施，以确保地下工程的正常使用。有关资料表明：地下室存在氡污染，而氡是通过地下水渗漏渗入地下工程内部聚积在地下工程内表面的。所以，地下防水工程的严格把关是十分必要的。

防水工程在设计、防水材料选用、细部节点处理、施工工艺等方面必须系统考虑。我国防水工程设计和施工的原则是："刚柔相济、多道设防、综合治理"。把握这个原则，在制定方案中还应做到定级标准准确、方案简便、经济合理、技术先进、减少环境污染。总之，对防水工程的质量要求是不渗不漏，排水畅通，使建筑物具有良好的防水和使用功能。

7.1.2　构造做法分类

建筑防水工程，可依据设防的部位、设防的方法和所采用的设防材料性能、品种来进行分类。

1. 按设防部位分类

房屋建筑各构件所起的作用是不同的，其防水要求也不相同。防水工程按建(构)筑物工程设防的部位可划分为地上防水工程和地下防水工程。

(1) 地上防水工程包括屋面防水工程、墙体防水工程和地面防水工程。

(2) 地下防水是指地下室、地下管沟、地下铁道、隧道、地下建(构)筑物等处的防水。

2. 按设防方法分类

按设防方法，防水工程可分为防水层防水和构造自防水。

(1) 防水层防水：是指采用各种防水材料进行防水的一种防水做法。在设防中采用多种不同性能的防水材料，利用各自具有的特性，在防水工程中复合使用，发挥各种防水材料的优势，以提高防水工程的整体性能。

(2) 构造自防水：是依靠建筑物构件材料本身的厚度和密实性及构造措施做法，使结构构件既可起到承重围护作用，又可起到防水作用。如地下室外墙、底板等防水混凝土构件。

3. 按设防材料的品种分类

防水工程按设防材料的品种可分为卷材防水、涂膜防水、密封材料防水、混凝土和水泥砂浆防水、塑料板防水、金属板防水等。

4. 按设防材料的性能分类

按设防材料的性能进行分类，防水工程可分为刚性防水和柔性防水。刚性防水是指采用防水混凝土和防水砂浆做防水层。柔性防水则是依据其防水作用的柔性材料做防水层，如卷材防水层、涂抹防水层、密封材料防水等。

7.1.3 防水等级和设防要求

1. 防水等级

根据建筑物的性质、重要程度、使用功能要求，建筑屋面防水等级分为Ⅰ、Ⅱ、Ⅲ、Ⅳ级，防水层合理使用年限分别规定为 25 年、15 年、10 年、5 年，不同的防水等级防水层的材料选用及设防要求具体见表 7－1。

（1）一道防水设防，是具有单独防水能力的一个防水层次。

（2）混凝土结构层、保温层、装饰瓦、隔气层、卷材或涂膜厚度不符合规范规定的防水层均不得作为屋面的道防水设防。

表 7－1 屋面防水等级和设防要求

防水等级	建筑类别	设防要求
Ⅰ级	特别重要或防水有特殊要求的建筑；和高层建筑	二道以上防水设防
Ⅱ级	一般建筑	一道防水设防

2. 防水设防要求

地下工程的防水设防要求，应根据使用功能、结构形式、环境条件、施工方法合理确定，制定防水方案时必须结合地质、地形、地下工程结构、防水材料等因素全面分析研究，使其满足设计要求。地下工程的防水等级分为 4 级，各级标准应符合表 7－2 的规定。

表 7－2 地下工程防水等级标准及适用范围

防水等级	标 准	使用范围
一级	不允许渗水，结构表面无湿渍。	人员长期停留的场所；因有少量湿渍会使物品变质、失效的贮物场所及严重影响设备正常运转和危及工程安全运营的部位；极重要的战备工程。
二级	不允许漏水，结构表面可有少量湿渍；工业与民用建筑：湿渍总面积不大于总防水面积的 1%，单个湿渍面积不大于 0.1 m^2，任意 100 m^2 防水面积不超过 1 处；其他地下工程：湿渍总面积不大于总防水面积的 6%，单个湿渍面积不大于 0.2 m^2，任意 100 m^2 防水面积不超过 4 处。	人员经常活动的场所；在有少量湿渍的情况下不会使物品变质、失效的贮物场所及基本不影响设备正常运转和工程安全运营的部位；重要的战备工程。

续 表

防水等级	标 准	使用范围
三级	有少量漏水点，不得有线流和漏泥砂；单个湿渍面积不大于 0.3 m^2，单个漏水点的漏水量不大于 2.51 L/d，任意 100 m^2 防水面积不超过 7 处。	人员临时活动的场所；一般战备工程。
四级	有漏水点，不得有线流和漏泥砂；整个工程平均漏水量不大于 2 L/m^2 · d，任意 100 m^2 防水面积的平均漏水量不大于 4 L/m^2 · d	对渗漏水无严格要求的工程。

为保证施工质量和减少施工中的不便，在施工工期的安排上，防水工程应尽量避免在雨期或冬期进行。屋面防水工程和地下防水工程的施工质量，应分别符合《屋面工程质量验收规范》(GB 50207—2012)和《地下防水工程质量验收规范》(GB 50208—2011)的规定。

7.1.4 屋面防水工程施工工艺

一、卷材防水

屋面工程是建筑工程的一个分部工程，它包括了屋面结构层、找平层、隔气层、保温隔热层、防水层、保护层或饰面层等构造层的施工。其中屋面防水层主要采用的是卷材防水、涂膜防水、刚性防水等形式。防水是屋面工程中一项主要内容，它质量的优劣直接关系到建筑物的质量和使用寿命，施工中应加以重视。

1. *卷材防水屋面*

卷材防水屋面是指以柔性卷材做防水层的屋面。这种防水层是利用胶结材料、采用不同施工方法将防水卷材粘成一整片能防水的屋面覆盖层。卷材防水层具有质量轻、防水性能好，具有一定的柔韧性等特点，它可以适应一定程度的结构振动和胀缩变形，故属于柔性防水屋面。适用于防水等级为Ⅰ～Ⅳ级的建筑。防水卷材其典型构造层次如图 7－1；7－2 所示。

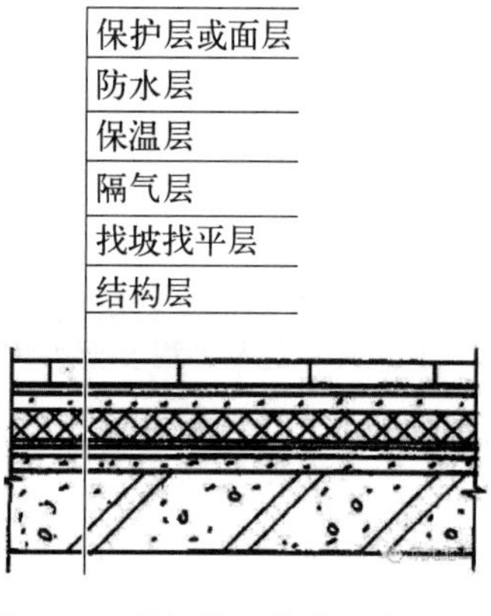

图 7－1 保温屋面构造层次示意图

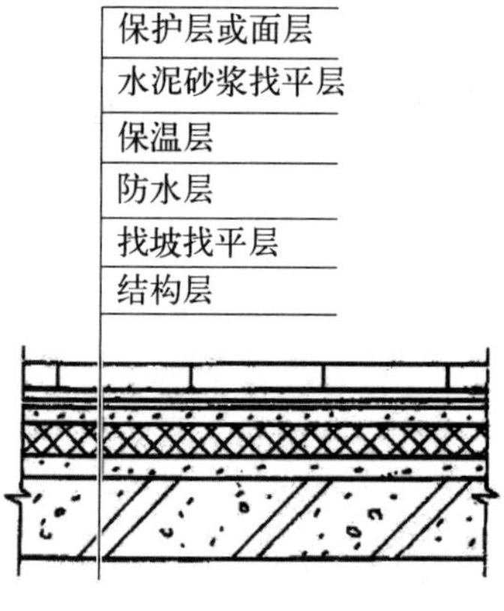

图 7－2 倒置式屋面构造层次示意图

卷材防水层常采用的材料有：高聚物改性沥青防水卷材、合成高分子防水卷材和沥青防水卷材。铺贴卷材所选用的基层处理剂、接缝胶粘剂、密封材料等配套材料应与铺贴的卷材材性相容。每道卷材防水层厚度选用应符合表 7－3 的规定。

表 7－3　卷材厚度选用(mm)

防水等级	合成高分子防水卷材	高聚物改性防水卷材		
		聚酯胎、玻纤胎、聚乙烯胎	自粘聚酯胎	自粘无胎
Ⅰ级	1.2	3.0	2.0	1.5
Ⅱ级	1.5	4.0	3.0	2.0

2. 结构层处理

卷材防水材料铺贴前必须先对结构层和找平层进行一定处理，达到要求后才可施工卷材。现浇结构屋面板施工时混凝土宜连续浇筑，不留施工缝，并要求振捣密实，表面平整；吊装结构的屋面板应注意：坐浆要平，搁置稳妥，相邻屋面板高低差不大于 10 mm，缝隙大小近似；若上口宽不小于 20 mm 的缝隙，用 C20 以上细石混凝土嵌缝并捣实；灌缝细石混凝土宜掺微膨胀剂；当缝宽大于 40 mm 或上窄下宽时，应在板下吊装模板，并补放钢筋，再浇筑细石混凝土；如板下有隔墙，隔墙顶部与板底之间应有 20 mm 左右的空隙，在抹灰时用疏松材料填充，避免隔墙处硬顶而使屋面板反翘。在找平层施工前屋面结构层的表面要求清理干净。

3. 找平层施工

在结构层或保温层上面起到找平作用并作为防水层依附的层次，称为找平层。

(1) 基本要求：该层应具有较好的结构整体性和刚度，这样可使卷材铺贴平整，粘贴牢固，并具有一定的强度，以承受上面的荷载。找平层一般分为水泥砂浆找平层、细石混凝土找平层和沥青砂浆找平层。找平层的厚度应符合规范要求。沥青砂浆找平层适合于冬季、雨期施工或用水泥砂浆施工有困难和抢工期时采用。细石混凝土找平层较适用于松散保温层上，它可以增强找平层的刚度和强度。

(2) 质量要求：找平层质量的好坏会影响到防水层的质量，如有缺陷直接危害防水层造成渗漏，所以要求找平层必须做到以下几点：

① 铺设防水层前，找平层必须平整，坚固、干净、干燥。混凝土或砂浆的配合比要准确，采用水泥砂浆找平层时，水泥砂浆抹平收水后表面应二次压光，充分养护，表面不得有酥松、起砂、开裂、起皮现象，否则，必须进行修补。

② 坡度准确、排水流畅，排水坡度必须符合规范规定，平屋面防水技术以防为主，以排为辅，但要求将屋面雨水在一定时间内迅速排走，不得积水，这是减少渗漏的有效方法，所以要求屋面有一定排水坡度。找平层的厚度和技术要求参见表 7－4。

表 7－4　找平层的厚度和技术要求

找平层分类	适用的基层	厚度(mm)	技术要求
水泥砂浆	整体现浇混凝土板	15～20	1∶2.5 水泥砂浆
	整体材料保温层	20～25	
细石混凝土	装配式混凝土板	30～35	C20 混凝土，宜加钢筋网片
	板状材料保温层		C20 混凝土

③ 为了避免或减少找平层开裂，找平层宜留设分格缝，缝宽 5～20 mm，并嵌填密封材料或

空铺卷材条。分格缝应留设在板端接缝处，其纵横缝的最大间距为：找平层采用水泥砂浆或细石混凝土时，不宜大于 6 m；找平层采用沥青砂浆时，不宜大于 4 m。分格缝施工可预先埋入木条，聚乙烯泡沫条，后用切割机锯出。如果基层在施工时难以达到所要求的干燥程度，则需做排汽屋面，分格缝可兼作排汽屋面的排气道，缝可适当加宽，并应与保温层连通。另外，在找平层水泥砂浆或细石混凝土中掺入减水剂和微膨胀或抗裂纤维也可避免或减少找平层开裂。

④ 屋面基层与女儿墙、立墙、天窗壁、烟囱、变形缝、伸出屋面的管道等突出屋面结构的连接处，以及基层的转角处(各水落口、檐口、天沟、檐沟、屋脊等)是变形频繁、应力集中的部位，易引起防水层被拉裂，因此，根据不同防水材料，找平层均应做成圆弧形，合成高分子卷材薄且柔软，弧度可小，沥青卷材厚且硬，弧度要求大。

4. 卷材防水层施工

卷材的铺贴方法应符合下列规定：卷材铺设时，通常采用满粘法，在卷材防水层上有重物覆盖或基层变形较大时，应优先采用空铺法、点粘法、条粘法或机械固定法，但距屋面周边 800 mm 内以及叠层铺贴的各层卷材之间应满粘，防水层采取满粘法施工时，找平层的分隔缝处宜空铺，空铺的宽度宜为 100 mm。

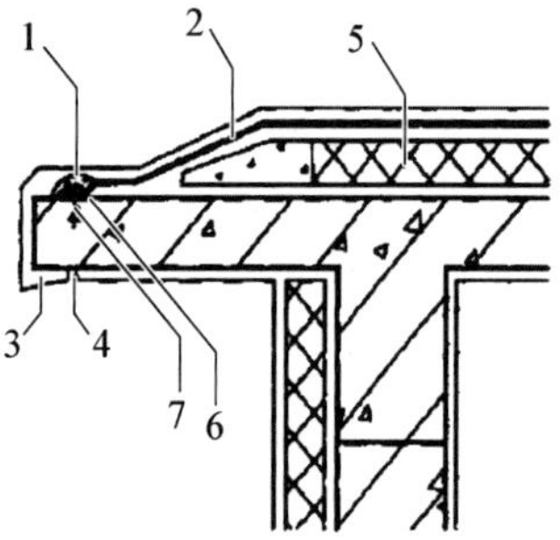

(a) 卷材防水屋面檐口
1—密封材料；2—卷材防水层；
3—鹰嘴；4—滴水槽；5—保温层；
6—金属压条；7—水泥钉

(1) 高聚物沥青卷材防水层施工：铺贴卷材防水层的操作工艺要求，主要是卷材的铺贴顺序、铺贴方向和卷材间的搭接方向等方面的要求。卷材防水层的施工工艺流程是：基层表面清理、修补→喷涂基层处理剂→节点附加增强处理→测量定线→铺贴附加层→铺贴卷材→收头处理、节点密封→淋(蓄)水试验、修整→铺设保护层。

1) 卷材铺贴顺序：卷材大面积屋面施工时，可划分流水段施工，界线宜设在屋脊、天沟、变形缝等处。施工前，应先做好节点和屋面排水比较集中的部位(如屋面与水落口、檐口、天沟、变形缝、管道根部等处)的增强处理，通常采用的方法是以附加卷材或密封材料以及分格缝的空铺处理。部分节点处理见图 7－3。

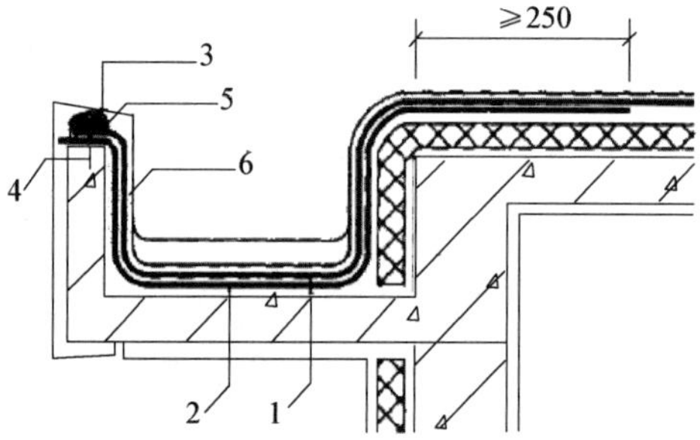

(b)卷材、涂膜防水屋面檐沟
1—防水层；2—附加层；3—密封材料；4—水泥钉；
5—金属压条；6—保护层

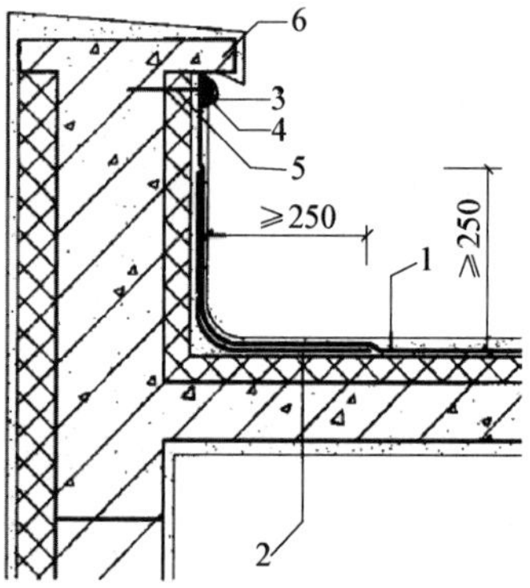

(c) 低女儿墙
1—防水层；2—附加层；3—密封材料；4—金属压条；
5—水泥钉；6—压顶

图 7－3 卷材铺贴节点处理图

铺贴天沟、檐沟卷材时，宜顺其方向铺贴并减少搭接。铺贴卷材应采用搭接法。铺贴多跨和有高低跨的屋面时，应按先高后低、先远后近的顺序进行。

2）铺设方向：卷材的铺设方向应根据屋面坡度和屋面是否有振动来确定。当屋面坡度小于 3%时，宜平行于屋脊铺贴；屋面坡度在 3%～15%时，卷材可平行或垂直于屋脊铺贴；屋面坡度大于 15%或受振动时，高聚物改性沥青卷材和合成高分子卷材可根据防水层的粘结方式、粘结强度、是否机械固定等因素综合考虑采用平行或垂直屋脊铺贴。上下层卷材不得相互垂直铺贴，并应采取固定措施，固定点还应密封。

3）搭接方法及宽度要求：铺贴卷材采用搭接法，上下层及相邻两幅卷材的接缝应错开。平行于屋脊的搭接缝应顺流水方向搭接；垂直于屋脊的搭接缝应顺着每年最大频率风向（主导风向）搭接。

叠层铺设的各层卷材，在天沟与屋面的连接处应采用叉接法搭接，搭接缝应错开；接缝宜留在屋面或天沟侧面，不宜留在沟底。坡度超过 25%的坡面上，应尽量避免短边搭接，如必须搭接时，应采取下滑固定措施。固定点应密封严密。相邻两幅卷材的接头应相互错开 300 mm 以上，以免多层接头重叠而使得卷材粘贴不平。

两层卷材铺设时，应使上下两层的长边搭接缝错开 1/2 幅宽，如图 7－4 所示。三层卷材铺设时，应使上下层的长边搭接缝错开 1/3 幅宽。

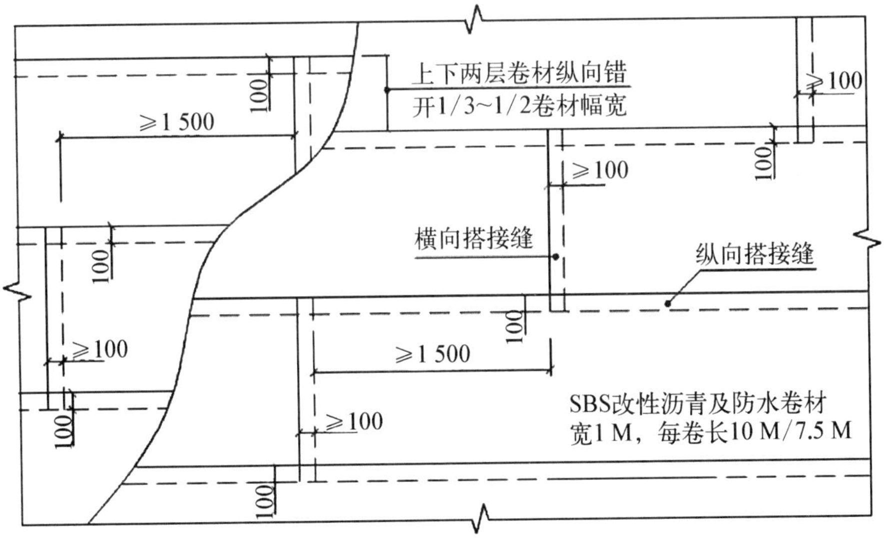

图 7－4　卷材水平铺贴搭接要求

高聚物改性沥青卷材和合成高分子卷材的搭接缝宜用与其材性相容的密封材料封严。各种卷材搭接宽度应符合表 7－5 的要求。施工时注意不得污染檐口的外侧墙面。

4）卷材保护层：卷材防水层铺设完毕经检查合格后，应立即进行绿豆砂保护层的施工，以减少阳光辐射，降低屋面表层的温度，这样可防止沥青流淌、卷材磨损，增加防水层的使用年限，如为上人屋面，则应做砂浆、细石混凝土或地砖保护层。

表 7-5 卷材搭接宽度(单位:mm)

卷材类别		搭接宽度
合成高分子防水卷材	胶粘剂	80
	胶粘带	50
	单缝焊	60,有效焊接宽度不小于 25
	双缝焊	80,有效焊接宽度 10 * 2+空腔宽
高聚物改性沥青防水卷材	胶粘剂	100
	自粘	80

5) 施工方法:高聚物改性沥青防水卷材的施工方法一般有热熔法、冷粘法和自粘法、热风焊接法。最常用的是热熔法。立面或大坡面铺贴高聚物改性沥青防水卷材时,应满粘铺贴,并宜减少短边搭接。

高聚物改性沥青卷材屋面防水层施工工艺

① 热熔法

该方法:是将热熔型防水卷材底层加热熔化后,进行卷材与基层或卷材之间粘结的施工方法。高聚物改性沥青卷材,由于其底面涂有一层软化点较高的改性沥青热熔胶,因此可采用热熔法施工。铺贴时用火焰烘烤卷材后直接与基层粘贴。这种施工方法受气候影响小,对基层表面干燥程度要求相对宽松。铺贴流程:热源烘烤滚铺防水卷材→排气压实→接缝热熔焊实压牢→接缝密封。

热熔法铺贴卷材施工要点:

a) 火焰加热器加热卷材应均匀,不得过分加热或烧穿卷材。小于 3 mm 的高聚物改性沥青防水卷材严禁采用热熔法施工。

b) 卷材表面热熔后应立即滚铺卷材,卷材下面的空气应排尽,并辊压粘结牢固,不得空鼓。

c) 卷材接缝部位以溢出热熔的改性沥青胶为度。溢出的改性沥青宽度在以 2 mm 左右并均匀顺直。缝处的卷材有铝箔或矿物粒(片)料时,应清除干净后再进行热熔和接缝处理。

d) 热熔法施工环境气温不宜低于−10 ℃。

② 冷粘法:冷粘法是在常温下采用胶粘剂(带)将卷材与基层或卷材之间粘结的施工方法。铺贴流程:基面涂刷粘结胶卷材反面涂胶→卷材粘贴→滚压排汽→搭接缝涂胶粘合、压实→搭接缝密封

冷粘法铺贴卷材施工要点:

a) 胶粘剂涂刷应均匀,不露底,不堆积。根据胶粘剂的性能,应控制胶粘剂涂刷与卷材铺贴的间隔时间。一般用手触及表面似粘非粘为最佳。

b) 铺贴的卷材下面的空气应排尽,并辊压粘结牢固,粘合时不得用力拉伸卷材,避免卷材铺贴后处于受拉状态。

③ 自粘法:自粘法是采用带有自粘胶的防水卷材进行粘结的施工方法。铺贴流程:卷材就位并撕去隔离纸→自粘卷材铺贴→滚压排汽粘合牢固→搭接缝热压粘合→粘合密封胶条

自粘法铺贴卷材施工要点:

a) 铺贴卷材前基层表面应均匀涂刷基层处理剂,干燥后及时铺贴卷材。铺贴卷材时,应将自粘胶底面的隔离纸全部撕净,否则不能实现完全粘贴。

b) 在铺贴立面或大坡面卷材时,立面和大坡面处卷材容易下滑,可采用加热方法使自

粘卷材与基层粘结牢固，必要时还应采用钉压固定等措施。

④ 热风焊接法

热风焊接法是采用热风或热焊接进行热塑性卷材粘合搭接的施工方法。热风焊接法铺贴卷材施工要点：

a) 卷材的焊接面应清扫干净，无水滴、油污及附着物才能进行焊接施工。焊接时应先焊长边搭接缝，后焊短边搭接缝。

b) 控制热风加热温度和时间，焊接处不得有漏焊、跳焊、焊焦或焊接不牢现象。

c) 焊接时不得损害非焊接部位的卷材。

(2) 合成高分子卷材施工：合成高分子卷材与高聚物改性沥青油毡相比，具有质量轻、伸长率大、低温柔性好、色彩丰富、施工简便（冷施工）等特点，近几年得到很大发展。它的施工方法主要是冷粘法、自粘法和机械固定。施工前对水落口、天沟、檐沟、檐口的处理以及立面卷材收头、立面或大坡面处等施工方法均与高沥青防水卷材的施工相同。

合成高分子卷材屋面防水层施工工艺

只在冷粘法施工时应采用与卷材配套的接缝专用胶粘剂，在搭接缝粘合面上涂刷均匀，不露底、不堆积。根据专用胶粘剂性能，应控制胶粘剂涂刷与粘合间隔时间，并排除缝间空气，辊压粘贴牢固。卷材采用机械固定时，固定件应与结构层固定牢固，固定件间距应根据当地的使用环境与条件确定，并不宜大于 600 mm，距周边 800 mm 范围内的卷材应满粘。在合成高分子防水卷材铺贴完成，质量验收合格后，即可在表面涂刷着色剂，起到保护卷材和美化环境的作用。

另外，防水卷材严禁在雨天、雪天施工；五级风及以上风时不得施工；特别是合成高分子卷材环境气温低于 5 ℃时不宜施工。施工中途下雨、下雪，应做好已铺卷材周边的防护工作。

二、涂膜防水

涂膜防水屋面是在屋面基层上涂布液态防水涂料，经固化后形成一层有一定厚度和弹性的整体涂膜，从而起到防水作用的一种防水屋面形式。这种屋面具有施工操作简单、无污染、冷操作，无接缝，能适应复杂基层且防水性能好、温度适应性强，容易修补等特点。防水涂料应采用高聚物改性沥青防水涂料和合成高分子防水涂料，无机盐类防水涂料不适合于屋面防水工程。涂膜防水屋面典型的构造如图 7－5 所示。

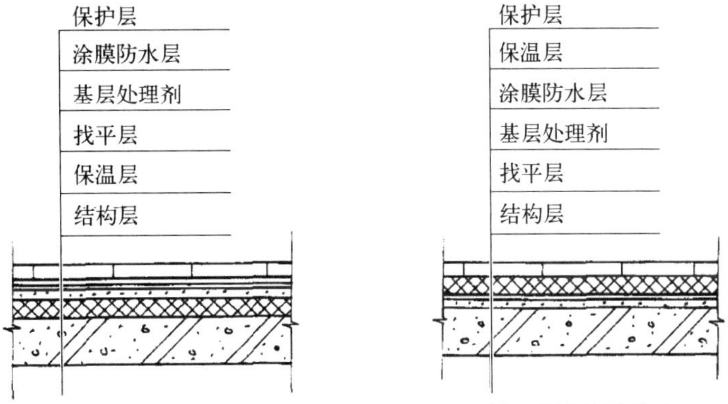

(a) 正置式涂膜屋面　　(b) 倒置式涂膜屋面

图 7－5　涂膜防水屋面构造图

1. 基层要求

涂膜防水层依附于基层,基层质量的好坏直接影响防水涂膜的质量。与卷材防水层相比,涂膜防水对基层的要求更为严格,基层必须坚实、平整、清洁、干燥,无严重滴漏水,同时表面不得有大于 0.3 mm 的裂缝。因此涂膜施工前,必须对基层进行严格的检查,使之达到涂膜施工的要求。基层的质量主要包括结构层的刚度和整体性,找平层的刚度、强度、平整度、表面完善程度以及基层含水率等。

涂膜防水屋面如果屋面坡度过于平缓,容易造成积水,使涂膜长期浸泡在水中,对一些水乳型的涂膜就可能出现“再乳化”现象,降低了防水层的功能。屋面防水只有在不积水的情况下,屋面才具有可靠性和耐久性。采用涂膜防水的屋面坡度一般规定为:上人屋面在1%以上,不上人屋面在 2%以上。采用基层处理剂处理时,应涂刷均匀,覆盖完全。为保证涂漠层质量,使其施工后不产生与基层剥离、起鼓等现象,在涂漠层施工前还要求基层含水率不能过高,干燥后方可进行涂膜施工。

2. 涂膜防水层施工

涂膜防水施工的一般工艺流程:基层表面清理、修理→喷涂基层处理剂(底涂料)→特殊部位附加增强处理→涂布防水涂料及铺贴胎体增强材料→清理与检查修理→保护层施工。

(1) 涂膜防水层的厚度:防水涂膜应由两层以上涂层组成,其总厚度必须符合设计要求和规范规定。高聚物改性沥青防水涂膜在防水等级为Ⅰ、Ⅱ级屋面上使用时,其厚度不应小于 3 mm;在防水等级为Ⅳ级屋面上使用时,其厚度不应小于 2 mm,可通过薄涂多次来达到厚度要求。合成高分子防水涂料性能优越,但价格较贵,故涂膜厚度在一道设防时不应小于 2 mm;与其他防水材料复合使用时,由于综合防水效果好,涂膜本身厚度可薄一些,但不应小 1.5 mm。

(2) 涂膜防水层施工方法:涂膜防水操作方法有抹压法、涂刷法、涂刮法、机械喷涂法。在施工过程中可根据涂料的品种、性能、稠度以及施工的不同部位来选择不同的施工方法,其适应范围见表 7-6。

表 7-6 卷材、涂膜屋面防水等级和防水做法

防水等级	防水做法
Ⅰ级	卷材防水层和卷材防水层、卷材防水层和涂膜防水层、复合防水层
Ⅱ级	卷材防水层、涂膜防水层、复合防水层

防水涂料可用长把滚刷、油漆刷、高浓度喷涂机等涂布工具进行涂布,涂布后遍涂料应在先涂的涂层干燥成膜后进行,分层、分遍涂布,逐渐达到所规定的厚度,不得一次涂成,否则厚质涂料上下层涂膜的收缩和干燥时间不一致,易使涂膜开裂。

厚质涂料采用铁抹子或胶皮刮板涂刷,薄质涂料可采用棕刷、长柄刷等人工涂刷,也可用机械喷涂。涂料容易造成流淌,使高部位越淌越薄,低部位则堆积。施工时,分块涂布的块与块之间应采用搭接涂刷,搭接涂刷的宽度宜为 80 mm~100 mm。每遍及相邻两遍间涂刷的方向应相互垂直。

(3) 涂膜防水层的施工工艺:涂膜防水层应按“先高后低,先远后近”的原则进行施工。先涂布节点、附加层,然后再进行大面积涂布。屋面转角及立面的涂层,应薄涂多遍,不得有流淌。防水涂膜在满足厚度要求的前提下，涂刷的遍数越多对成膜的密实度越好。

1）涂膜防水层的胎体增强材料：涂层中夹铺胎体增强材料时，宜边涂边铺胎体，胎体应刮平并排出气泡，胎体与涂料应粘合良好。在胎体上涂布涂料时，应使涂料浸透胎体，覆盖完全，不得有胎体外露现象。

铺设胎体增强材料时，材料的铺贴方向与搭接要求与卷材施工要求相同。天沟、檐沟、檐口、泛水和立面涂膜防水层的收头等部位，均应用防水涂料多遍涂刷并用密封材料封严。

2）高聚物改性沥青防水涂膜：高聚物改性沥青防水涂料分为溶剂型和水乳型两类，根据屋面工程防水等级的要求，可采用一布三～四涂、二布四～六涂、三布五～六涂、多布多涂或纯涂膜施工工艺。

3）合成高分子防水涂膜

① 可采用人工刮涂或机械喷涂的方法施工，当刮涂施工时，每遍刮涂的推进方向宜与前一遍相垂直。

② 多组分涂料必须按配合比准确计量，搅拌均匀，已配成的多组分涂料必须及时使用。配料时允许加入适量的缓凝剂量或促凝剂量来调节固化时间，但不得混入已固化的涂料。

③ 涂膜施工应先做好节点处理，铺设带有胎体增强材料的附加层，然后再进行大面积施工；上层的涂层厚度不应小于 1.0 mm，在屋面转角及立面的涂膜应薄涂多遍，不得有流淌和堆积现象。

4）涂膜保护层设置：涂膜防水屋面应设置保护层。保护层材料可使用浅色涂料、细砂、云母、蛭石散体材料或砂浆、细石混凝土、块材刚性材料等。采用水泥砂浆或块材做保护层时，应在涂膜与保护层之间设置隔离层，水泥砂浆保护层厚度不宜小于 20 mm。用细石混凝土做保护层时，混凝土应振捣密实，表面抹平压光，并应留设分格缝，其纵横间距不宜大于 6 m。水泥砂浆、块体材料或细石混凝土保护层与女儿墙之间应预留宽度为 30 mm 的缝隙，并用密封材料嵌填严密。

防水涂膜严禁在雨天、雪天施工；五级以上大风或预计涂膜固化前有雨时不得施工；高聚物改性沥青防水涂膜和合成高分子防水涂膜的溶剂型涂料，施工环境温度宜为－5～35 ℃；水乳型涂料，施工环境温度宜为 5～35 ℃。

三、刚性防水

1. 刚性防水屋面一般构造

刚性防水屋面是指利用普通细石混凝土、补偿收缩混凝土、预应力混凝土、块体材料或钢纤维混凝土等材料做防水层的屋面。刚性防水屋面主要依靠混凝土自身的密实性，并采取一定的构造措施（如增加配筋、设置隔离层、设置分格缝和油膏嵌缝等）达到防水目的。刚性防水屋面的一般构造形式，如图 7－6 所示。

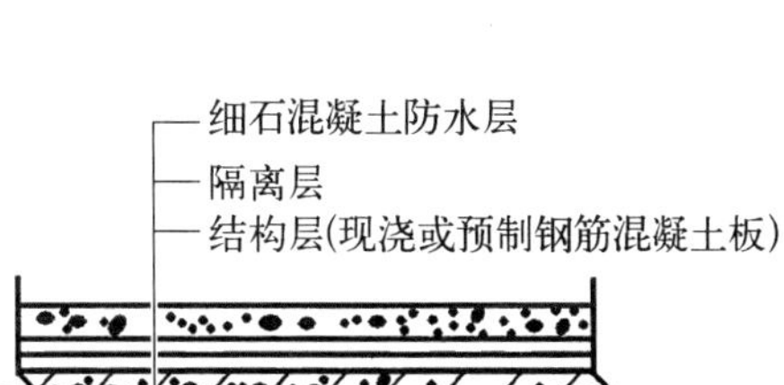

图 7－6　刚性防水屋面构造示意图

2. 刚性防水层的特点

材料来源广泛、价格便宜、耐水性好，但其抗拉强度低，伸缩的弹性小，对地基的不均匀沉降、构件受振动或温度影响而发生的微小变形极为敏感，易产生裂缝。因此，刚性防水屋面主要适用于防水等级为 m 级的屋面防水层；也可用作Ⅰ、Ⅱ级屋面多道防水设防中的一道防水层，不适用于设有松散保温层屋面、大跨度和轻型屋盖的屋面，以及受较大震动或冲击和坡度大于 15%的建筑屋面。

3. 基本要求

(1) 材料要求：防水混凝土宜用普通硅酸盐水泥或硅酸盐水泥，当采用矿渣硅酸盐水泥时应采取减小泌水性的措施，水泥强度等级不应低于 32.5 级。不得使用火山灰质硅酸盐水泥。细骨料宜采用中砂或粗砂，含泥量不大于 2%。粗骨料宜采用质地坚硬、级配良好的碎石或砾石，最大粒径不超过 15 mm，含泥量不超过 1%。

混凝土的水灰比不应大于 0.5；每立方米混凝土水泥最小用量不应小于 330 kg；含砂率宜为 35%～40%；灰砂比应为 1∶2～1∶2.5，并宜掺入外加剂。普通细石混凝土、补偿收缩混凝土的强度等级不应小于 C20，自由膨胀率应为 0.05%～0.1%。

(2) 结构层要求：刚性防水屋面结构层的要求与柔性防水层基本一致。普通细石混凝土和补偿收缩混凝土防水层应设置分格缝，其纵横间距不宜大于 6 m，缝的宽度宜为 10～20 mm，分格缝可采用嵌填密封材料并加贴防水卷材的方法进行处理，以增加防水的可靠性。

所有分格缝应纵横相互贯通，如有间隔应凿通，缝边如有缺边掉角须修补完整，达到平整、密实，不得有蜂窝、起皮、松动现象。分格缝必须干净，缝壁和缝两侧 50～60 mm 内的水泥浮浆、残余砂浆和杂物必须用刷缝机或钢丝刷刷除，并用吹尘机具吹净。嵌填密封材料处的混凝土表面应涂刷基层处理剂，不得漏涂。凡已涂刷基层处理剂的分格缝都应于当天嵌填密封材料，不宜隔天嵌填。

刚性防水屋面的坡度宜为 2%～3%，并应采用结构找坡。细石混凝土防水层的厚度不应小于 40 mm，并应配置直径为 4～6 mm、间距为 100～200 mm 的双向钢筋网片(宜采用冷拔低碳钢丝)。钢筋网片在分格缝处应断开，其保护层厚度不应小于 10 mm。

刚性防水层在结构层与防水层之间应增加一层低强度等级砂浆、卷材、塑料薄膜等材料，起隔离作用，使结构层和防水层变形互不约束，以减少防水混凝土产生拉应力而导致混凝土防水层开裂。

4. 刚性防水层施工

(1) 施工程序：细石混凝土防水层施工程序一般为：清理隔离层表面并检查质量→弹线分格→支设分格缝隔板及檐口模板→绑扎钢筋网片→浇捣细石混凝土→压实抹平→起出分格缝隔板→分遍压实抹光→养护→分格缝防水密封处理。

(2) 施工原则："先远后近，先高后低"。

(3) 施工过程

① 一个分格必须一次浇捣完成，不留施工缝。

② 混凝土浇捣厚度不宜小于 40 mm。普通细石混凝土应采用机械搅拌，搅拌时间不应少于 2 min。宜采用机械振捣，也可用小辊滚压相配合，边插捣边滚压，直到密实表面泛浆，再用铁抹子压实抹平，并确保防水层的设计厚度、排水坡度、钢筋间距及位置的准确。

③ 混凝土收水初凝后，及时取出分格缝隔板，用铁抹子第二次压实抹光，并及时修补分格缝的缺损部分。待混凝土终凝前进行第三次压实抹光，要求做到表面平整压实抹光，达到

不起砂、不起层、无裂缝、无抹板压痕为止。

4) 混凝土浇筑后 12～24 h 应进行养护，可采用洒水湿润、覆盖塑料薄膜、表面喷涂养护剂等养护方法，也可用蓄水法或覆盖浇水养护法，养护时间不少于 14 d。

(4) 施工要求

① 用膨胀剂拌制补偿收缩混凝土时应按配合比准确计量。

② 搅拌投料时膨胀剂应与水泥同时加入，混凝土搅拌时间不应少于 3 min。

③ 补偿收缩混凝土的凝结时间一般比普通混凝土略短，因此其搅拌、运输、铺设、振捣和碾压、收光等工序应紧密衔接，拌制好的混凝土应及时浇筑。

④ 施工温度以 5～35 ℃为宜，施工时应避免烈日曝晒。0 ℃以下施工要保证浇灌时混凝土的温度不低于 5 ℃，浇灌完毕待混凝土稍硬后，及时覆盖塑料薄膜或双层湿草包以保温、保湿。

任务 7.2　地下防水工程

7.2.1　地下防水工程施工工艺

一、卷材防水

地下卷材防水层是将卷材用与其配套的胶结材料胶合并粘贴在结构基层上面构成的一种防水工程。这种防水层的主要优点是防水性能好，具有一定的韧性和延伸性，能适应结构的振动和微小变形，不至于产生破坏而导致渗水现象，并能抗酸、碱、盐溶液的侵蚀。防水效果好，目前在地下结构防水工程中被广泛采用。

地下工程卷材防水层是采用高聚物改性沥青防水卷材或高分子防水卷材和与其配套的胶结材料(沥青胶或高分子胶粘剂)胶合而成的一种单层或多层防水层。

1. 适用范围

卷材防水层适用于受侵蚀性介质作用或受振动作用的地下工程主体迎水面需防水的结构防水层中。具体范围有如下规定：

(1) 卷材防水层承受的压力不超过 0.5 MPa，当有其他荷载作用超过上述数值或有剪力存在时，应采取结构措施。

(2) 卷材防水层在经常保持不小于 0.01 MPa 的侧压力下才能较好发挥防水功能，一般采取保护墙分段断开，起附加荷载作用。

(3) 改性沥青防水卷材耐酸、耐碱、耐盐的侵蚀，但不耐油脂及可溶解沥青的溶剂的侵蚀，所以油脂和溶剂不能接触沥青防水卷材。

2. 卷材防水层的施工

将卷材防水层铺贴在地下需防水结构的外表面时，称为外防水。此种施工方法，可以借助土压力压紧，并可与承重结构一起抵抗有压地下水的渗透和侵蚀作用，防水效果好。外防水的卷材防水层铺贴方式，按其与防水结构施工的先后顺序，可分为外防外贴法和外防内贴法两种。

(1) 外防外贴法施工

1) 构造做法:外防外贴法是先进行主体结构的施工,卷材防水层直接粘贴于主体结构的外墙表面,再砌永久保护墙,构造做法如图 7-7 所示。

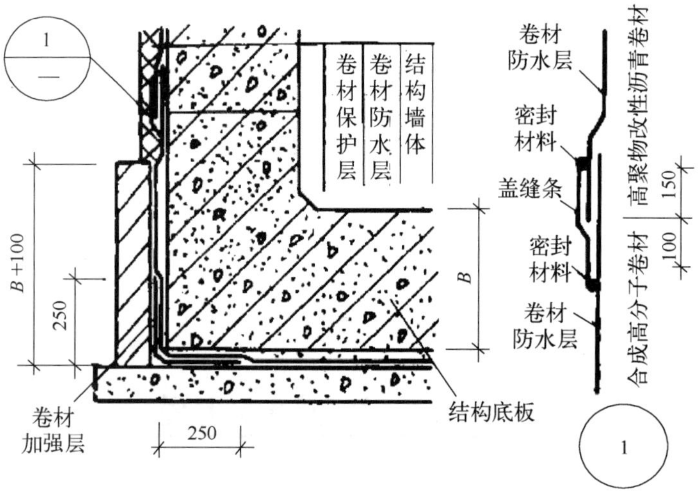

图 7-7 卷材防水层外防外贴法

外防外贴法的优点是:防水层能与混凝土结构同步沉降,较少受结构沉降变形影响,施工时不易损坏防水层,也便于检查混凝土结构及卷材的质量,发现问题容易修补。但缺点是工期长、工作面大、土方量大、卷材接头不易保护,容易影响防水工程质量。

2) 施工要点

① 卷材层应铺贴在水泥砂浆找平层上,找平层不宜太薄,太薄易爆皮,铺贴卷材时,找平层应基本干燥。卷材应先铺平面,后铺立面,交接处应交叉搭接;结构转角处铺贴层卷材附加层,然后进行大面积铺贴。

② 浇筑结构底板的混凝土垫层,在垫层上砌筑永久保护墙,在永久保护墙上用石灰砂浆接砌临时保护墙。永久保护墙的高度应比结构底板的厚度高 200~500 mm,临时保护墙高一般为 450~600 mm。在垫层和永久保护墙上抹 1∶3 水泥砂浆找平层,转角处抹成圆弧形,在临时保护墙内表面上抹石灰砂浆找平层,并刷石灰浆。

③ 从底面折向立面的卷材与永久性保护墙的接触部位,应采用空铺法或点粘法施工,与临时性保护墙或围护结构模板接触部位,应将卷材防水层临时贴附在保护墙最上端,当不设保护墙时,从底面折向立面的卷材在接茬部位应采取可靠的保护措施。

④ 保护墙上的卷材防水层完成后,应做保护层,以免后续工序施工时损坏卷材防水层。底板和永久保护墙上已铺贴牢固的卷材防水层,应用水泥砂浆或细石混凝土做保护层,但临时保护墙上临时固定的卷材防水层应以石灰砂浆做保护层,以便拆除。保护层厚度一般为 30~50 mm。施工结构底板和墙体时,保护墙可作为混凝土墙体一侧的模板。

⑤ 主体结构完工后,将甩茬部位临时固定的各层卷材揭开,清除表面的污物,再将此段结构外表面补抹水泥砂浆找平层。

⑥ 找平层干燥后,将卷材分层错茬搭接(如图 7-8 所示)向上铺贴。卷材接茬的搭接长

度，高聚物改性沥青卷材不应小于 150 mm，合成高分子卷材为 100 mm（b 为主体结构底板厚）。当使用两层卷材时，应错茬接缝，上层卷材应盖过下层卷材，接茬处应采用密封材料加贴盖缝条。

⑦ 卷材防水层施工完毕，立即进行渗漏检验，合格后，应及时做好卷材防水层保护结构，并进行土方回填。

（2）外防内贴法施工

1）构造做法：外防内贴法是在浇筑混凝土垫层后，在垫层上将永久保护墙全部砌好，然后将卷材防水层铺贴在垫层和永久保护墙上，再施工主体结构的方法（见图 7－9）。这种方法可一次完成防水层的施工，工序简单、土方量较小、卷材防水层无需临时留茬，可连续铺贴，缺点是立墙防水层难以和主体同步，受结构沉降变形影响，防水层易受损，以及混凝土的抗渗质量不易检查，如发生渗漏，修补困难。

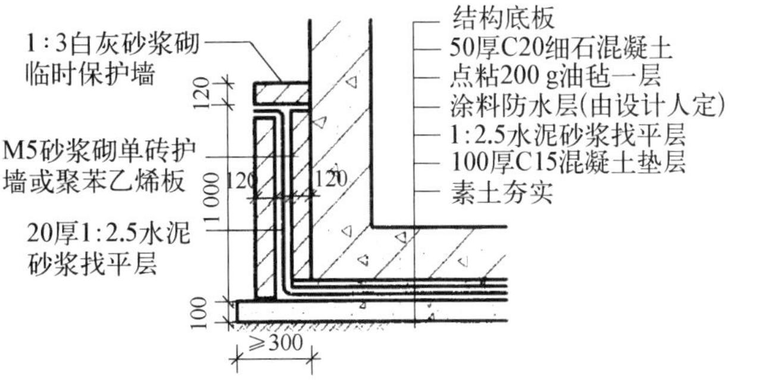

① 甩茬构造

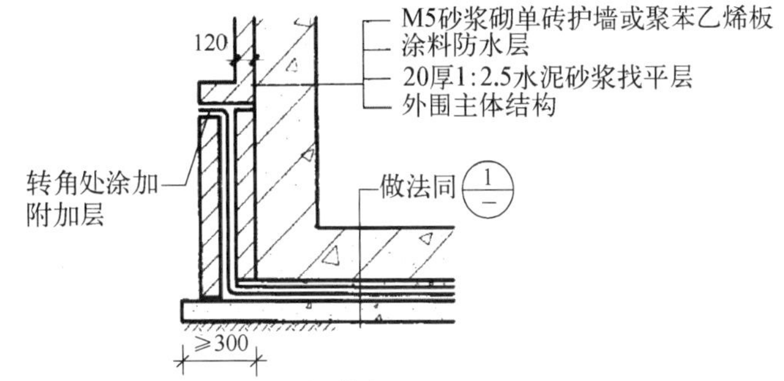

② 接茬构造

图 7－8　卷材转角接茬与甩茬

2）施工要点

① 在已施工好的混凝土垫层上砌永久保护墙，用 1∶3 水泥砂浆在垫层和永久保护墙上抹找平层。阴阳角处应抹成钝角或圆角。

② 找平层干燥后涂刷冷底子油或基层处理剂，干燥后将卷材防水层直接铺贴在保护墙的垫层上，转角处还应铺贴卷材附加层。铺贴卷材防水层时应先铺立面、后铺平面，铺贴立面时先铺转角、后铺大面。

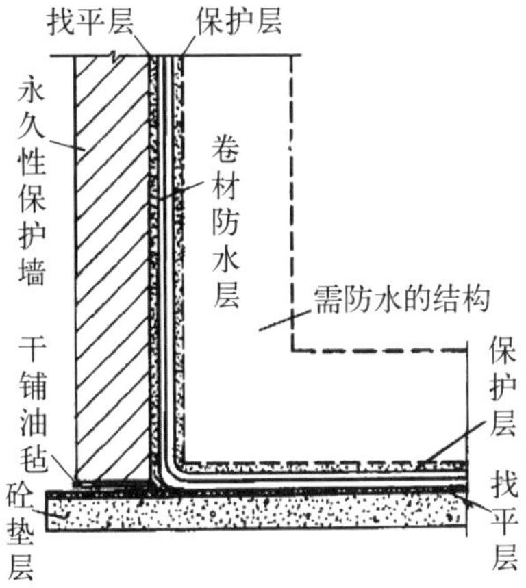

图 7－9　卷材防水层外防内贴法

③ 卷材防水层铺完，经检验合格后，应及时做保护层。立面应在涂刷防水层最后一道沥青胶结材料时，趁热撒上干净的热砂或散麻丝，冷却后抹一层 10～20 mm 厚的 1∶3 水泥砂浆；平面可用抹水泥砂浆或浇细石混凝土等方法做保护层，最后再进行防水结构的混凝土底板和墙体施工。

3）防水卷材的铺贴要求：铺贴高聚物改性沥青卷材应采用热熔法施工；铺贴合成高分子卷材宜采用冷粘法施工。

卷材铺贴时，两幅材长边和短边的搭接长度均不应小于 100 mm。采用双层卷材时，上下两层和相邻两幅卷材的接缝应错开 1/3～1/2 幅宽，且两层卷材不得相互垂直铺贴。卷材接缝必须粘贴封严，接缝口应用材性相容的密封材料，接缝宽度不应小于 10 mm。在立面与平面的转角处，卷材的接缝应留在平面上，距立面不应小于 600 mm。在转角处和特殊部位，应增贴 1～2 层相同卷材或抗拉强度较高的卷材。

热熔法和冷粘法大面铺贴卷材要求与屋面卷材基本一样，具体施工要点可参考上节内容。

二、刚性防水

1. 防水混凝土

(1) 防水混凝土的适用范围

防水混凝土适用于防水等级为一～四级的地下整体式混凝土结构。不适用环境温度高于 80 ℃、结构易受剧烈振动、冲击或处于耐侵蚀因数小于 0.8 的侵蚀性介质中使用的地下工程。(耐侵蚀因数是指在侵蚀性水中养护 6 个月的混凝土试块的抗折强度与在饮用水中养护 6 个月的混凝土试块的抗折强度之比)。

防水混凝土的环境温度一般应控制在 50～60 ℃以下，最好接近常温。这主要是因为防水混凝土抗渗性随着温度提高而降低，温度越高降低越明显。温度升高，混凝土硬化后其残留在内部的水分蒸发，混凝土内部产生许多毛细孔，形成渗水通路，加之水泥与水的水化作用，导致水泥凝胶破裂、干缩，混凝土内部组织结构破坏，抗渗性能降低。

结构遭受剧烈振动或冲击时，振动和冲击使得混凝土结构内部产生拉应力，在拉应力大于混凝土自身抗拉强度的情况下，就会出现结构裂缝，产生渗漏现象。另外，我国地下水特别是浅层地下水受污染比较严重，混凝土并非是永久性材料，钢筋常常会受到侵蚀。特别是中、高层建筑增多、投资大、要求使用年限长、防水等级大多为一级防水，所以必须采取多道防水措施。为确保其抗渗性，规范还规定：防水混凝土的抗渗等级不得小于 P6 (见表 7－7)。

防水混凝土包括普通防水混凝土、外加剂防水混凝土二大类。用防水混凝土做防水层具有取材容易、施工简便、工期短、造价低、耐久性好等优点，在一般民用建筑的地下室、水泵房、水池、大型设备基础、沉箱、地下连续墙等建(构)筑物上多有运用。

表 7－7　防水混凝土设计抗渗等级

工程埋置深度	设计抗渗等级	工程埋置深度	设计抗渗等级
＜10	P6	20～30	P10
10～20	P8	＞30	P12

注：1. 本表适用于Ⅳ、Ⅴ级围岩土层及软弱图岩。
2. 山岭隧道防水混凝土抗渗等级可按铁道部门的有关规定执行。

(2) 防水混凝土的材料要求

① 水泥：地下防水混凝土中水泥强度等级不应低于 32.5 级。不得使用过期或受潮结块水泥，不得将不同品种或强度等级的水泥混合使用。在不受侵蚀和冻融影响的环境下，宜采用普通硅酸盐水泥、硅酸盐水泥、火山灰质硅酸盐水泥、粉煤灰硅酸盐水泥。如采用矿渣硅酸盐水泥，应掺入适当品种的高效减水剂以降低泌水率。

在受冻融影响的环境下，宜采用普通硅酸盐水泥，不宜采用火山灰质硅酸盐水泥和粉煤灰硅酸盐水泥。在受侵蚀性介质影响的环境下，应按介质的性质选用相应的水泥，如受硫酸盐介质侵蚀时，可采用火山灰质硅酸盐水泥、粉煤灰硅酸盐水泥、抗硫酸盐硅酸盐水泥。

② 砂、石骨料：砂宜用中砂，含泥量不大于3%，泥块含量不大于1%。石子粒径宜为5～40 mm，泵送混凝土时最大粒径应为输送管道直径的1/4；含泥量不大于1%，泥块含量不大于0.5%；石子吸水率不大于1.5%，不得使用碱活性骨料。细骨料宜用中砂，含泥量不大于3.0%，泥块含量不大于1.0%。

③ 水：应采用不含有害杂质、pH值为4～9的洁净水，一般饮用水或天然洁净水均可采用。

④ 外加剂和矿物掺合料：防水混凝土可根据工程需要掺入防水剂、引气剂、减水剂、密实剂、膨胀剂、复合型外加剂等外加剂，其品种和掺量应经试验确定。所有外加剂应符合国家或行业标准一等品及以上的质量要求。外加剂的掺入可以改善混凝土内部组织结构、增加密实性及抗裂性、提高防水抗渗性能。

防水混凝土也可掺入一定数量的粉煤灰、磨细矿渣粉、硅粉等。粉煤灰级别不应低于二级，掺量不大于20%，硅粉掺量不大于3%，其他掺和料应经过试验确定。

⑤ 配合比：防水混凝土的配合比应符合下列规定：试配要求的抗渗水压值应比设计值提高0.2 MPa；水泥用量不得少于300 kg/m³，当掺有活性掺和料时，水泥用量不得少于280 kg/m³；砂率宜为35%～45%，泵送时可增至45%；灰砂比宜为1∶2～1∶2.5；水灰比不得大于0.55；坍落度不宜大于50 mm，采用预拌混凝土时，入泵坍落度宜为100～140 mm，缓凝时间宜为6～8 h；掺入引气剂或引气型减水剂时，混凝土含气量应控制在3%～5%。

(3) 防水混凝土的施工

一项工程质量的优劣，不仅在于其构造设计、材料选择是否合理，更取决于其施工质量的好坏。施工中混凝土的配料、搅拌、运输、浇筑、振捣及养护等环节都直接影响着工程质量，因此要严格控制好每一个施工环节。

1) 施工准备

施工前应编制施工方案，做好技术交底；进行原材料检验，并妥善保管；机具、设备备齐后，进行防水混凝土的试配工作；做好基坑排降水工作，防止地表水流入。

浇筑防水混凝土所用模板，除满足模板施工一般要求外，应特别注意拼缝严密、支撑牢固。一般不宜用穿过防水混凝土结构的螺栓或钢丝固定模板，以防产生引水现象，发生渗漏。当墙高需要用穿过混凝土防水结构的对拉螺栓固定模板时，应采取止水措施，一般可在螺栓中间加焊一块止水环(见图7-10)，阻止渗水通路。

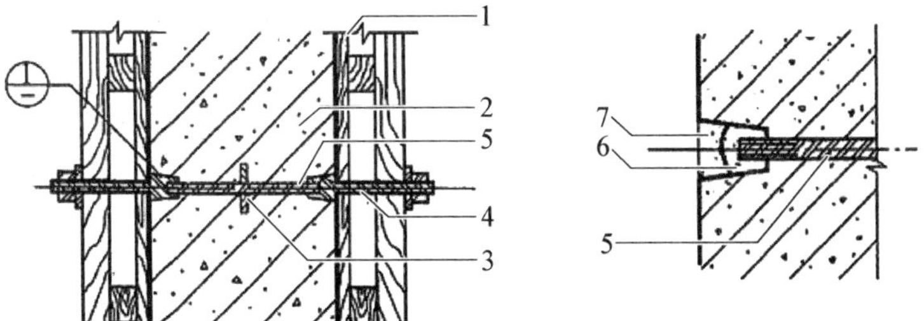

图7-10 固定模板用螺栓的防水构造

1—模板；2—结构混凝土；3—止水环；4—工具式螺栓；5—固定模板用螺栓；6—密封材料；7—聚合物水泥砂浆

为了有效地阻止钢筋的引水作用，迎水面防水混凝土的钢筋保护层厚度不应小于50 mm。底板钢筋均不能接触混凝土垫层，结构内部设置的各种钢筋以及绑扎钢丝均不得接触模板。留设保护层，应以相同配合比的细石混凝土或水泥砂浆垫块钢筋。严禁用钢筋充当保护层热块。

2）拌制过程的控制

拌制混凝土所用材料的品种、规格和用量，每工作班检查不应少于两次。水泥、水、外加剂掺和料累计计量偏差不应大于+1%；砂、石计量偏差不应大于±2%。

在浇筑地点，混凝土的坍落度每工作班至少检查两次。混凝土坍落度试验应符合现行《普通混凝土拌合物性能试验方法标准》(GB 50080—2016)的有关规定。防水混凝土应采用机械搅拌，搅拌时间比普通混凝土略长，一般不少于 120 s；掺入引气型外加剂，则搅拌时间约为 120～180 s；掺入其他外加剂应根据相应的技术要求确定搅拌时间。

3）混凝土运输、浇筑与振捣

防水混凝土拌合物在运输过程中要防止产生离析和坍落度损失。当出现离析时，必须进行二次搅拌。当坍落度损失不能满足施工要求时，应加入原水灰比的水泥浆或二次掺加减水剂进行搅拌，严禁直接加水。

振捣应采用机械振捣，振捣时间宜为 20～30 s；防水混凝土应连续浇筑，宜少留施工缝，当必须留设施工缝时应遵守下列规定：

① 墙体水平施工缝不应留在剪力与弯矩最大处或底板与侧墙的交接处，应留在高出底板表面不小于 300 mm 的墙体上。墙体有预留孔洞时，施工缝距孔洞边缘不应小于 300 mm。

② 垂直施工缝应避开地下水和裂隙水较多的地段，并宜与变形缝相结合。

4）施工缝、变形缝、后浇带、穿墙管的施工

① 施工缝：施工缝是防水结构容易发生渗漏的部位，施工时要符合下列要求：

a）水平施工缝浇灌混凝土前，应将其表面浮浆和杂物清除，先铺净浆，再铺 30～50 mm 厚的 1∶1 水泥砂浆或涂刷混凝土界面处理剂，并及时浇灌混凝土。

b）垂直施工缝浇灌混凝土前，应将其表面清理干净，涂刷水泥净浆或混凝土界面处理剂，并及时浇灌混凝土。

c）选用的遇水膨胀止水条应具有缓胀性能，其 7 d 的膨胀率不应大于最终膨胀率的60%；遇水膨胀止水条应牢固地安装在缝表面或预留槽内。

d）采用中埋式止水带时，应确保位置准确、固定牢靠。

② 变形缝：建筑物的变形缝设置中埋式止水带时(图 7－11)，中心线应和变形缝中心线重合，止水带不得穿孔或用钢钉固定：混凝土浇筑前应校正止水带位置，表面清理干净，止水带损坏处应修补：顶、底板止水带的下侧混凝土应振捣密实，边墙止水带内外侧混凝土应均匀，保持止水带位置正确、平直，无卷曲现象；止水带宽度和材质的物理性能均应符合设计要求，且无裂缝和气泡；接头应采用热接，不得叠接，接缝平整、牢固，不得有裂口的脱胶现象；变形缝处增设的卷材或涂料防水层，应按设计要求施工。

③ 后浇带

a）施工要求：随着建筑物越来越高，大体积混凝土结构也愈来愈多，大体积混凝土本身需严格按设计要求采取措施，后浇带的防水施工也有更为严格的要求，在后浇带混凝土施工前，该部位外贴式止水带应予以保护，严防落入杂物和损伤外贴式止水带。

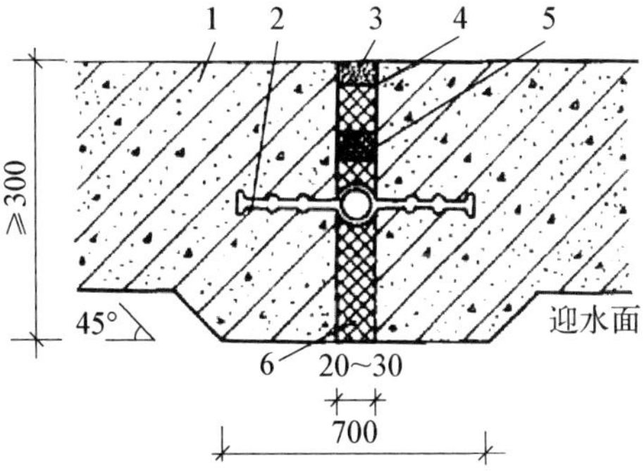

(a) 中埋式金属止水带与遇水膨胀胶条，嵌缝材料符合使用
1—混凝土结构；2—中埋式止水带；3—嵌缝材料；
4—背衬材料；5—遇水膨胀橡胶条；6—填缝材料

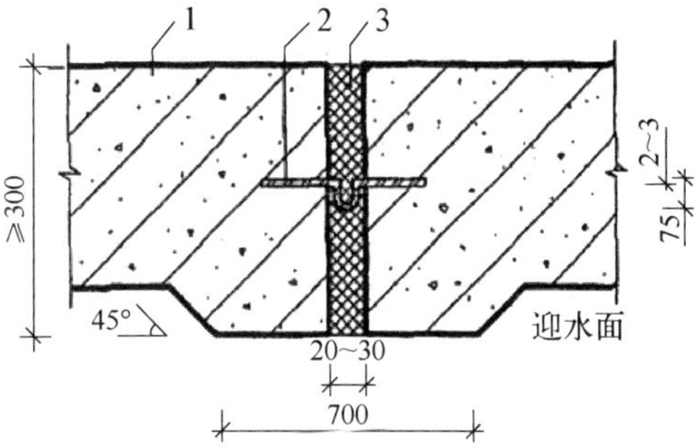

(b) 中埋式金属止水带
1—混凝土结构；2—金属止水带；3—填缝材料

图 7－11 中埋式止水带

b) 后浇带的构造：后浇带应设在受力和变形较小的部位，间距宜为 30～60 m，宽度宜为 700～1 000 mm。后浇带可做成平直缝，结构主筋不宜在缝中断开，如必须断开，则主筋搭接长度应大于 45 倍主筋直径，并应按设计要求加设附加钢筋。

后浇带的防水构造见图 7－12，后浇带需超前止水时，后浇带部位混凝土应局部加厚，并增设外贴式或中埋式止水带(见图 7－13)

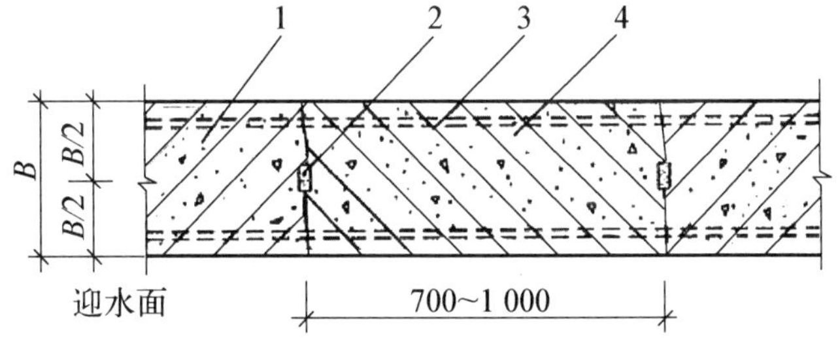

图 7－12 后浇带防水构造

1—先浇混凝土；2—遇水膨胀止水条(胶)；3—结构主筋；4—后浇补偿收缩混凝土

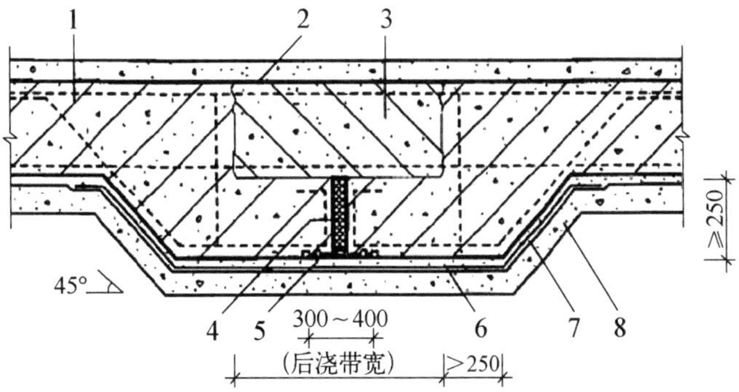

图 7－13 后浇带超前止水构造

1—混凝土结构；2—钢丝网片；3—后浇带；4—填缝材料；5—外贴式止水带；
6—细石混凝土保护层；7—卷材防水层；8—垫层混凝土 300 mm

④ 穿墙管:穿墙管(盒)应在浇筑混凝土前预埋,管与管的间距应大于穿墙管与内墙角、凹凸部位的距离应大于 250 mm。结构变形或管道伸缩量较大或有更换要求时,应采用套管式防水法(图 7-14),套管应加焊止水环。结构变形或管道伸缩量较小时,穿墙管可采用主管直接埋入混凝土内的固定式防水法(图 7-15),并应预留凹槽,槽内用嵌缝材料嵌填密实。

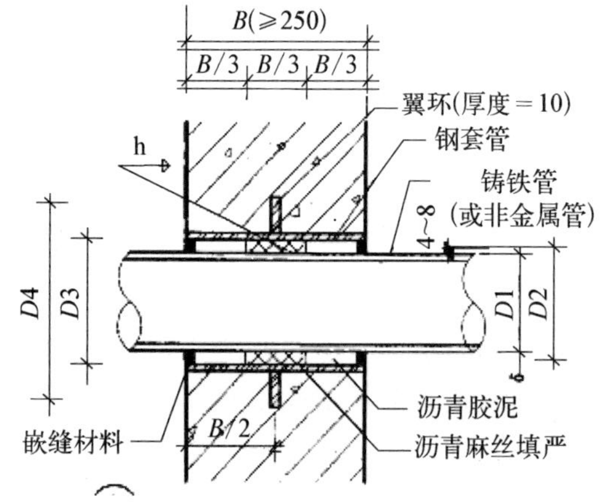

图 7-14 套管式防水法

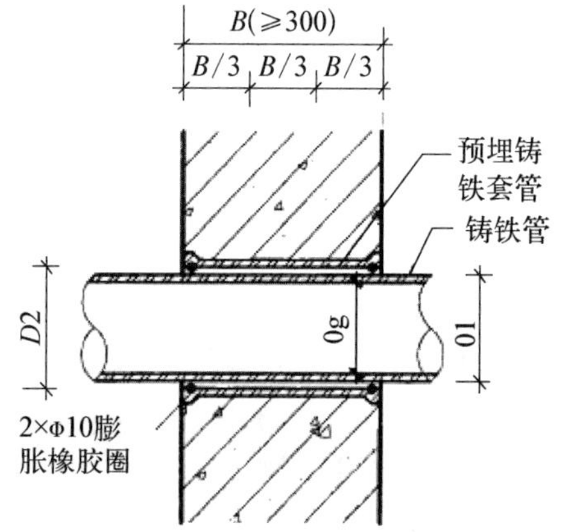

图 7-15 直接埋入主管

施工前,应将套管内表面清理干净,套管内的管道安装完毕后,应在两管间嵌入内衬填料,端部用密封材料填缝。柔性穿墙时,穿墙内侧应用法兰压紧。采用遇水膨胀止水圈的穿墙管,管径宜小于 50 mm,止水圈应用胶粘剂满粘固定于管上,并应涂缓胀剂。穿墙管止水环与主管或翼环与套管应连续满焊,且做好防腐处理;并在施工前将套管内表面清理干净。

穿墙管线较多时,宜相对集中,采用穿墙盒方法。穿墙盒的封口钢板应与墙上的预埋角钢焊严,并从钢板上的预留浇筑孔注入改性沥青柔性密封材料或细石混凝土处理,穿墙管外侧防水层应铺设严密,不留接茬;增铺附加层时,应按设计要求施工。穿墙管伸出外墙的部位,应采取有效措施防止回填时将管损坏。

5) 养护与拆模

防水混凝土终凝后应立即覆盖浇水养护,养护时间不应少于 14 d。拆模时防水混凝土的强度必须超过设计强度等级的 70%,拆模后应及时回填土,以利于混凝土后期强度的增长和抗渗性的提高,避免温差和干缩引起开裂。

(4) 防水混凝土类型

1) 普通防水混凝土:普通防水混凝土通过调整配合比、控制材料的选择、混凝土的拌制、振捣质量来提高混凝土自身的密实度和抗渗性,从而达到防水目的,它不同于普通混凝土。

2) 外加剂防水混凝土:外加剂防水混凝土是在混凝土中掺入一定的有机或无机的外加剂,改善了混凝土的性能,从而达到防水目的。由于外加剂种类较多,各自的性能、效果及适用条件也不尽相同。常用的外加剂防水混凝土有:三乙醇胺防水混凝土、加气剂防水混凝土、减水剂防水混凝土、氯化铁防水混凝土。

① 加气剂防水混凝土:在混凝土拌合物中加入加气剂后,会产生大量微小、密闭、稳定

而均匀的气泡，使其粘滞性增大，不易松散离析，显著地改善了混凝土的和易性，还可以使毛细管的形状及分布发生改变、切断渗水通路，从而提高了混凝土的密实性和抗渗性。加气剂防水混凝土适用于对抗渗性和抗冻性要求较高的工程结构，特别适合寒冷地区使用。

② 减水剂防水混凝土：减水剂是一种表面活性剂，它以分子定向吸附作用将凝聚在一起的水泥颗粒絮凝状结构高度分散解体，并释放出其中包裹的拌和水，使在坍落度不变的条件下，减少了拌和用水量；此外，由于高度分散的水泥颗粒能充分水化，使混凝土结构更加密实，从而提高了混凝土的密实性和抗渗性。减水剂防水混凝土适用于一般防水工程及对施工工艺有特殊要求的防水工程。常用的减水剂有 MF 或木质素磺酸钙、多环芳香族磺酸钠、糖蜜等。

(5) 防水混凝土工程质量验收

① 防水混凝土的原材料、配合比及坍落度必须符合设计要求。

② 防水混凝土的抗压强度和抗渗压力必须符合设计要求。

③ 防水混凝土的变形缝、施工缝、后浇带、穿墙管道、埋设件等设置和构造，均须符合设计要求，严禁有渗漏。

④ 防水混凝土结构表面应坚实、平整，不得有露筋、蜂窝等缺陷，埋设件位置应正确。

⑤ 防水混凝土结构表面的裂缝宽度不应大于 0.2 mm，并不得贯通。

⑥ 防水混凝土结构厚度不应小于 250 mm，迎水面钢筋保护层厚度不应小于 50 mm。

2. 水泥砂浆防水层

水泥砂浆防水层是用水泥砂浆、素水泥浆交替抹压涂刷多层的刚性防水层，其防水原理是分层闭合，构成一个多层整体防水层，各层的残余毛细孔道互相堵塞，使水分不能透过，从而达到抗渗防水目的。

水泥砂浆防水层包括普通水泥砂浆、聚合物水泥防水砂浆、掺外加剂或掺合料水泥砂浆等，这种防水层可用于主体结构的迎水面或背水面。

普通水泥砂浆是采用不同配合比的水泥浆和水泥砂浆，通过分层抹压构成防水层在对防水要求较低的工程中使用较为适宜。在水泥砂浆中掺入各种外加剂、掺合剂可提高砂浆的密实性、抗渗性，应用较为普遍。而在水泥砂浆中掺入高分子聚合物(如乙烯—醋酸乙烯共聚物、聚丙烯醋酸、有机硅、丁苯胶乳、氯丁胶乳等)配制成具有韧性、耐冲击性好的聚合物水泥砂浆，是近年来国内发展较快、具有较好防水效果的新型防水材料。

(1) 材料要求

1) 水泥：水泥品种按设计要求选用，应采用强度等级不低于 32.5 级的普通硅酸盐水泥、硅酸盐水泥、特种水泥。不同品种和强度等级的水泥不能混用，严禁使用过期或受潮结块的水泥。

2) 砂：宜采用中砂，平均粒径不小于 0.5 mm，最大粒径不大于 3 mm，含泥量不大于 1%，硫化物和硫酸盐含量不大于 1%。

3) 水：一般采用饮用水，如用天然水应符合混凝土用水的要求。

4) 外加剂

① 无机铝盐防水剂：此类防水剂加入水泥砂浆后，能与水泥和水起作用，在砂浆凝结硬化过程中生成水化氯铝酸钙、水化氯硅酸钙等晶体物质，填补砂浆中的空隙，从而提高了砂浆的密实性和防水性能。

② 有机硅防水剂：它是一种小分子水溶性混合物，易被弱酸分解，是一种憎水性物质。渗入基层内可堵塞水泥砂浆内部的毛细孔，增强密实性，提高抗渗性，从而起到防水作用。

③ 补偿收缩抗裂型防水剂是继 U 型混凝土膨胀剂后专用于水泥砂浆防水层的外加剂，它的抗渗性好，且具有抗裂性。

(2) 水泥砂浆防水层的配合比要求

普通水泥砂浆防水层的配合比见表 7－8。掺加外加剂、掺和料、聚合物等防水砂浆的配合比和施工方法应符合所掺材料的规定，其中聚合物砂浆的用水量应包括乳液中的含水量。

表 7－8　普通水泥砂浆防水层的配比表

名　称	配合比		水灰比	适用范围
	水泥	砂		
水泥浆	1	—	0.55～0.60	水泥砂浆防水层的第一层
水泥浆	1	—	0.37～0.40	水泥砂浆防水层的第三、五层
水泥砂浆	1	1.5～2.0	0.40～0.50	水泥砂浆防水层的第二、四层

(3) 基层处理

基层处理是保证防水层与基层表面结合牢固，不空鼓和密实不透水的关键。包括清理、浇水、刷洗、补平等工序，使基层表面保持潮湿、清洁、平整、坚实、粗糙。其中浇水湿润是保证防水层与基层结合牢固，不空鼓的关键。水要按次序反复浇透至表面基本饱和，抹上灰浆后无吸水现象为宜。水泥砂浆防水层应在基础垫层、初期支护、围护结构及内衬结构验收合格后方可施工。

(4) 水泥砂浆防水层施工

1) 普通水泥砂浆防水层施工

① 混凝土顶板与墙面防水层施工

第一层为素灰层，厚 2 mm。先抹道 1 mm 厚素灰，随后在已刮抹完的素灰层上再抹一道厚 1 mm 的素灰找平层，然后用湿毛刷在素灰表面按顺序轻刷一遍，打乱素灰层表面的毛细孔道，形成一层坚实不透水的水泥结晶层，成为防水层的第一道防线。

第二层为水泥砂浆层，厚 4～5 mm。在素灰层初凝时抹第二层水泥砂浆层，该层主要起对素灰层的养护、保护和加固作用。

第三层为素灰层，厚 2 mm。在第二层水泥砂浆凝固并具有一定强度(常温下间隔一昼夜)，适当浇水湿润，再进行第三层的操作，方法与第一层相同。

第四层为水泥砂浆层，厚 4～5 mm。操作过程同第二层，将其抹在第三层上，抹后在水泥砂浆凝固过程中，用铁抹子分 3～4 次压实，最后再压光。

第五层抹水泥浆做法与上述做法相同。只是第五层是在第四层水泥砂浆抹压两遍后，用毛刷将水泥浆均匀地刷在第四层上，随第四层一起抹实压光。

② 底板防水层施工

底板防水层施工与墙面、顶板不同，通常第一、三层的素灰层不采用刮抹的方法，而是把拌和好的素灰倒在地面上，用刷子往返用力涂刷均匀，第二、四层是在素灰层初凝前后把水泥砂浆按厚度要求均匀抹压在素灰层上。底板防水层施工时要禁止踩踏，应由里向外顺序进行。

水泥砂浆各层应紧密贴合，每层宜连续施工。如必须留茬时，可采用阶梯坡形茬，但离阴阳角处不得小于 200 mm；接茬应依层次顺序操作，层层搭接紧密。接茬时，应先在接茬处均匀涂刷水泥浆层，以保证接茬的密实性。结构阴阳角处的防水层，均应抹成圆弧形。

普通水泥砂浆防水层终凝后，应及时进行养护，温度不宜低于 5 ℃，养护时间不得少于 14d，养护期间应保持湿润。

③ 掺外加剂水泥砂浆防水层施工

a）防水净浆、防水砂浆的配制

防水净浆的配制方法：按配合比将水泥、水、防水剂准确称量；先将防水剂放入容器中，缓慢加水搅拌均匀；再加入水泥继续搅拌均匀而成。

防水砂浆的配制方法：按配合比将水泥、砂、水、防水剂准确称量；将称量好的防水剂和水混合搅拌均匀备用；将称量好的水泥和砂干拌均匀，再加入已备好的混合液搅拌 1～2 min 即成。

b）防水层施工

防水层施工时，先在处理好的基层上涂一道防水净浆，然后分两次抹厚度为 12 mm 的底层防水砂浆。第一次要用力抹压使其与基层结成一体，凝固前用木抹子搓压成麻面，待阴干后即按同样的方法抹第二遍底层砂浆；底层砂浆抹完约 12 h 后，即分两次抹厚13 mm 的面层防水砂浆。在抹面层防水砂浆之前，应先在底层防水砂浆上涂刷一道防水净浆，并随涂刷随抹第一遍面层防水砂浆（厚度不超过 7 mm），凝固前用木抹子均匀搓压成麻面，第一遍面层防水砂浆阴干后再抹第二遍面层防水砂浆，并在凝固前分次抹压密实，最后压光。

三、其他地下防水工程简介

1. 密封防水

密封防水是指对建筑物或构筑物的接缝、节点等部位运用“加封”或“密封”材料进行水密和气密处理，起着密封、防水、防尘和隔声等功能。同时还可与卷材防水、涂料防水和刚性防水等工程配套使用，因而是防水工程中的重要组成部分。

建筑工程常用的嵌缝防水密封材料主要是改性沥青防水密封材料和合成高分子防水密封材料两大类。它们的性能差异较大，施工方法亦应根据具体材料而定，常用的施工方法有冷嵌法和热灌法两种。

冷嵌法施工大多采用手工操作，用腻子刀或刮刀嵌填，较先进的采用电动或手动嵌缝挤出枪进行嵌填，该法施工并不只限于接缝，螺母等部位也可用；热灌法施工需在现场塑化或加热密封材料，使其具有流塑性后进行浇灌，这种方法一般适用于平面接缝密封防水处理。防水密封材料的施工一般都是在工程临近竣工之前进行，此时工期要求紧，各种误差集中，施工条件特殊，如不精心施工，就会降低密封材料的性能，提高漏水的概率。为了满足接缝的水密、气密要求，在正确的接缝设计和施工环境下完成任务，就需要充分做好施工准备，各道工序认真施工，并加强施工管理，才能达到要求。

2. 地下工程排水防水

排水工程是专指工业与民用建筑地下室、隧道、坑道的构造排水，即指设计采用各种排水措施，使地下水能顺着预先设计的各种管沟被排到工程外，以降低地下水位，减少地下工程的渗漏水。

对于重要的、防水要求较高的大型工业与民用建筑的地下工程，在制定防水方案时，应结合排水一起考虑。凡具有自流排水条件的地下工程，可采用自流排水的方法进行排水，如无自流排水条件，防水要求较高且具有抗浮要求的地下工程，则可采用渗排水、盲沟排水或机械排水，但应防止由于排水而危及地面建筑物及农田水利设施。

通向江、河、湖、海的排水口其高程如低于洪（潮）水位时，应采取防倒灌措施。

任务 7.3　室内防水工程

7.3.1　厨房卫生间防水施工工艺

在厨房、卫生间等有防水要求的地面工程中，一般穿越管道较多，而管道与地面（包括底层地面和楼面）的节点部位由于防水处理复杂，且传统卷材防水做法在施工时剪口和接缝较多，很难封闭严密，往往容易发生渗漏水事故。因此，厨房、卫生间的防水问题已引起人们的广泛关注。

近年来采用的涂膜防水或聚合物水泥砂浆防水新技术，能够使地面和墙面形成一个连续、无缝、封闭严密的整体防水层，从而确保了厨房、卫生间的防水质量。涂膜防水层，一般选用高弹性的聚氨酯防水涂膜和弹塑性的氯丁胶乳沥青防水涂膜。

下面主要介绍厨房、卫生间的涂膜防水层施工。

一、防水涂料

根据防水涂料成膜物质的主要成分，适用于涂膜防水屋面的防水层涂料可分为：高聚物改性沥青防水涂料和合成高分子防水涂料两类。根据防水涂料形成液态的方式，可分为反应型、溶剂型和水乳（乳液）型 3 类

防水涂料品种繁多、形态各异，但都具有以下特点：

(1) 防水性能好。由于防水涂料在固化前呈粘稠液，因此能在平面、立面、阴阳角及各种复杂表面形成无接缝的完整的薄膜防水层，从而具有良好的防水性能。

(2) 操作简便，施工速度快。防水涂料可以刷涂、刮涂，也可以使用喷涂，各种复杂基层都易于施工。

(3) 污染小，安全性好。防水涂料在常温下多为冷施工，污染小、施工安全。

(4) 温度适应性强。基本上能满足各类工程的屋面防水要求。

(5) 易于修补。防水涂料既是防水层又是胶粘剂，施工质量容易保证，对基层裂缝、管道根部等一些容易渗漏的部位，容易进行增强涂刷和贴布作业。

1. 高聚物改性沥青防水涂料

以石油沥青为基料，用合成聚合物对其进行改性，加入适量助剂配制的水乳型或溶剂型乳液，称为高聚物改性沥青防水涂料。高聚物改性沥青防水涂料质量应符合表 7－9 的要求。

表 7－9　高聚物改性沥青防水涂料质量要求

项　目		质量要求
固体含量(%)		≥43
内热度(80 ℃,5 h)		无流淌、起泡和滑动
柔性(－10 ℃)		3 mm 厚,绕 ϕ20 mm 圆棒,无裂纹、断裂
不透水性	压力/MPa	≥0.1
	保持时间/min	≥30 不渗透
延伸(20±2 ℃拉伸,min)		≥4.5

2. 合成高分子防水涂料

以合成橡胶或合成树脂为原料加入适量的活性剂、改性剂、增塑剂、防霉剂及填充料等辅助材料制成的单组分或双组分防水涂料,统称为合成高分子防水涂料。合成高分子防水涂料质量应符合表 7－10 的要求。

表 7－10　合成高分子防水涂料质量要求

项目		质量要求		
		反应固化型(Ⅰ类)	挥发固化型(E 类)	聚合物水泥涂料
固体含量(%)		≥94	≥65	≥65
拉伸强度/MPa		≥1.65	≥1.5	≥1.2
断裂伸长率(%)		≥350	≥300	≥200
柔性/℃		－30,弯折无裂纹	－20,弯折无裂纹	－10,绕 ϕ10 mm 圆棒,无裂纹
不透水性	压力/MPa		≥0.3	
	保持时间/min		≥30	

进场的高聚物改性沥青防水涂料应抽验固体含量、耐热度、不透水性、柔性、延伸;取样规定每 10 t 为一批,不足 10 t 按一批抽验。

进场的合成高分子防水涂料应抽验固体含量、拉伸强度、断裂延率、柔性、不透水性;取样规定每 10 t 为一批,不足 10 t 按批抽验。

防水涂料包装容器必须密封,容器表面应有明显标志,标明涂料名称及生产厂名、生产日期和产品有效期。防水涂料应按不同规格、不同品种分别堆放。水乳型涂料贮运和保管环境温度不得低于 0℃。溶剂型涂料贮运和保管环境温度不宜低于 0℃,严禁暴晒、碰撞、渗漏。保管环境应干燥、通风、远离火源,仓库内应有消防设施。聚氨酯(反应型)防水涂料为非易燃易爆品,能安全运输。该产品应存放于室内通风干燥处,如使用不完,其包装容器应立即盖紧,勿长时间暴露于空气中,以防自爆。

二、基层处理

厨房、卫生间的防水基层必须用 1∶3 的水泥砂浆抹找平层。要求抹平压光,表面坚实,无空鼓,起砂、掉灰现象。

在抹找平层时，凡遇到管子根部周围要使其略高于地面的情况，在地漏周围应做成略低于地面的洼坑。找平层坡度以1%～2%为宜，凡遇到阴、阳角处，要抹成半径不小于10 m的小圆弧。穿过楼地面或墙面的管件(如套管、地潜等)以及卫生活具等。必须安装牢固，收头必须圆滑，并按设计要求用密封膏嵌固。

基层应基本干燥，一般在基层表面均匀泛白无明显水印时，方可进行涂膜防水层的施工。施工前要把基层表面的尘土杂物清扫干净。

三、防水层施工

1. 聚氨酯涂膜防水层施工

(1) 配制聚氨酯涂膜防水涂料：将甲、乙组分和二甲苯按1∶1.5∶0.3的比例配合，用电动搅拌器强力搅拌均匀备用。应随用随配，最好2 h内用完。

(2) 涂膜防水层施工：用小滚刷或油漆刷蘸满涂料，均匀涂布在基层表面上。平面基层涂刷3～4遍为宜，每遍涂布量为0.6～0.8 kg/m^2；立面基层以涂刷4～5遍为宜。每遍涂布量为0.5～0.6 kg/m^2，防水涂料的总厚度以不小于1.5 mm为合格。每遍涂布间隔时间一般在5 h以上。

对管道根部和地漏周围以及下水管转角墙部位，必须认真涂布，厚度应增加0.5 mm左右，以确保防水工程质量。在最后一遍涂膜固化前，应及时撒上少许干净的粒径为2～3 mm的小豆石。使其与涂膜粘结牢固，并作为与水泥砂黎保护层粘结的过渡层。

(3) 防水保护层施工：当聚氨酯涂膜防水层完全固化，通过蓄水试验并检查验收合格后，即可铺设一层厚度为15～25 mm的水泥砂浆保护层，然后根据设计要求铺设装饰层。

2. 氯丁胶乳沥青涂膜防水层施工

施工前，应先将装涂料的桶盖拧紧，放倒在地滚动数次，使之均匀。施工时随用随倒入小桶，并随时盖好桶盖，以免干燥结膜，影响质量。

对阴阳角、管道根部和地漏等易发生渗漏的部位，应先铺设好一布二油作附加补强处理，再进行大面积施工。先将涂料用毛刷均匀涂刷在需要附加补强的部位，再按形状要求把剪裁好的玻璃纤维布或聚酯纤维无纺布粘贴好，然后涂涂料，实干后，再按正常要求进行大面积的一布四油施工。

一布四油施工。在洁净的基层上：均匀涂刷第一遍涂料。表干后(4 h以上)，即可铺贴玻璃纤维布或聚酯纤维无纺布，紧接着涂刷第二遍涂料。也可边铺边涂刷涂料。搭接宽度不应小于70 mm，要用毛刷铺刷平整，排除气泡，并使涂料浸透布纹，不得有白茬，折皱。垂直面的贴高不小于250 mm，收头处必须粘贴牢固，封闭严密。

第二遍涂料实干24 h以上后，再均匀涂刷第三遍涂料，表干4 h以上再涂刷第四遍涂料。

第四遍涂料实干24 h以上。方可进行蓄水试验。蓄水高度一般为50～100 mm，蓄水时间为24～48 h。当无渗漏时，方可进行刚性保护层的施工，并不得损坏防水层，以免留下渗漏隐患。如在蓄水试验时发现有渗漏现象，应及时找出原因，并进行修补处理，至蓄水试验无渗漏为止。

在施工过程中严禁上人踏踩未完全干燥的涂膜防水层。操作人员应穿平底鞋。以免损坏涂膜防水层。

知识拓展

建筑业十项新技术

防水卷材机械固定施工技术

知识拓展 7

思考与习题

1. 地下防水工程有哪些防水方案?
2. 防水混凝土有几种堵漏技术? 如何施工?
3. 聚氨酯涂料防水有哪些优缺点? 有哪些施工工序?
4. 卫生间涂料防水施工应注意哪些事项?
5. 卫生间渗漏常出现在哪些部位,产生的原因及堵漏措施有哪些?
6. 防水工程施工安全技术有哪些?
7. 卷材冷黏法施工时平面上铺贴卷材,一般可采用哪两种方法进行?
8. 厚度小于多少的卷材严禁采用热熔法施工?
9. 什么是卷材热粘贴的滚铺法?
10. 什么是卷材热粘贴的展铺法?
11. 什么是复合防水施工?
12. 卷材屋面用的卷材一般分为哪几类?
13. 合成高分子卷材有何特点? 热量能力的主要指标是什么?

项目8　装饰装修工程施工

素质目标（依据专业教学标准）

（1）坚定拥护中国共产党领导和我国社会主义制度，践行社会主义核心价值观，具有深厚的爱国情感和中华民族自豪感；

（2）崇尚宪法、遵纪守法、崇德向善、诚实守信、尊重生命、热爱劳动，履行道德准则和行为规范，具有社会责任感和社会参与意识；

（3）具有质量意识、环保意识、安全意识、信息素养、工匠精神、创新思维；

（4）勇于奋斗、乐观向上，具有自我管理能力、职业生涯规划的意识，有较强的集体意识和团队合作精神；

（5）具有健康的体魄、心理和健全的人格，以及良好的行为习惯；

（6）具有一定的审美和人文素养。

知识目标

（1）掌握抹灰工程的分类、材料的技术要求、施工环境要求、施工工艺流程；

（2）掌握花岗岩地面工程施工准备工作、施工工艺流程；

（3）掌握瓷砖地面工程施工准备工作、施工工艺流程；

（4）掌握实木地板工程施工准备工作、施工工艺流程；

（5）掌握干挂石材工程施工准备工作、施工工艺流程；

（6）掌握轻钢龙骨石膏板吊顶工程施工准备工作、施工工艺流程；

（7）掌握矿棉吸声板明龙骨吊顶工程施工准备工作、施工工艺流程；

（8）掌握轻钢龙骨隔墙工程施工准备工作、施工工艺流程。

能力目标

（1）能编制一般装饰装修工程施工专项方案；

（2）能进行一般装饰装修工程施工技术交底；

（3）能进行一般装饰装修工程施工质量检查。

任务8.1　抹灰工程施工

一、抹灰工程分类

按施工工艺不同，抹灰工程分为一般抹灰和装饰抹灰。

一般抹灰是指在建筑墙面(包括混凝土、砖砌体、加气混凝土砌块等墙体立面)涂抹石灰砂浆、水泥砂浆、水泥混合砂浆、聚合物水泥砂浆和麻刀石灰、纸筋石灰、石膏灰等。

装饰抹灰是指在建筑墙面涂抹水刷石、斩假石、干性石、假面砖等。

二、材料的技术要求

(1) 水泥：抹灰用的水泥其强度等级应不小于32.5 MPa，水泥的凝结时间和安定性的复验应合格。白水泥和彩色水泥主要用于装饰抹灰；不同品种、不同强度等级的水泥不得混用。

(2) 砂子：砂子宜选用中砂，砂子使用前应过筛(不大于5 mm的筛孔)，不得含有杂质；特细砂不宜使用。

(3) 石灰膏：抹灰用的石灰膏的熟化期不应少于15d；石灰膏应细腻洁白，不得含有未熟化颗粒，已冻结风化的石灰膏不得使用。

(4) 彩色石粒：彩色石粒是由天然大理石破碎而成，具有多种颜色，多用作水磨石、水刷石、斩假石的骨料。其品种规格见表8-1。

表8-1　彩色石粒的规格、品种及质量要求

序　号	规格与粒径的关系		常用品种	质量要求
	规格	粒径(mm)		
1	大二分	约20	东北红、东北绿、丹东绿、白云石、石彩绿、奶油白、苏州黑、济南青、南京红、松香石	颗粒坚硬、有棱角、洁净，不得含有风化的石粒、黏土、碱质及其他有机物等有害物质。使用时应冲洗干净
2	一分半	约15		
3	大八厘	约8		
4	中八厘	约6		
5	小八厘	约4		
6	米粒石	0.3～1.2		

(5) 砂浆的配合比：砂浆的配合比应符合设计要求，施工配合比符合抹灰施工的技术要求。其中，一般抹灰砂浆的稠度应符合表8-2的要求。

表8-2　一般抹灰砂浆稠度控制表

序　号	层　次	稠度(cm)	主要作用
1	底层	10～12	与基层粘结，辅助作用是初步找平
2	中层	7～8	找平
3	面层	10	装饰

三、施工环境要求

（1）主体工程经有关部门验收合格后，方可进行抹灰工作。

（2）检查门窗框及需要埋设的配电管、接线盒、管道套管是否固定牢固，连接缝隙是否嵌塞密实，并事先将门窗框包好。

（3）将混凝土构件等抹灰面进行处理，并刷素水泥浆一道，然后用 1∶2.5 水泥砂浆分层补平压实。

（4）窗帘钩、通风箅子、吊柜、吊扇等预埋件或螺栓的位置和标高应准确设置，并做好防腐、防锈工作。

（5）混凝土及砖结构表面的砂尘、污垢和油渍等要清除干净，对混凝土砖结构表面、砖墙表面应在抹灰前 2 d 浇水湿透。

（6）屋面防水工作未完前进行抹灰，应采取防雨水措施。

（7）室内抹灰的环境温度，一般不低于 5 ℃，否则应采取保证质量的有效措施。

（8）抹灰前熟悉图纸，制定抹灰方案，做好抹灰的样板间，经检查达到合格标准后，方可大面积展开施工。

四、施工工艺

1. 工艺流程

基层处理→浇水湿润→抹灰饼→墙面充筋→分层抹灰→设置分格缝→保护成品。

2. 工艺操作方法

（1）基层处理

① 基层清理

抹灰前基层表面的尘土、污垢、油渍等应清除干净，涂刷 1∶1 水泥砂浆（加适量胶粘剂）；加气混凝土应在湿润后，边刷界面剂边抹强度不小于 M5 的水泥混合砂浆。表面凹凸明显的部位应先剔平或用 1∶3 水泥砂浆补平。抹灰工程应在基体或基层的质量验收合格后施工。

② 非常规抹灰的加强措施

当抹灰总厚度大于或等于 35 mm 时，应采取加强措施。不同材料基体交接处表面的抹灰，应采取防止开裂的加强措施。当采用加强网时，加强网与各基体的搭接宽度不应小于 100 mm。加强网应绷紧、钉牢。

③ 细部处理

外墙抹灰工程施工前应先安装门窗框、护栏等，并应将孔洞堵塞密实。室内墙面、柱面和门洞口的阳角做法应符合设计要求。设计无要求时，应采用 1∶2 水泥砂浆做暗护角，其高度不应低于 2 m，每侧宽度不应小于 50 mm。

（2）吊垂直、套方、找规矩、做灰饼

根据设计图纸要求的抹灰质量以及基层表面平整垂直情况，吊垂直、套方、找规矩，确定抹灰厚度。灰饼宜用 1∶3 水泥砂浆抹成 50 mm 见方形状。

（3）墙面充筋

充筋根数应根据房间的宽度和高度确定，一般标筋宽度为 50 mm。两筋间距不大于

1.5 m。当墙面高度小于3.5 m时宜做立筋，大于3.5 m时宜做横筋，做横向冲筋时灰饼的间距不宜大于2 m。

（4）分层抹灰

大面积抹灰前应设置标筋。抹灰应分层进行，通常抹灰构造分为底层、中层及面层，具体技术要求参照表8-2。其中，水泥砂浆不得抹在石灰砂浆层上；罩面石膏灰不得抹在水泥砂浆层上。

抹灰层的平均总厚度应符合设计要求。通常抹灰构造各层厚度宜为5～7 mm，抹石灰砂浆和水泥混合砂浆时每遍厚度宜为7～9 mm。当设计无要求时，抹灰层的平均总厚度不应大于表8-3的要求。当抹灰总厚度超出35 mm时，应采取加强措施。

表8-3 抹灰层的平均总厚度控制表

序 号	工程对象		抹灰层平均总厚度(mm)
1	内墙	普通	20
		高级	25
2	外墙		20(勒脚及突出墙面部分为25)
3	石墙		35

（5）设置分格缝

抹灰分格缝的设置应符合设计要求，宽度和深度应均匀，表面应光滑，棱角应整齐。

有排水要求的部位应做滴水线(槽)。滴水线(槽)应整齐顺直，滴水线应内高外低，滴水槽的宽度和深度均不应小于10 mm。

（6）保护成品

各种砂浆抹灰层，在凝结前应防止快干、水冲、撞击、振动和受冻，在凝结后应采取措施防止沾污和损坏。水泥砂浆抹灰层应在湿润条件下养护，一般应在抹灰24 h后进行养护。

任务8.2 花岗岩地面工程施工

一、施工准备

1. 技术准备

（1）办理材料样板的确认、封样手续。

（2）检验主要材料的质量和出厂合格证是否齐全，进行材料品验。

（3）施工操作前应根据设计图纸和现场实测尺寸，进行深化设计，绘制施工大样图，并经设计、监理、建设单位确认。

（4）对操作人员进行安全技术交底。

2. 材料

（1）天然花岗石的品种、规格、颜色应符合设计要求。技术等级、光泽度、外观等质量要求应符合现行国家标准《天然花岗石建筑板材》(GB/T 18601—2009)的规定。花岗石板材不得有裂纹、缺陷、掉角、翘曲等缺陷,并应符合现行国家标准《民用建筑工程室内环境污染控制规范》(GB 50325—2010(2013 年版))的有关规定。

(2) 水泥:硅酸盐水泥、普通硅酸盐水泥或矿渣硅酸盐水泥,其强度等级不应低于 32.5,严禁不同品种、不同强度等级的水泥混用。水泥进场应有产品合格证和出厂检验报告,进场后应进行取样复试。其质量必须符合现行国家标准《通用硅酸盐水泥》(GB 175—2007/XG3—2018(含 1、2、3 号修改单))、《中热硅酸盐水泥、低热硅酸盐水泥、低热矿渣硅酸盐水泥》(GB 200—2003)的规定。当对水泥质量有怀疑或水泥出厂超过 3 个月时,在使用前必须进行复试,并按复试结果使用。

白水泥:白色硅酸盐水泥,其强度等级不小于 32.5。其质量必须符合现行国家标准《白色硅酸盐水泥》(GB/T 2015—2017)的规定。

(3) 砂子:中砂或粗砂,过 5 mm 孔径筛子,其含泥量不大于 3%。

(4) 水:宜采用饮用水。当采用其他水源时,其水质应符合国家现行标准《混凝土用水标准》(JGJ 63—2006)的规定。

(5) 辅助材料:矿物颜料、蜡、保护剂、清洁剂、封闭剂等应有出厂合格证及相关性能检测报告。

3. 机具设备

(1) 机械:砂浆搅拌机、台钻、合金钢钻头、砂轮锯、磨石机、云石机、角磨机等。

(2) 工具:手推车、铁锹、浆壶、水桶、喷壶、铁抹子、木抹子、刮杠、墨斗、尼龙线、橡皮锤(木锤)、钢錾子、合金钢扁錾子、钢丝刷等。

(3) 计量检测用具:靠尺、钢尺、水平尺、角尺、塞尺等。

(4) 安全防护用品:口罩、护目镜、防护手套、耳塞等。

二、施工工艺

1. 工艺流程

基层处理→放线→试拼石材→铺设结合层砂浆→铺设石材→养护→勾缝。

2. 工艺操作方法

(1) 基层处理

将地面垫层上的杂物及油污清理干净,用钢丝刷刷掉粘结在垫层上的砂浆,并清扫干净,对于弹线后地面高低差较大的地方,高处需剔除,低处用水泥砂浆或豆石混凝土补平。

(2) 放线

根据水平标准线(50 线或一米线)和设计厚度 50 mm(20 厚石材+30 厚干硬性砂浆),用钢尺向下量 450 mm,用墨斗在四周墙、柱上弹出面层的标高控制线。

(3) 试拼石材

在正式铺设前,对房间内的大理石(花岗石)板块,应按图案、颜色、纹理试拼,试拼中将色板好的排放在显眼部位,花色和规格较差的铺砌在较隐蔽处。同时,将非整块板对称排放在房间靠墙部位,试拼后按两个方向逐块编号,然后按编号码放整齐。

依照石材排版,预排石材,从入口处预排,并在地面弹出十字控制线和分格线。

(4) 铺设结合层砂浆

铺设前应将基底用喷壶洒水湿润,在基底上刷一道素水泥浆(或界面剂),随刷随铺搅拌均匀的 30＋3[厚度控制在放上大理石（花岗石）板块时高出面层水平线 3～4 mm 为宜]厚 1∶3 干硬性水泥砂浆，铺好后用刮杠刮平，再用抹子拍实找平。

（5）铺设石材

根据房间拉的十字控制线，左右两侧各铺一行，作为大面积铺砌标筋（板块之间的缝隙宽度，当设计无规定时不应大于 1 mm）。由里向外拉线（或使用激光投线仪）铺砌。用真空吸盘提起板块对好纵横控制线铺放在已铺好的干硬性砂浆结合层上，用橡皮锤敲击木垫板（不得用橡皮锤或木锤直接敲击板块），振实砂浆至铺设高度后，将板块掀起移至一旁，检查砂浆表面与板块之间是否相吻合，如发现有空虚之处，应用砂浆填补，然后正式铺砌。

先在水泥砂浆结合层上满浇一层聚合物水泥浆（用浆壶浇均匀），也可在石材背面满刮聚合物水泥膏，再铺板块，安放时四角同时往下落，用橡皮锤或木锤轻击木垫板，根据水平线用水平尺找平（或使用激光投线仪）。铺完左右两侧标准行之后，可分段分区依次铺砌，一般房间宜先里后外进行，逐步退至门口，同时检查房间与走道面层标高应一致。板块与墙角、镶边和靠墙处应紧密砌合，不得有空隙。

（6）镶边线

铺贴方法同石材，边线在对角处做 45°切角处理，如后期镶铜条，预留缝隙。

（7）灌浆、擦缝

在板块铺砌后强度达到可上人操作（结合层抗压强度达到 1.2 MPa）时，即可进行灌浆、擦缝。根据大理石（花岗石）颜色，选择相同颜色矿物颜料和水泥（白水泥）拌合均匀，调成 1∶1 稀水泥浆，用浆壶缓慢灌入板块之间的缝隙中（可分几次进行），并用刮板把流出的水泥浆刮向缝隙内，灌满为止。灌浆 1～2 h 后，用棉纱团蘸原稀水泥浆擦缝与板面擦平，同时将板面上的水泥浆擦净，然后覆盖养护，养护时间不应小于 7 d。

（8）大理石踢脚板安装

① 根据墙面的标高控制线，测出踢脚板上口水平线，弹在墙上，根据墙面抹灰厚度，用线坠吊线，确定踢脚板的出墙厚度，一般为 8～10 mm。

② 对于抹灰墙面，按踢脚板出墙厚度，用 1∶3 水泥砂浆打底找平，表面搓毛。

③ 找平层砂浆干硬后，拉踢脚板上口的水平线，按设计要求对阳角进行处理，在经浸水阴干的大理石（花岗石）踢脚板背面，先刮抹一层 2～3 mm 厚的聚合物水泥浆，再进行粘贴，并用木锤敲实，根据水平线找直、找平。

④ 24 h 后用同色水泥浆擦缝并用棉丝团将余浆擦净。

（9）打蜡

当水泥砂浆结合层（含灌缝）达到强度后（抗压强度达到 1.2 MPa 时），方可进行打蜡。将成品蜡用海绵在面层上薄薄均匀涂一层，稍干后用打蜡机在磨石面层上反复进行磨光。用同样的方法再打第二遍蜡，直到光滑洁亮为止。打蜡机打不到的边角处用人工打蜡出光。打蜡后，铺干锯末进行保护。

任务 8.3　瓷砖地面工程施工

一、施工准备

1. 技术准备

(1) 根据设计要求，结合现场尺寸，进行排砖设计，并绘制施工大样图，经设计、监理、建设单位确认。

(2) 办理材料确认，并将设计或建设单位选定的样品封样保存。

(3) 铺砖前应向操作人员进行安全技术交底。大面积施工前宜先做出样板间或样板块，经设计、监理、建设单位认定后，方可大面积施工。

2. 材料

(1) 地砖：有出厂合格证及检测报告，品种规格及物理性能符合国家标准及设计要求，外观颜色一致，表面平整、边角整齐，无裂纹、缺棱掉角等缺陷。

(2) 水泥：硅酸盐水泥、普通硅酸盐水泥，其强度等级不应低于 42.5，严禁不同品种、不同强度等级的水泥混用。水泥进场应有产品合格证和出厂检验报告，进场后应进行取样复试。其质量必须符合现行国家标准《通用硅酸盐水泥》(GB 175—2007/XG3—2018(含 1、2、3 号修改单))的规定。当对水泥质量有怀疑或水泥出厂超过三个月时，在使用前必须进行复试，并按复试结果使用。

白水泥：白色硅酸盐水泥，其强度等级不小于 32.5。其质量应符合现行国家标准《白色硅酸盐水泥》(GB/T 2015—2017)的规定。

(3) 砂：中砂或粗砂，过 5 mm 孔径筛子，其含泥量不大于 3%。其质量应符合国家现行标准《普通混凝土用砂、石质量及检验方法标准》(JGJ 52—2006)的规定。

(4) 水：宜采用饮用水。当采用其他水源时，其水质应符合《混凝土用水标准》(JGJ 63—2006)的规定。

(5) 界面剂：应有出厂合格证及检测报告。

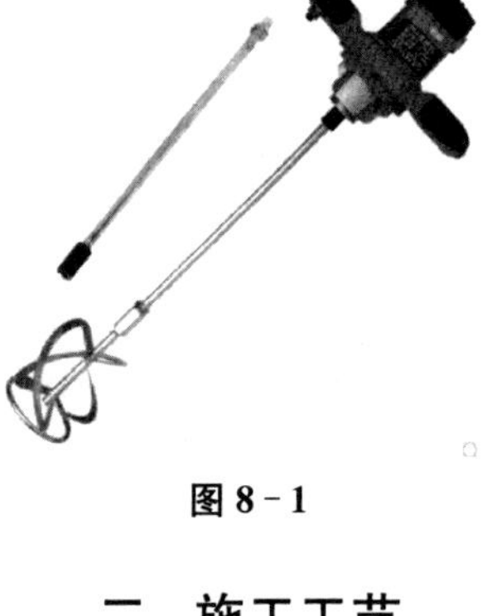

图 8-1

3. 机具设备

(1) 机械：电动搅拌钻、台式砂轮锯、手提云石机、角磨机。

(2) 工具：墨斗、橡皮锤、铁锹、手推车、筛子、木耙、水桶、刮杠、木抹子、铁抹子、錾子、镘刀、扫帚、铅笔等。

(3) 计量检测用具：激光投线仪、水准仪、磅秤、钢尺、直角尺、靠尺、水平尺等。

(4) 安全防护用品：口罩、手套、护目镜等。

二、施工工艺

1. 工艺流程

基层处理→放线→排砖、试铺→测设十字控制线→浸砖→铺设结合层砂浆→铺砖→养护→贴踢脚板面砖→勾缝。

2. 工艺操作方法

（1）基层处理

先把基层上的浮浆、落地灰、杂物等用錾子剔除掉，再用钢丝刷、扫帚将浮土清理干净。光滑基层面应用錾子凿毛。

（2）放线

根据水平标准线（50 线或一米线）和设计厚度 35 mm（10 厚瓷砖＋25 厚干硬性砂浆，瓷砖厚度一般 9～12 mm），用钢尺向下量 465 mm，用墨斗在四周墙、柱上弹出面层的标高控制线。

（3）排砖、试铺、绘制排砖图

排砖时，垂直于门口方向的地砖对称排列，当试排最后出现非整砖时，应将非整砖与一块整砖尺寸之和平分切割成两块大半砖，对称排在两边。与门口平行的方向，当门口是整砖时，最里侧的一块砖宜大于半砖（或大于 200 mm），当不能满足时，将最里侧的非整砖与门口整砖尺寸相对口均分在门口和最里侧。密缝铺贴时缝宽不大于 1 mm。绘制排布方案图，然后进行正式铺贴。（如前期已根据现场实测尺寸进行精细排布，此项工作可省略）

（4）测设十字控制线

依照排砖图（本项目瓷砖尺寸为 800×800 mm）和地砖的留缝（留缝 1 mm）大小，在基层地面弹出十字控制线和分格线（在地面弹出与门口成直角的基准线，弹线应从门口开始，弹线应弹出纵横定位控制线），并将分格线引至两侧墙上。

（5）浸砖

铺贴前清理干净瓷砖背面的脱模剂，在水中充分浸泡（时间 2～3 小时），浸水后的瓷砖应阴干（30～40 分钟）备用，以瓷砖表面有潮湿感但手按无水迹为准。

（6）铺设结合层砂浆

铺设前应将基底湿润，并在基底上刷一道素水泥浆或界面剂，随刷随铺设搅拌均匀的干硬性水泥砂浆（镘刀刮粘结剂）。

（7）铺砖

根据排砖控制线安装标准块，标准块应安装在十字线交点，对角安装，根据标准块先铺贴好左右靠边基准行（封路）的块料。根据基准行由内向外挂线（激光投线仪）逐行铺贴。将砖放置在干拌料上，用橡皮锤敲打找平，之后将砖拿起，在砖背面涂约 2～3 mm 厚素水泥膏（或粘结剂），再将砖放置在已找平的干拌料上，用橡皮锤将瓷砖按标高控制线和方正控制线铺设平整。并随时用激光投线仪进行检校，以保证铺贴质量。

（8）养护

砖面层铺贴完 24 h 内应进行洒水养护，夏季气温较高时，应在铺贴完 12 h 后浇水养护并覆盖，养护时间不少于 7 d。

（9）贴踢脚板面砖

墙面抹灰时留出踢脚部位不抹灰，使踢脚砖不致出墙太厚。粘贴前砖要浸水阴干，墙面洒水湿润。铺贴时先在两端阴角处各贴一块，然后拉通线控制踢脚砖上口平直和出墙厚度。踢脚砖粘贴用 1∶2 聚合物水泥砂浆（界面剂的掺加量按产品说明书），将砂浆粘满砖背面并及时粘贴，随之将挤出的砂浆刮掉，面层清理干净。设计无要求时，踢脚板面砖宜与地面砖对缝或按骑马缝方式铺贴。

(10) 勾缝

当铺砖面层的砂浆强度达到 1.2 MPa 时(夏季一般 36 h 左右,冬季一般 60 h 之后)进行勾缝,用与铺贴砖面层的同品种、同强度等级的水泥或白水泥与矿物颜料调成设计要求颜色的水泥膏或 1∶1 水泥砂浆进行勾缝,勾缝清晰、顺直、平整光滑、深浅一致,并低于砖面 0.5~1.0 mm。

任务 8.4 实木地板工程施工

一、施工准备

1. 技术准备

(1) 认真审核图纸,结合现场尺寸进行深化设计,确定铺设方法、拼花、镶边等,并经监理、建设单位认可。

(2) 根据选用的板材和设计图案进行试拼、试排,达到尺寸准确、均匀美观。

(3) 选定的样品板材应封样保存。提前做好样板间或样板块,经监理、建设单位验收合格。

(4) 对操作人员进行安全技术交底。铺设面积较大时,应编制施工方案。

2. 材料

(1) 实木地板:实木地板面层所采用的材料,其技术等级和质量应符合设计要求,含水率长条木地板不大于 12%,拼花木地板不大于 10%。实木地板面层的条材和块材应采用具有商品检验合格证的产品,其产品类别、型号、适用树种、检验规则及技术条件等均应符合现行国家标准《实木地板　第 1 部分:技术要求》(GB/T15036.1—2018)、《实木地板　第 2 部分:检验方法》(GB/T 15036.2—2018)的规定。

(2) 木材:木龙骨、垫木、剪刀撑和毛地板等应做防腐、防蛀及防火处理。木龙骨要用变形较小的木材,常用红松和白松等;毛地板常选用红松、白松、杉木或整张的细木工板等。木材的材质、品种、等级应符合现行国家标准《木结构工程施工质量验收规范》(GB 50206—2012)的有关规定,铺设时的含水率不大于 12%。

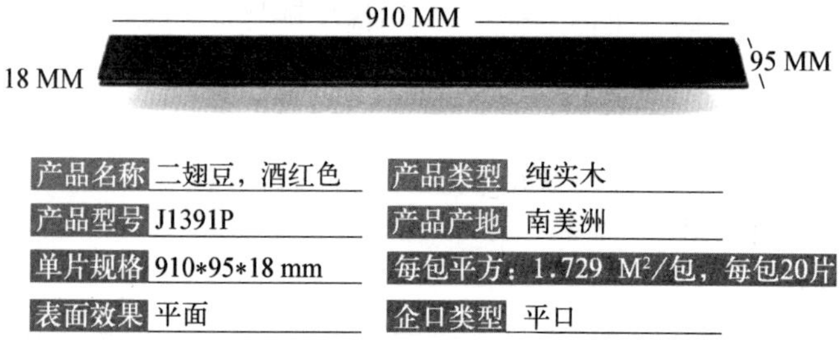

图 8-2

(3) 硬木踢脚板:宽度、厚度应按设计要求的尺寸加工,其含水率不大于 12%,背面满涂防腐剂。

(4) 其他材料:防腐剂、防火涂料、胶粘剂、50~100 mm 钉子(地板钉)、隔声材料等。防腐剂、防火涂料、胶粘剂应具有环保检测报告。

3. 机具设备

(1) 机械:多功能木工机床、小电锯、电锤等。

(2) 工具:斧子、冲子、手锯、手刨、锤子、墨斗、錾子、扫帚、钢丝刷、割角尺等。

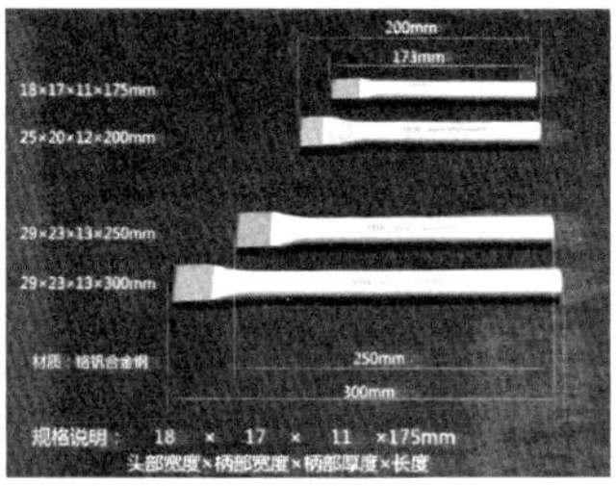

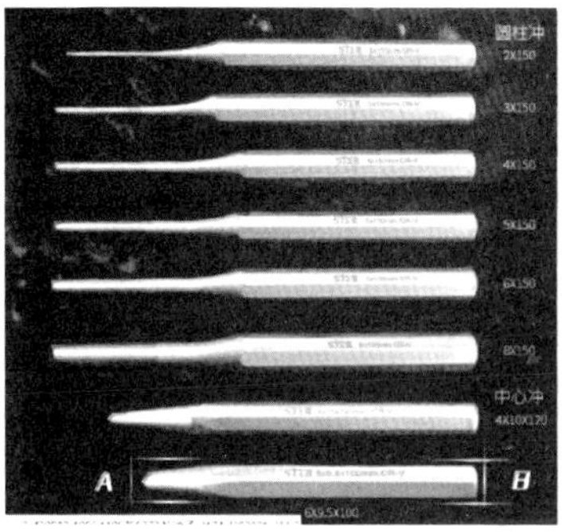

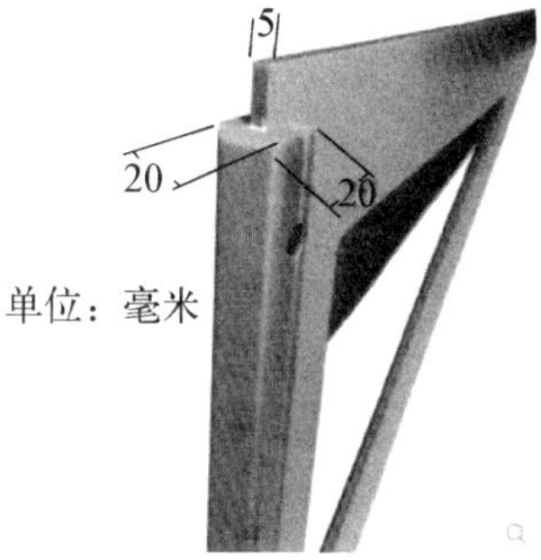

图 8-3

(3) 计量检测用品:水准仪、水平尺、方尺、钢尺、靠尺等。

4. 作业条件

(1) 顶棚、墙面的各种湿作业已完,粉刷干燥程度达到 80%以上。

(2) 墙面已弹好标高控制线(50 线或一米线),并预检合格。

(3) 门窗玻璃、油漆、涂料已施工完,并验收合格。

(4) 水暖管道、电气设备及其他室内固定设施安装完,上、下水及暖气试压通过验收并合格。

二、施工工艺

1. 工艺流程

基层处理→定位放线→安装木搁栅→铺毛地板→铺设实木地板→安装木踢脚板→成品保护。

2. 工艺操作方法

(1) 基层处理

对基层空鼓、麻点、掉皮、起砂、高低偏差等部位先进行返修,并把沾在基层上的浮浆、落地灰等用錾子或钢丝刷清理掉,再用扫帚将浮土清扫干净。

(2) 定位放线

先在楼板上弹出木搁栅的安装位置线(间距不大于 400 mm 或按设计要求)及标高,第一根木搁栅距墙边 30 mm,间距 400 mm,木搁栅一般与房间短边平行(垂直于门方向)。木搁栅之间还要设置横撑,横撑间距 800 mm,距墙边 30 mm,与木搁栅垂直相交。

(3) 安装木搁栅及横撑

在木搁栅与横撑安装位置线交点处用电锤钻孔,孔径 16 mm,孔深 40 mm;将 14×14×40 mm 木楔用羊角锤打入孔中,木楔上部与地面平齐。

将木搁栅(30×40×3 000 mm)放平、放稳,并找好标高,用 60 mm 长铁钉把木搁栅牢固固定在木楔上,钉帽进入木搁栅 2 mm,木龙骨与墙间留出不小于 30 mm 的缝隙(第一根木搁栅位置线距墙边 50 mm),以利于通风防潮。用 40 mm 长铁钉斜向与木搁栅固定,其目的是为了加强龙骨的整体性。木搁栅与横撑之间的空隙内，可按设计要求填充轻质材料(坞龙骨)，填充材料不得高出木格栅上表皮。

(4) 铺毛地板

将毛地板牢固钉在木搁栅上，毛地板可采用条板，其宽度不宜大于 120 mm，也可采用整张的细木工板或中密度板等。采用整张板时，可锯成 1 220×610 mm、813×610 mm等规格。

毛地板铺设时，木材髓心应向上，其板间缝隙不大于 3 mm，与墙之间应留 8～12 mm 的缝隙。毛地板用铁钉与龙骨钉紧，宜选用长度为板厚 2～2.5 倍的铁钉，每块毛地板应在每根龙骨上各钉两个钉子固定，钉帽应砸扁并冲进毛地板表面 2 mm，毛地板的接头必须设在龙骨中线上，表面要调平，板长不应小于两档木龙骨，相邻板条的接缝要错开。

(5) 铺实木地板

双层实木地板在毛地板完成后，为防止使用中发生响声和潮气侵蚀，宜先铺设一层用以隔声和防潮的隔离层。从墙的一边开始铺钉地板，靠墙的一块板应离开墙面 10 mm 左右，以后逐块排紧。

铺设时应从距门较近的墙一边开始铺钉企口条板，靠墙的一块板应离墙面留 8～12 mm 缝隙，用木楔背紧。以后逐块排紧，用地板钉从板侧企口处斜向钉入，钉长为板厚 2～2.5 倍，钉帽要砸扁冲入地板表面 2 mm，每块板侧面钉三个钉子固定，钉距不大于 300 mm，企口条板要钉牢、排紧。板端接缝应错开，其端头接缝一般是有规律的在一条直线上。每铺设 600～800 mm 宽应拉线找直修整，板缝宽度不大于 0.5 mm。

(6) 安装木踢脚板

实木地板安装完毕后，静放 2 h 后方可拆除木楔子，并安装踢脚板。踢脚板的厚度应以能压住实木复合地板与墙面的缝隙为准，通常厚度为 15 mm，以钉固定。在墙面弹出木楔位置线，距成品实木复合地板上表面 50 mm，每隔 300 mm 在墙上钻孔(孔径 16 mm，孔深 40 mm)打入防腐木楔 14×14 mm(此项工作须在铺设防潮膜前进行)，再把踢脚板用钉子钉牢在防腐木楔上，钉帽砸扁冲入木板内，踢脚板板面应垂直，上口水平。木踢脚板阴阳角交接处应切割成 45°角拼装，踢脚板的接头也应固定在防腐木楔上。安装时注意不要把有明显色差的踢脚板连在一起。

(7) 清理、打蜡、成品保护

用布或干净丝绵蘸蜡薄薄均匀涂在木地板上，待蜡干后，用木块包麻布或细帆布进行磨光，直到表面光滑洁亮。

任务 8.5　干挂石材工程施工

一、施工准备

1. 技术准备

(1) 熟悉施工图纸及设计说明，根据现场施工条件进行必要的测量放线，对各个标高、各种洞口的尺寸、位置进行校核。

(2) 编制施工组织方案，并经审批。

(3) 按设计要求对各立面分格及安装节点(如门套、柱根、柱头、阴阳角对接方法、粘贴工艺等)进行深化设计,绘制大样图,经设计、监理、建设单位确认后,委托订货。为防止不同批次的石材出现色差,订货时应一次订足,留出适当的备用量。

(4) 石材供货到场后,按加工订货合同的规定进行材料进场检验,按不同规格、品种、花色分类码放,并送样进行石材放射性指标复试。对石材与防护剂、胶粘剂的相容性及粘接强度进行试验。

(5) 施工前按照大样图进行样板间(段)施工。样板间(段)经设计、监理、建设单位检验合格并签认。对操作人员进行安全、技术交底。

(6) 按照深化设计的大样图,将各个面的石材面板在地面上预排,调整尺寸、纹理和色差,然后在板背面统一进行编号,涂刷石材防护剂,再按安装顺序码放整齐,为施工做好准备。

2. 材料

(1) 石材:石材的材质、品种、规格、颜色及花纹应符合设计要求。并应符合国家现行标准《天然大理石建筑板材》(GB/T 19766—2016)和现行国家标准《天然花岗石建筑板材》(GB/T 18601—2009)的规定,应有出厂合格证和性能检测报告。石材质量按供需双方确认的样板要求执行。大理石板材镜面光泽度应不低于75光泽单位,花岗石板材应不低于80光泽单位;或按供需双方协议样板执行。

(2) 辅料:型钢骨架、金属挂件、不锈钢挂件、膨胀螺栓、金属连接件、不锈钢连接挂件以及配套的垫板、垫圈、螺母及与骨架固定的各种所需配件,其材质、品种、规格、质量应符合要求。石材防护剂、石材胶粘剂、耐候密封胶、防水胶、嵌缝胶、嵌缝胶条、防腐涂料应有出厂合格证和使用说明,并应符合环保要求。各种胶应进行相容性试验。

3. 机具设备

(1) 机具:石材切割机、砂轮切割机、无齿锯、云石机、磨光机、角磨机、冲击钻、台钻、电焊机等。

(2) 工具:手推车、扫帚、开刀、棕刷、注胶枪、吸盘、钳子、各种扳手、錾子、多用刀、墨斗、小线、红蓝铅笔等。

(3) 计量检测用具:激光投线仪、水准仪、经纬仪、钢尺、靠尺、方尺、塞尺、托线板、线坠、水平尺等。

(4) 安全防护用品:安全帽、安全带、电焊面罩、电焊手套等。

二、施工工艺

1. 工艺流程

石材表面处理→石材安装前准备→测量放线基层处理→主龙骨安装→次龙骨安装→石材安装→石材板缝处理→表面清洗

2. 工艺操作方法

(1) 石材表面处理

将石材板的正面朝下平放于两根方木上,用羊毛刷蘸防护剂,均匀涂刷于石材板的背面和四个边的小面,涂刷必须到位,不得漏刷。待第一道涂刷完24 h后,刷第二道防护剂。第二道刷完24 h后,将石材板翻成正面朝上,涂刷正面,方法与要求和背面涂刷相同。

（石材表面应干燥，一般含水率应不大于8%，按防护剂使用说明对石材表面进行防护处理。此工序必须在清洁的环境下进行施工。正面所使用的防护剂通常与背面相同，设计有要求时可使用不同防护剂。）

（2）石材安装前准备

先对石材板进行挑选，使同一立面或相邻两立面的石材板色泽、花纹一致，挑出色差、纹路相差较大的不用或用于边角不明显部位。石材板选好后进行开槽。（为保证孔槽的位置准确、垂直，应制作一个定型托架，将石板放在托架上作业。）

开槽时应使切割片与开槽面垂直，确保成槽后准确无误。开槽长度为60 mm，槽宽度为6 mm，槽深为30 mm，不锈钢挂件中心距板边不得大于150 mm，角钢上安装的挂件中心间距不宜大于700 mm，开切槽口后石材净厚度不得小于6 mm。（一般槽宽为5～8 mm，槽深为25～35 mm。开切槽口后石材净厚度在有效长度内槽深度不宜小于15 mm，开槽长度宜为60 m，开槽宽度宜为6 mm或7 mm，以能配合安装不锈钢干挂件为宜。）

（3）测量放线基层处理

对安装石材的结构表面进行清理。放控制线、吊线找规矩：复查水准点和基准线；根据设计排版图尺寸先在墙上预排，弹出分格线，由中心向两边弹放。在墙体上弹出1 000 mm水平控制线和每层石材标高线，并在墙上做控制桩，找出墙面规矩和方正。用经纬仪打出大角两个面的竖向控制线，弹在离大角200 mm的位置上，以便随时检查垂直挂线的准确性。

（4）竖向龙骨安装

本项目竖向龙骨选用8#槽钢(80×43×5 mm)，以方便横龙骨焊接。安装时先按竖向龙骨安装位置线，在结构墙体上用膨胀螺栓固定角码，本项目角码采用L110×70×6长度为150 mm的热镀锌角钢，间距≤1 200 mm，在竖向龙骨两侧面对面设置，每个角码用两个膨胀螺栓固定。然后将竖向龙骨卡入角码之间，采用贴角焊与角码焊接牢固。阴角处距墙角处不小于300 mm，阳角处距墙角200 mm，竖向龙骨间距宜与石材墙面竖向分缝位置对应，焊接处应刷防锈漆。

（竖向龙骨安装时应先临时固定，然后拉通线进行调整，待调平、调正、调垂直后再进行固定或焊接。）

室内干挂时，底部角码固定在地面上，顶部角码固定在梁（板）底，角码采用L110×70×6长度为40 mm的热镀锌角钢，单个膨胀螺栓固定。

（5）横向龙骨安装

横向龙骨本项目采用L50×50×5热镀锌角钢（不宜小于L40×40×4），沿高度方向固定在每一道石材的水平接缝处，横向龙骨上表面与石材上边缘标高一致，横向龙骨与竖向龙骨的连接采用焊接。焊缝防腐处理同竖向龙骨。

（6）石材安装

石材与横向龙骨的连接采用T形不锈钢专用连接件，连接件宽40 mm、厚4 mm（一般3～5 mm）。不锈钢专用连接件与石材侧边安装槽缝之间，灌注云石胶。连接件的间距宜不大于700 mm。安装时应边安装、边进行调整，保证接缝均匀顺直，表面平整。

（7）石材板缝处理

打胶前在板缝两边的石材上粘贴40 mm宽的美纹纸，以防污染石材，美纹纸的边缘要贴齐、贴严，将缝内杂物清理干净，并在缝隙内填入泡沫填充（棒）条，填充的泡沫（棒）条固定好，最后用胶枪把嵌缝胶打入缝内，打胶时用力要均匀，枪走的要稳而慢，若出现胶缝不太平顺，待胶凝固后用壁纸刀将其修整平顺，最后撕去美纹纸。打胶成活后一般低于石材表面 5 mm，呈半圆凹状。嵌缝胶的品种、型号、颜色应按设计要求选用并做相容性试验。在底层石板缝打胶时，注意不要堵塞排水管。

(8) 表面清洗

采用柔软的布或棉丝擦拭，对于有胶或其他粘结牢固的污物，可用开刀轻轻铲除，再用专用清洁剂将污物清除干净，必要时可进行罩面剂的涂刷以提高观感质量。

任务 8.6 轻钢龙骨石膏板吊顶工程施工

一、吊顶工程的分类

按照施工工艺不同，分为暗龙骨吊顶和明龙骨吊顶。暗龙骨吊顶，又称隐蔽式吊顶，龙骨不外露，饰面板表面呈整体的形式。明龙骨吊顶，又称活动式吊顶。一般是和铝合金龙骨或轻钢龙骨配套使用，是将轻质装饰板明摆浮搁在龙骨上，便于更换。龙骨可以是外露的，也可以是半露的。按照采用的饰面材料不同，分为石膏板、金属板、矿棉板、木板、塑料板和格栅吊顶等。按照采用的龙骨材料不同，分为木龙骨、轻钢龙骨、铝合金龙骨吊顶等。

二、施工准备

1. 技术准备

编制轻钢骨架活动罩面板顶棚工程施工方案，并对工人进行书面及安全交底。

2. 材料要求

吊筋；主龙骨、主龙骨吊件，主龙骨接插件；次龙骨、次龙骨吊件、次龙骨接插件；横撑龙骨及连接件、射钉、螺钉等。

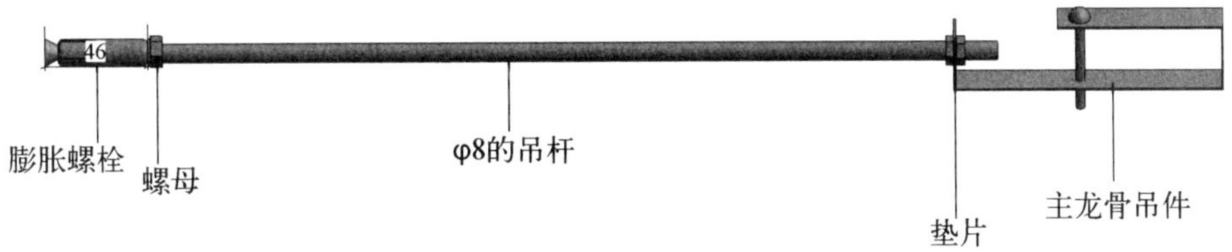

图 8-4 吊筋

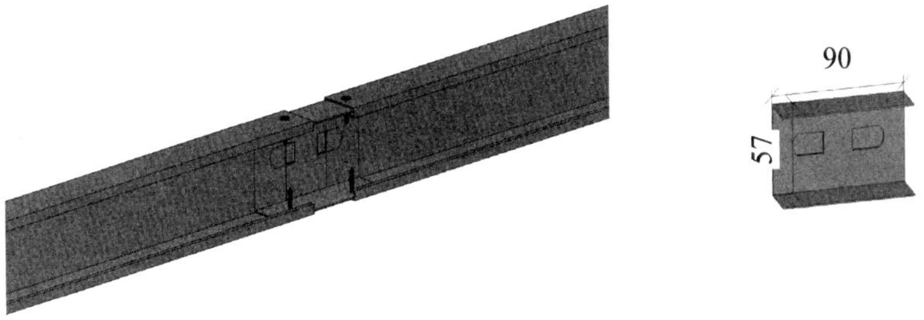

图 8-5 主龙骨及连接件

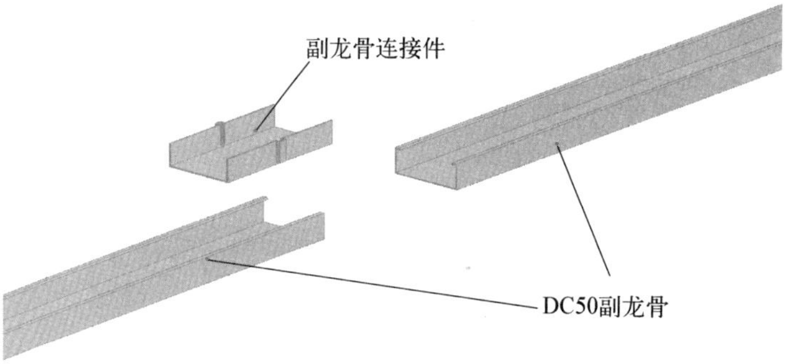

图 8-6　次龙骨及连接件

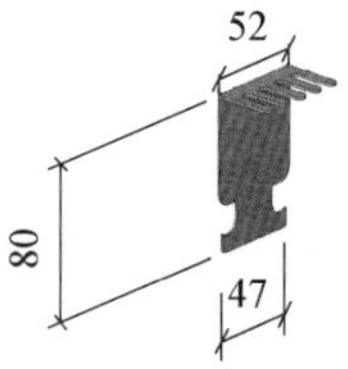

图 8-7　次龙骨挂件

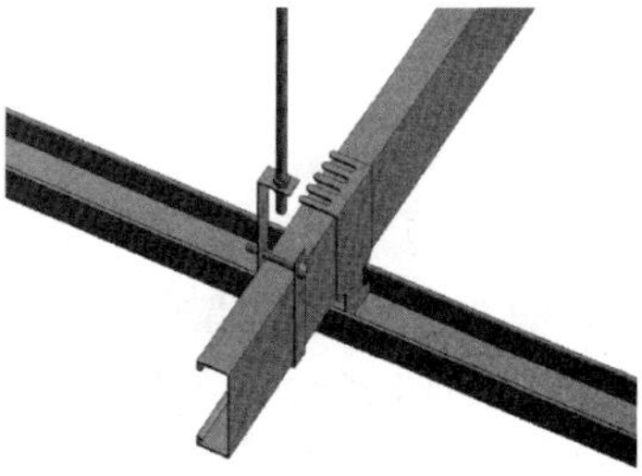

图 8-8　横撑龙骨及连接件

3. 主要机具

钢卷尺、放线盒、激光投线仪、冲击电钻、切割机、吊筋安装工具、扳手、电动螺丝刀等。

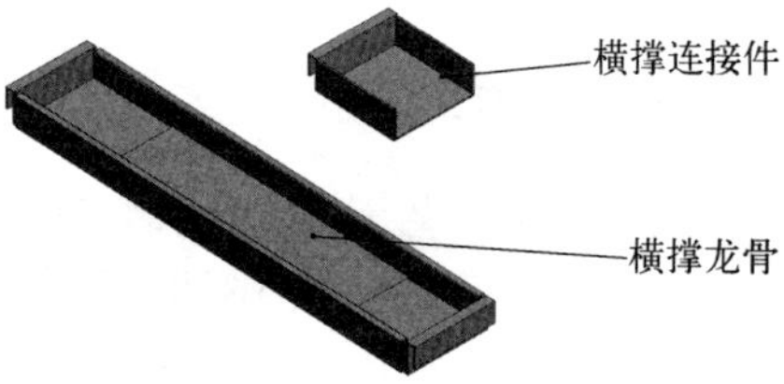

图 8-9　切割机

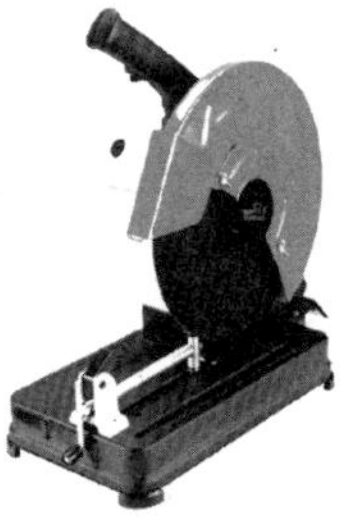

图 8-10　冲击电钻

图 8-11　电动螺丝刀

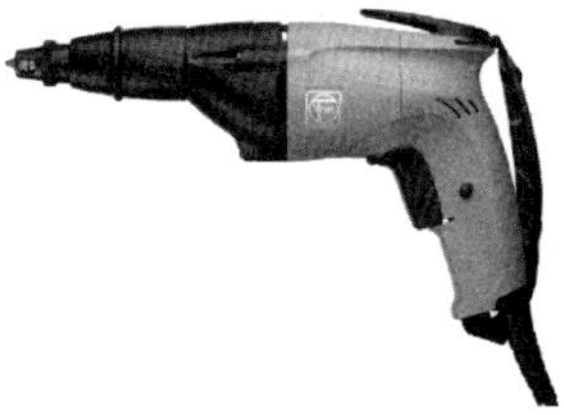

图 8-12　激光投线仪

图 8-13　钢卷尺

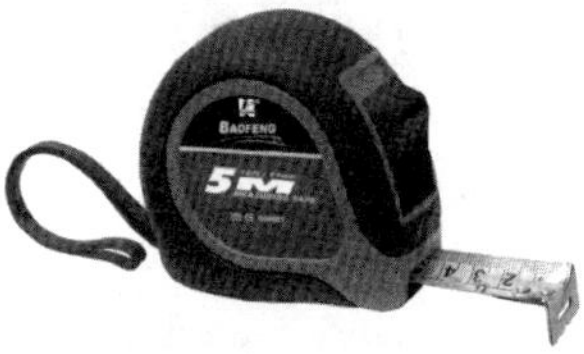

图 8-14　墨斗

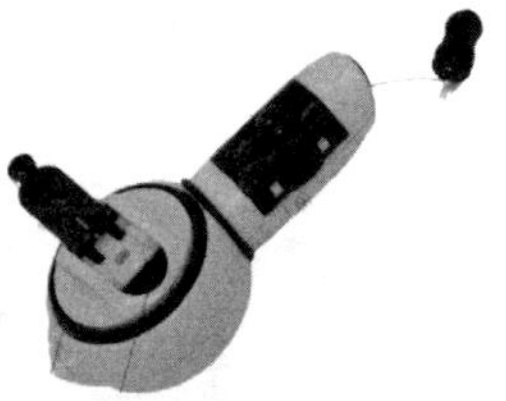

图 8-15　吊筋安装工具

4. 作业条件

(1) 施工前应熟悉现场、图纸及设计说明。

(2) 设计要求对房间的净高、洞口标高和吊顶内的管道、设备及其支架的标高进行交接检验。

(3) 设备安装完成，罩面板安装前，上述设备应检验、试压验收合格。

(4) 面板安装前，墙、柱面装饰基本完成，涂料只剩最后一遍面漆并经验收合格。

三、施工工艺

1. 工艺流程

弹标高水平线、划龙骨分档线→固定吊挂杆件→安装边龙骨→安装主龙骨→安装次龙骨→安装横撑龙骨→安装罩面板

2. 工艺操作方法

(1) 弹标高水平线、划龙骨分档线

用水平仪在房间内每个墙(柱)角上抄出水平点(若墙体较长，中间也应适当抄几个点)，用墨斗弹出水准线(水准线一般距离地面 1 米)，用钢卷尺从水准线量至吊顶设计高度加上 12 mm(一层石膏板的厚度 12 mm)，用墨斗沿墙(柱)弹出水准线，即为吊顶次龙骨的下皮线。本项目吊顶设计高度为 3.2 m，即为吊顶次龙骨的下边线。

同时，按吊顶平面图，在顶板用墨斗弹出主龙骨和吊杆的位置。主龙骨宜平行房间长向布置，一般从墙边的一边向另一边分。吊杆的固定点间距不应大于 1 200 mm。本项目第一根吊杆距离墙边 200 mm，之后按照间距 900 mm 进行排列，到最后一根距离墙面大于 900 mm 时应在增加一根吊杆。如遇到梁和管道固定点大于设计和规程要求，应增加吊杆的固定点。

根据天棚设计造型要求，在天棚上弹出造型的位置线。

(2) 固定吊挂杆件

采用膨胀螺栓固定吊挂杆件。不上人的吊顶，吊杆长度小于或等于 1 000 mm 时，可以采用 $\phi 6$ 的吊杆，大于 1 000 mm 时，应采用 $\phi 8$ 的吊杆，还应设置反向支撑。吊杆端头膨胀螺栓一般用 $\phi 12$，用冲击电锤打孔，孔径应稍大于膨胀螺栓的直径，一般采用 $\phi 14$，钻孔深度 40 mm。吊挂杆件与膨胀螺栓相连，插入钻孔内，然后用扳手将螺母固定牢靠。将主龙骨挂件固定在吊杆下部。

(3) 安装边龙骨

边龙骨的安装沿房间四周弹线用射钉固定，射钉间距应不大于吊顶次龙骨的间距，且小于等于 600 mm。边龙骨采用 L 型轻钢或角铝规格为 23 mm×30 mm×0.6 mm。

(4) 安装主龙骨

主龙骨应吊挂在吊杆上。主龙骨间距 900 mm～1 200 mm，一般取 1 000 mm。离墙第一根主龙骨距离不超过 200 mm(排到最后距离超过 200 mm 应增加一根)。轻钢龙骨可选用 CS60(27 mm×60 mm×1.5 mm)中龙骨(上人吊顶)。主龙骨的接长应采取对接方式，相邻龙骨的对接接头要相互错开。主龙骨挂好后应基本调平，用激光投线仪与挂尺进行调平，调整主龙骨标高达到设计要求。

跨度大于 15 m 的吊顶，应在主龙骨上，每隔 15 m 加一道大龙骨，并应与垂直主龙骨连接牢固。如有大的造型顶棚，造型部分应分角钢或扁钢焊接成框架，并应与楼板连接牢固。

（5）安装次龙骨

次龙骨 CS50（20 mm×50 mm×0.6 mm）间距为 400 mm，紧贴主龙骨进行安装，墙上应预先标出次龙骨中心线的位置，以便安装罩面板时找到次龙骨的位置。次龙骨的接长应采取对接，相邻龙骨的对接接头要相互错开，每侧用 2 个自攻螺丝进行连接。在通风、水电等洞口周围应设附加龙骨。

用 CS50－2 挂件（70 mm×17 mm×1.0 mm）把次龙骨固定在主龙骨上时，次龙骨的两端应搭在 L 形边龙骨的水平翼缘上，用 3 个自攻螺丝进行连接。当用自攻螺丝钉安装板材时，板材接缝处必须安装在宽度为 40 mm 的次龙骨上。次龙骨不得搭接。

（6）安装横撑龙骨

横撑龙骨的规格材料同次龙骨，长度按照次龙骨净间距，本项目取 350 mm，用挂插件 C50（17 mm×25 mm×47×0.5 mm）与次龙骨相连，在挂插件每个侧面用 2 个自攻螺丝固定。

（7）安装罩面板

本项目选用纸面石膏板，饰面石膏板应在中间向四周自由状态下固定。

纸面石膏板的长边（即包封边）应沿纵向次龙骨铺设。应采取整板安装。石膏板不够时应用小刀进行裁剪。

自攻螺钉与纸面石膏板边的距离，用面纸包封的板边以 10～15 mm 为宜，本项目采取 15 mm，切割的板边以 15～20 mm 为宜，本项目采取 15 mm。自攻螺钉钉距板边以 150 mm～170 mm 为宜，本项目采取 150 mm，板中钉超过 300 mm 螺钉应与板面垂直，已弯曲、弯形的螺钉应剔除，并在离原钉 50 mm 处另安螺钉。

石膏板的接缝，应用石膏粉进行板缝处理。钉帽应作防锈处理，并用腻子嵌平。

任务 8.7　矿棉吸声板明龙骨吊顶工程施工

T 型铝合金龙骨矿棉板是一种新型轻质吊顶用装饰材料，是以铝合金“T”型龙骨或和常用石膏板吊顶“U”型大龙骨结合骨架为支承系统，配以装饰罩面板组装而成的新型顶棚装饰体系。与之配套最常用的饰面板为各型式、各饰面肌理的矿棉装饰吸声板。

一、施工准备

1. 技术准备

编制轻钢骨架活动罩面板顶棚工程排布及施工方案，并对工人进行书面及安全交底。

2. 材料要求

（1）本项目主龙骨采用轻钢龙骨 UC 50（15 mm×50 mm×1.5 mm），T 型主龙骨采用轻钢龙骨（32 mm×24 mm×0.35 mm），T 型次龙骨采用轻钢龙骨（28 mm×24 mm×0.28 mm），边龙骨选用 L 型轻钢龙骨（22 mm×22 mm×0.4 mm）。

（2）轻钢骨架主件为中、小龙骨；配件有主龙骨 50 吊挂件、主龙骨 50 连接件、D－T 吊件。

（3）零配件：全丝吊杆、膨胀螺栓、自攻螺钉。

（4）按设计要求可选用矿棉装饰吸声板（600 mm×600 mm×15 mm）。

（5）人造板、胶粘剂的甲醛含量应符合国家环保规定要求。

3. 主要机具

(1) 电动机具:电锯、手枪钻、冲击电锤、电焊机、射钉枪、激光投线仪。

(2) 手动机具:手锯、钳子、螺丝刀、扳手、钢尺、钢水平尺、挂尺等。

4. 作业条件

(1) 吊顶工程在施工前应熟悉现场、图纸及设计说明。

(2) 施工前应按设计要求对房间的净高、洞口标高和吊顶内的管道、设备及其支架的标高进行交接检验。

(3) 材料进场验收记录、检验报告应齐全。

(4) 吊顶内的管道、设备安装完成;罩面板安装前,上述设备应检验、试压验收合格。

(5) 罩面板安装前,墙、柱面装饰基本完成,涂料只剩最后一遍面漆并经验收合格。

二、施工工艺

1. 工艺流程

弹线定位→固定吊筋→安装边龙骨→安装主龙骨→安装次龙骨→罩面板安装

2. 工艺操作方法

(1) 弹线定位

用水准仪在房间内每个墙(柱)角上抄出水平点(若墙体较长,中间也应适当抄出几点),弹出水准线距地面一般为 1 000 mm,从水准线量至吊顶设计高度,用墨斗沿墙(柱)弹出吊顶次龙骨的下皮线。同时,按吊顶平面图,在混凝土顶板弹出主龙骨的位置线。主龙骨宜平行房间长向布置,同时应考虑板栅灯的方向。主龙骨距离墙面≤200 mm。主龙骨间距 900 mm～1 200 mm,一般取 1 000 mm。吊筋沿着主龙骨位置线排布,间距900 mm～1 200 mm,一般取 1 000 mm,用铅笔做出吊筋位置标记。

(2) 固定吊筋

采用膨胀螺栓固定吊挂杆件。不上人的吊顶,吊杆长度小于或等于 1 000 mm 时,可以采用 $\phi 6$ 的吊杆,大于 1 000 mm 时,应采用 $\phi 8$ 的吊杆,还应设置反向支撑。吊杆端头膨胀螺栓一般用 $\phi 12$,用冲击电锤打孔,孔径应稍大于膨胀螺栓的直径,一般采用 $\phi 14$,钻孔深度 40 mm。吊挂杆件与膨胀螺栓相连,插入钻孔内,然后用扳手将螺母固定牢靠。将主龙骨挂件固定在吊杆下部。

(3) 安装边龙骨

边龙骨的安装沿房间四周弹线用射钉固定,射钉间距应不大于吊顶次龙骨的间距,≤600 mm。边龙骨采用 L 型轻钢或角铝规格为 25 mm×25 mm。

(4) 安装主龙骨

主龙骨应吊挂在吊杆上。主龙骨间距 900 mm～1 200 mm,一般取 1 000 mm。离墙第一根主龙骨距离不超过 200 mm(排到最后距离超过 200 mm 应增加一根)。轻钢龙骨可选用 UC 50(15 mm×50 mm×1.5 mm)中龙骨(上人吊顶)或 UC 38 小龙骨(不上人吊顶)应起拱,起拱高度为房间短向跨度的 1/500。主龙骨的接长应采取对接方式,相邻龙骨的对接接头要相互错开。主龙骨挂好后应基本调平,用激光投线仪与挂尺进行调平,调整主龙骨标高达到设计要求。

跨度大于 15 m 的吊顶,应在主龙骨上,每隔 15 m 加一道大龙骨,并应与垂直主龙骨连接牢固。如有大的造型顶棚，造型部分应分角钢或扁钢焊接成框架，并应与楼板连接牢固。

（5）安装T型主次龙骨

T型主龙骨（32 mm×24 mm×0.35 mm）用D-T吊件固定在主龙骨上，间距按照罩面板的规格确定，一般取600 mm，离墙第一根横向次龙骨距离墙面600 mm。

T型次龙骨（28 mm×24 mm×0.28 mm）应根据横向次龙骨的间距选取，本项目选取长度为600 mm的规格，离墙第一根纵向次龙骨距离墙面600 mm。

（6）罩面板安装

本项目选用矿棉装饰吸声板，安装采用搁置法。将装饰石膏板搁置在由T形龙骨组成的各格栅框内，摆放整齐，即完成吊顶安装。

龙骨吊装调直找平后，可将饰面板搁在主、次龙骨组成的框框内，板搭在龙骨的肢上即可，但要注意饰面板的四边必须与龙骨紧密相贴，不能因翘曲留下可见缝。

矿棉板的规格、厚度应根据具体的要求确定，本项目为600 mm×600 mm×15 mm。安装矿棉板时操作工人须戴白手套，以免造成污染。安装时，应注意花样、图案的整体性；饰面板上的灯具、烟感器、喷淋头、风口篦子等设备的位置应合理、美观，与饰面的交接应吻合、严密。

在靠墙周边所裁切过非整块的矿棉板必须在沿边龙骨处开“L”型切口，这样能保证矿棉板安装后同其余矿棉板在同一标高平面上。

任务8.8 轻钢龙骨隔墙工程施工

一、施工准备

1. 技术准备

（1）按照设计图纸和现场尺寸进行深化设计，绘制安装节点大样图。

（2）编制隔墙施工方案对施工人员进行安全技术交底。

（3）大面积施工前先做样板，经监理、建设单位确认后方可组织施工。

2. 材料

（1）轻钢龙骨主件：沿顶龙骨、沿地龙骨、加强龙骨、竖向龙骨、横撑龙骨的规格、型号、表面处理等应符合设计和相关标准的要求。

表8-4 本设计图纸采用龙骨的规格尺寸

产品名称	断面图型	实际尺寸		
		A(mm)	B(mm)	t
横龙骨	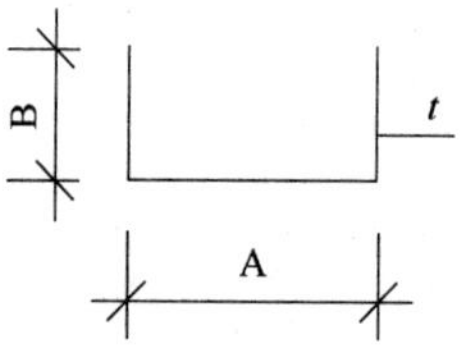	100	40	1

续　表

产品名称	断面图型	实际尺寸		
竖龙骨	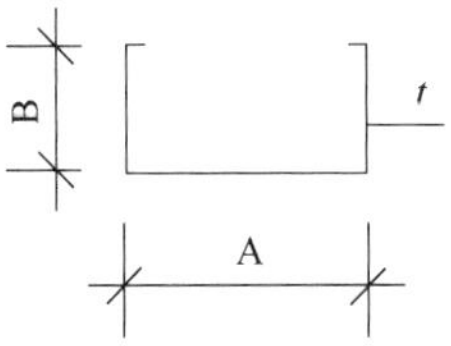	98.5	50	1
通贯龙骨	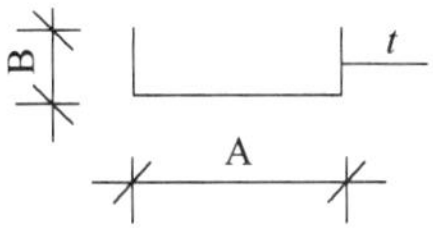	38	12	1

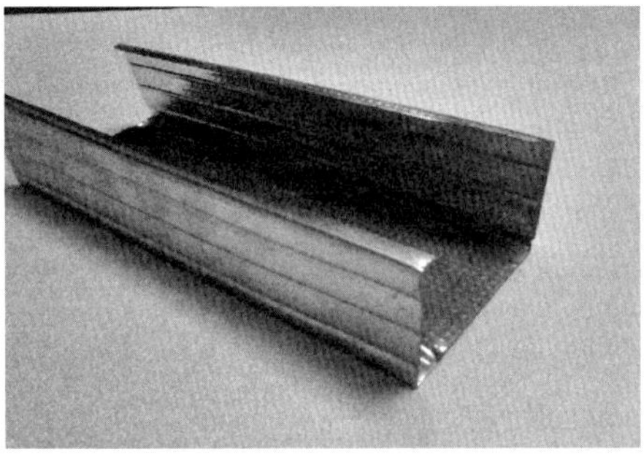

图 8－16　天地龙骨

图 8－17　竖龙骨

图 8－18　竖龙骨

图 8－19　横撑龙骨

（2）轻钢骨架配件：支撑卡、连接件、固定件、等附件，应符合设计和相关标准的要求。

图 8－20　连接件

（3）紧固材料：射钉、膨胀螺栓、镀锌自攻螺钉、木螺钉和粘贴、嵌缝料，应符合设计和相关标准的要求。

图 8－21　射钉

图 8－22　膨胀螺栓

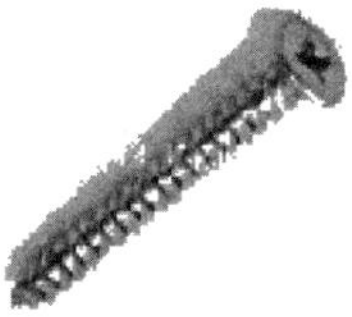

图 8－23　镀锌自攻螺钉

（4）填充隔声材料：岩棉、玻璃丝棉等按设计要求选用并符合环保要求。

（5）纸面石膏板

（6）嵌缝材料：嵌缝腻子、接缝带、胶粘剂、玻璃纤维布。

图 8－24　岩棉

图 8－25　纸面石膏板

图 8－26　接缝带

3. 机具设备

（1）机具：直流电焊机、砂轮切割机、手电钻、电锤、射钉枪等。

（2）工具：电动螺丝刀、墨斗、拉铆枪、壁纸刀、靠尺、钢锯、美工刀。

（3）计量检测用具：钢直尺、水平尺、方尺、2 米靠尺、楔形塞尺、线坠、托线板。

图 8－27　切割机

图 8－28　电钻

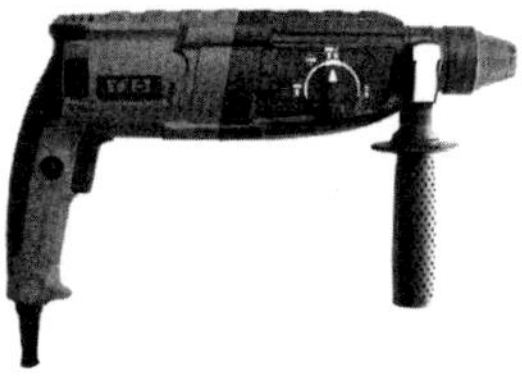

图 8－29　电锤

图 8－30　钢尺

图 8－31　水平尺

图 8－32　线坠

4. 作业条件

(1) 结构工程施工完并验收合格，墙面抹灰和屋面防水施工完成。

(2) 标高控制线(±1 m 水平线)测设完成并预检合格。

(3) 隔墙地垄施工完成，并达到设计强度。

(4) 施工场地清理完成，无影响施工安装的障碍物。

二、施工工艺

1. 工艺流程

清扫→放线→安装沿顶、地龙骨→分档安装竖龙骨→安装横向龙骨→安装管线与设备→安装石膏板(两面)→接缝及面层处理→细部处理。

2. 工艺操作方法

(1) 清扫

使用扫帚，清扫基层表面落灰，将地面清扫干净，并将垃圾倒入指定地点。

(2) 放线

① 根据设计施工图，用钢卷尺确定柱中心点，用激光投线仪确定墙体、柱面、地面、顶面中心位置，并用铅笔标记好，用墨斗弹出隔墙四周中心线；

② 用钢卷尺量出龙骨外边线(距离中心线 50 mm)并用铅笔做好标记。用墨斗弹出四周边线。

本步骤需使用的工器具如下：

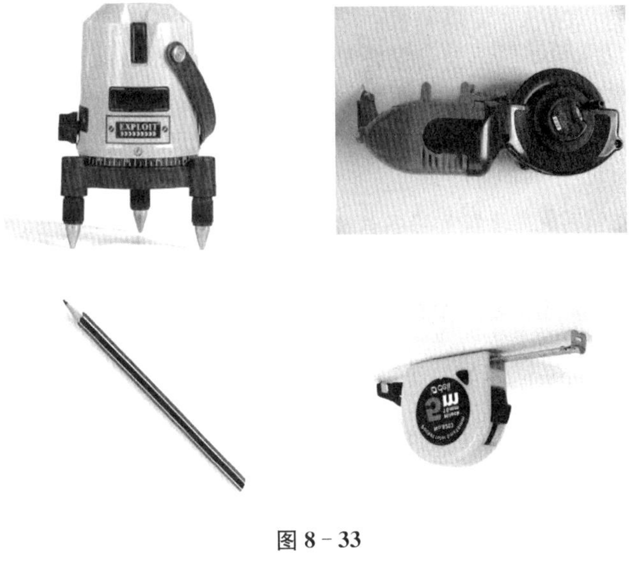

图 8－33

(3) 安装沿顶、地龙骨

① 按照设计图纸要求下料，本隔墙长 5.6 m，采用 3 m＋2.6 m 龙骨连接(3 m 龙骨采用切割机切割)，在顶龙骨、地龙骨内侧底面标出膨胀螺栓固定位置，间距 600 mm，龙骨端头第一个膨胀螺栓点距边缘 50 mm；

② 地龙骨(顶龙骨)与建筑基体表面接触处，应在龙骨接触面的两边各粘贴一根通长的

橡胶密封条(25 mm 宽);

③ 将龙骨贴合地面(顶面),用直径 14 mm 钻头的电钻对准固定点位置打孔,深度为 80 mm,每打一个孔即用一个 M12/100 膨胀螺栓(M12/100 为直径 12 mm,长度 100 mm)固定(用锤子将螺栓打入孔中,并用扳手拧紧固定);

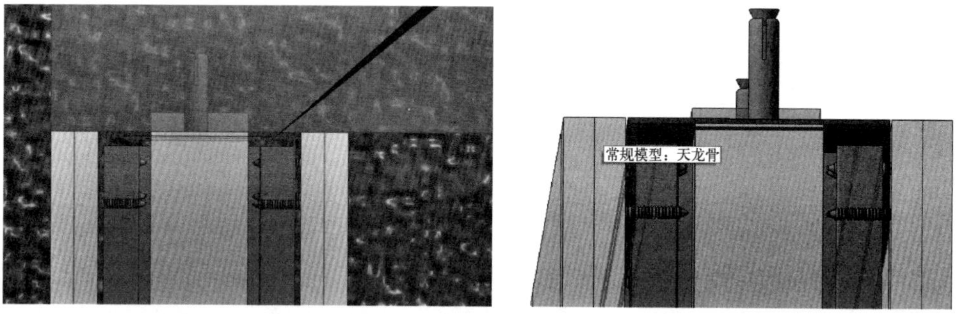

图 8 - 34

(4) 安装竖龙骨

① 按照设计图纸要求先进行竖龙骨下料,本隔墙墙高 3.750 m,取规格为 4 m 长龙骨下料(4 m 龙骨用切割机切割去除 0.255 m),竖龙骨安放从一侧向另一侧依次安放,与基层接触的竖龙骨背面靠基层安放,中间相邻两根竖向龙骨按照槽背交错摆放;将贯通龙骨穿入竖向龙骨贯通孔内;

② 竖龙骨固定:竖龙骨间距为 400 mm,靠基层面距第一个龙骨 100 mm 处增加一根竖龙骨(用于固定边缘石膏板,石膏板不得固定在边框龙骨上);先在天(地)龙骨竖向外侧面按间距要求(用钢卷尺量)画线标记竖向龙骨安放位置;

③ 边框龙骨(靠基层第一根竖向龙骨)做法及固定方式同顶、地龙骨做法,其他竖向龙骨采用抽芯铆钉固定,每根竖向龙骨与地龙骨(天龙骨)设 3 个成品字形双面固定;

(5) 安装通贯龙骨

① 根据施工规范要求本项目共设置 3 根,间距 1 m。

② 按照贯通龙骨规格,选用 3 m 规格,本项目采用 3 m+2.6 m(用切割机切割下料),连接处用插连接件连接(两侧各用 2 个自攻螺丝连接)。

③ 通贯龙骨与竖龙骨每个交叉点处采用支撑卡固定(由上向下安装卡件),支撑卡设置在竖龙骨贯通孔凹槽内,与靠基层第一根竖龙骨连接处采用两个支撑卡上下固定(凹槽内)。

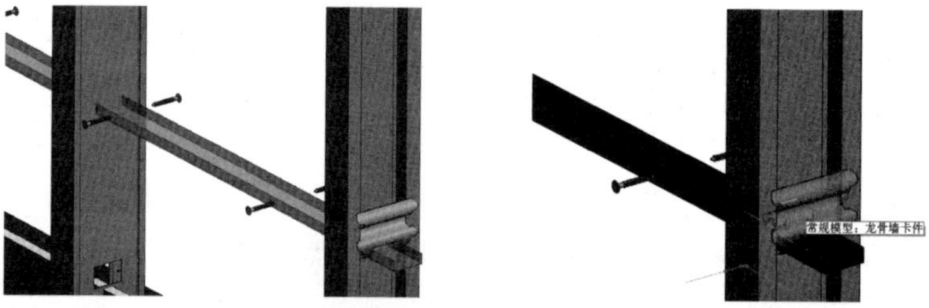

图 8 - 35

(6) 安装管线与设备

安装墙体内水、电管线和设备时，应避免切断横、竖向龙骨，同时避免在沿墙下端设置管线。要求固定牢固，并采取局部加强措施。

(7) 安装石膏板

① 石膏板安装前应检查龙骨的安装质量；门、窗框位置及加固是否符合设计及构造要求；龙骨间距是否符合石膏板的宽度模数，并办理隐检手续。水电设备需系统试验合格后办理交接手续。

② 石膏板下料：按照设计图纸尺寸，本项目采用 1 200 mm×2 400 mm 规格石膏板，石膏板按点竖龙骨安装方向安装，优先整板竖向安装，横缝错开，隔墙下端的石膏板不应直接与地面接触，应留有 10～15 mm的缝隙(本项目留 10 mm)，所有缝隙均用密封胶嵌严。本项目隔墙为 3.75 m×5.6 m，拟采用 4 块整板，如右图所示。

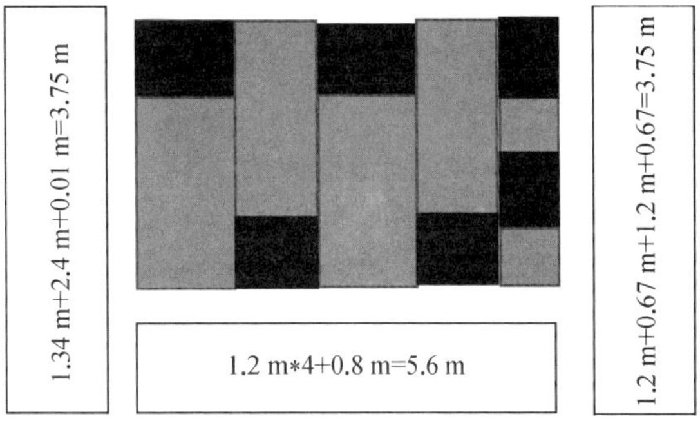

图 8-36　第一层

第一层石膏板一般用自攻螺钉固定，板边钉距为 400 mm，板中间距为 600 mm，螺钉距石膏板边缘的距离不得小于 10 mm，也不得大于 16 mm(本项目采用 10 mm)，自攻螺钉固定时，纸面石膏板必须与龙骨紧靠。石膏板与龙骨固定，应使用专用工具——电动自攻枪，采用自攻螺钉固定。螺钉长度，用于 12 mm 厚石膏板为 ϕ3.5×25 mm 长，用于 2 层12 mm 厚石膏板为 ϕ3.5×35 mm 长，螺帽应略埋入板内，但不得损坏石膏板纸面。

第二层石膏板的固定方法与第一层相同，但第二层板的接缝应与第一层错开，不能与第一层的接缝落在同一龙骨上。螺钉距石膏板边缘的距离不得小于 10 mm，也不得大于 16 mm(本项目采用 15 mm)第二层石膏板用自攻螺钉固定，板边钉距为 200 mm，板中间距为 300 mm。工器具材料同第一层。

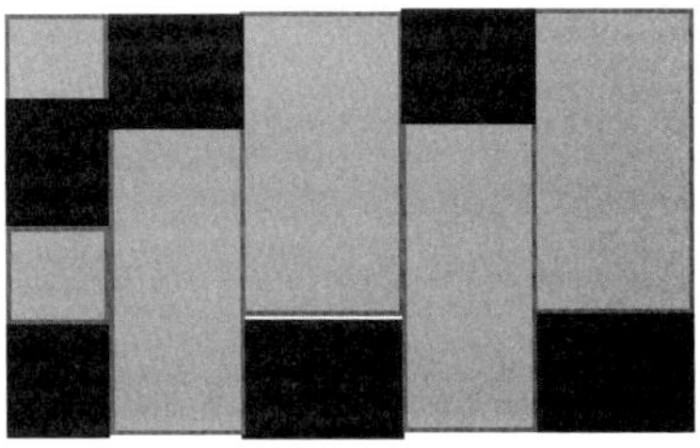

图 8-37　第二层石膏板

③ 安装墙体内防火、隔声、防潮填充材料：与另一侧石膏板同时进行安装填入，填充材料应铺满、铺平。(当一面石膏板安装完成后，将岩棉根据龙骨尺寸的大小进行切割，然后将岩棉填入龙骨的空腔内。)

本项目采用 1 200 mm×600 mm×50 mm(长×宽×厚)规格岩棉板，按照龙骨间距尺寸下料，先将岩棉钉按照距岩棉边 100 mm 间距 500 mm 固定在岩棉内，在外侧涂刷胶黏剂(792 胶)粘接固定在石膏板上，并用其压圈压紧，每块岩棉板不小于四个岩棉钉固定(本项目为 6 个)。

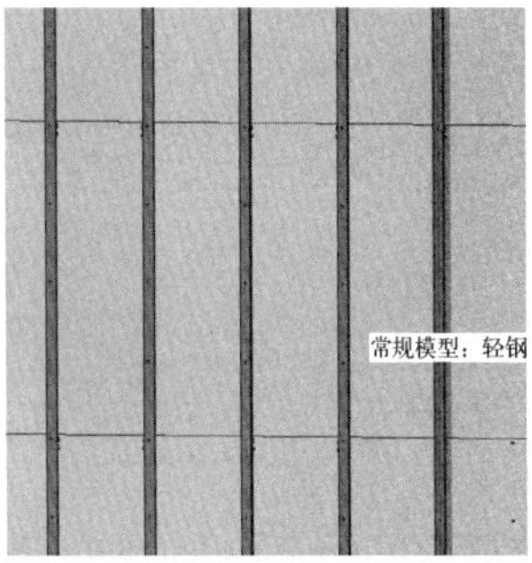

图 8-38　岩棉

④ 安装墙体另一侧石膏板：安装方法同第一侧石膏板，接缝应与第一侧面板缝错开，拼缝不得放在同一根龙骨上。石膏板墙面安装：第二层板的固定方法与第一层相同，但第二层板的

接缝应与第一层错开，不能与第一层的接缝落在同一龙骨上。

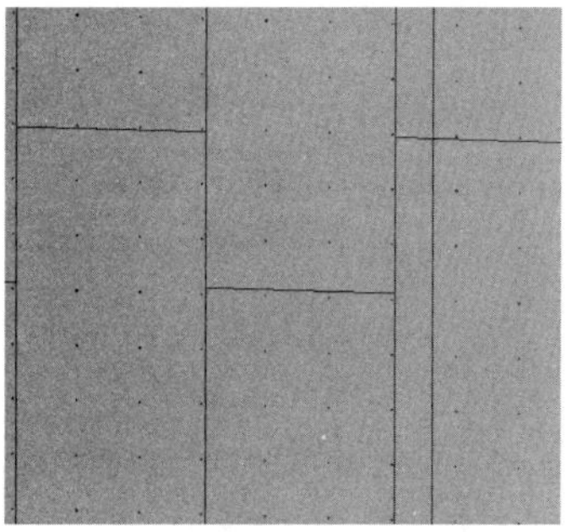

图 8－39　一层石膏板

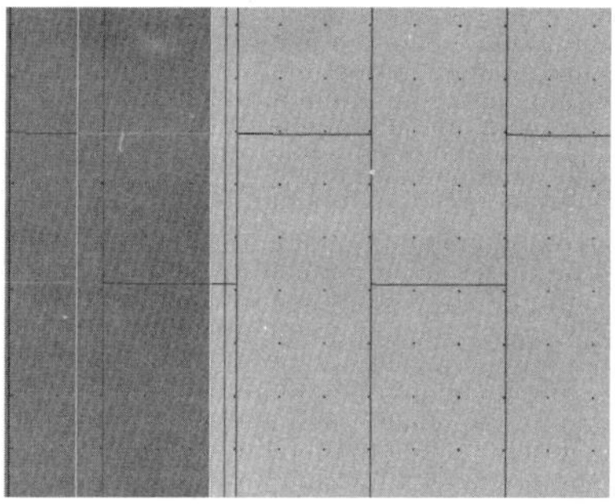

图 8－40　双层石膏板

（8）接缝及面层处理

隔墙石膏板之间的接缝一般做平缝，并按以下程序处理：

① 刮嵌缝腻子：刮嵌缝腻子前，将接缝内清除干净，固定石膏板的螺钉帽进行防腐处理，然后用小刮刀把腻子嵌入板缝，与板面填实刮平。

② 粘贴接缝带：嵌缝腻子凝固后粘贴接缝带。先在接缝上薄刮一层稠度较稀的胶状腻子，厚度一般为 1 mm，比接缝带略宽，然后粘贴接缝带，并用中开刀沿接缝带自上而下一个方向刮平压实，使多余的腻子从接缝带的网孔中挤出，使接缝带粘贴牢固。

③ 刮中层腻子：接缝带粘贴后，立即在上面再刮一层比接缝带宽 80 mm 左右、厚度约 1 mm 的中层腻子，使接缝带埋入腻子中。

④ 刮平腻子：用大开刀将腻子在板面接缝处满刮，尽量薄，与板面填平为准。

（9）细部处理

墙面、柱面和门口的阳角应按设计要求做护角；阳角处应粘贴两层玻璃纤维布，角两边均拐过 100 mm，表面用腻子刮平。

图 8－41　完成效果图

知识拓展

建筑业十项新技术

- 混凝土楼面一次成型技术
- 建筑物墙体免抹灰技术

知识拓展 8

思考与习题

1. 试述装饰工程的作用特点及所包含的内容。
2. 试述一般抹灰的分层做法操作要点及质量要求。
3. 试述机械抹灰的原理、施工工艺及操作注意事项。
4. 一般抹灰分几级？具体要求有哪些。
5. 一般抹灰各抹灰层厚度如何确定？为什么不宜过厚。
6. 装饰抹灰有哪些种类？试述水刷石、水磨石、干粘石的做法及质量要求。
7. 简述饰面砖的镶贴方法。
8. 简述大理石及花岗岩石的安装方法。
9. 试述木地板施工要点。
10. 试述轻钢龙骨纸面石膏板隔墙的施工要点。

参考文献

[1] 教育部行业职业教育教学指导委员会工作办公室.高等职业学校专业教学标准[M].北京:国家开放大学出版社,2019.

[2] 中华人民共和国住房和城乡建设部.建筑业 10 项新技术(2017 版)[M]. 北京:中国建筑工业出版社,2017.

[3] 中华人民共和国住房和城乡建设部.建筑地基基础工程施工质量验收标准:GB50202 - 2018[S]. 北京:中国计划出版社,2018.

[4] 中华人民共和国住房和城乡建设部.砌体结构工程施工质量验收规范:GB50203 - 2011[S]. 北京:中国建筑工业出版社,2011.

[5] 中华人民共和国住房和城乡建设部.混凝土结构工程施工质量验收规范:GB50204 - 2015[S]. 北京:中国建筑工业出版社,2015.

[6] 中华人民共和国住房和城乡建设部.建筑工程施工质量验收统一标准:GB50300 - 2013[S]. 北京:中国建筑工业出版社,2014.

[7] 中华人民共和国住房和城乡建设部.混凝土结构工程施工规范:GB50666 - 2011[S]. 北京:中国建筑工业出版社,2012.

[8] 中华人民共和国住房和城乡建设部.建筑装饰装修工程质量验收标准:GB50210 - 2018[S]. 北京:中国建筑工业出版社,2018.

[9]《建筑施工手册》编写组.建筑施工手册[M]. 北京:中国建筑工业出版社,2013.

[10] 姚谨英. 建筑施工技术[M]. 北京:中国建筑工业出版社,2014.

[11] 钟汉华. 建筑施工技术[M]. 北京:北京邮电大学出版社,2013.

[12] 宋功业,焦文俊,袁韶华.建筑工程施工技术[M].北京:化学工业出版社,2016.

[13] 朱星,钱军,强伟.建筑施工技术[M].南京:南京大学出版社,2019.

[14] 蒋春平,张蓓.建筑施工技术[M].北京:中国建材工业出版社,2015.

[15] 张连忠.建筑施工技术[M].长春:吉林大学出版社,2017.

[16] 姬栋宇.高层建筑施工[M].长沙:中南大学出版社,2017.

[17] 张厚先,王志清.建筑施工技术[M].北京:机械工业出版社,2015.